高等学校微电子类专业系列教材

新型微机电系统与器件

主　编　马宗敏

副主编　雷　程　穆继亮　王任鑫

邢恩博　赵　锐

西安电子科技大学出版社

内 容 简 介

本书力图从几类最新的传感器入手介绍新型微机电器件及系统。全书共分七章，主要内容包括：近年来微机电系统的发展、MEMS惯性器件及系统、回音壁模式微腔器件及系统、典型水声传感器件及系统、典型高温压力传感器件及系统、量子传感器件及系统、柔性传感器件及系统。

本书内容新颖，技术先进，涉及领域广泛，具有比较高的参考价值。本书可供仪器仪表、精密机械、传感器、电子等相关专业的高年级本科生、研究生或相关专业技术人员参考和使用。

图书在版编目(CIP)数据

新型微机电系统与器件/马宗敏主编．—西安：西安电子科技大学出版社，2022.10
ISBN 978-7-5606-6530-6

Ⅰ．①新…　Ⅱ．①马…　Ⅲ．①微机电系统　Ⅳ．①TH-39

中国版本图书馆CIP数据核字(2022)第131670号

策　　划　薛英英
责任编辑　宁晓蓉
出版发行　西安电子科技大学出版社(西安市太白南路2号)
电　　话　(029)88202421　88201467　　邮　　编　710071
网　　址　www.xduph.com　　电子邮箱　xdupfxb001@163.com
经　　销　新华书店
印刷单位　陕西天意印务有限责任公司
版　　次　2022年10月第1版　2022年10月第1次印刷
开　　本　787毫米×1092毫米　1/16　印张　20
字　　数　475千字
印　　数　1～2000册
定　　价　49.00元
ISBN 978-7-5606-6530-6/TH

XDUP 6832001-1

* * * 如有印装问题可调换 * * *

前　言

进入21世纪以来，微机电系统(MEMS)得到快速发展，在信息、通信、环境、医药和生物等领域有着非常广阔的应用前景。微机电系统在原有的基础上逐渐向光学、生物学、柔性、量子物理等方向渗透，形成了若干成熟的技术领域，同时也推出了能使产品性能提升速度超越摩尔定律的微系统集成新技术。今天的MEMS包括感知外界信息(力、热、光、生、磁、化等)的传感器和控制外界信息的执行器，以及进行信号处理和控制的电路。随着技术日益成熟，MEMS已经成为强有力的研究工具。不同领域的研究者利用MEMS技术研发所需的新型器件和系统，使得MEMS技术展现了强大的生命力和光明的发展前景。

本书以新型微机电系统与器件的最新进展为例，集中关注惯性、高温压力、光学微腔、水声、量子以及柔性等传感器件与系统的基础问题、研究现状、关键技术以及未来发展等。希望本书能对相关领域的研究起到积极的促进作用。

本书总结了中北大学近年来在多种类型微机电系统与器件方面的研究进展和成果，在多名教师和学生的共同努力下编写而成。第一章由马宗敏编写，主要介绍近年来微机电系统的发展，涉及新型微机电系统发展背景、典型原理、典型工艺以及发展趋势；第二章由赵锐编写，主要围绕MEMS惯性器件及系统展开，包括加速度计、陀螺仪以及惯性开关等，分别介绍了它们的原理、工艺、最新发展等；第三章由邢恩博编写，主要介绍回音壁模式微腔器件及系统，包括其原理、制造工艺、耦合及表征、在微光机电陀螺方面的典型应用等；第四章由王任鑫编写，围绕典型水声传感器件及系统展开，主要包括矢量水听器的研究历史、工作原理、加工工艺、封装、电路集成、室内性能测试以及海试等；第五章由雷程编写，主要就典型高温压力传感器件及系统展开，介绍了多种类型高温压力传感器的工作原理、结构与设计、工艺设计与制备以及典型应用等；第六章由马宗敏撰写，主要围绕最新的量子传感器件及系统展开，讲述了原子磁强计、原子钟、原子陀螺等的基本原理，介绍了关键微纳工艺、系统微装配技术，着重介绍了芯片级原子传感器的相关知识；第七章由穆继亮、余俊斌编写，主要介绍柔性传感器常用材料、制造工艺以及柔性传感器在压力、环境参数测试等方面的应用。全书由马宗敏统稿，研究生方向前、申圆圆同学参与了部分文字整理工作。

由于作者知识水平有限，本书的内容总结与分类尚有很多不系统、不完善的地方，敬请读者批评指正，以便作者在未来的研究和写作过程中逐步完善。

本书编写过程中参考了许多学者的研究成果和相关论著，在此深表感谢。特别是第六章部分内容借鉴了美国国家标准与技术研究院(NIST)时间与频率部John Kitching教授的综述性文章*Chip-scale atomic devices*，在此特表致谢与致敬。

编　者

2022年5月

前言

目　录

第一章　微机电系统概述

1.1　微机电系统(MEMS)发展概述

1.1.1　新型 MEMS 发展背景

从 20 世纪初开始，微技术的发展过程大致经历了机械、电机、真空管、分立器件、集成电路和微电子时代，进入 21 世纪以来，微技术已由微电子时代跨入纳电子/集成微系统时代。按照摩尔定律，集成电路的特征尺寸进一步缩小，向着 90 nm、65 nm、45 nm、32 nm、22 nm、14 nm、10 nm、5 nm 进军。随着半导体集成电路的迅速发展，微机电系统(Micro-Electro-Mechanical System，MEMS)的技术也在不断进步，在信息、通信、环境、医药和生物等领域有非常广阔的应用前景。

MEMS 技术以硅集成电路工艺为基础，制造出了微小型化的部件，可以集成多种复杂的功能。精细的结构使性能改善、功耗降低，批量生产的制造方式使生产成本大大降低、制造周期缩短。经过二十余年的发展，MEMS 已经形成多门类的产品系列和数以十亿计的市场规模，基于 MEMS 技术的器件被广泛用于压力传感器、加速度计、陀螺仪、RF 产品、各种用途的微射流器件、微燃料电池、硅麦克风和彩色喷墨打印头等。市调机构 IC Insights 在 2021 年 O-S-D(光电、传感器和分立器件)报告中预测，2020 年至 2025 年，MEMS 传感器和执行器市场规模将以 11.8%的复合年增长率增长至 241 亿美元，出货量将以 13.4%的复合年增长率增长至 321 亿颗。2020 年中国 MEMS 市场规模达 705.4 亿元，较 2019 年增加了 107.60 亿元，同比增长 18.00%。

进入 21 世纪，采用异构集成技术(Heterogeneous Integration)将微电子器件、光电子器件和 MEMS 器件整合在一起开发芯片级集成微系统(Chip-scale Integration Microsystems)成为 MEMS 技术重要的发展方向，可以说异构集成技术是全新一代电子装备的核心技术基础。集成微系统的主要特点是通过三维集成的结构和途径，可以根据需要将微电子器件、光电子/光子器件和 MEMS/纳机电系统(Nano-Electro-Mechanical System，NEMS)器件等异类器件精细集成在一个微结构中，形成芯片级高性能微小型电子系统。它比目前的系统级芯片(System on Chip，SoC)、系统化封装(System in a Package，SiP)及各种三维集成的混合集成电路、功能模块具有更高的集成水平和更强的功能[1]。芯片级三维集成微系统的结构示意图如图 1.1.1 所示。

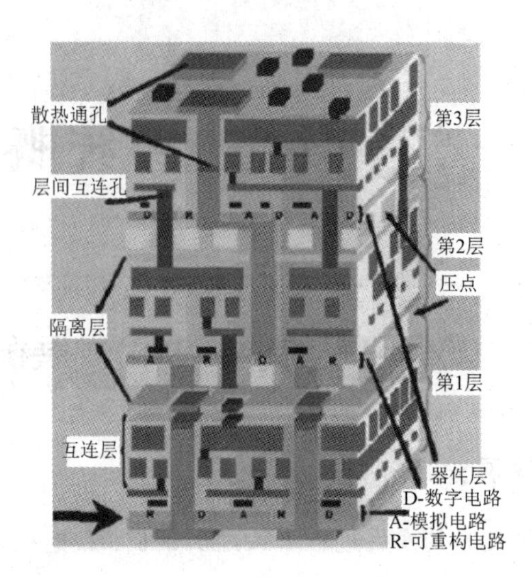

图 1.1.1　芯片级三维集成微系统的结构示意图

1.1.2　MEMS 主要功能特点

从功能应用角度看，MEMS 着重针对信息感知、信息处理、通信、微机械执行和能源等方面的应用进行微小型化、三维集成。它最突出的优点在于可以在一个三维集成的芯片级微结构内综合微电子器件(包括数字、模拟、混合信号)、光电子/光子器件和 MEMS/NEMS 器件等各类器件的芯片，具有多传感器协同探测能力，可完成复杂信号海量数据的传输、存储和实时处理，并能有效地通过网络和人机界面实现对武器系统的控制与指挥。

当微机电系统的特征尺寸缩小到 100 nm 以下时，又被称为纳机电系统(NEMS)。NEMS 器件尺寸更小，可以提供很多 MEMS 器件所不能提供的特性和功能，例如超高频率、低能耗、高灵敏度、对表面质量和吸附性前所未有的控制能力等。以 NEMS 谐振器为例，与 MEMS 谐振器相比，NEMS 谐振器利用纳米核心结构的尺度效应使器件性能获得了显著提升，通过等比例缩小谐振结构，器件频率得到显著提高，甚至可以达到吉赫兹(GHz)级。

NEMS 的尺寸效应相较 MEMS 来说更加显著，当器件尺寸按比例缩小时，不仅电学量发生显著变化，各种力的对比关系也会发生显著变化。与体积力相比，表面张力、毛细作用力、范德瓦尔斯(Van der Waals)力、分子间作用力等与面积和间距相关的力在纳米尺度下的作用尤为显著。在纳米尺度下，范德瓦尔斯力等表面力与弹性力相比处于主导地位，增大了黏附的风险。图 1.1.2 是典型 NEMS 继电器纳米尺度黏附效应相关实验结果[2]。

微光机电系统(Micro-Opto-Electro-Mechanical Systems，MOEMS)是 MEMS 技术的一个重要的研究方向，它是由微光学、微电子和微机械相结合而产生的一种新型的结构系统。微光机电系统是一种可控的微光学系统，该系统中的微光学元件在微电子和微机械装置的作用下能够对光束进行汇聚、衍射、反射等，从而最终实现光开关、衰减、扫描和成像等功能。这种系统把微光学元件、微电子和微机械装置有机地集成在一起，能够充分发挥三者的综合性能，不但能够使光学系统微型化从而降低成本，而且可实现光学元件间的自

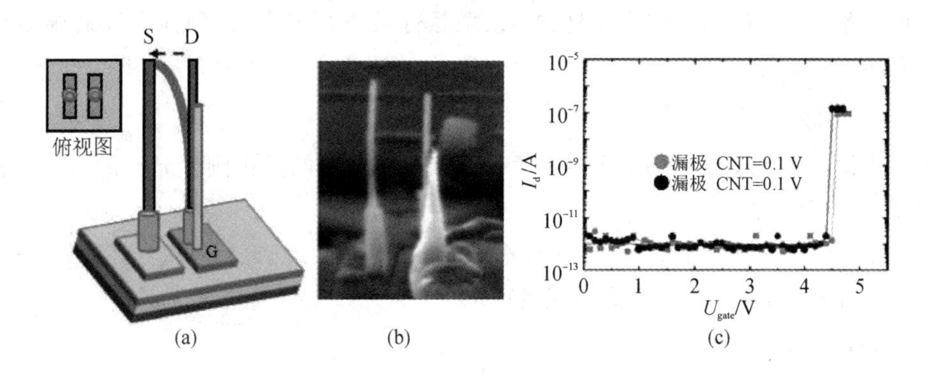

图 1.1.2　碳纳米管垂直 NEMS 继电器纳米尺度黏附效应相关实验结果

对准，更重要的是这种组合方式还会产生新的光学器件和装置。微光机电系统的出现将极大地促进信息通信技术、航天技术以及光学工具的发展，对整个信息化时代将产生深远的影响。

微器件是微光机电系统的基本组成单元，它包括微传感器、微执行器、微透镜、光交叉连接开关矩阵、可调谐衰减器、可调谐滤波器、可调谐激光器、可调谐波长选择光接收器、发射光功率限幅器、泵浦源选择开关、监控保护开关、信道均衡器、增益均衡器、光调制器、信号处理与控制电路、接口与能源等。微制作技术是微光机电系统的技术基础，它包括设计、材料、工艺、测试技术及对其微机理的研究。目前微光机电系统的关键工艺技术主要有 LIGA 技术、Laser-LIGA 技术、UV-LIGA(准 LIGA)技术、体硅加工技术、表面硅微加工技术以及键合、封装技术等。

1.1.3　新型 MEMS 与器件主要应用方向

1. 生化微传感器

基于 MEMS 技术研制的微传感器(如微悬臂梁生物传感器、微电极生物传感器、生物敏场效应晶体管等)、微执行器(如微马达、微泵、微阀以及微谐振器等)和微结构器件(如微流量器件、微电子真空器件、微光学器件和生物芯片等)为生化分析提供了微型的检测平台。这种检测平台便于操作，灵敏度高，待测溶液的需求量小，与集成电路(Integrated Circuit，IC)兼容，克服了传统生化检测仪器体积庞大、操作复杂、灵敏度低、对待测溶液的需求量大、不易实现连续实时监测等缺点，为实现具备独立功能的便携式、家庭化的 SoC 生化微传感器奠定了基础，最终将实现真正意义上的芯片实验室(Lab on a Chip，LoC)或微型全分析系统(Miniaturized Total Analytical System，μTAS)。

2. 生物微传感器

生物微传感器的制备主要依托 MEMS 制作技术，包括硅基微加工技术(如硅微电子平面加工技术、体微加工技术和表面微加工技术)、X 射线光刻和深紫外光刻、能束加工技术、超精密加工技术以及集成组装技术等。另外，生物微传感技术还包括生物化学技术和信号处理技术等。目前，关于 MEMS 生物微传感器的研究已经有许多报道，其中，酶传感器的研究较为成熟，DNA 传感器的研究在不断深入，免疫传感器的研究则处于起步阶段。

生物微传感器所采用的信号转换器件中，以微悬臂梁、微电极、微型体声波谐振器和生物敏场效应晶体管最为典型。

3. 柔性传感器

柔性机构是指在设计中采用大变形柔性元素，而非全部采用刚性元件的一类机构。柔性机构具有以下优点：

(1) 可单片设计以简化结构、免于装配；

(2) 无间隙和摩擦，可实现高精度运动；

(3) 免于润滑，可避免污染；

(4) 免于磨损，可提高寿命。

近年来，柔性技术已经与MEMS结合，在智能电子器件、可穿戴设备等领域有了长足的发展，特别是随着体域网(Body Area Network，BAN)的发展，柔性MEMS传感器件将用户与环境中的器械、电子器件通过互联网基础设施紧密连接在一起。在这个过程中，高度柔性传感器、柔性功能器件对于MEMS技术在可穿戴设备中的应用起到了非常重要的作用。柔性机构在MEMS领域的一个重要应用是利用结构学设计理念，利用柔性机构设计系统，从而减少系统铰链，减小刚度、间隙和摩擦，进而从机械角度设计全柔性机构。近几年来，日本、美国及欧洲各国等都投入大量资金进行全柔性机构的研究与开发，在进行基础理论研究的同时，已相继研制出了一些各具特色的MEMS产品或实验样机以作为MEMS的主体，如德国Karlsruhe大学研制的“大范围运动微装配全柔性机器人机构”“十四自由度全柔性空间机器人”等。

4. 量子传感器

微集成和微工艺技术的发展也带动了量子传感器件的小型化和微型化，结合微装配技术，将新型光电子、光子器件及集成电路进行微组装或者芯片集成，可实现导航级集成微量子陀螺、芯片级原子钟、芯片尺度的集成原子导航器等传感器系统。美国的芯片级组合导航仪C-SCAN是一种将固态和原子惯性传感器集成在单个微系统内的小型惯性测量单元，具有高精度的运动探测能力和快速启动能力，体积不超过20 cm^3，功率不超过1 W。芯片级原子钟(Chip Scale Atomic Clock，CSAC)是一种超小型化、低功耗的原子时间和频率基准单元，其研究目标是稳定性优于1×10^{-11}/天，体积小于1 cm^3，功耗小于30 mW。集成化微型主原子钟技术(Integrated Miniature Primary Atomic Clock Technology，IMPACT)的研究目标是构建低功率的微型主原子钟，改进微型原子钟的稳定性和精确性。IMPACT将使时钟具备以下优势：与传统时钟相比，尺寸大幅缩小，但稍大于CSAC(除电池外，最终封装体积不足5 cm^3)；功耗大幅降低，但比CSAC的功耗(50 mW)稍大；性能比CSAC提升两个数量级(频率精度为1×10^{-13}；稳定性时间损耗为5 ns/天)。

总之，现在微机电系统已经远远超越了机和电的概念，将处理热、光、磁、化学、生物等信息的结构和器件通过微电子工艺及其他一些微加工工艺制造在芯片上，并通过与电路的集成甚至相互间的集成来构筑复杂微型系统。所以，更准确地说，今天的MEMS包括感知外界信息(力、热、光、生、磁、化等)的传感器和控制外界信息的执行器，以及进行信号处理和控制的电路。随着 MEMS 技术日益成熟，它已经成为强有力的研究工具。不同领域的研究者根据自己的需要和想法，利用 MEMS 技术研发所需的新型器件和系统，这恰恰说明了 MEMS 的强大生命力和光明的发展前景。它不会由于加工技术的进步和一些器件的成熟而失去发展的动力，而是会随着其他领域的发展而不断完善。

1.2 新型微机电系统典型技术特点

最新的微机电系统及器件的发展融合了机械、电子、生物、化学、物理等多种学科，并集约了当今科学技术发展的许多尖端成果，其技术特点主要表现在以下方面。

1. 微型化程度高

器件特征尺寸已经在原有微米尺度的基础上跨入纳米尺度，由于尺寸更小及纳米结构导致了尺寸、毛细管力、介观等新效应，因此能提供一些新特性和功能，包括超高频率、更低能耗、高灵敏度，以及对表面质量和吸附性的“控制”。

2. 材料多样化

MEMS 器件的主要原材料为硅基，同时越来越多的Ⅲ-Ⅴ族半导体、碳化硅、氮化物、金刚石、石墨烯、碳纳米管等新材料开始被应用到 MEMS 器件和系统上。以金刚石为例，近年来，由于拥有极其优良的物理特性，金刚石成为制备高性能 MEMS 器件（如高品质谐振器）的绝佳材料。

3. 加工工艺多元化

加工工艺由单纯的体硅、表面微加工工艺向芯片级异构三维集成发展，如由微电子、光电子和 MEMS 实现异构/异质集成，以实现高度集成的多功能系统；采用电学和光学插入器精密键合实现 CMOS、MEMS、光子电路的 3D 混合光电异构集成；采用氧等离子处理、在片激光技术等低温键合技术实现Ⅲ-Ⅴ有源器件和低损耗的硅光子学的异构光子集成；采用 TSV（硅通孔）技术实现光子学和 CMOS 芯片的 3D 集成以及光电微系统中最具创新代表性的单芯片光相控阵等。

4. 可批量生产

用硅微加工工艺可在一片硅片上同时制造成百上千个微型机电装置或完整的 MEMS，可大大降低生产成本。

5. 集成微系统

微系统是指特征尺度介于微米和纳米之间，采用集成电路加工工艺、三维异构集成工艺等加工手段，将微机械、微光学、微能源、微流动等有机融合，采用先进封装工艺，实现功能集成的系统。片上系统（SoC）是微系统技术发展的重要方向，该技术将不同功能的电路设计和制造在一块芯片上，芯片本身即能完成原本需要多块芯片完成的功能。

1.3 新型微机电系统典型原理

本节以微传感器为例介绍新型微机电系统典型原理。微传感器可将能量从一种形式转变成另一种形式，并针对特定可测量的输入提供一种可用的能量输出。例如，压力传感器把使薄膜变形的能量转变为电能量(信号)输出。一般来说，微传感器覆盖了多种不同的测量领域，其典型原理各不相同，以下简单概述之[3-4]。

1. MEMS 惯性传感器

MEMS 惯性传感器是对物理运动作出反应的器件，如线性位移或角度旋转，并将这种反应转换成电信号，通过电子电路进行放大和处理。加速度计和陀螺仪是最常见的 MEMS 惯性传感器。加速度计是敏感轴向加速度并转换成可用输出信号的传感器；陀螺仪是能够敏感测量运动体相对于惯性空间的运动角速度的传感器。三个 MEMS 加速度计和三个 MEMS 陀螺仪可以组合形成能够敏感载体三个方向的线加速度和三个方向的角加速度的微惯性测量单元(Micro Inertial Measurement Unit，MIMU)。惯性微系统利用三维异构集成技术，将 MEMS 加速度计、陀螺仪、压力传感器、磁传感器和信号处理电路等功能零件集成在硅芯片内，通过内置算法，即可实现芯片级制导、导航、定位等功能。MEMS 惯性传感器的研究成果对于制导、导航、各类型交通工具的自动驾驶以及各种智能穿戴设备的应用具有重要意义。

1) MEMS 加速度计

MEMS 加速度计是 MEMS 领域最早开始研究的传感器之一。经过多年的发展，MEMS 加速度计的设计和加工技术已经日趋成熟。根据敏感机理不同，MEMS 加速度计可以分为压阻式、热流式、谐振式和电容式等。

压阻式 MEMS 加速度计容易受到压阻材料的影响，温度效应严重，灵敏度低，横向灵敏度高，精度不高。热流式加速度计受传热介质本身的特性限制，器件频率响应慢，线性度差，容易受外界温度影响。因此，热流式和压阻式加速度计主要用于对精度要求不高的民用领域或军事领域中的高 g 值测量。谐振式微加速度计理论上可以达到导航级的精度，但目前的技术状态还达不到实用化的要求。电容式硅微加速度计精度较高、技术成熟且环境适应性强，是目前应用最为广泛的 MEMS 加速度计。随着 MEMS 加工工艺的进步和 ASIC 检测能力的提高，电容式 MEMS 加速度计的精度也在不断提升。

目前，硅微加速度计大部分采用集成化封装，并在此基础上不断朝着高精度、数字化和高可靠性的方向发展。这主要得益于 MEMS 加工工艺的快速发展和数字 ASIC 检测能力的不断提升。MEMS 敏感结构采用硅硅键合，敏感结构厚度不断增加，ASIC 采用数字化电路，不仅提高了检测能力，还可以在后续环路中增加各种补偿环节，有利于提升 MEMS 加速度计的性能。

在惯性测量应用中，通常需要测量空间三个方向的加速度信号。为了保证 MEMS 加速度计的精度，大多采用三个单轴 MEMS 加速度计立体组装的形式来实现三个方向的加速度信号测量。该方案的优点是三个方向精度高，对单轴加速度计的敏感方向没有要求，并且三个方向的敏感结构可以采用完全相同的工艺加工，因此一致性好，对微机电敏感结构的加工工艺要求不高，可以采用任何一种工艺路线；缺点是体积和功耗大，对组装精度要求高，不理想状态下各轴之间的交叉耦合系数很大，影响三轴加速度计的整体精度。

MEMS 加速度计的典型产品包括 Crossbow 公司的 TG 和 GP 系列、Siliocon Design 公司的 2470 和 2476 系列等。TG 系列和 GP 系列三轴 MEMS 加速度传感器如图 1.3.1 所示，该产品量程从 $\pm 2g$ 到 $\pm 10g$，噪声为 $20\mu g/\sqrt{\text{Hz}}$，交叉耦合 1%。（注：g 为重力加速度，$1g=9.8\ \text{m/s}^2$。本书线加速度单位用斜体 g，区别于质量单位正体 g)

图 1.3.1　Crossbow 三轴 MEMS 加速度传感器

三轴组装的另一种途径是将采用不同加工工艺且敏感方向不同的三个单轴 MEMS 加速度计在平面内组装到一起，用于敏感三个方向的加速度信号。该方法显著降低了组装的复杂性，但由于敏感不同方向的加速度计通常采用不同的工作原理和加工工艺，各轴之间的一致性很难保证，所以通常不被高精度三轴 MEMS 加速度计采用。

对于单片集成三轴 MEMS 加速度计，实现途径主要有两种。一种方案是采用一个质量块来敏感三个方向的加速度信号。该方案的优点是芯片体积小，缺点是各轴之间的交叉耦合大、器件精度较低，主要用于振动、冲击和倾角测量等工业领域。另一种方案是三轴单片集成 MEMS 加速度计，将三个分立结构制作在一个芯片上，三个芯片在工作中是相互独立的，分别用于敏感 x 向、y 向和 z 向的加速度信号。该方案的优点是三个轴向之间的交叉耦合小，缺点是三个结构制作在一个芯片上，芯片体积偏大，若减小芯片体积则会导致每个敏感结构的尺寸都很小，使得加速度计整体精度较低。用该方法制作的三轴加速度计产品尺寸非常小，可以达到 2 mm×2 mm×1 mm，但技术指标很低，分辨力超过 10 mg。方案二的应用主要集中在低精度领域，研制的三轴 MEMS 加速度计产品主要用于振动、冲击测量，用于手机、游戏等工业和消费领域。

国外从事 MEMS 加速度计技术研究的单位主要有美国 Draper 实验室、美国 Michigan 大学、瑞士 Neuchate 大学、美国 Northrop Grumman Litton 公司、美国 Honeywell 公司、瑞士 Colibrys 公司、英国 BAE 公司等。其中，以 Draper 实验室为代表的研究机构和大学的主要工作在于提升 MEMS 加速度计的技术指标。能够提供实用化 MEMS 加速度计产品的厂家主要有 ADI、Silicon Designs、Silicon Sensing、Endevco 和 Colibrys 等。

2）MEMS 陀螺仪

利用科里奥利力(Coriolis force，又称为科氏力)原理把角速率转换成感应电容极板的位移，是对在旋转体系中进行直线运动的质点由于惯性相对于旋转体系产生直线运动偏移的描述。MEMS 陀螺仪可以从振动结构、材料、驱动方式、工作模式和检测方式等几个方面进行分类。MEMS 陀螺仪的分类如图 1.3.2 所示。

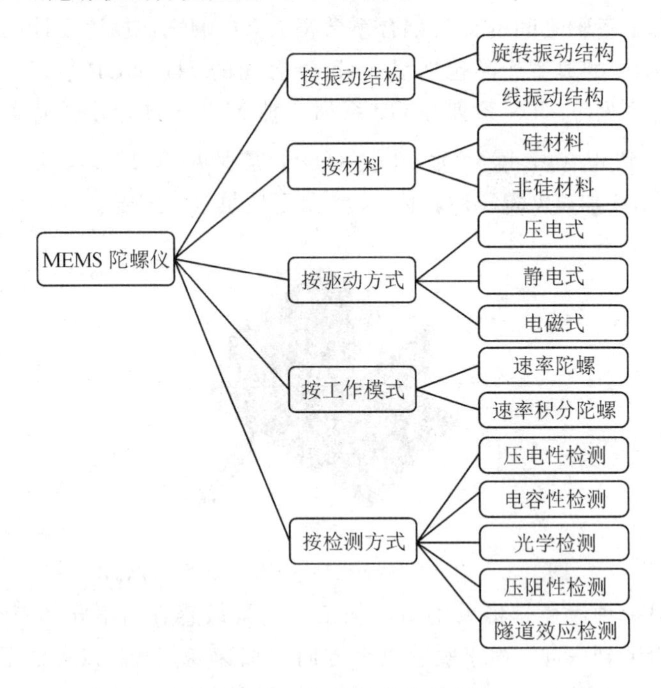

图 1.3.2　MEMS 陀螺仪的分类

MEMS 陀螺仪主要有线振动型陀螺仪和谐振环型陀螺仪，前者工艺简单，利于大批量、低成本生产；后者具有更高的理论精度，但结构及原理更为复杂。线振动型 MEMS 陀螺仪采用了两个机械结构：一个构件谐振并耦合能量到第二个构件，同时对第二个构件的运动进行测量。尽管该方法能满足很多场合的要求，但要达到导航级的要求还须进一步提高其性能。环形结构由于采用高度对称的设计，所以能方便地考虑轴间耦合，而且对干扰振动不敏感，因此陀螺仪的敏感度得到有效提高。环形 MEMS 陀螺仪的谐振子经历了单环环形、实心盘和多环环形的发展过程，测控电路经历了角速率开环模式、力平衡模式和全角模式的发展过程，加工工艺经历了从 SOG 到 SOI 的发展过程，其输出性能逐步提高。

目前，对 MEMS 陀螺仪的研究主要集中在以下几个方面：

(1) 新材料、新制备技术和新工艺；

(2) ASIC 单片集成电路；

(3) 高真空度封装；

(4) 新的结构和工作原理；

(5) 模式匹配控制、噪声抑制和耦合信号抑制；

(6) 驱动模式的闭环控制；

(7) 自校准和温度补偿；

(8) 可靠性测试、失效分析和可靠性设计。

在音叉陀螺仪方面，目前国际上已经形成了不同精度等级、不同应用领域的系列产品。如美国 BEI 公司的 LCG50、Horizon、QRS11、QRS116 等型号。其中 QRS116 零偏稳定性优于 3(°)/h，全温范围零位漂移优于 20(°)/h。QRS116 音叉陀螺仪如图 1.3.3 所示。

图 1.3.3　QRS116 音叉陀螺仪

MEMS 谐振环陀螺仪(Vibrating Ring Gyroscope，VRG)具有结构简单、可靠、体积小、便于批量化集成制造等特点。目前，谐振环陀螺仪已经发展到第四代产品，逐渐从机械陀螺仪转变为 MEMS 硅基陀螺仪。典型产品如日本硅传感系统(Silicon Sensing Systems，SSS)公司的 MEMS 谐振环陀螺仪，最新产品零偏稳定性小于 0.06(°)/h，角度随机游走(ARW)小于 0.01(°)/h。美国谐振盘陀螺仪基于 8 mm 直径硅，实现了零偏稳定性优于 0.01(°)/h，角度随机游走优于 0.002(°)/h 的指标。

在 MEMS 碟形陀螺仪(Disk Resonator Gyroscope，DRG)方面，Amir R 等设计制造了一种单晶硅体声波陀螺仪。该陀螺仪具有强大的抗干扰性能和超过 6000(°)/s 的大动态范围，ARW 为 1(°)/h，零偏不稳定性为 15(°)/h。

在 MEMS 半球谐振陀螺仪(Hemispherical Resonator Gyroscope，HRG)方面，诺格公司已经研制出了小尺寸的毫米半球谐振陀螺仪，指标为 0.000 25(°)/h 的角度随机游走和 0.0005(°)/h 的零偏稳定性。2017 年，美国密歇根大学对利用吹泡法制备的微玻璃吹制型 m－HRG 样机进行了测试，其品质因数(Q 值)为 0.42×10^6，零偏稳定性为 0.0391(°)/h，Q 值最高可达 4.45×10^6。2019 年研制的弧面驱动陀螺仪样机在陶瓷管壳封装后的品质因数达到了 150 万，在常温下零偏不稳定性为 0.0103(°)/h，已接近导航级精度，是目前精度最高的微陀螺仪之一。融石英半球陀螺仪如图 1.3.4 所示。

(a) 谐振器结构

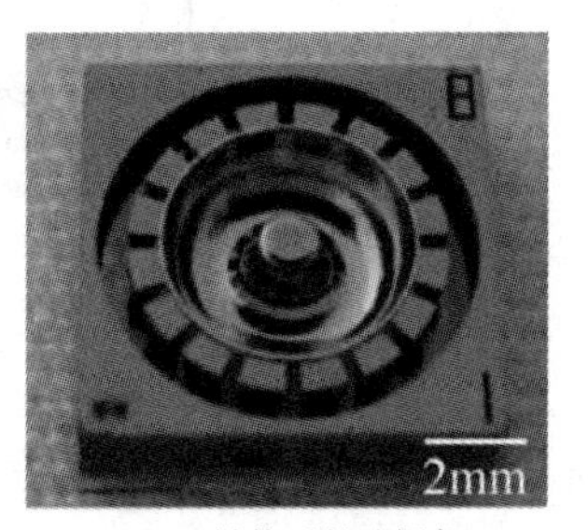

(b) 封装后的陀螺仪

图 1.3.4　融石英半球陀螺仪

3) 微惯性测量单元

微惯性测量单元(MIMU)是基于 MEMS 技术的新型惯性测量器件，用来测量物体的三轴角速度和三轴加速度信息，是实现导航、制导的核心部件。传统意义上的 MIMU 由三个正交安装的加速度计和三个正交安装的陀螺仪组成，是目前最为成熟的 MIMU 形式。

无陀螺 IMU 是指在普通 MIMU 中不使用陀螺仪测量角速度，即用加速度计代替陀螺仪，根据角速度信号，将测得的数据进行合理优化，最后解算出角速度的 MIMU。与普通 IMU 相比，无陀螺 MIMU 具有能耗低、成本低、可靠性高等优点。

多传感器组合 MIMU 利用加速度计、陀螺仪以及其他传感器(如磁力计等)，实现系统的导航、制导。例如 LSM9DS1 是 ST 公司推出的九轴惯性传感器，工作温度为 -40℃～$+85$℃，其内置的三轴陀螺仪最大量程为 $\pm 2000\ (^\circ)/s$，三轴加速度计最大量程为 $\pm 16g$，三轴磁力计最大量程为 ± 16 Gs(高斯)。STIM300 是 Sensonor 公司推出的一款仅重 55 g 的小型 MIMU。该 MIMU 内置了三个倾角仪以确保精准的系统调平，工作温度为 -40℃～$+85$℃，采样率为 2000 Hz。STIM300 内置的三轴陀螺仪零偏不稳定性为 $0.5(^\circ)/h$，角度随机游走为 $0.15(^\circ)/h$，非线性度为 50×10^{-6}，带宽为 262 Hz；三轴加速度计零偏不稳定性为 0.05 mg，速度随机游走为 $0.06\ (m/s)/\sqrt{h}$，最大量程为 $80g$；倾角仪输入范围为 $1.7g$，分辨率为 $0.2\ \mu g$，标度因数精确度为 500×10^{-6}。

2. 光学传感器

光学传感器是利用光子与固体中吸收光子的载流子的相互作用原理制成的微传感器，它把光信号转变为电信号输出。具体工作原理可从以下四个方面分别阐述。

1) 光电压结

光电压结示意图如图 1.3.5 所示。材料不同的两个半导体 A、B 中间用结连接，透光性较强的半导体基体 A 接收光子能量，两半导体连接处由于光压的作用产生电势差。产生的电势差可通过相应检测电路检测得到。

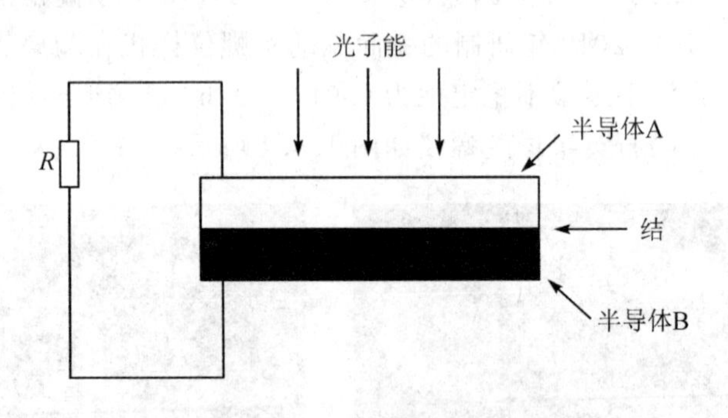

图 1.3.5 光电压结示意图

2) 光敏电阻

物质吸收了光子的能量产生本征吸收或杂质吸收，引起载流子浓度的变化，从而改变了物质电导率的现象称为光电导效应。利用具有光电导效应的材料(如 Si、Ge 等本征半导体与杂质半导体，以及 CdS、CdSe、PbS 等)可以制成电导率随入射光辐射量变化而变化的器件，这类器件被称为光电导器件。光敏电阻(光导管)是用光电导体制成的光电导器件，主要分为本征型和杂质型两类，其结构与分类如图 1.3.6 所示。

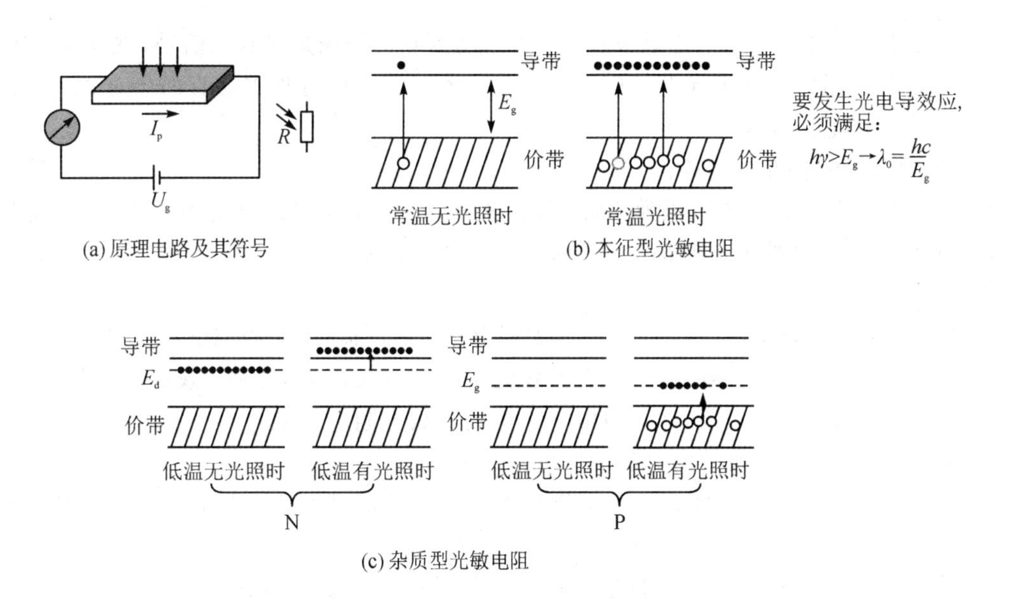

图 1.3.6　光敏电阻结构与分类示意图

光敏电阻的特点可概括为：光谱响应范围宽，尤其对红光和红外辐射有较高的响应度；偏置电压低，工作电流大；动态范围宽，既可测强光也可测弱光；光电导增益大，灵敏度高；无极性，使用方便等。

3）光电二极管

光电二极管是一种根据使用方式，能够将光转换成电流或者电压信号的光探测器。光电二极管与常规的半导体二极管基本相似，只是光电二极管可以直接暴露在光源附近，或通过透明小窗、光导纤维封装允许光到达器件的光敏感区域来检测光信号。

光电二极管的基础结构通常是一个 PN 结或者 PIN 结。当一个具有充足能量的光子冲击到二极管上，它将激发一个电子，从而产生自由电子(同时有一个带正电的空穴)。这样的机制也被称作内光电效应。如果光子的吸收发生在结的耗尽层，则该区域的内电场将会消除其间的屏障，使得空穴能够向着阳极的方向运动，电子向着阴极的方向运动，产生光电流。

光电二极管的关键性能参数主要包括：

(1) 响应率。响应率是指光电导模式下产生的光电流与突发光照的比例，单位为安培/瓦特(A/W)。响应特性也可以表达为量子效率，即光照产生的载流子数量与突发光照光子数的比例。

(2) 暗电流。在光电导模式下，当不接受光照时，通过光电二极管的电流被定义为暗电流。暗电流包括了辐射电流以及半导体结的饱和电流。

(3) 等效噪声功率(Noise Equivalent Power，NEP)。等效噪声功率是指能够产生光电流所需的最小光功率，与 1 Hz 时的噪声功率均方根值相等。与此相关的一个特性被称作探测能力(Detectivity)，它等于等效噪声功率的倒数。等效噪声功率大约等于光电二极管的最小可探测输入功率。

4）光电晶体管

光电晶体主要是指实现光电转化的功能晶体，如光学晶体、激光晶体、非线性光学晶体、电光晶体、压电晶体、闪烁晶体和磁光晶体等。它的作用是接收光信号，并转换为电信号。光电晶体管通常也称为光电三极管。光电晶体管的工作过程主要有两个方面：一是光电转换，二是光电流放大。

光电晶体管的特性主要有：

(1) 伏安特性。在偏置电压为零时，无论光照度多强，集电极电流都为零。偏置电压保证光电晶体管发射结处于正向偏置，集电结反向偏置。随着偏置电压增高，其伏安特性曲线趋于平坦。

(2) 时间响应(频率特性)。时间响应主要由充放电时间(光生载流子对发射极电容和集电极电容的充放电时间)、渡越时间(光生载流子渡越基区所需时间)、载流子收集时间(被收集到集电极的时间)、振荡时间(输出电路等效负载电阻与等效电容所构成的 RC 振荡时间)组成。通常硅光电三极管的时间响应可达 5～10 μs。

(3) 温度特性。光电晶体管的暗电流和光电流均随温度变化，由于光电晶体管具有电流放大功能，所以其受温度的影响比较大。

利用上述四种器件的工作原理制成的微光电传感器主要可以在压力、温度、电场、磁场、位移等物理量的测量方面得到应用，制成光位置传感器、色敏传感器、图像传感器、热释电传感器、光纤传感器等。图 1.3.7 至图 1.3.9 为典型的光学传感器及其基本原理。

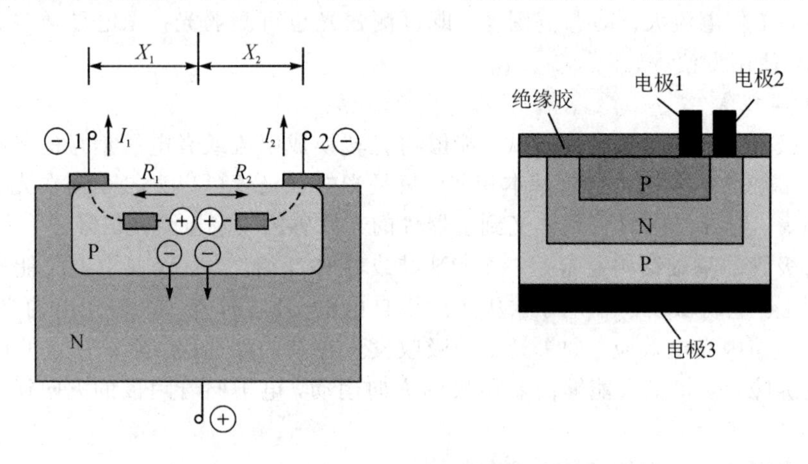

图 1.3.7　光位置传感器以及色敏传感器

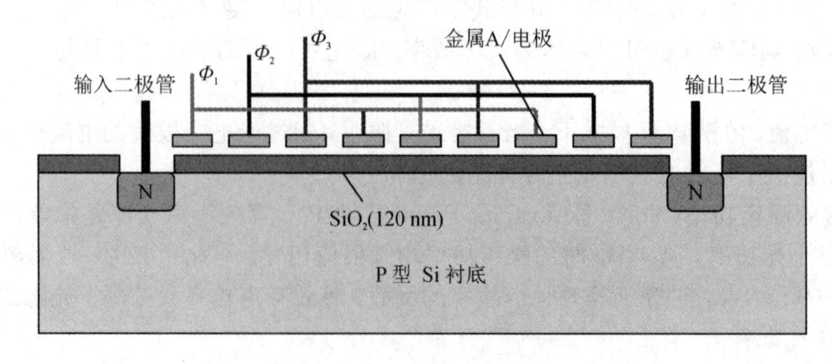

图 1.3.8　图像传感器

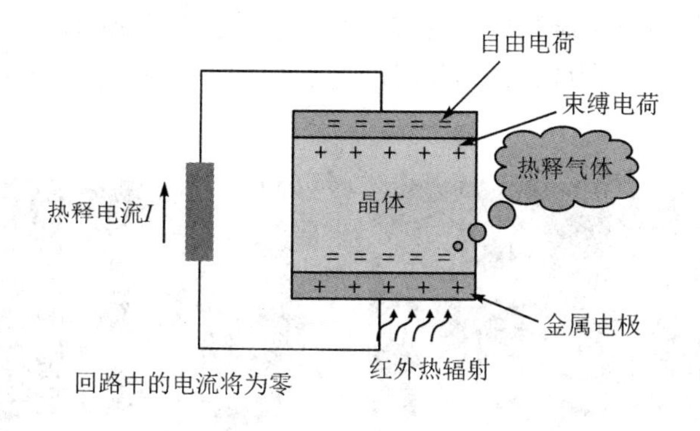

图 1.3.9　热释电传感器

3. 量子传感器

1）量子传感器的定义

量子理论的创立是 20 世纪最辉煌的成就之一，它揭示了微观物质的结构、性质和运动规律，把人们的视角从宏观领域引入到微观系统。一系列区别于经典系统的现象，如量子纠缠、量子相干、不确定性等被发现。同时，量子理论和量子方法还被应用到化学反应、基因工程、原子物理、量子信息等领域。

近年来量子信息学的发展，使得对微观对象量子态的操纵和控制变得越来越重要。用量子控制的理论和方法来解决量子态的控制问题，量子控制论就是在这一过程中产生的。量子控制论是研究微观世界系统量子态的控制问题的学科，量子传感器可用于解决量子控制中的检测问题。

在经典控制中，测量过程由各种测量仪表完成，其中的变换过程一般由相应的测量传感器完成。测量仪表可以由若干个传感器以合适的方式连接而成，共同完成变换、选择、比较和显示功能。与经典控制中一样，量子控制中测量的关键也是被测量和标准量的比较。而量子控制中的可观测量与量子力学中的相应自共轭算符对应，量子系统状态的直接测量一般不易实现，需要把被测量按一定的规律转变为便于测量的物理量，进而实现量子态的间接测量。这一过程可以通过量子传感器完成。

所谓量子传感器，可以从两方面加以定义：

(1) 利用量子效应、根据相应量子算法设计的、用于执行变换功能的物理装置。

(2) 为了满足对被测量进行变换，某些部分细微到必须考虑其量子效应的变换元件。

不管从哪个方面定义，量子传感器都必须遵循量子力学规律。可以说，量子传感器就是根据量子力学规律、利用量子效应设计的、用于对系统被测量进行变换的物理装置。与蓬勃发展的生物传感器一样，量子传感器应由产生信号的敏感元件和处理信号的辅助仪器两部分组成，其中敏感元件是传感器的核心，它利用的是量子效应。随着量子控制研究的深入，对敏感元件的要求将越来越高，传感器自身的发展也有向微型化、量子型发展的趋势，量子效应将不可避免地在传感器中扮演重要角色，各种量子传感器将在量子控制、状态检测等方面得到广泛应用。激光场、磁场、电场等都可作为量子传感器执行变换功能的工具[5]。

图 1.3.10 为美国 NIST 研制成功的芯片级原子磁强计和原子钟。图中，1 为垂直腔表面发射激光器(VCSEL)；2 为包含玻璃隔板的光学封装；3 为集成了加热器的原子气室；4 为光电探测器。

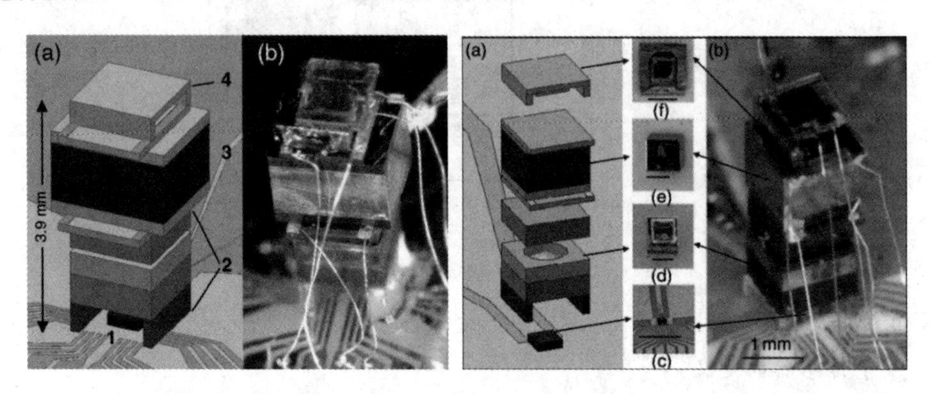

图 1.3.10 芯片级原子磁强计和原子钟设计与实物图

实验已经证明，量子传感器在针对重力、旋转、电场和磁场等方面的灵敏度要远远超过常规技术，而现在努力的方向就是使它们更加耐用、便携。在太空中，冷原子传感器可以通过检测引力波及验证爱因斯坦的理论来实现新的科学突破。常规性地球遥感观测也可以通过精确重力测量来实现，监测的范围包括地下水储量、冰川及冰盖的变化。量子传感器相比于传统产品则实现了性能上的“大跃进”：在灵敏度、准确率和稳定性上都有了不止一个量级的提高。正因如此，它的应用场景也变得更加多样，在航空航天、气候监测、建筑、国防、能源、生物医疗、安保、交通运输和水资源利用等尖端领域都实现了量子传感器的商业化应用。而量子传感器的发展并非是一项技术上的单点突破，它带动的是整个生态系统的建立和完善，从工程测量到数据可视化解析，各领域即将涌现的大量工作机会都表明这一趋势已经越来越清晰[6]。

2) 量子传感器的性能品质

量子传感器的性能品质主要根据以下五个参数进行考量。

(1) 非破坏性。在量子控制中，由于测量可能会引起被测系统波函数约化，同时，传感器也可能引起系统状态变化，因此，在测量中，要充分考虑量子传感器与系统的相互作用。因为量子控制中的状态检测与经典控制中的状态检测存在本质上的不同，测量可能引起的状态波函数约化过程暗示了对状态的测量已经破坏了状态本身，因此，非破坏性是量子传感器应重点考虑的方面之一。在进行实际检测时，可以考虑将量子传感器作为系统的一部分，或者作为系统的扰动，将传感器与被测对象相互作用的哈密顿量考虑在整个系统状态的演化中。

(2) 实时性。量子控制中测量的特点，特别是状态演化的快速性，使得实时性成为量子传感器品质评价的重要指标。实时性要求量子传感器的测量结果能够较好地与被测对象的当前状态相吻合，必要时能够对被测对象量子态演化进行跟踪，在设计量子传感器时，要考虑如何解决测量滞后问题。

(3) 灵敏性。由于量子传感器的主要功能是实现对微观对象被测量的变换，要求对象微小的变化也能够被捕捉，因此，在设计量子传感器时，要考虑其灵敏度能够满足实际要求。

(4) 稳定性。在量子控制中，被控对象的状态易受环境影响，量子传感器在探测对象量子态时也可能引起对象或传感器本身状态的不稳定，解决的办法是引入环境工程的思想，考虑用冷却阱、低温保持器等方法加以保护。

(5) 多功能性。量子系统本身就是一个复杂系统，各子系统之间或传感器与系统之间都易发生相互作用，实际应用时总是期望减少人为影响和多步测量带来的滞后问题，因此，可以将较多的功能，如采样、处理、测量等集成在同一量子传感器上，并将合适的智能控制算法融入其中，设计出智能型的多功能量子传感器。

4. 生物传感器

生物传感器[7]是以固定化生物活性物质(酶、蛋白质、微生物、DNA 及生物膜等)作敏感元件与适当的物理或化学换能器有机结合而组成的一种先进分析检测工具或系统。它可以将生化信号转化为数量化的电信号。生物传感器主要由两部分组成，一部分是生物分子识别元件(感受器)，一部分是信号转换器(换能器)，主要包括电化学电极、光学检测元件、热敏电阻等。

生物传感器的工作原理如下：待测物质经扩散作用进入分子识别元件(生物活性材料)，经分子识别作用与分子识别元件特异性结合，发生生物化学反应，产生的生物学信息通过相应的信号转换元件转换为可以定量处理的光信号或电信号，再经电子测量仪的放大、处理和输出，即可达到分析检测的目的。

与传统的分析方法相比，这种新的检测装置具有以下特点：体积小、响应快、准确度高，可以实现连续在线检测；一般不需进行样品的预处理，样品中被测组分的分离和检测可同时完成，使整个测定过程简便迅速，容易实现自动分析；可进行活体分析；成本远低于大型分析仪器，便于推广普及。

生物传感器有许多种分类方式：根据生物活性物质的类别，生物传感器可以分为酶传感器、免疫传感器、DNA 传感器、组织传感器和微生物传感器等；根据检测原理，生物传感器可分光学生物传感器、电化学生物传感器及压电生物传感器等；按照生物敏感物质相互作用的类型，可分为亲和型和代谢型两种；此外，还可根据所监测的物理量、化学量或生物量而命名为热传感器、光传感器、胰岛素传感器等。

经过近 40 年的发展历程，尽管目前已研制出了许多种生物传感器，但由于生物活性单元具有不稳定性和易变性等缺点，因此生物传感器的稳定性和重现性还较差，所以，生物传感技术尚处于起步阶段。21 世纪是生物经济时代，随着生物学、信息学、材料学和微电子学的飞速发展，生物传感器作为生物技术支撑和关键设备之一，也必然会得到极大的发展。可以预见，未来生物传感器将具有以下特点：

(1) 功能多样化：未来的生物传感器将进一步应用到医疗保健、疾病诊断、食品检测、环境监测、发酵工业等各个领域。

(2) 小型化：随着微电子机械系统技术和纳米技术不断深入到传感技术领域，生物传感器将趋于微型化，各种便携式生物传感器的出现使人们可以在家中进行疾病诊断，在市场上直接检测食品将成为可能。

(3) 智能化与集成化：未来的生物传感器与计算机结合得更紧密，实现自动化的检测系统，随着芯片技术越来越多地进入生物传感器领域，以芯片化为结构特征的生物芯片系统将实现检测过程的集成化、一体化。

(4) 低成本、高灵敏度、高稳定性和高寿命：生物传感器技术的不断进步，必然要求不断降低产品成本，提高灵敏度、稳定性和延长寿命。这些特性的改善也会加速生物传感器市场化、商品化的进程。

(5) 与其他分析技术联用：生物传感器将不断与其他技术联用，如流动注射技术、色谱等，互相取长补短。

1.4 新型微机电系统典型工艺

微机电系统(包括微光机电系统)源于微电子加工技术，是集微机械制造、传感、致动及微控制于一体的系统，属于多学科交叉的高科技领域，目前其工艺有三大支撑技术：硅微机械加工技术、LIGA 技术和特种超精密微机械加工技术。随着技术的发展，CMOS 与 MEMS 的混合集成工艺、柔性制造工艺以及微组装工艺在 MEMS 的发展中占据越来越重要的地位。

1. 硅微机械加工技术

硅微机械加工技术源于微电子加工技术，它将传统的微电子加工技术由二维的平面加工发展为三维的立体加工，从加工的方式来划分，可分为体微加工工艺和表面微加工工艺两类。该技术的优点是可以充分利用微电子工艺中大量成熟的工艺技术，缺点是加工出的微结构深度比较浅。

体微加工(Bulk Micromachining)技术指通过光刻和化学刻蚀去除部分基体或衬底材料，从而得到所需要元件的体构形。该技术主要包括硅的湿法和干法刻蚀工艺。湿法刻蚀工艺主要是采用不同的刻蚀溶液对单晶硅进行各向异性或各向同性刻蚀，其刻蚀深度可达几百微米。干法刻蚀工艺主要采用了电感耦合等离子体(Inductively Coupled Plasma，ICP)深层刻蚀工艺，采用了侧壁钝化工艺和高浓度的等离子体，其特点是刻蚀速率高，获得的微结构侧壁陡直，具有较高的深宽比。

表面微加工(Surface Micromachining)技术指利用微电子技术中的工艺如氧化、溅射、光刻、刻蚀、电铸、淀积等把 MOEMS 的“机械”(运动或传感)部分沉积于硅衬底的表面，然后再通过有选择性的刻蚀去除牺牲层，使结构层与硅衬底部分分离，从而得到可运动的机构。其特点是获得的微结构由淀积在硅表面上的材料构成，其厚度一般为几微米，材料主要是由多晶硅、氮化硅和氧化硅等组成。该技术主要包括结构层和牺牲层的制备与刻蚀，目前正向着多层化发展，美国 Sandia 国家实验室已经开发出了五层结构，其工艺难点是化学机械抛光(Chemical Mechanical Polishing，CMP)技术和多晶硅应力控制技术。

2. LIGA 与准 LIGA 技术

LIGA 是德文中光刻(Lithographie)、电铸(Galvanoformung)和注塑(Abformung)三个单词的缩写。LIGA 技术是利用 X 射线光刻技术，通过电铸成型和注塑成型深层微结构的方法，是一种崭新的微机械加工方法。其特点是可以加工出深宽比较大的微结构，并且使用的材料非常广泛；缺点是与微电子工艺的兼容性差。由于X射线同步辐射光源成本昂贵，因此，采用紫外光源的“准LIGA技术”得到了广泛的应用，且适用于对垂直度和深度要求不高的微结构加工。

综上，微机电系统的主要加工工艺如图1.4.1所示。

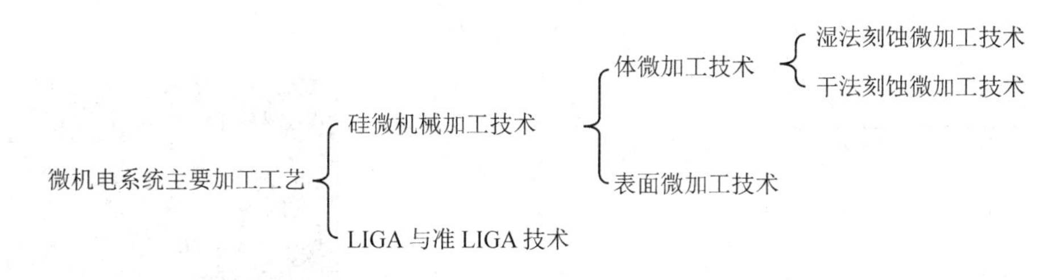

图1.4.1　微机电系统主要加工工艺[8]

3. MEMS与CMOS IC的集成

与CMOS IC集成化一直是MEMS研究领域中的热点问题，实现电路与结构的完全集成可以提高微机械器件的性能，降低加工、封装的成本。微系统三维集成技术已形成MEMS和IC异构的3D集成、具有插入器的SiP(封装中的微系统)3D集成和异质3D集成等发展路径，近几年在成像传感、光集成微系统、惯性传感微系统、射频微系统、生物微系统、逻辑微系统等方面的应用创新和可靠性研究有长足进步。

虽然MEMS是在IC的基础上发展起来的，但二者的集成却充满了挑战。首先，在技术层面上，MEMS的三维可动结构需要用特殊的工艺技术或工艺步骤实现，电子器件与机械结构的性能需要不同的工艺处理进行优化，这些加工方法或工艺步骤不可避免地存在不兼容或冲突的地方。例如，对于表面牺牲层工艺，工艺之间存在温度的兼容性问题：形成和优化微机械结构的LPCVD多晶硅和退火等高温工艺会对电子器件的金属、电阻和聚合物等产生不利影响；反过来，任何在可动微加工形成之后的工艺都可能对这些结构造成严重的破坏。其次，在产业化层面上，集成化是否真的可以降低成本，提高产品的竞争力一直存在争议。将IC与MEMS加工在同一个芯片上，固然可以减小芯片的总面积，节省一次封装，但这些所带来的成本优势却可能被以下的负面效应所抵消：

(1) 降低集成芯片的成品率。通常来说，CMOS的掩膜版数和加工步骤都远多于MEMS工艺，一个好的集成工艺可能只需要增加很少的光刻等工艺步骤就可以将MEMS集成在芯片上，但这仍然会造成成品率的显著下降。这会使集成芯片的成品率低于两片封装式产品的成品率。

(2) 提高单位面积的成本。MEMS器件对特征尺寸的要求往往不高，但所占用的面积却远大于IC的面积。采用加工高昂的先进的IC生产线(如45 nm工艺)去加工大面积MEMS器件显然会提高单位面积的成本。

(3) 涉及多工艺。MEMS所涉及的种类广泛，加工工艺也五花八门，难以找到普适的集成解决方案。每一个单步的工艺的改变都可能对整个工艺产生牵一发动全身的影响。工艺开发成本高昂。

(4) 集成式方案研发周期长。从产品研发的角度来看，两片式方案可以分别设计和加工 MEMS 器件与处理电路，甚至使用已有 IC 芯片，而集成式方案则需要一起设计和加工。后者的研发周期显然更长，成本也会更高。

(5) 技术兼容性不足。由于技术上的兼容性问题，集成式芯片中的 MEMS 器件和 IC 在性能方面通常需要折中考虑，这在一定程度上会抵消集成所带来的性能优势[2]。

图 1.4.2 和图 1.4.3 是两种典型的 MEMS 与 IC 集成工艺。

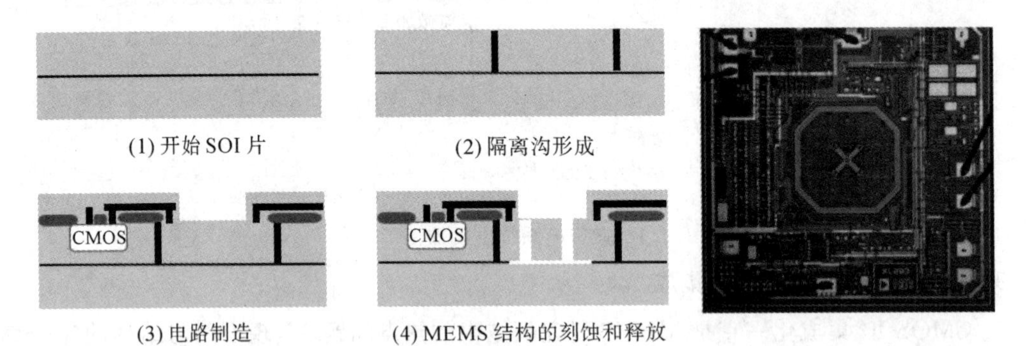

图 1.4.2　集成 SOI MEMS 工艺

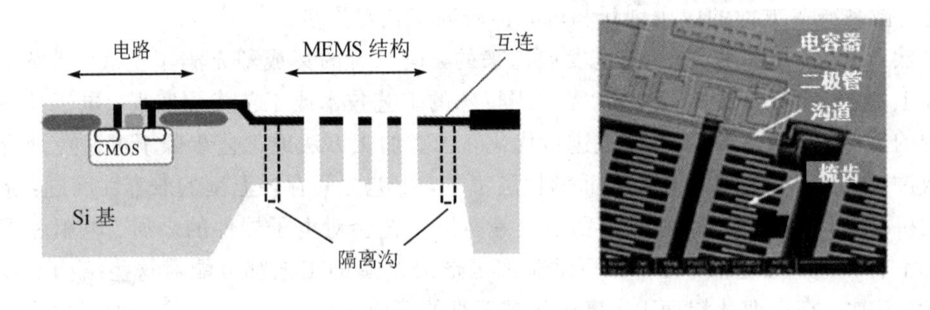

图 1.4.3　体硅单片集成技术

4. 微装配技术

微装配是指在微小误差范围内对毫米以下、微米以上尺寸的微零件的装配。在结构复杂的 MEMS 生产中，微装配技术的使用能够降低生产成本，提高生产效率。另外，使用最合适的材料和微细加工方法生产的零件能获得最佳的性能，相应地也提高了 MEMS 的整体性能。

1) 微装配技术的特点

目前针对微米级的操作和装配问题，主要有两种改进方法：一种是用带有超精密控制系统的一般操作手和系统；另一种是将操作手微型化。微装配技术的主要特点是：

(1) 定位精度高。在微装配中，被装配的零件尺寸通常都是从 1 μm 到 1 mm。因此，微装配中的定位精度通常为亚微米，远远超出现代工业中传统开环精密装配设备能力。

(2) 工具性能限制。显微镜景深有限和其他传感能力的缺失限制了对被装配零件的状态反馈。高分辨的需求要求显微镜具有高的光学放大倍数，这限制了显微镜的视场和景深，以至很难获得微器件的完整信息。

(3) 操作难以控制。一些力(静电力、范德华力、表面张力等)的作用机理尚未被人们完全理解，不易控制。

2) 微装配系统的组成和工作流程

图 1.4.4 为自动微装配系统原理图。

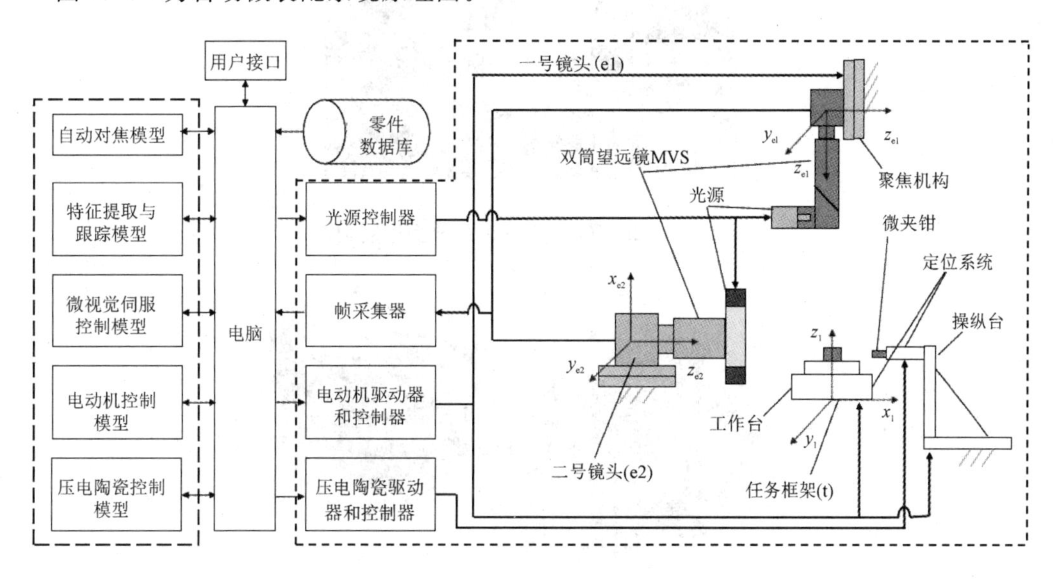

图 1.4.4 自动微装配系统原理图

典型微装配系统主要由显微视觉模块、承载模块、微加持操作模块以及控制驱动模块等组成。工作流程如下：

(1) 自动对焦，主要完成显微视觉模块的视场调焦。

(2) 检测器件，主要应用对焦好的显微视觉模块完成器件的查找和清晰度调节。

(3) 识别器件，主要完成器件关键特征在图像中的坐标确定。

(4) 加持定位，主要完成加持模块的工作启动、坐标定位、零件操作等功能。

(5) 特征提前，主要利用对焦、加持以及控制等模块完成零件的特征提取、功能操作等动作，完成微装配流程。

(6) 复位，主要完成器件释放、加持模块复位以及系统复位等功能。

图 1.4.5 和图 1.4.6 分别为法国 FEMTO - ST 学院的典型微装配系统以及德国 Karlsruhe 大学的微机器人 Miniman。图 1.4.5 所示的微装配系统由一个具有两个线性运动自由度和一个旋转运动自由度的定位平台、一个具有两个线性运动自由度的微操作手、一个光轴垂直布置的显微视觉系统(Microscopic Vision System，MVS)和一个光轴与任务坐标系 z 轴成 45°的显微视觉系统组成。图 1.4.5 左下角是装配区域的局部放大图。图 1.4.6 中的微机器人由压电陶瓷驱动，运动分辨率可达到 10～20 nm。这些微机器人既可以进行高精度操作又可以进行长距离压电驱动，可在光学显微镜或扫描电镜下工作。

图 1.4.5　FEMTO - ST 学院的典型微装配系统

图 1.4.6　微装配系统中的微机器人 Miniman Ⅲ(左)和 Miniman Ⅳ(右)

3) 微装配技术的发展趋势

随着微细加工技术等半导体集成电路工艺的发展，微装配和微操作技术还需在以下方面进行改进，以适应技术发展：

(1) 微器件操作需要在视觉反馈、微夹持、控制与驱动等关键技术方面取得突破，以达到更高的精度。

(2) 微观领域中的特殊现象及其物理机制仍需不断深入研究探讨，如微机械黏附等。

(3) 需开发更加简便、廉价的微器件加工设备，融合微电子、材料、机械、计算机等多学科技术解决微观装配领域的问题。

1.5　新型 MEMS 与器件发展趋势

目前微系统技术已经在各行各业得到了广泛的应用，带动军用及民用产业快速发展，助力相关产业转型升级。目前微系统已经逐渐从“三高”向“三微”方向转变，即从高精度、高速度、高质量向微型化、微细化、微纳化方向发展。可以预想未来有两大发展趋势：

(1) 执行器与传感器功能集成和一体化。功能集成包含结构集成和自感知执行器两个层次，具有体积小、重量轻、结构紧凑、实现真正同位控制等优点，能够在器件的致动过程中提取出独立于任何执行器控制信号的待检测信号。

(2) 向物性型发展。新的功能材料和智能材料不断发展，如未来非铅系列压电陶瓷、纳米压电材料、以 Cu-Al-Ni 为代表的多种形状记忆合金材料、超磁致伸缩材料、仿生智能材料、以 Si 和 Ge 为代表的功能半导体材料将应用于微系统，成为促进微系统向"三微"方向转型的重要技术基础。

参考文献

[1] 李晨，张鹏，李松法. 芯片级集成微系统发展现状研究[J]. 中国电子科学研究院学报，2010，5(01)：1-10.

[2] 李志宏. 微纳机电系统(MEMS/NEMS)前沿[J]. 中国科学：信息科学，2012，42(12)：1599-1615.

[3] 李晓阳，王伟魁，汪守利，等. MEMS 惯性传感器研究现状与发展趋势[J]. 遥测遥控，2019，40(06)：1-13+21.

[4] 卞玉民，胡英杰，李博，等. MEMS 惯性传感器现状与发展趋势[J]. 计测技术，2019，39(04)：50-56.

[5] 董道毅，陈宗海，张陈斌. 量子传感器[J]. 传感器技术，2004(04)：1-4+9.

[6] 孙柏林，刘哲鸣. 量子技术与仪器仪表[J]. 仪器仪表用户，2019，26(03)：99-102.

[7] 马莉萍，毛斌，刘斌，等. 生物传感器的应用现状与发展趋势[J]. 传感器与微系统，2009，28(04)：1-4.

[8] 周易，纪引虎. 微光机电系统制造工艺综述[J]. 航空精密制造技术，2008(02)：1-3.

第二章 MEMS 惯性器件及系统

2.1 MEMS 惯性器件及系统概述

微机电系统(MEMS)一般是由微机械传感器、微执行机构和微电子电路组成的微型系统[1]。广义上说，传感器(Sensor)是一种能把物理量或化学量转换成便于传输的电信号的器件或装置，因此在某些领域也将传感器称为换能器、检测器或探测器等。惯性是指物体具有保持原有运动状态的属性，物体所具有的这种属性也称为惯性定律(牛顿第一定律)，即所有物体始终保持静止或匀速直线运动状态，除非作用于它的力迫使它改变这种状态。

惯性传感器(Inertial Sensor)是依据惯性定律和测量技术感受载体运动的角速度和线加速度，并通过算法进一步获取运动载体姿态、位置的敏感装置。针对其测量目标，惯性传感器在控制技术领域包含角速度陀螺和线加速度计两大类。

目前，基于 MEMS 惯性器件导航、制导系统的研究十分活跃，其成果逐渐开始应用到汽车工业、生物医学工程、航空航天、精密仪器、移动通信、国防科技等领域，并展现出极大的发展潜力。

单晶硅是微电子行业中最广泛使用的材料，它具有优异的电子特性，可以很方便地被加工成微电子器件；同时具有优异的机械性能，在弹性模量上，硅与铁或钢的弹性模量相当[2]。本章主要介绍基于 MEMS 工艺的硅基微惯性器件。硅微惯性器件相比于传统传感器有如下特点：

(1) 体积小、质量轻。结合 MEMS 技术，微机械传感器的敏感元件尺寸能够实现从毫米级到微米级，这使得微惯性传感器整体尺寸大大减小，重量一般在几克到几十克之间。图 2.1.1 是 2010 年美国 Endevco 公司生产的 7270A 系列压阻式高量程 MEMS 加速度传感器，整体封装后其重量为 1.6 g[3]。

图 2.1.1 Endevco 7270A 压阻式高量程 MEMS 加速度传感器

(2) 成本低。硅来源于大自然中极其丰富的原料——石英，因此材料本身具备成本低的优势。

(3) 可批量化生产。利用微加工工艺可以在硅片上制作微惯性器件，当采用成熟的工艺大批量生产时，成品率很高，单个器件的成本相对低廉。

(4) 可靠性好。将惯性器件和电子线路集成在同一芯片上，提升了信号传输质量，降低了器件功耗和成本，减小了封装体积，提高了器件的集成度和可靠性。

(5) 易于数字化和智能化。硅微机械惯性器件可以做成频率式输出形式，能对输出信号进行全数字处理，消除了因A/D转换引入的误差，同时也便于应用微处理器进行信号处理，对输出信号进行补偿。

(6) 测量范围大。MEMS微加速度计检测质量很小，可以用来进行高 g_n 的测量，国内204所研制的988型压电加速度计[4]工作量程为100 000g_n。

2.2 MEMS加速度计

MEMS加速度计又被称为微机械加速度计和硅微加速度计，它感测加速度的原理遵从牛顿第二定律。微机械加速度计可以等效为质量块、弹簧和阻尼器的二阶弹簧阻尼系统[5]，等效结构如图2.2.1所示。质量块会受到输入加速度引起的惯性力的作用，在敏感方向上产生位移，当有加速度输入时，系统的动态方程为

$$m\frac{d^2x}{dt^2}+c\frac{dx}{dt}+kx=ma \tag{2.2.1}$$

式中，m 为质量，x 为位移，c 为阻尼系数，k 为弹簧弹性系数。md^2x/dt^2 表示加速度下的惯性力，cdx/dt 表示系统的阻尼力，kx 表示悬臂梁的弹性力。

位移大小与加速度大小成正比，通过测量质量块的位移，即可得到被测物的加速度。

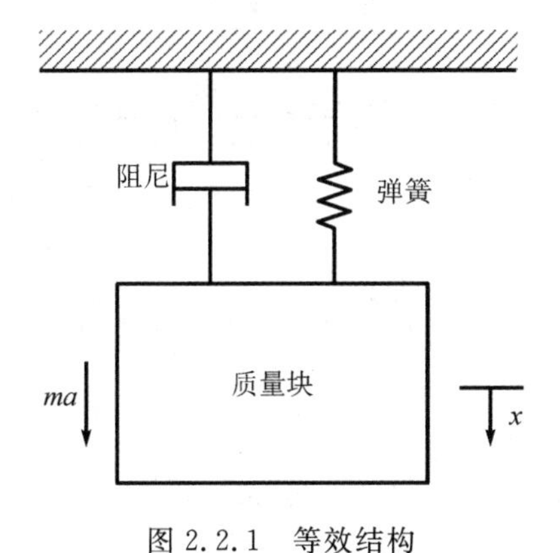

图2.2.1　等效结构

2.2.1　电容式加速度计

1. 工作原理

电容式传感器是把被测量转换为电容量变化的一种参量型传感装置，基于平板电容器，一对平行极板组成的电容器的电容量为

$$C = \frac{\varepsilon\varepsilon_0 A}{d} \tag{2.2.2}$$

式中，C 为电容量，ε、ε_0 分别为电容极板间介电常数和真空介电常数，A 为平行极板正对面积，d 为两平行极板之间的距离。除 ε_0 外其余三个参数 ε、A、d 的变化都会引起电容量 C 的变化，因此可通过改变其中任何一个参数，制成三种不同类型的电容式传感器：介质变化型、极距变化型、面积变化型[6]。特别值得注意的是，微机械电容式加速度计一般不采用介质变化型工作原理。

如图 2.2.2 所示，极距变化型电容式传感器的检测原理是改变动极板与定极板之间的间距，从而改变电容值。中间极板为可动极板，与上下两侧固定在基底上的固定电极形成差分电容对。

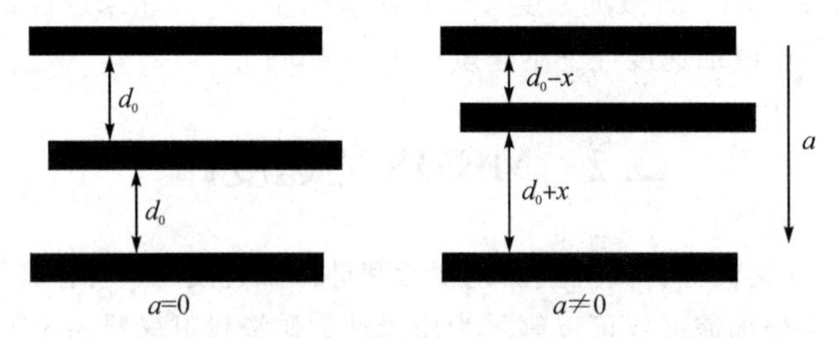

图 2.2.2　极距变化型电容式传感器检测原理

当外界加速度为 0 时，可动极板未发生移动，可动电极位于两固定电极的中间位置，初始电容为

$$C_1 = C_2 = C_0 = \frac{\varepsilon\varepsilon_0 A}{d_0} \tag{2.2.3}$$

式中，C_1、C_2 分别是上下两部分的电容值，由于可动电极未发生移动，因此电容 C_1、C_2 相等，未产生电容变化量。当施加一个外界加速度到结构上时，由于存在惯性力，可动电极会随着敏感方向反方向偏移，距离为 x，电容变为

$$C_1 = \frac{\varepsilon\varepsilon_0 A}{d_0 - x} = \frac{\varepsilon\varepsilon_0 A}{d_0}\left(\frac{1}{1-\dfrac{x}{d_0}}\right) \tag{2.2.4}$$

$$C_2 = \frac{\varepsilon\varepsilon_0 A}{d_0 + x} = \frac{\varepsilon\varepsilon_0 A}{d_0}\left(\frac{1}{1+\dfrac{x}{d_0}}\right) \tag{2.2.5}$$

此时总电容变化量为

$$\Delta C = C_1 - C_2 = \varepsilon\varepsilon_0 A\left(\frac{1}{d-x} - \frac{1}{d+x}\right) \tag{2.2.6}$$

对上式进行泰勒展开，当 x 远小于 d_0 时，略去高阶小项，上式可转化为

$$\Delta C = 2C_0\,\frac{x}{d_0} \tag{2.2.7}$$

从而可知动极板的位移 x 与电容改变量呈线性关系，再结合牛顿第二定律可以得到电容量变化量与加速度值的关系。

面积变化型加速度计的检测原理是通过运动使两相对电极的正对面积改变，从而改变电容值[7]。如图 2.2.3 所示，上面两部分为固定电极，下面的为可动电极。两电极板的间距不变，恒为 d_0，而电极的正对面积发生改变。

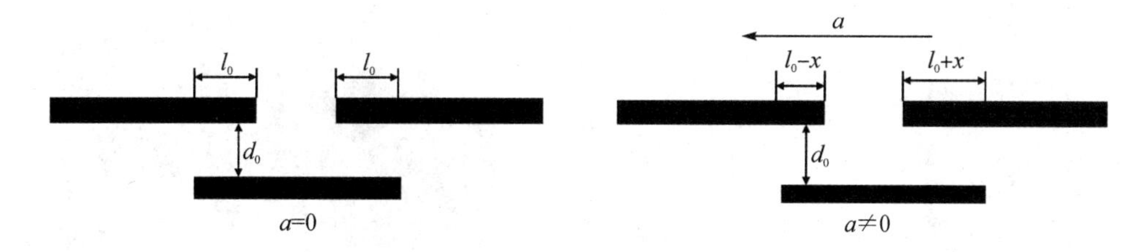

图 2.2.3　面积变化型电容式传感器检测原理

当未对加速度计结构施加外界加速度时，$a=0$，此时两极板间初始电容为

$$C_1 = C_2 = C_0 = \frac{\varepsilon\varepsilon_0 l_0 w}{d_0} \tag{2.2.8}$$

式中，l_0 为电极正对部分长度，w 为两电极的正对宽度，C_1、C_2 为左、右电容。由于敏感结构部分位置未发生改变，所以此时电容 C_1 和 C_2 相等，未产生电容变化量。当加速度计结构受到外界加速度计的作用时，下极板向反方向运动，使极板正对面积发生改变，此时两电极板间电容变为

$$C_1 = \frac{\varepsilon\varepsilon_0 (l_0 - x) w}{d_0} \tag{2.2.9}$$

$$C_2 = \frac{\varepsilon\varepsilon_0 (l_0 + x) w}{d_0} \tag{2.2.10}$$

电容变化量为

$$\Delta C = C_2 - C_1 = \frac{2\varepsilon\varepsilon_0 w x}{d_0} \tag{2.2.11}$$

同样，结合牛顿第二定律可以得到电容变化量与输入加速度值的关系。

2. 典型器件及制备技术

1）梳齿结构

2012 年，清华大学精密仪器与机械学系制作出一种三个轴向均具有抗过载能力的电容式加速度计[8]，采用体硅加工技术，利用四根 U 形梁和两根悬臂梁将敏感质量块悬挂于衬底上。同时在 U 形梁连接的锚点上制作圆柱形阻挡块和矩形阻挡块，用于分别限制质量块在 x 方向和 y 方向的位移。该加速度计的结构简图和 SEM 照片如图 2.2.4 所示，其结构参数和抗过载能力详见表 2-2-1。

表 2-2-1　加速度计结构参数和抗过载能力

	x 方向	y 方向	z 方向
刚度/(N/m)	158	4478	14 430
阻挡块面积/μm^2	1800	600	—
抗过载幅值/g	6000	5000	3000

2014 年，清华大学在此基础上又设计了一种三轴向抗冲击的电容式闭环微机械加速度计[9]，提出在敏感方向使用悬臂梳齿结构作为柔性缓冲止挡结构，以缓解冲击过程中微结构间的接触碰撞。在非敏感方向采用结构模态和阻尼分离设计，可减小冲击变形，耗散冲

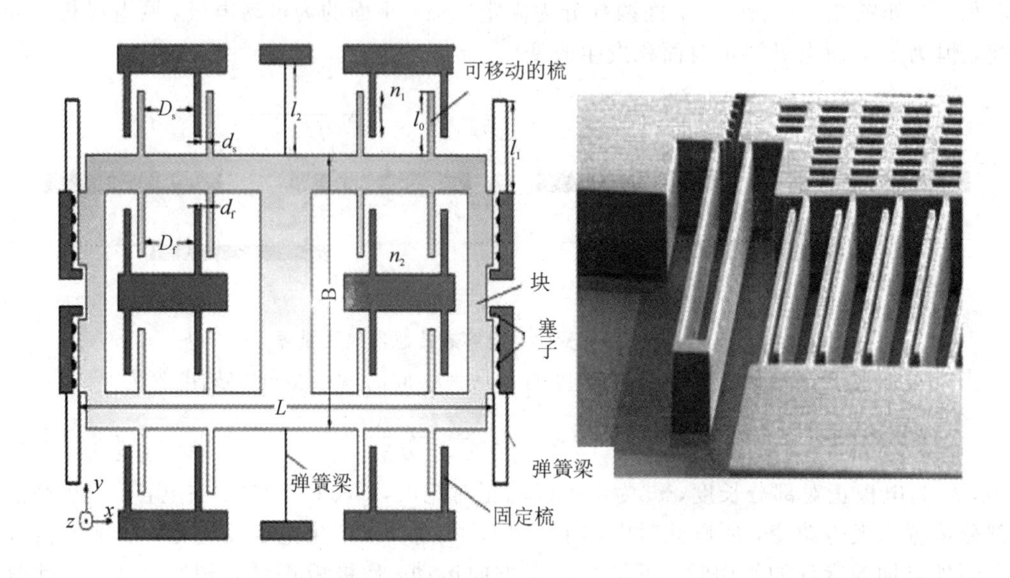

图 2.2.4　加速度计结构简图和 SEM 照片

击能量。马歇特锤冲击实验表明，该加速度计 3 个轴向能够分别承受幅值为 13 200g_n，脉宽约 102 μs 的加速度冲击。在±10g_n 的非线性优于 500×10^{-6}。同年该团队又设计了一种基于双级柔性止挡结构加速度计[10]，相较于前者，提出了一种双级联止动装置，着重解决了前者在高频冲击下失效的问题。两种结构的加速度计显微镜照片如图 2.2.5 所示。

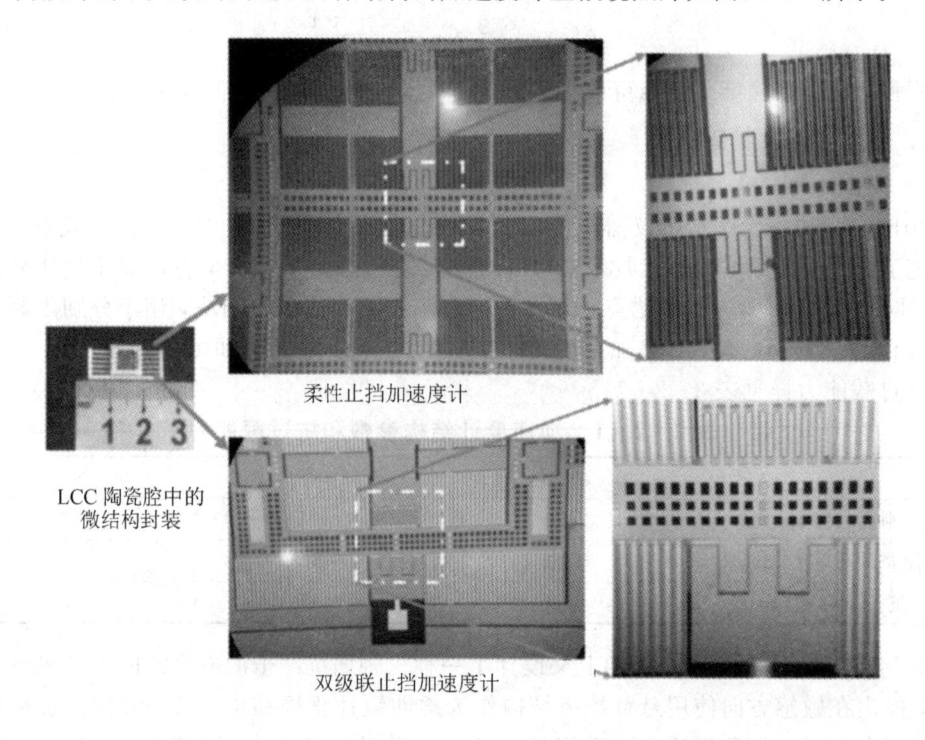

图 2.2.5　柔性止挡和双级联止挡加速度计的显微镜照片

在制备工艺方面，上述两种加速度计都是基于SOG体硅工艺制备而成的，如图2.2.6所示。（读者可用手机扫描图片旁边二维码观看彩色原图，以弥补黑白印刷不能体现图片细节特征的缺憾。）

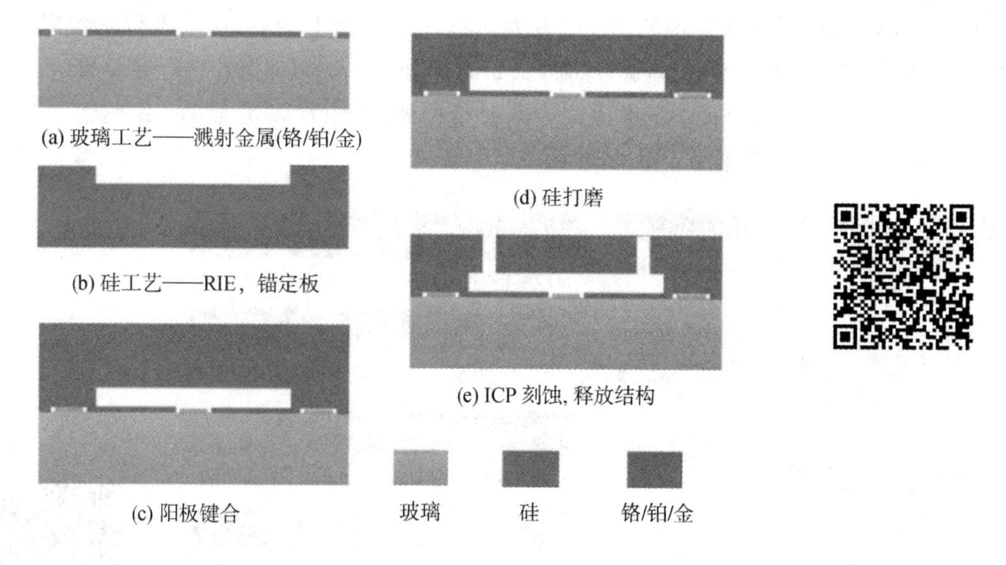

图2.2.6　加速度计工艺流程设计

主要工艺流程概括为：

（1）在厚度约500 μm的Pyrex7740#玻璃片上溅射多层金属，形成金属导线和电极。

（2）利用反应离子刻蚀（Reactive Ion Etching，RIE）技术在硅片表面进行刻蚀深槽，形成键合锚点，键合台高度为20 μm。

（3）玻璃-硅阳极键合。

（4）使用机械磨抛或化学腐蚀方式进行硅片减薄，减薄后硅结构层厚度为80 μm。

（5）利用感应耦合等离子体（ICP）技术刻蚀深硅结构，释放形成可动结构。

2）“三明治”结构

2017年，北京航天控制仪器研究所胡启方等人研制出一种采用圆片级真空封装的全硅MEMS“三明治”电容式加速度计[11]，其具有温度特性好、封装体积小、成本低的优点。“三明治”加速度计的腔体内封装了压力为200 Pa的高纯氮气，测试结果表明：该加速度计闭环输出灵敏度为0.575 V/g_n，零位误差为0.43g_n。加速度计加工以及圆片级真空封装方法如图2.2.7所示。

硅盖板的加工采用N型(100)双面抛光单晶硅片。首先对硅片进行热氧化生长3 μm厚的SiO_2，如图2.2.7(a)所示。热氧化后，使用BHF对正面的SiO_2进行图形化，使用KOH溶液，以SiO_2为掩膜进行硅的深槽腐蚀，形成键合区，如图2.2.7(b)所示。在硅腐蚀工艺完成之后，在硅片背面进行光刻，并且使用BHF湿法腐蚀将硅片背面的SiO_2进行图形化，利用BHF溶液腐蚀盖板上质量块对应区域的SiO_2，余厚为0.8 μm，如图2.2.7(c)所示。

在键合区和质量块对应区域进行第二次SiO_2腐蚀，形成用于放置Au焊料环的SiO_2凹槽以及SiO_2纵向防过载凸点，如图2.2.7(d)所示。在SiO_2腐蚀工艺之后，通过磁控溅射工艺在晶片背面上生长1 μm厚的Au层，并通过光刻以及碘化钾腐蚀将Au层图形化，

Au 环嵌套于 SiO_2 槽中，如图 2.2.7(e)所示。最后，通过 ICP 蚀刻硅工艺使电极盖板穿通，如图 2.2.7(f)所示。

采用 N 型(100)双抛光单晶硅片进行硅摆片的加工，如图 2.2.7(g)所示，通过三步 KOH 腐蚀实现梁-质量块结构的加工。首先对硅片正反面上的 SiO_2 层进行三次光刻以及 BHF 腐蚀得到台阶化的 SiO_2 掩膜，如图 2.2.7(h)所示。中间硅摆片键合区位置的 SiO_2 厚度最大，质量块区域的 SiO_2 厚度次之，悬臂梁位置的 SiO_2 厚度最薄，结构释放区域的 SiO_2 则被完全腐蚀去除干净，露出硅层。

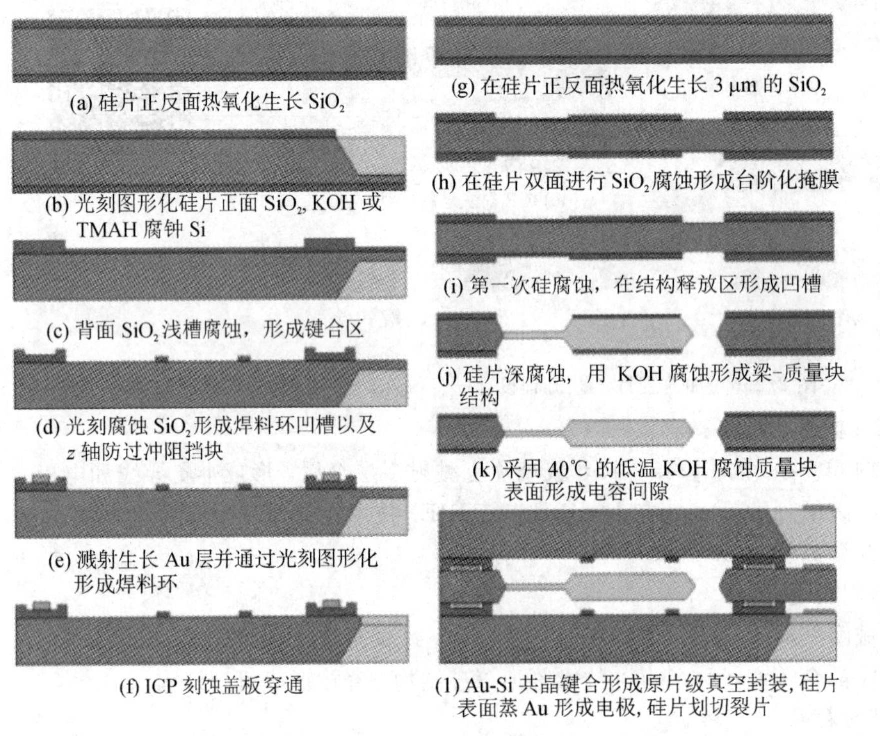

(a) 硅片正反面热氧化生长 SiO_2

(b) 光刻图形化硅片正面 SiO_2, KOH 或 TMAH 腐钟 Si

(c) 背面 SiO_2 浅槽腐蚀，形成键合区

(d) 光刻腐蚀 SiO_2 形成焊料环凹槽以及 z 轴防过冲阻挡块

(e) 溅射生长 Au 层并通过光刻图形化形成焊料环

(f) ICP 刻蚀盖板穿通

(g) 在硅片正反面热氧化生长 3 μm 的 SiO_2

(h) 在硅片双面进行 SiO_2 腐蚀形成台阶化掩膜

(i) 第一次硅腐蚀，在结构释放区形成凹槽

(j) 硅片深腐蚀，用 KOH 腐蚀形成梁-质量块结构

(k) 采用 40℃ 的低温 KOH 腐蚀质量块表面形成电容间隙

(l) Au-Si 共晶键合形成原片级真空封装，硅片表面蒸 Au 形成电极，硅片划切裂片

图 2.2.7　全硅圆片级真空封装 MEMS“三明治”加速度计加工工艺流程

中间硅摆片的腐蚀加工采用质量百分比为 40%的 KOH 溶液。在温度为 80℃的 KOH 腐蚀液中，溶液对 N 型(100)单晶硅的腐蚀速率约为 1 μm/min。第一次硅腐蚀是在质量块周围形成 24 μm 的浅槽，如图 2.2.7(i)所示。在完成第一步硅腐蚀之后，将台阶化的 SiO_2 掩膜在 BHF 中腐蚀变薄，从而将悬臂梁位置的 SiO_2 腐蚀去除，并露出硅层。第二次硅腐蚀工艺是用于制造悬臂梁和敏感质量块，如图 2.2.7(j)所示。在第二次硅腐蚀过程中，前步硅腐蚀工艺制备的 24 μm 硅台阶会整体向硅片中间推进，硅片两侧的 24 μm 的硅台阶同步推进到硅片中间位置，最终形成了厚度为 48 μm 的悬臂梁。在完成第二步硅梁腐蚀后，进一步通过 BHF 腐蚀去除质量块表面的 SiO_2，仅剩余键合区的 SiO_2 掩膜，并在 40℃的低温 KOH 腐蚀溶液中对硅质量块进行低速率精确腐蚀，以形成 MEMS 初始电容间隙，如图 2.2.7(k)所示。最后，上、下硅盖板和中间硅摆片通过 Au-Si 共晶键合实现结构集成并完成加速度计的圆片级真空封装。

图 2.2.8 为厦门大学在 2020 年提出的一种 MEMS 电容式传感器，利用体硅工艺加工出大深宽比的压力传感薄膜，使该传感器灵敏度达到 33.03 fF/Pa；同时，在该传感器的结构中，采用硅缓冲块来提升其线性度和抗过载的能力。制造工艺流程[12]包括腔体刻蚀、沉积固定电极和阳极键合。在制造过程中，SOI 晶圆的两侧生长出具有一定厚度的氧化硅层，作为后续刻蚀的掩膜，如图 2.2.8(a)所示；对 SOI 晶圆器件层进行光刻和刻蚀形成窗口图形，如图 2.2.8(b)所示；空腔被厚度为 100 nm 的氧化硅层覆盖，避免压力传感器隔膜和固定电极之间的接触，如图 2.2.8(c)所示；光刻和刻蚀实现真空腔的图形化，如图 2.2.8(d)所示；在 BF33 玻璃形成固定电极，电极材料为 Pt/Cr，如图 2.2.8(e)所示；然后将 SOI 晶圆的器件层与 BF33 玻璃进行阳极键合，如图 2.2.8(f)所示；键合后，用湿法腐蚀去除埋氧层上的器件层，如图 2.2.8(g)所示；用硅片制作出适当尺寸的方形硅块作为硅缓冲块：在硅块上刻蚀出一个方形凹槽，凹槽宽度大于压力传感膜片的宽度，通过磁控溅射工艺在缓冲块表面沉积厚度为 2 μm 的 Zr-Co-RE 薄膜，如图 2.2.8(h)所示；将硅缓冲块放入真空腔，再次利用阳极键合技术将 BF33 玻璃键合到真空腔上，在高真空环境下完成封装，如图 2.2.8(j)所示。

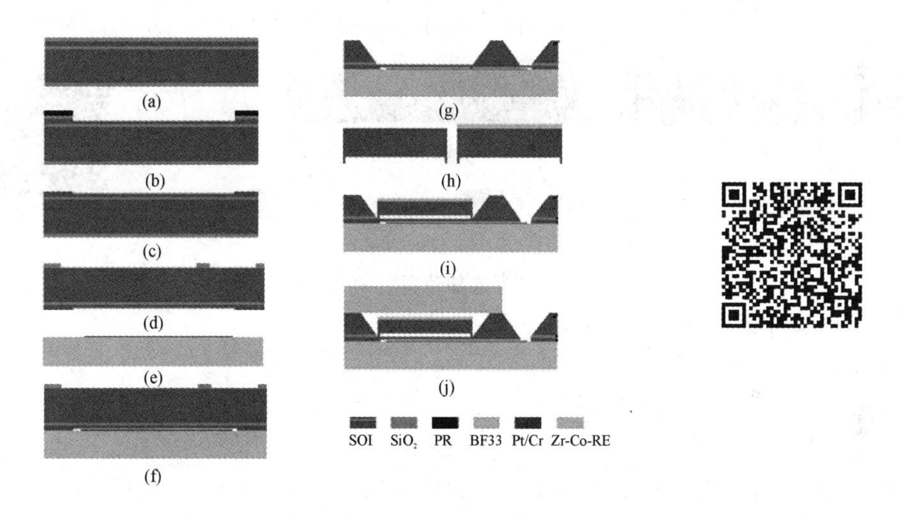

图 2.2.8　微电容式真空传感器加工工艺流程

中北大学在 2020 年研制出一种采用四端固定结构的电容式加速度计[13]，该加速度计具有较好的抗过载能力和小信号检测能力，量程为 $100g_n$，在 $20\,000g_n$ 冲击载荷下，最大应力为62 MPa。该加速度计工艺流程可分为硅层结构制备和玻璃层制备两部分。完整工艺流程如图 2.2.9 所示。

结构制备工艺步骤如下：

(1) 硅片备片；

(2) 热氧化形成 SiO_2 薄膜；

(3) 光刻，利用 BOE 腐蚀 SiO_2 掩膜窗口；

(4) TMAH 双面腐蚀 Si；

(5) 利用 LPCVD 技术生成 Si_3N_4 薄膜；

(6) 进行凸角补偿光刻；

(7) TMAH 腐蚀释放悬臂梁结构；

图 2.2.9　电容式加速度计制备工艺流程

(8) 湿法腐蚀去除 Si_3N_4、SiO_2；

(9) 上层玻璃极板备片；

(10) 在玻璃层正面进行喷砂打孔；

(11) 正面溅射 Cu 种子层，电镀金属层 Cu；

(12) 在玻璃背面溅射金属层 Al，实现玻璃两侧的互连；

(13) 下层玻璃板备片，表面溅射金属 Al；

(14) CVD 沉积 SiO_2 钝化层，避免硅与玻璃接触。

最后进行玻璃-硅片的阳极键合，完成器件制备，如图 2.2.10 所示。

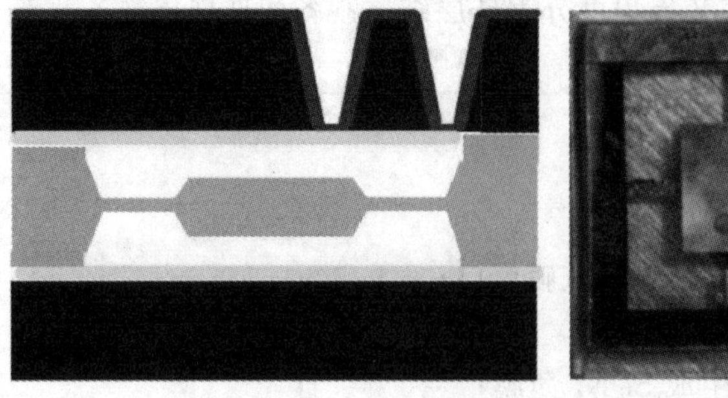

图 2.2.10　中北大学制备的电容式加速度传感器结构(左)及照片(右)

2.2.2　压阻式加速度计

1. 工作原理

压阻式加速度计基于硅的压阻效应，当受到外界加速度作用时，质量块发生位移带动敏感梁结构产生形变，梁受到弯矩作用产生应力，应力将会引起压敏电阻阻值发生变化，最终导致输出电压发生变化，通过测量电压变化判断加速度值。电阻阻值的相对变化 $\Delta R/R$ 与应力之间的关系满足

$$\frac{\Delta R}{R}=\pi_1\sigma_1+\pi_2\sigma_2 \tag{2.2.12}$$

式中：ΔR 为电阻受力后的阻值变化量；R 为电阻未受力时的阻值；π_1 和 π_2 分别为沿纵向与横向的压阻系数；σ_1 和 σ_2 分别为纵向与横向的应力。

通常将压敏电阻连成如图 2.2.11 所示的惠斯通全桥结构，从而提高满量程输出，减小零点温度漂移及提高线性度。图中 U_{out} 为电桥输出电压，U_{in} 为输入电压。当无加速度作用于敏感质量块时，四个压敏电阻阻值相同，即 $R_1=R_2=R_3=R_4=R$，电桥输出电压为0。当加速度作用于质量块时，敏感梁上的压敏电阻阻值发生改变，电阻 R_1、R_2 和 R_3、R_4 受到的应力方向相反，阻值变化量 ΔR_1、ΔR_2 和 ΔR_3、ΔR_4 变化趋势相反。设 $\Delta R_1=\Delta R_2=\Delta R$，$\Delta R_3=\Delta R_4=-\Delta R$，则 U_{out} 表示为

$$U_{out}=U_{in}\left(\frac{R_4}{R_4+R_1}-\frac{R_2}{R_2+R_3}\right)=\frac{\Delta R}{R}U_{in} \tag{2.2.13}$$

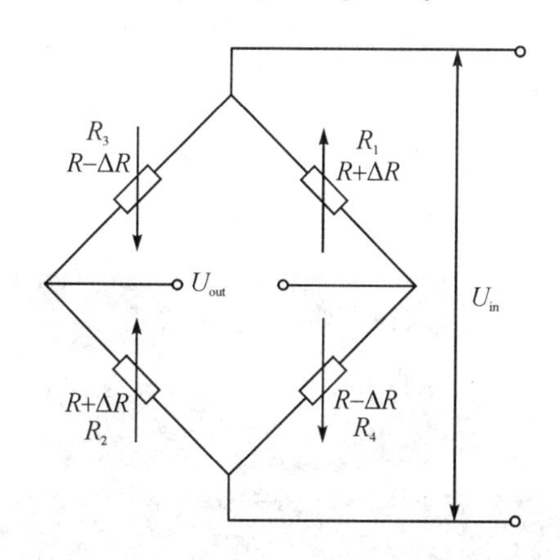

图 2.2.11　惠斯通电桥连接图

压阻式加速度传感器的典型结构是硅悬臂梁结构，主要是单悬臂梁结构和双端固支悬臂梁结构，如图 2.2.12 所示。

图 2.2.12(a)为单悬臂梁结构，其一端为自由端，连接质量块，用来敏感加速度；悬臂梁的另一端为固定端，通过扩散工艺在悬臂梁根部制作一个压敏电阻。悬臂梁根部所受到的应力为 $\sigma=(6ml/bh^2)\times a$。图 2.2.12(b)为双端固支悬臂梁结构，在悬臂梁的根部和质量块边缘分别掺杂两个压敏电阻，这两个区域应力最大且等值、反向，根部应力 σ_1 和质量块边缘应力 σ_2 分别为 $\sigma_1=(3ml/bh^2)\times a$，$\sigma_2=-(3ml/bh^2)\times a$。结合上式可得到电桥输出电压变化与外界输入加速度的关系，从而实现检测。

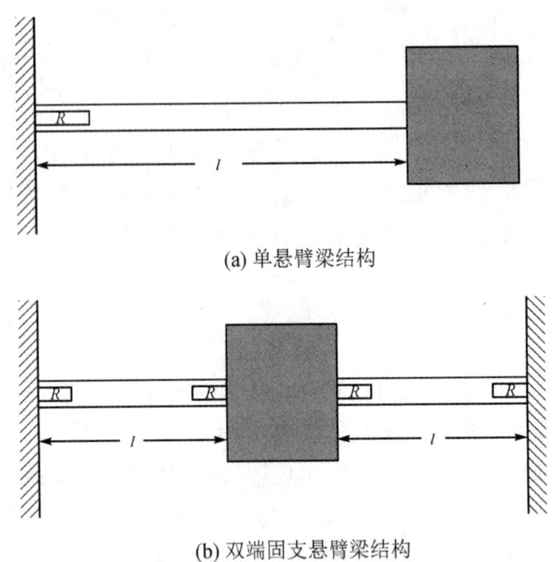

图 2.2.12 硅悬臂梁结构

2. 典型器件及制备技术

2014 年，台湾大学报道了一种垂直板式压阻加速度计[14]，在线性度和交叉灵敏度方面均表现出出色的效果。该压阻加速度计输出电压被数字化，并通过射频传输进行远程数据采集，单次运行后显示加速度计的灵敏度为 3.0015 $\mu V/U_{exc}/g_n$(其中 U_{exc} 为供电电压)。该加速度计的模型如图 2.2.13 所示。

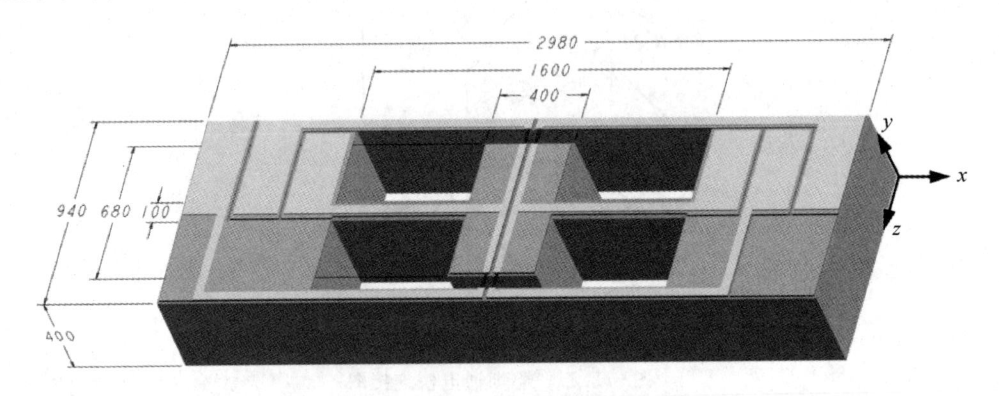

图 2.2.13 垂直板式压阻加速度计模型

2020 年，西安交通大学研制出一种压阻式加速度计[15]，该加速度计可测量高达 100 000g_n的冲击加速度，压阻传感芯片被集成在独立于支撑梁的压阻传感梁上。实验结果表明该加速度计测量灵敏度为 0.54 $\mu V/g_n$@1 V，谐振频率为 445 kHz。

完整的工艺流程如图 2.2.14 所示：首先在硅片表面上生长热氧化层，在硅片的背面光刻，刻蚀氧化层形成沟槽结构，形成质量块移动间隙区域；然后在硅片正面光刻，刻蚀氧化硅形成压敏电阻窗口，利用剩余的氧化硅作为掩膜，注入硼离子形成压敏电阻；去除硅片正面氧化硅，旋涂光刻胶，光刻后，以光刻胶作为掩膜，采用浓硼注入形成用于欧姆接触的重掺杂区；在欧姆接触区域中刻蚀接触孔之后，采用金属化工艺来制造焊盘和引线，完成惠斯通电桥压敏电阻的互连；从硅片正面刻蚀压阻支撑梁、质量块、铰链梁、微梁结构，再通过DRIE技术从硅片背面刻蚀形成质量块、支撑梁和铰链梁，释放整个结构；最后与玻璃基底键合完成结构制备。

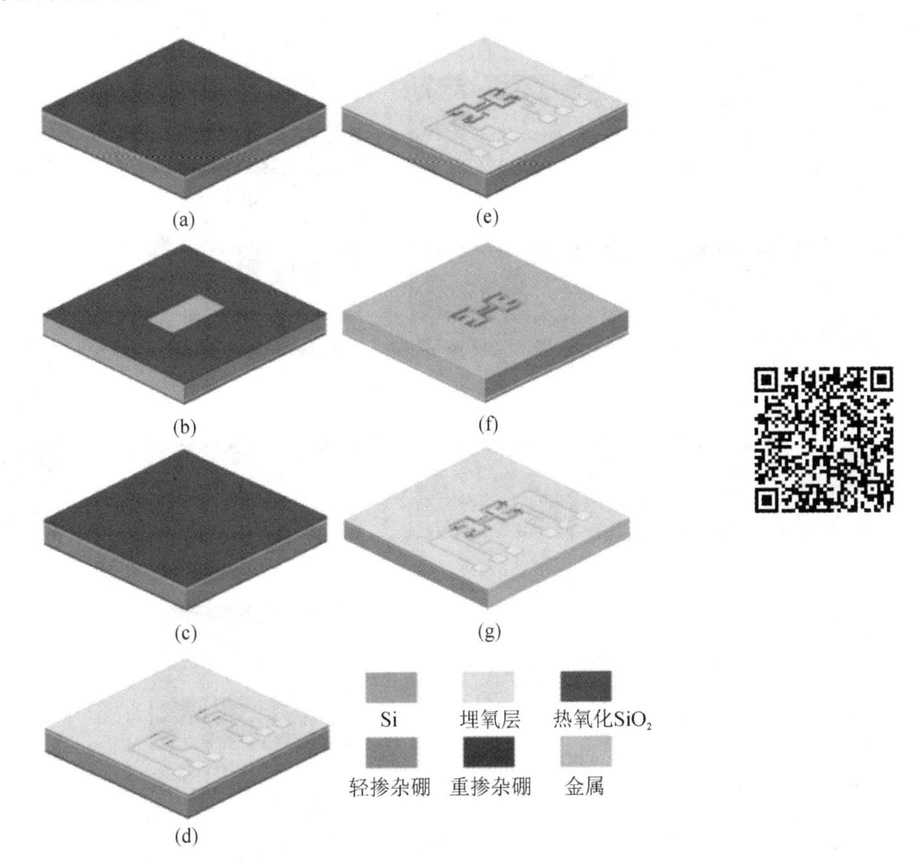

图 2.2.14 西安交通大学研制的压阻加速度计工艺流程

2018年，中北大学石云波等人研制出一种采用工字梁和中心梁岛结构的高 g_n 微机械加速度计[16]，其特点是在冲击环境中具有强稳定性。该加速度计的量程为 100 000g_n，最大抗过载能力为 150 000g_n，最大应力为 23.19 MPa，灵敏度为 0.511 μV/g_n。

其制备工艺流程如图 2.2.15 所示：首先，选用N型(100)硅片作为衬底材料，对其进行双面氧化形成离子注入保护层，如图 2.2.15(a)所示；其次，RIE刻蚀淡硼注入窗口，离子注入淡硼，并退火推进，形成 P^- 电阻，如图 2.2.15(b)所示；再次薄层氧化，正面光刻并刻蚀浓硼注入窗口，离子注入浓硼，退火推进形成P+欧姆接触区，如图 2.2.15(c)所示，至此，压敏电阻制备完成；图 2.2.15(d)依次进行两次LPCVD SiO_2/Si_3N_4，作为湿法腐蚀的掩膜；双面光刻形成质量块及凸角补偿结构图形，如图 2.2.15(e)所示；为了形成合适的空气阻尼间隙，需对背面质量块再次进行减薄，再进行一次背面光刻形成背腔减薄版，如图 2.2.15(f)所示；图 2.2.15(g)为第一次对背腔进行湿法腐蚀 100 μm，形成质量块凸台形貌；图 2.2.15(h)对背腔再次湿法腐蚀 100 μm 进行质量块减薄，形成设计的质量块厚度，至此，背腔腐蚀完成；对正面进行光刻形成欧姆接触孔图形，RIE 氧化硅形成电极接触孔，如图 2.2.15(i)所示；图 2.2.15(j)进行磁控溅射沉积金属 Al，图形化形成金属引线及 Pad 区；图 2.2.15(k)正面采用 ASE 刻蚀通孔，释放质量块，形成梁-岛结构；采用阳极键合的方式完成硅-玻璃的键合，形成玻璃下盖板，如图 2.2.15(l)所示。至此，完成传感器的制备。

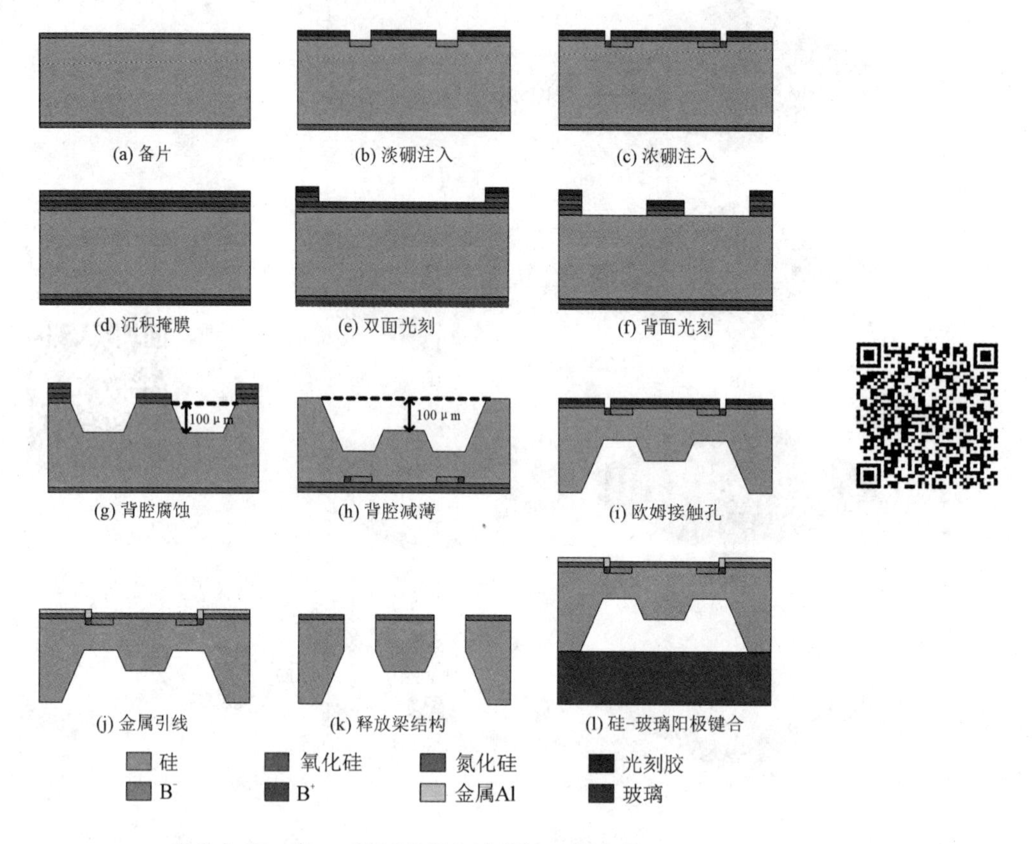

图 2.2.15　高 g_n 值 MEMS 加速度计工艺流程

2.2.3　谐振式加速度计

1. 工作原理

硅微谐振式加速度计的工作原理是利用谐振梁的力频特性，通过测量谐振梁频率变化量来获取载体的加速度信息。图 2.2.16 为硅微谐振式加速度计的结构，主要组成部分分别为双端固定音叉谐振器、梳齿结构、杠杆放大结构、质量块和支撑结构。为降低干扰，提高测量精度，通常采用两个对称分布的双端固定音叉结构，中间通过质量块相连。

质量块在加速度作用下产生惯性力，该作用经杠杆放大结构放大后传递到两个双端固定音叉谐振器上。一个受轴向拉力而谐振频率增加，另一个受轴向压力而谐振频率下降。经过信号差分处理，可得到它们的谐振频差，在一定的输入加速度范围内，其值与输入加速度值成近似线性关系。在制备技术方面，谐振式加速度计因具有双端固定音叉谐振器、梳齿、杠杆放大等结构，故主要采用 SOG 工艺实现。

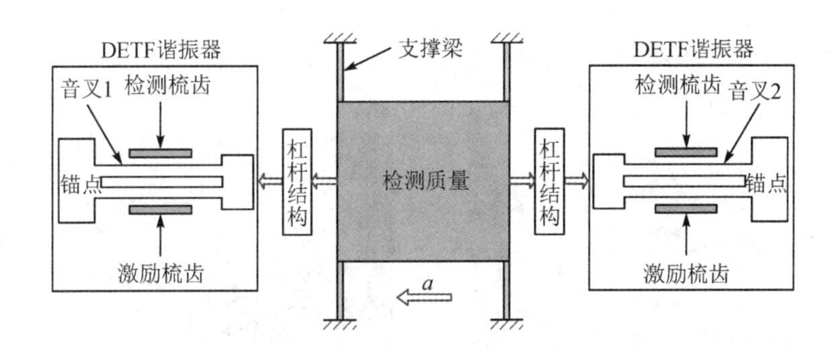

图 2.2.16　硅微谐振式加速度计结构

2. 典型器件

2018 年，西安交通大学设计了一款适用于低频、低 g_n 加速度测量的谐振式加速度传感器[17]。该传感器基于双端音叉谐振器设计，由一个检测质量块、三个双端音叉和三对微型杠杆组成，同时每个微杠杆由输入梁、杠杆梁、锚点梁和输出梁组成，其结构电镜照片如图 2.2.17 所示。传感器比例因子为 1153.3 Hz/g_n，静态测试结果显示分辨率为 13.8 μg_n，通过单频和混频振动试验验证其动态性能，该传感器的频响范围为 0.5～5 Hz，横轴灵敏度为 1.33%，在地震检测器或地震仪中具有潜在的应用前景。

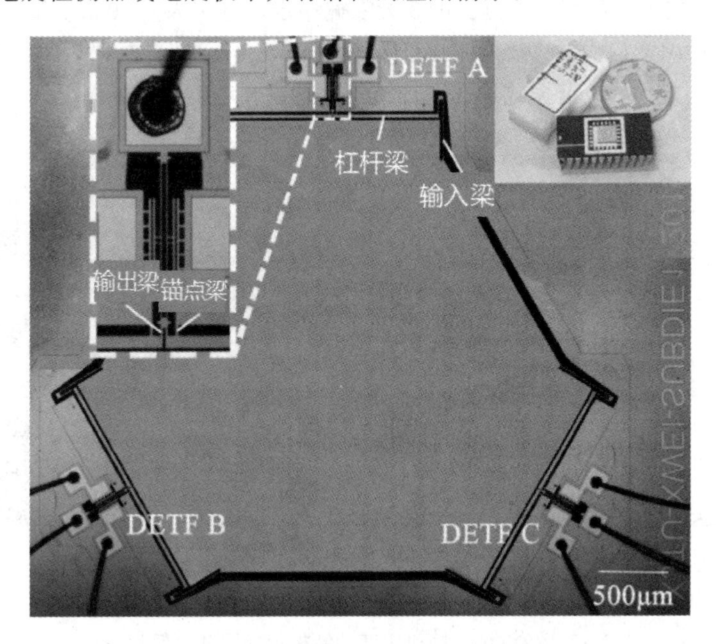

图 2.2.17　谐振式加速度计电镜照片

清华大学董景新等人也对谐振式加速度计进行了大量研究，2017 年研制出一种高灵敏、低噪声硅微机械谐振加速度计[18]。该加速计采用 SOG 工艺制造，采用真空封装形式，品质因数可达 3.5×10^5，优化了一级微杠杆、谐振器和轴承梁，使其产生 221.57 Hz/g_n 的高比例因子；通过将其驱动电压优化为 10 mV，测量噪声和分辨率分别达到了 0.38 $\mu g_n/\sqrt{\text{Hz}}$ 和 0.63 μg_n。该加速计结构示意图和电镜照片如图 2.2.18 所示。

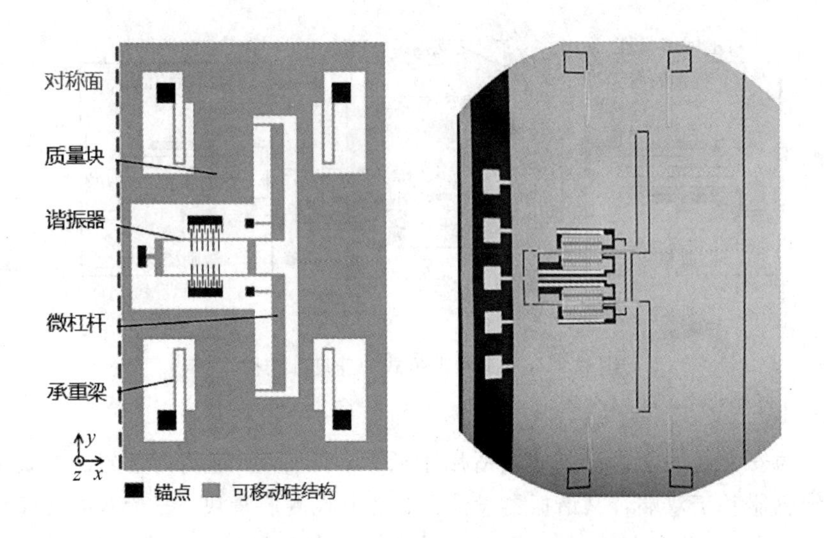

图 2.2.18 微机械谐振加速度计结构示意图和电镜照片(一)

2019 年，该团队提出一种灵敏的微机械谐振加速度计[19]，该加速度计具有高比例因子和低温度漂移，通过优化结构，将比例因子提高到 361 Hz/g_n，量程为±14g_n，温漂系数下降到 4.4 μg_n/℃，在室温和恒温下测量的 3 天零偏稳定性分别为 2.19 μg_n 和 0.51 μg_n，当温度变化被控制在±0.01℃以内时，长期零偏稳定性为 1.77 μg_n。实验结果表明，该加速度计具有良好的长期温度稳定性。该谐振式加速度计结构示意图和电镜照片如图 2.2.19 所示。

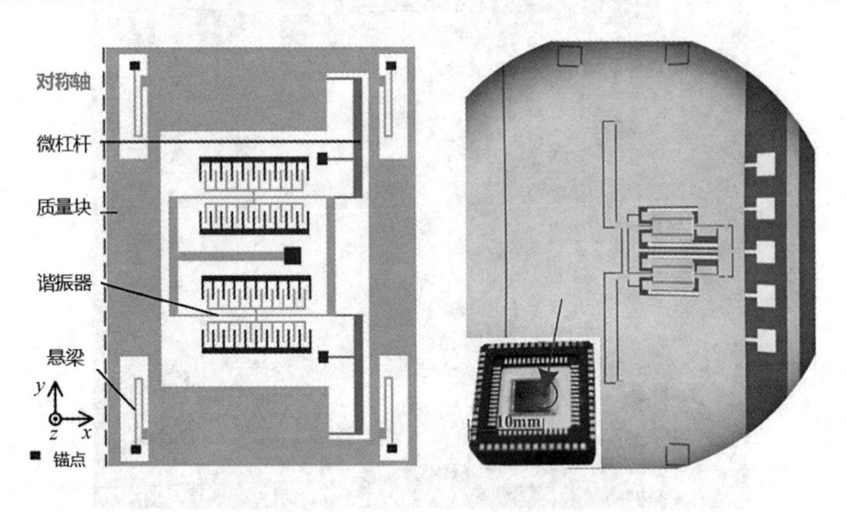

图 2.2.19 微机械谐振加速度计结构示意图和电镜照片(二)

2021 年，该团队提出一种灵敏度的微机械谐振加速度计[20]，该加速度计具有极低的本底噪声和优异的偏置稳定性，实验结果表明，谐振加速度计比例因子达到 876 Hz/g_n，本底噪声可达 75 ng_n/$\sqrt{\text{Hz}}$，满量程范围为±5g_n。温度变化控制在±0.01℃时，24 小时内零偏稳定性为 0.197 μg_n。该器件电镜照片如图 2.2.20 所示，其中，图 2.2.20(a)为封装谐振加速度计显微照片；图 2.2.20(b)为一个振动梁组件的显微照片；图 2.2.20(c)为梳齿电镜照片。表 2-2-2 给出了该单位研制的三种谐振加速度计的主要参数和应用方向。

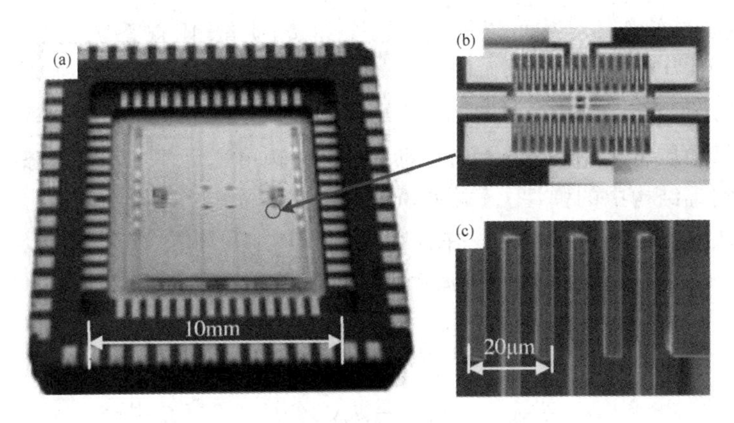

图 2.2.20　微机械谐振加速计电镜照片

表 2-2-2　微机械谐振加速度计(MRA)主要参数与应用

器件	工艺	比例因子	量程	侧重方向	面向应用
MRA(2017)	SOG 体微加工	221.57 Hz/g_n	$\pm 15g_n$	高灵敏度、低噪声	未来惯性导航
MRA(2019)		361 Hz/g_n	$\pm 14g_n$	高标度因数、低温度漂移	船载惯性导航
MRA(2021)		876 Hz/g_n	$\pm 5g_n$	极低本底噪声、出色的偏置稳定性	移动基地重力仪

2.3　MEMS 陀螺仪

MEMS 陀螺仪的基本原理如图 2.3.1 所示，敏感质量块 P 和衬底固定在平面 xOy 上，陀螺仪受到 x 轴方向上驱动力的影响，相对坐标系发生偏移，敏感质量块的运动速度为 v，衬底绕着 z 轴旋转，其角速度为 ω。敏感质量块 P 受到 y 轴方向上科里奥利力的影响，科里奥利力的表达式为 $F=-2m\omega v$，式中 m 为敏感质量块的质量，F 为科里奥利力，可知科里奥利力 F 与角速度 ω 成正比，通过测量偏移信号可得到输入角速度 ω 的值。驱动模态和检测模态是微机电振动结构的两种有效工作模态：驱动模态是陀螺敏感质量在外界静电力影响下的振动情况；检测模态为输入角速度后，敏感质量在检测方向发生的振动情况。在理想状态下硅微机械陀螺仪的驱动模态和检测模态之间的运动互不影响，其示意图如图 2.3.2 所示。

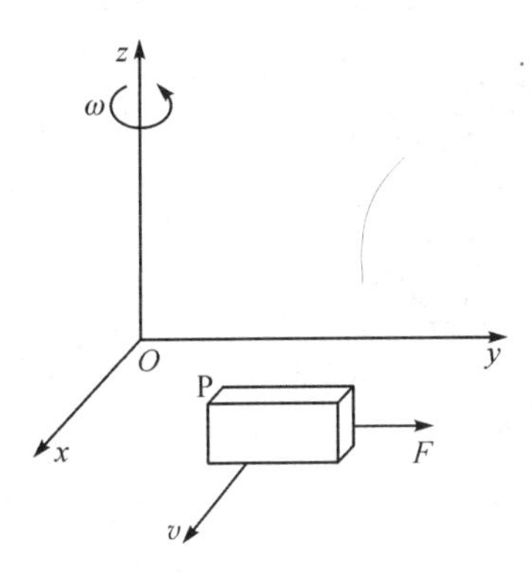

图 2.3.1　陀螺仪基本原理

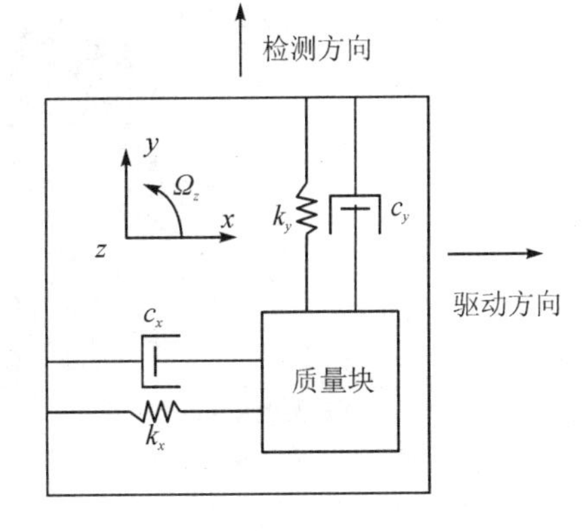

图 2.3.2　振动陀螺仪二阶系统示意图

MEMS 陀螺仪的整体结构可以等效成两个弹簧-质量-阻尼系统，其中 x 轴为驱动，y 轴为检测轴，z 轴为敏感轴。在工作状态下，驱动模态在驱动力作用下带动质量块 m_c 沿着驱动轴线性振动，当绕 z 轴有角速率 Ω_z 输入时，根据科氏定理，m_c 便会受到沿 y 方向的科氏力，该力会带动质量块 m_c 沿 y 方向运动。根据牛顿第二定律，理想状态下忽略系统所受外力，只考虑陀螺结构中的弹性力、阻尼力、科氏力和静电力，同时由于在驱动模态下静电驱动力很大，故科氏力可以被忽略，并且在检测开环情况下检测模态所受静电力为零。因此忽略各干扰项后可得检测开环时线振动硅微机械陀螺仪的理想状态动力学方程：

$$\begin{cases} M_x \dfrac{\mathrm{d}^2}{\mathrm{d}t^2}x + c_x \dfrac{\mathrm{d}}{\mathrm{d}t}x + k_x x = f_x \\ M_y \dfrac{\mathrm{d}^2}{\mathrm{d}t^2}y + c_y \dfrac{\mathrm{d}}{\mathrm{d}t}y + k_y y = f_y - 2M_y\Omega \dfrac{\mathrm{d}}{\mathrm{d}t}x \end{cases} \tag{2.3.1}$$

式中，M_x、M_y 分别为驱动模态、检测模态的等效质量；c_x、c_y 分别为驱动、检测方向上的阻尼系数；k_x、k_y 分别为驱动、检测方向上的弹性系数；f_x 是驱动力；Ω 为角度增益；f_y 为检测反馈力，当采用开环工作方式检测输出信号时得到反馈力为零。

MEMS 陀螺仪按照谐振结构可划分为固体波动式陀螺仪、线振动式陀螺仪、音叉陀螺仪、光栅陀螺仪等。目前国外研制 MEMS 陀螺仪的科研机构主要包括美国加州大学伯克利分校、洛杉矶分校、欧文分校等加州大学系列学校，以及斯坦福大学、欧洲比利时微电子研究中心(IMEC)、韩国首尔大学，国内从事这方面研究的研究机构有北京大学、清华大学、东南大学、国防科技大学、中北大学等。

加州大学伯克利分校设计了一种双质量硅微振动陀螺仪[21]，主要包括两个结构相同的振动质量块及其连接装置，每个振动结构中又包含驱动电极、驱动检测和反馈电极、敏感电极。陀螺仪采用锁相闭环驱动，力平衡反馈检测，其机械噪声等效角速度为 0.06(°)/s。

韩国首尔大学提出的单质量全解耦式陀螺仪[22]结构如图 2.3.3 所示。该陀螺仪采用了推挽式驱动和差分检测方式，结构中检测反馈电极可实现检测回路的闭环控制。通过该方式不仅可以获得较大的驱动力，而且还能降低检测通道中的共模干扰和噪声，增大检测通道中的信噪比。在结构加工方面使用深反应离子刻蚀技术，采用真空封装，提高了品质因数。模

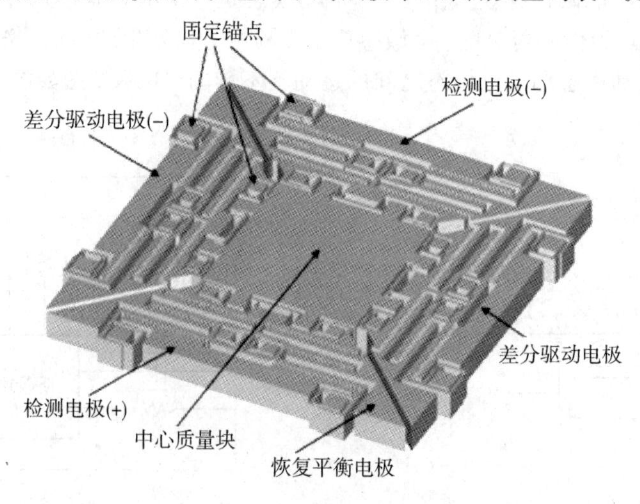

图 2.3.3 单质量全解耦式陀螺仪

态品质因数为357，谐振频率为7816 Hz，整机量程大于500(°)/s，标度因数为3.8 mV/(°)/s，带宽约为70 Hz。

2010年，北京大学提出了一种单质量线振动式硅微机械陀螺结构，如图2.3.4所示[23]，该结构的检测闭环控制回路采用六阶Σ−Δ形式，在满量程情况下获得了100 dB的信噪比，输出信号的噪声为−90 dBV/$\sqrt{\text{Hz}}$。

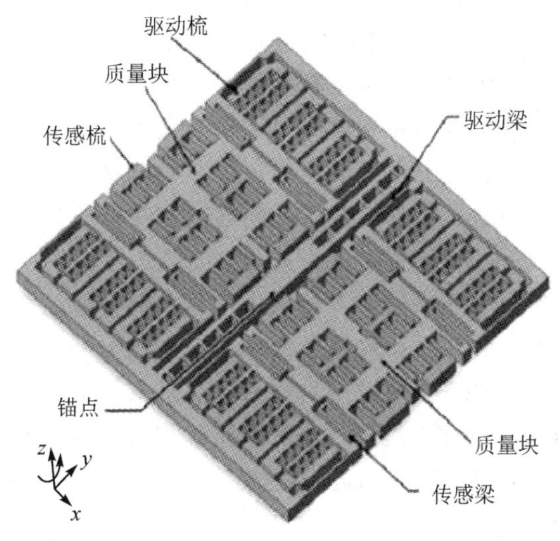

图2.3.4　单质量线振动式硅微机械陀螺仪

2019年，国防科技大学研究团队对初代蝶翼式陀螺仪进行改进，将蝶翼式微陀螺仪的整体尺寸减小了17.9%，采用锁相放大器对其进行测试，驱动模态频率为5616.1 Hz，驱动模态Q值为142435，检测模态频率为5926.356 Hz，检测模态Q值为1362。该陀螺仪最小正交误差为38.7 (°)/s，标度因数为43.3 mV/((°)·s^{-1})，角度随机游走达到0.05(°)/$\sqrt{\text{h}}$，零偏不稳定性的Allan方差值达到0.56(°)/h。蝶翼式微陀螺仪三维立体分解示意图如图2.3.5所示[24]。

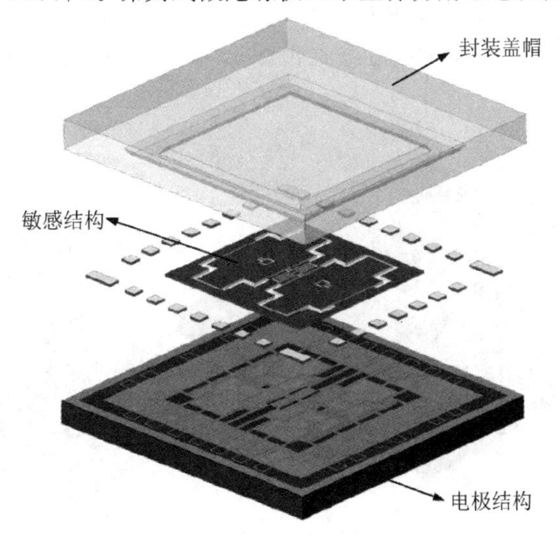

图2.3.5　蝶翼式微陀螺仪样机三维立体分解图

2.3.1　固体波动陀螺仪

1. 工作原理

固体波动陀螺仪主要由谐振子、激励与读取基座、控制电路及软件算法组成。谐振子为旋转对称的敏感结构，其形状为带有中心杆的半球形或桶形薄壁壳体，其运动形式是轴对称壳体的共振形变振动。其中半球谐振陀螺仪在性能上几乎没有物理限制，发展潜力巨大，但半球谐振陀螺仪是三维结构，制造难度大，很难实现低成本批量化生产与单片集成。环形波动陀螺仪是半球谐振陀螺仪的简化形式，属于典型的垂直三维结构，可以实现低成本批量生产。通过铟焊等工艺将中心杆下端固定在激励与读取基底上，激励罩与读取基座的表面有多个离散电极，与金属化后的谐振子间形成多个小电容。这些小电容构成激励器和传感器，分别产生激励信号和敏感驻波的进动角度或角速度。

固体波动陀螺仪是一种基于旋转轴对称壳体中激发的弹性驻波科里奥利效应工作的固态陀螺仪。轴对称壳体中驻波的惯性效应是 1890 年 G. H. Bryan 在研究振动壳体绕其对称轴旋转时的声振特性时发现的：在振动的轴对称壳体旋转时，由于科氏力的作用，壳体壁的挠性振动主振型的自振频率发生裂解，导致驻波既相对壳体又相对惯性空间进动。通过测得驻波相对壳体的转角，根据驻波的进动规律，就可得出壳体相对惯性空间的转角。

2. 典型器件及制备技术

2019 年，中北大学曹慧亮等人提出了硅基 MEMS 环形振动陀螺结构，其结构包括中心锚点固定的环形谐振子、硅基电容电极、玻璃基底和金属引线，如图 2.3.6 所示。环形谐振子由一个悬浮的谐振圆环、8 支全对称的 S 形弹性支撑梁与中心锚点构成。玻璃基底表面设计有图形化金属引线，用于连接陀螺的外围测控电路。同年，该团队又研制出双 U 形梁振动环形陀螺仪[25]，设计了一个具有 8 个双 U 形梁结构的环形波动谐振器，并设计了 24 个电容电极用于驱动和检测。测试结果与有限元分析结果、理论计算结果的最大相对频率误差分别为 5.33% 和 5.36%，比例因子为 6.00 mV/((°)·s^{-1})，量程达到 ±200((°)·s^{-1})，室温下偏置不稳定性为 8.86(°)/h，同时在抗冲击测试中，该结构的抗冲击幅值可达 20 000g_n，结构简图如图 2.3.7 所示。

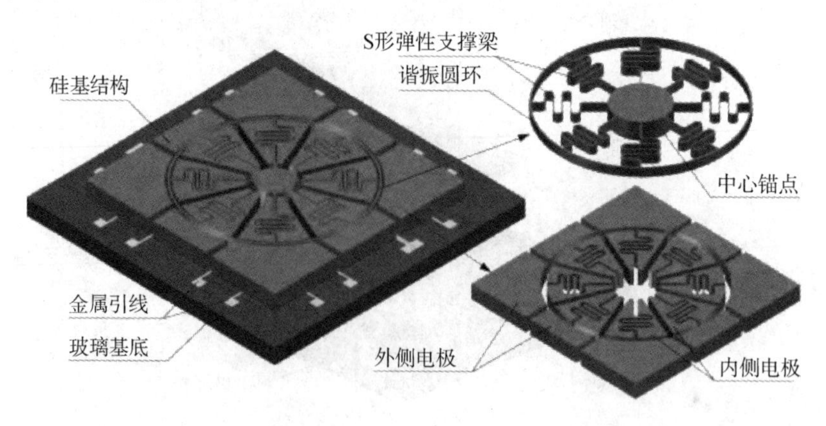

图 2.3.6　MEMS 环形振动陀螺结构

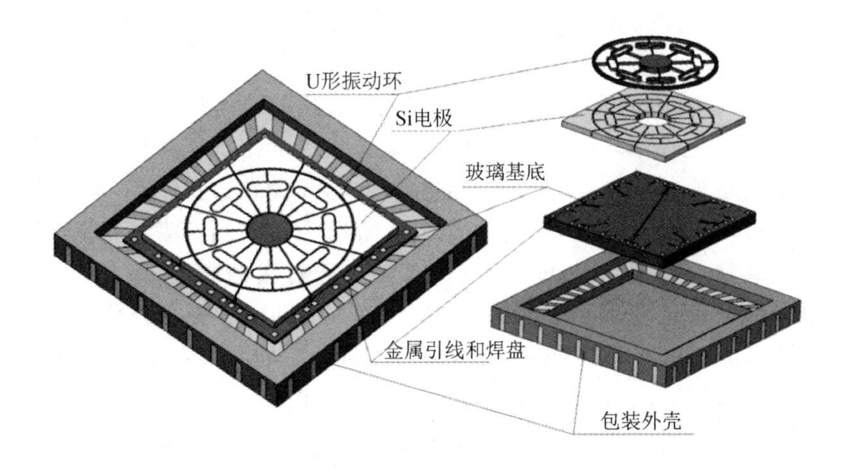

图 2.3.7　MEMS双U形梁振动环形陀螺仪

该陀螺仪采用基于深反应离子刻蚀技术的SOG工艺制备，其制备工艺流程如图2.3.8所示。

图 2.3.8　环形陀螺仪制备流程

工艺流程主要包含以下6个步骤：

（1）玻璃基底加工，选取厚500 μm的Pyrex7740玻璃晶圆，在其上表面光刻使光刻胶层图形化，溅射100 nm金属铝并剥离，在玻璃晶圆上形成金属引线。

（2）使用厚度300 μm的重掺杂单晶硅片，在硅晶圆背面进行深反应离子刻蚀，刻蚀厚度为40 μm，形成键合锚点。

（3）在硅晶圆背腔刻蚀面溅射300 nm厚的非金属保护层。

（4）将硅晶圆与玻璃基底进行阳极键合，对硅晶圆上表面进行机械磨抛，之后应用PECVD工艺在硅面生长一层氧化硅。

(5) 以氧化硅层作为硬掩膜，应用感应耦合等离子体刻蚀技术进行深硅刻蚀，释放可动结构。

(6) 去除步骤(3)溅射的非金属保护层，完成传感器的结构制备。

多环谐振陀螺仪是在单环谐振陀螺仪的基础上发展起来的一种新型环形陀螺仪结构，即多环圆盘形谐振陀螺仪(Disc Resonator Gyroscope，DRG)。它不但具有单环谐振陀螺仪的优点，还能有效增大惯性质量，提高品质因数，因此受到了研究者的广泛关注。斯坦福大学 Ahn 等人于 2014 年提出了一种基于(100)单晶硅衬底的高 Q 值 MEMS 多环谐振陀螺仪[26]，如图 2.3.9(a)、(b)所示，谐振结构由 35 个同心圆环组成，结构厚度 60 μm，外环直径 600 μm，环宽 3 μm，电容间隙 1.5 μm，Q 值为 110 000，标度因数为 156.6 μV/((°)·s^{-1})，零偏稳定性为 1.15(°)/h，角度随机游走为 0.034(°)/$\sqrt{\text{h}}$。

加利福尼亚大学在 MEMS 多环谐振陀螺仪方面也开展了相关研究，S. Nitzan 等人提出了集成了 CMOS 模拟电路的 MEMS 多环谐振陀螺仪，如图 2.3.9(c)所示[27]。谐振结构厚度 35 μm，外环直径 2 mm，环宽 4 μm，电容间隙 2.25 μm，Q 值为 2800，标度因数为 55 μV/((°)·s^{-1})，零偏稳定性为 20(°)/h，角度随机游走为 0.008(°)/$\sqrt{\text{h}}$。

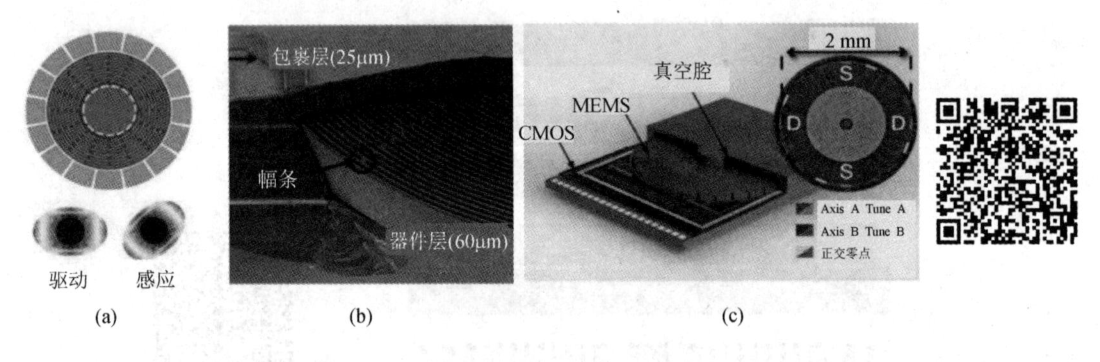

图 2.3.9　多环谐振陀螺仪

2017 年，东南大学提出了两种提高圆盘形谐振陀螺仪性能的设计方法[28]，包括减小频率分裂和提高品质因数。陀螺结构由一组多个同心环和均匀分布在环外的电极组成，如图 2.3.10 所示。多个环的 DRG 通过 SOG 工艺来制造，选取 P 型(100)单晶硅片制作厚 60 μm 的器件结构层，选取 BF33 硼硅玻璃作为衬底。主要的工艺流程如图 2.3.11 所示。

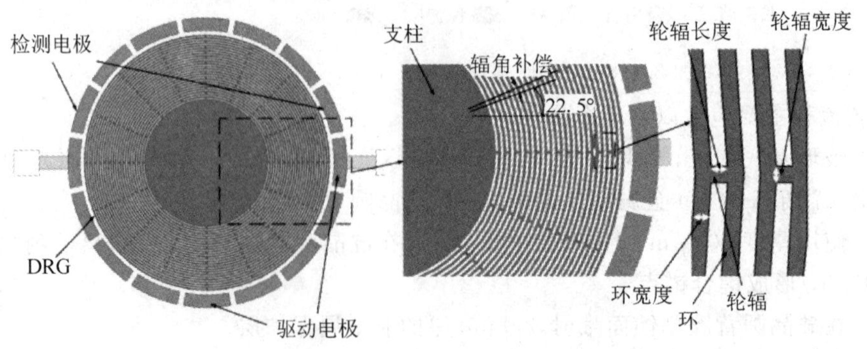

图 2.3.10　圆盘形谐振陀螺仪结构示意图

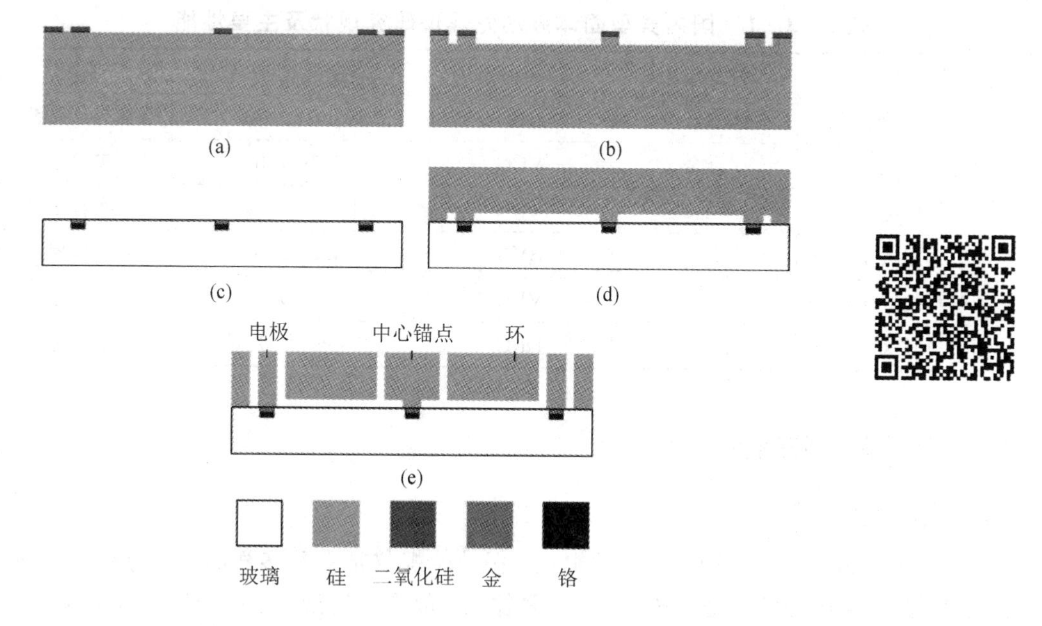

图 2.3.11 圆盘谐振陀螺仪主要工艺流程

首先在硅晶圆背面用等离子体增强化学气相沉积技术(PECVD)生长 2 μm 厚的氧化硅层，之后通过第一次光刻图形化锚点区域，通过深反应离子刻蚀技术形成中心硅柱。第二次光刻图形化光刻胶，在玻璃表面溅射 30/300 nm 厚的 Cr/Au，并通过剥离工艺形成电互连引线和焊盘。把制作好的硅层和玻璃层进行对准，采用阳极键合技术实现硅-玻璃键合，然后用化学机械抛光工艺减薄硅片至要求厚度。最后在硅片正面沉积 2 μm 厚的氧化硅层，光刻图形化氧化硅层，以氧化硅作为硬掩膜，使用感应耦合等离子体刻蚀工艺释放谐振器结构和电极。

2017 年，中北大学提出了基于吹塑成型的微玻璃半球谐振子结构[29]，基于同步吹塑成型和硅-玻璃-硅三层阳极键合工艺制备了微玻璃半球谐振陀螺仪，如图 2.3.12 所示。

图 2.3.12 中北大学的微玻璃半球谐振子结构

总体而言，国外相关研究单位将环形全对称结构的固体波动陀螺仪作为高性能 MEMS 陀螺仪的目标产品，实现了环形微机电固体波动陀螺仪的中低精度、低成本、高可靠、大批量应用。与国际先进水平相比，国内研究相关技术指标处于跟跑阶段，研究现状及主要性能见表 2-3-1。

表 2-3-1　国内典型固体波动陀螺仪研究现状及主要性能

研制单位	制造工艺	结构形式	主要性能	应用
中电 26 所	熔融石英	HRG	0.0016(°)/h	惯导、卫星
国防科技大学	合金	VCG	3.6(°)/h	实验室
中国科学院电子所	单晶硅	VRG	8.9 mV(°)/s	实验室
北京理工大学	合金	BVG	4.7(°)/h	实验室
国防科技大学	合金	VRG	1.5(°)/h	实验室
国防科技大学	单晶硅	DRG	$0.0009(°)/\sqrt{h}$	实验室

2.3.2　音叉振动陀螺仪

1. 工作原理

音叉振动陀螺仪是一种固态振动陀螺仪。振动陀螺仪是多种多样的，作为具有振动输出的仪表，其激励运动可以是旋转，也可以是振动，故有旋转激励、振动输出和振动激励、振动输出的振动陀螺仪之分。

用动量守恒定律同样可以描绘音叉振动陀螺的工作：可以把音叉看作一个运动质量系统，在该系统中，当叉指彼此靠近时，音叉关于其轴向的旋转速度相对于外加转速要增加。这是因为在这种情况下，为满足动量守恒定律，必须加速旋转来抵消质量运动半径的降低。反之，当叉指向外运动时，其旋转半径增加，为使系统的动量守恒，必须使音叉降低其相对于仪表基座的旋转。

音叉式陀螺结构的工作原理如图 2.3.13 所示[30]。驱动两个音叉叉指沿 x 方向作相对的往复运动，当音叉受到沿 y 方向的转动时，由于科式加速度作用，两个叉指会产生沿 z 轴的方向相反的感测振动。检测振动频率等于驱动振动频率，检测振动幅值正比于驱动信号幅值和外加角速度，通过外围窗口检测处理检测振动信号，即可检测出输入的角速度信号值。

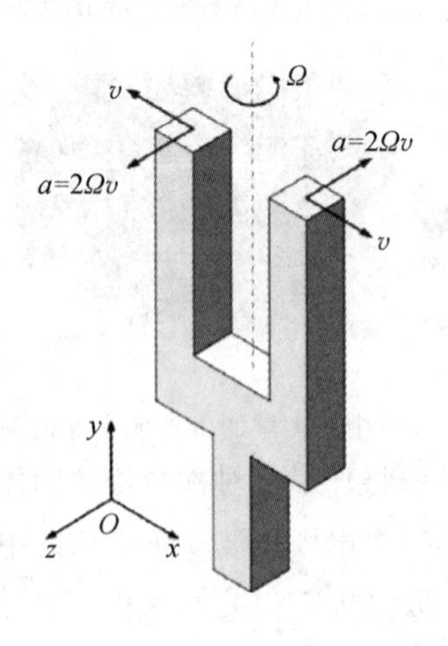

图 2.3.13　音叉式陀螺结构

2. 典型器件及制备技术

2018 年，东南大学研制出一种具有抗高冲击性的双质量块 MEMS 陀螺仪[31]，该结构在提高陀螺仪同向频率的同时，使用双级弹性止动装置抵抗高加速度冲击。仿真结果表明，两级弹性限位机构可有效提高 x 和 y 方向的抗冲击性能，实验结果表明，样机沿 x 轴、y 轴和 z 轴的抗冲击能力均超过 10 000g_n，其结构模型示意图如图 2.3.14 所示。

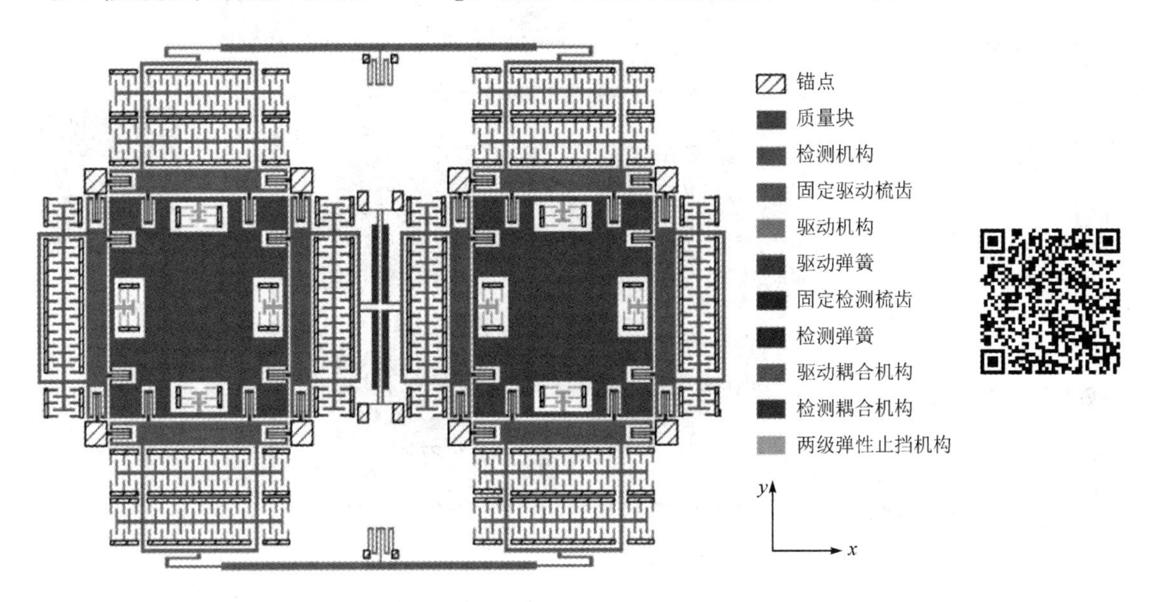

图 2.3.14 东南大学研制的双质量块陀螺仪结构示意图

该微机械谐振陀螺采用 SOG 工艺制备，用硅和玻璃分别作为结构层和衬底层材料，工艺流程如图 2.3.15 所示。首先在硅表面进行图形化转移，并刻蚀出用于键合的锚点区域，将金属溅射在玻璃基板上形成金属导线，随后将硅晶片与玻璃晶圆对准键合，减薄并抛光硅晶片，用感应耦合等离子体刻蚀释放结构。微陀螺仪扫描电镜照片如图 2.3.16 所示。

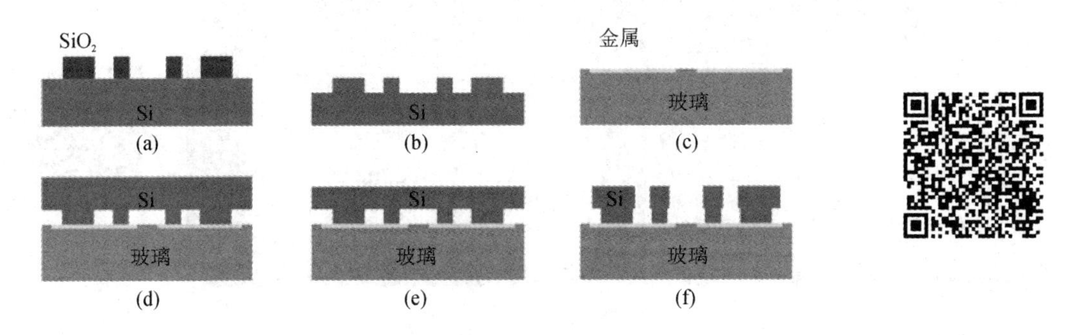

图 2.3.15 东南大学谐振陀螺仪工艺流程

2019 年，北京理工大学提出一种适用于高 g_n 冲击环境的硅基 MEMS 音叉陀螺仪[32]，冲击试验的结果表明，在 y 轴施加 30 000g_n 的载荷后，陀螺仪仍然可以很好地工作。该陀螺仪采用双对称结构，中间由耦合梁连接，其工作频率设计为 4000 Hz，驱动模态和检测模态的频率分别为 4095 Hz 和 4137 Hz。双振子结构可以有效抑制陀螺仪的共模干扰误差，提

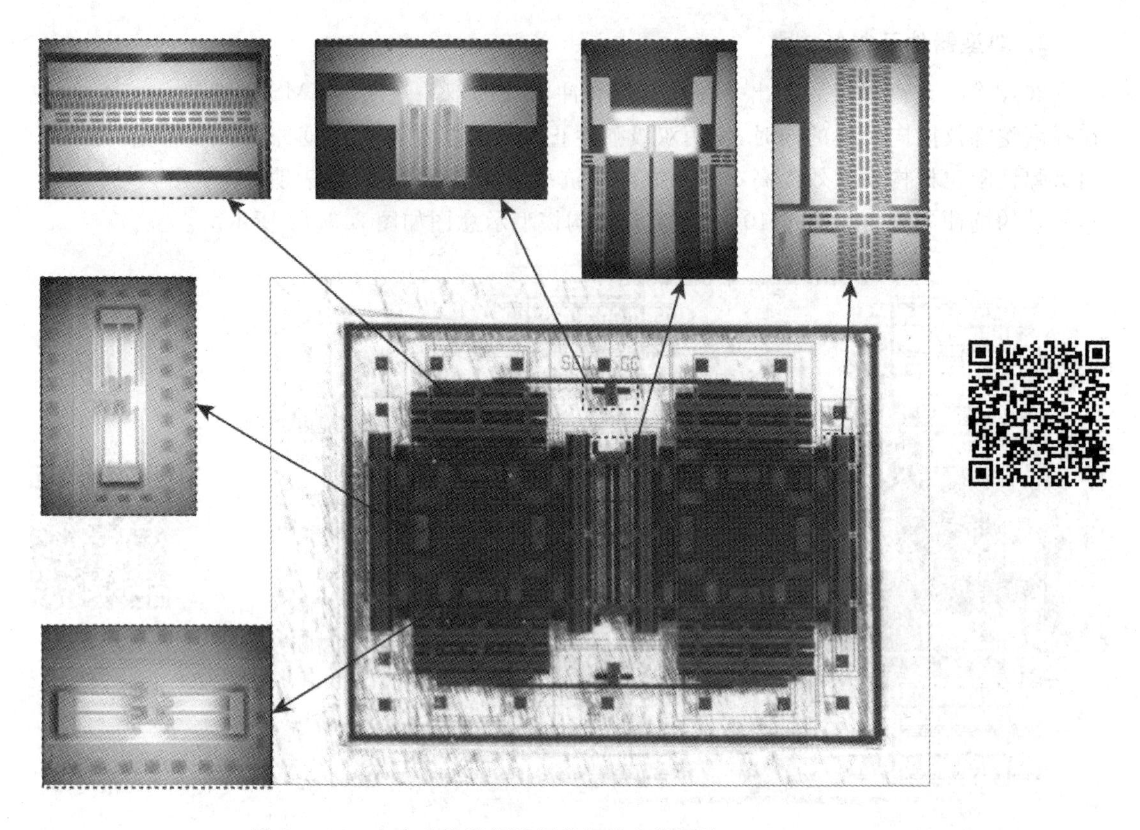

图 2.3.16　东南大学谐振陀螺仪扫描电镜照片

高其测量精度。器件结构示意图如图 2.3.17 所示，八对 U 形梁连接到框架，由平行于 z 轴的差分电容驱动，平行于 x 轴的差分电容作为检测梳齿。

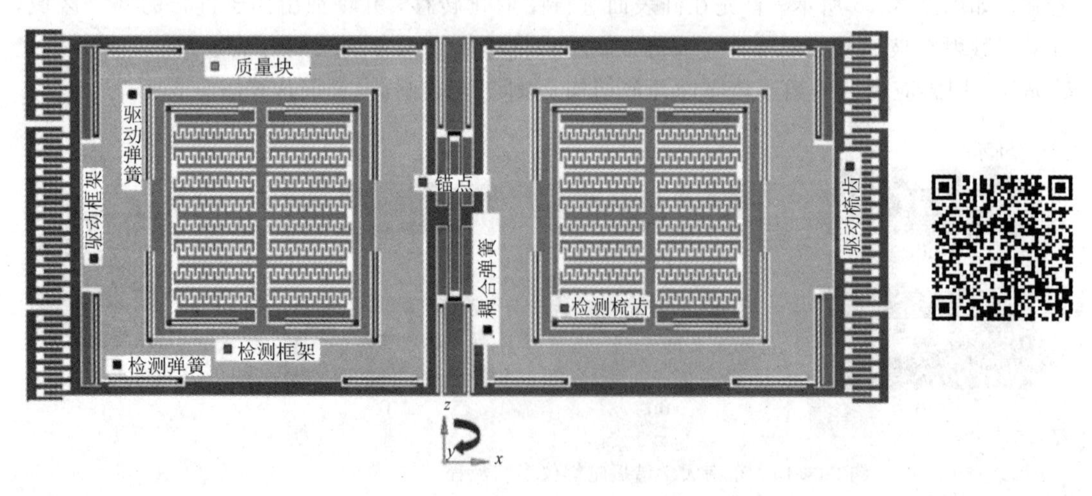

图 2.3.17　北京理工大学 MEMS 音叉陀螺仪结构

MEMS 陀螺仪的整体尺寸为 6.5 mm×9 mm×2.7 mm，陀螺仪的驱动和检测频率超过 4000 Hz。根据陀螺仪的具体结构，设计了基于 SOG 工艺的 MEMS 陀螺仪的制备工艺流程，如图 2.3.18 所示。

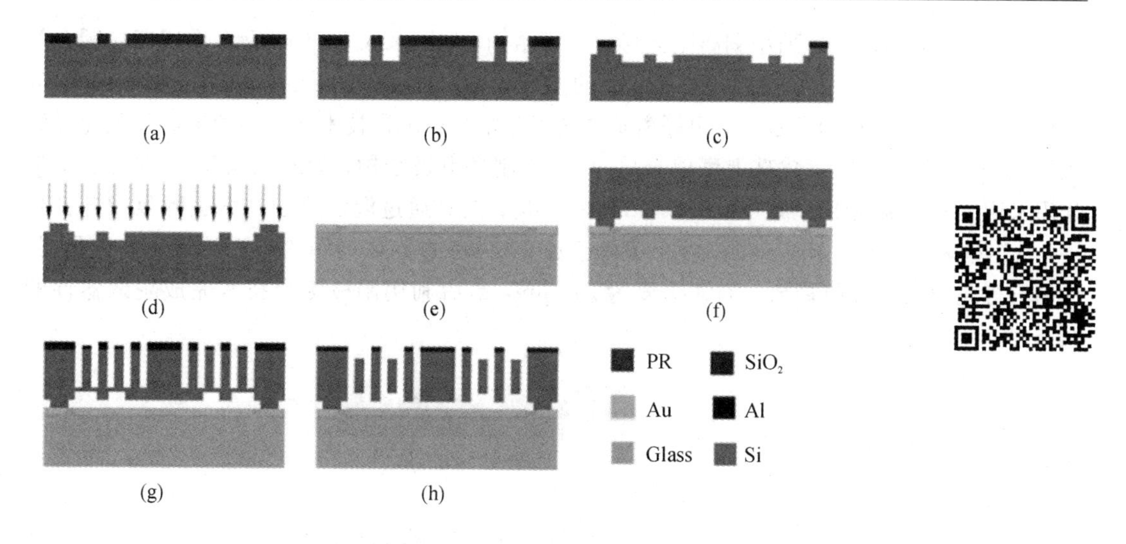

图 2.3.18　MEMS陀螺仪工艺流程

2.3.3　光栅陀螺仪

1. 工作原理

光栅陀螺仪的结构如图 2.3.19 所示，它由两部分组成，即固定光栅部分和陀螺结构部分[33]。工作时，陀螺结构沿驱动方向(x 轴)进行周期性运动，当 z 轴方向有角速度输入时，中心质量块受到科里奥利力的作用，沿 y 轴方向带动可动光栅进行周期性运动，使得可动光栅与固定光栅之间在 y 方向产生相对位移。微弱的相对位移变化会使透过光栅的衍射光强发生剧烈变化，通过光电探测器进行光强变化的捕捉，从而将光信号转变为电信号，进而检测科里奥利力引起的微位移。

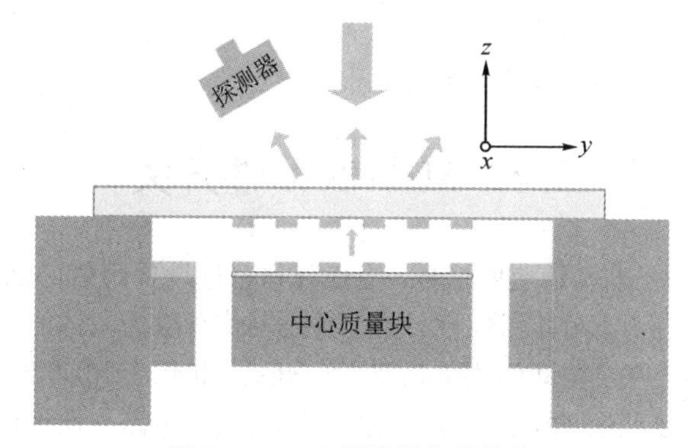

图 2.3.19　光栅陀螺仪的结构

2. 典型器件及制备技术

光栅陀螺仪中硅表面反射镜与光栅的平行度要求严格[34]，而阳极键合技术可以很好地解决这个问题。同时由于键合温度低，因此结构的残余应力较小。所设计的深硅刻蚀与Si-Glass键合技术的工艺流程如图 2.3.20 所示。

硅结构采用 400 μm 厚 P 型(100)双抛硅片，表面粗糙度约为 10 nm。为了保证键合质量，基底采用与双抛硅片膨胀系数接近的 500 μm 厚的 BF33 玻璃。通过磁控溅射技术在玻璃层上形成 Al/Cr 层，图形化后采用剥离工艺形成光栅结构，如图 2.3.20(b)所示。采用感应耦合等离子体刻蚀技术在硅晶圆正面刻蚀 5 μm 厚的方形腔体，然后在方形腔体外刻蚀 0.7 μm 深的电极槽，如图 2.3.20(c)所示。采用等离子体增强化学气相沉积技术在硅晶圆上沉积氧化硅钝化层，通过磁控溅射在氧化硅上溅射金属 Al 用于制备电极结构，如图 2.3.20(d)所示。图形化后采用干法刻蚀技术形成图 2.3.20(e)所示结构；然后通过湿法腐蚀技术去除氧化硅钝化层，露出硅表面；采用 RIE 刻蚀技术，去除 5 μm 深的方形腔体内结构表面的氧化硅钝化层。然后进行陀螺结构背腔释放，刻蚀深度为 315 μm，最后利用阳极键合技术完成陀螺器件的制备。

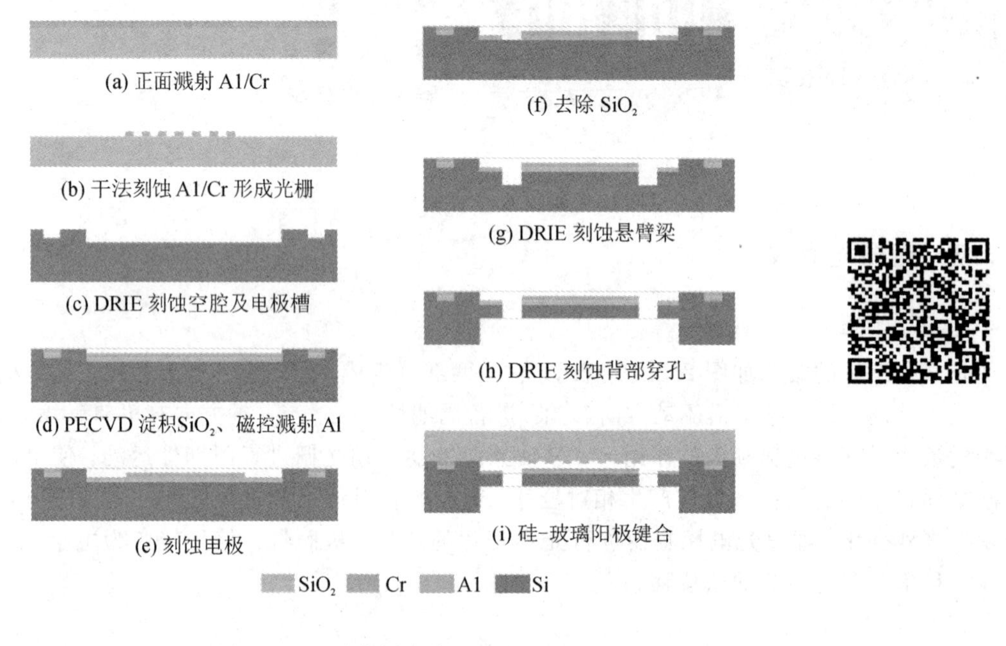

图 2.3.20　光栅陀螺仪工艺流程

2.4　MEMS 惯性开关

MEMS 惯性开关用于感知加速度信号，当检测到超过设置阈值的加速度信号时，执行开关机械动作，并触发电信号，因此惯性开关是将传感与执行融为一体的精密惯性器件，又被称为冲击传感器、加速度开关、振动阈值传感器或 G 开关。相比于 MEMS 加速度计和 MEMS 陀螺，MEMS 惯性开关为无源器件，具有机械结构简单、接口电路方便等优点，且在未闭合时无功耗，在远程监控、无人值守等电量有限的环境下有着巨大的应用前景和优势。

惯性开关在工程应用上可分为两类：一种为非线性惯性开关，其感知的加速度幅值一般在 $1g_n$～$10\,000g_n$ 之间，对应的加速度作用时间(即脉宽)一般在几十毫秒到几十微秒之间，属于脉冲型加速度，作用时间很短，需要对系统进行动态分析，因此也称这类开关为动态开关。由于要求系统响应频率很高，因此设计时应保证弹簧的刚度足够大，而质量块足够小，同时阻尼尽量小，以获得较快的响应速度。另一种为线性惯性开关，其感知的加速度幅值一般在 $1g_n$～$100g_n$ 之间，检测的加速度信号通常是线性增加的，加速度作用时间相对较长，可以采用准静态分析方法分析这类系统，因此这类开关也被称为准静态开关。由于开关阈值加速度较低，干扰性的振动或冲击引入的脉冲型高加速度信号容易造成这类开关的误动作，因此设计时应尽可能降低“弹簧-质量”结构在主振方向上的谐振频率，以使系统能够“过滤”掉干扰信号。同时，适当调整系统的阻尼系数至0.707，使开关既能及时响应正常的加速度信号，又能达到抵抗振动或冲击等干扰信号的目的。

1. 工作原理

惯性开关是典型的“弹簧-质量-阻尼”系统，工作原理见图2.4.1。质量块通过弹簧和阻尼器与壳体连接，在惯性力作用下质量块运动与触点接触，当接触作用力足够大时开关触发电信号实现电接通。

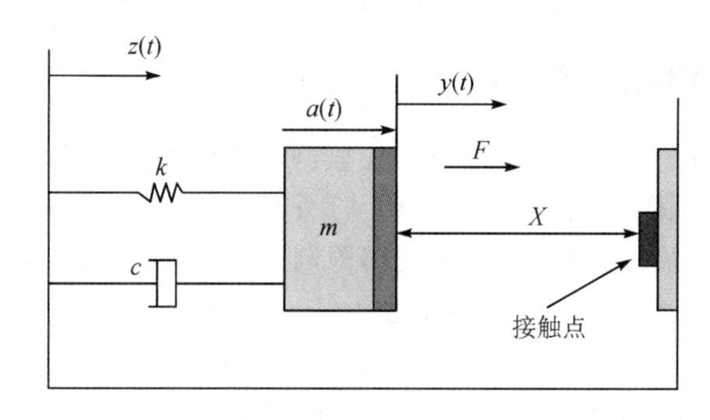

图2.4.1　惯性开关原理示意图

在惯性激励$a(t)$作用下系统的力学平衡方程可表示为

$$x'' + 2\xi\Omega x' + \Omega^2 x = a_F(t) - a(t) \tag{2.4.1}$$

式中：x、x'和x''分别是质量块的位移、速度和加速度；ξ为阻尼比，k、m和β分别为系统的有效刚度、有效质量和阻尼系数；Ω为固有振动频率；a_F为F引入的等效加速度。

图2.4.1中，c为阻尼，F为辅助作用力(如静电吸引力或磁力)，以增大开关的接触压力从而降低接触电阻；$y(t)$和$z(t)$分别是质量块和开关壳体相对于惯性空间的运动。

2. 典型器件

中国工程物理研究院提出了一种基于平面矩形螺旋梁结构的低g_n值微惯性开关，采用双触点结构[35]，如图2.4.2所示，由封盖、管芯、台阶和基底四部分组成。管芯为惯性敏感单元，是整个结构的核心部件，包括悬空用于感知惯性加速度的方形质量块、两根结构完全相同的低刚度平面矩形螺旋梁，三者组成低频的“弹簧-质量”结构。带有浅槽的封盖用于限制质量块的反向运动，实现“弹簧-质量”结构的保护。台阶使质量块与基底之间具有初始间距z_0。平面矩形螺旋梁位于z方向上的中心平面内，从而大大降低了在非敏感方向上的加速度信号对惯性开关工作的干扰。考虑结构的加工工艺可行性，通过增加平面矩形螺旋梁的弯折圈数(即梁的长度)，有效降低了梁在z方向上的刚度，实现低频“弹簧-质量”结构的设计。该惯性开关的工作原理为：在z方向上惯性加速度的作用下，可动质量块向固定基底运动，当加速度达到闭合阈值时，质量块底面上的金属层与基底上的两个金属触点同时接触，从而提供开关导通信号。

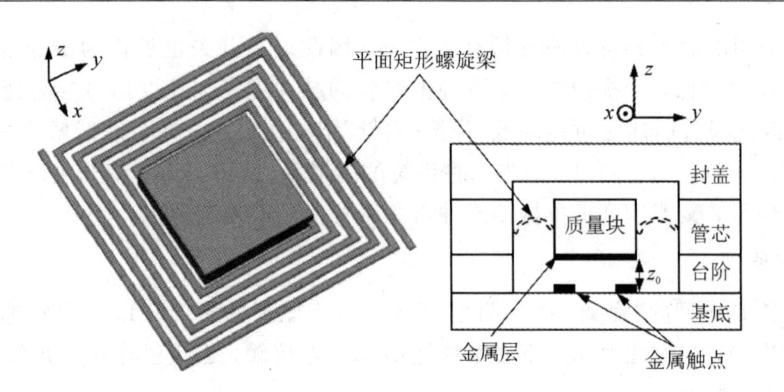

图 2.4.2 基于平面矩形螺旋梁的低 g 值微惯性开关结构示意图

2.4.1 不同阈值的惯性开关

在初期研究过程中，惯性开关主要被用于监测和预警惯性冲击，所监测的冲击加速度通常高于 $30g_n$。对于高阈值惯性开关的研究，部分研究学者着眼于解决反向高加速度冲击的问题，以提高开关的抗过载能力：不但能够限制惯性开关在非敏感轴方向上的运动，还可以增强器件在反向敏感方向上的抗过载能力。

图 2.4.3 为上海交通大学徐群等人设计的水平驱动惯性开关[36]，其中，图 2.4.3(a)为具有限位块的惯性开关整体结构；图 2.4.3(b)为新型移动电极和固定电极放大视图；2.4.3(c)为质量块和反向约束之间的间隙。当有相反于敏感方向的冲击作用于器件时，弹簧变形会导致质量块反弹并向固定电极运动。仿真与实验结果表明，反敏感方向的加速度值随着系统刚度 k 的增大而增大。

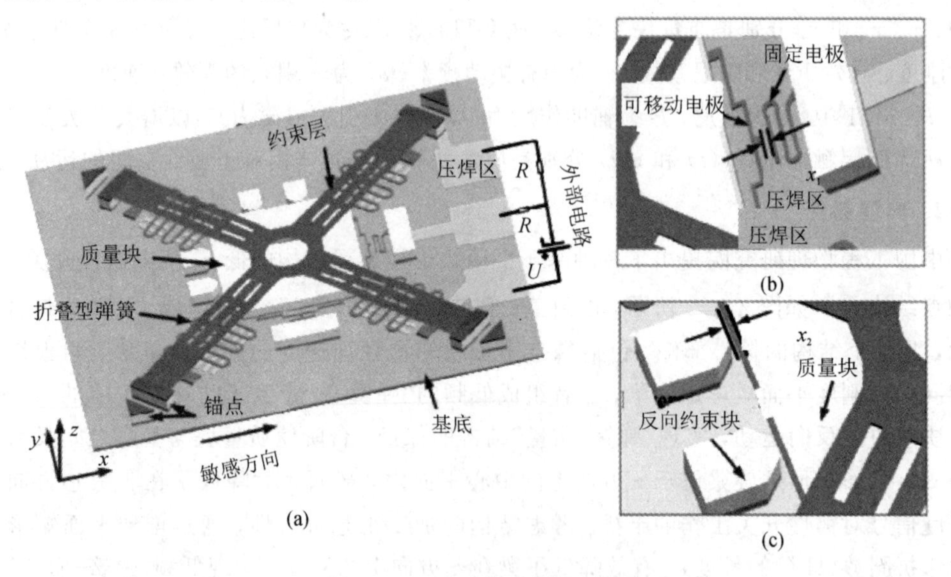

图 2.4.3 水平驱动惯性开关

在航空航天领域，特别是在飞行器的上升和下降过程中，$30g_n$ 以下的冲击加速度同样是检测的重点。为降低惯性开关的阈值，多数研究方案是对移动电极的结构进行改进设计，如降低系统的刚度，增加有效质量，从而降低器件整体固有频率。2016 年，上海交通大学陈文国等人对惯性开关弹簧的结构进行了创新设计[37]，将常规的半圆弹簧结构改进为节圆弹簧结构，如图 2.4.4 所示，降低了弹簧的刚度，器件的加速度阈值降低为 $25g_n$，闭合时间为 650 μs。

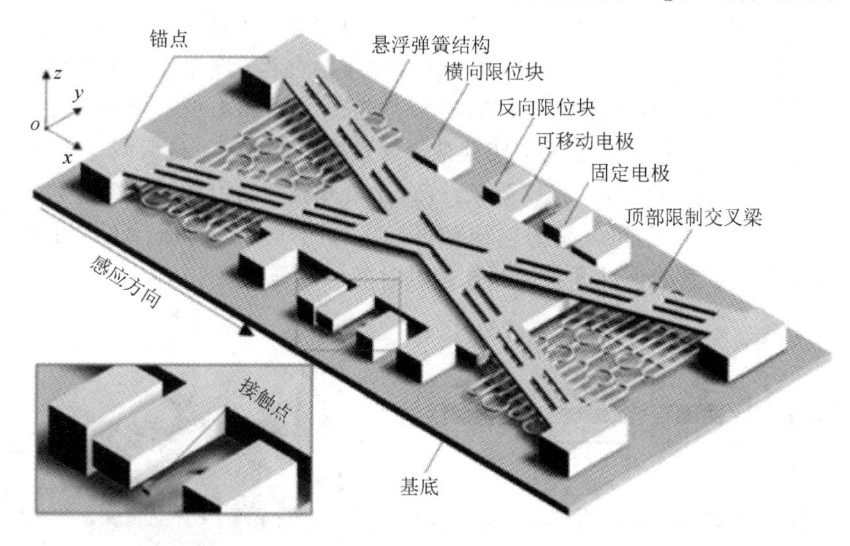

图 2.4.4 包含节圆弹簧结构的惯性开关

除固定高低阈值惯性开关外，一些研究人员还提出了一种可调节多阈值惯性开关，这种器件通常在单个芯片上集成多个具有不同阈值的惯性开关。2013 年，美国陆军研究实验室将 5 个三轴惯性开关集成到 1 个芯片上[38]，其中包含 30 个独立的开关状态，结构如图 2.4.5 所示，且每个开关的阈值在 $50 \sim 250g_n$ 之间，为了简化布线，还开发了一种串联各开关的电阻器梯形电路。

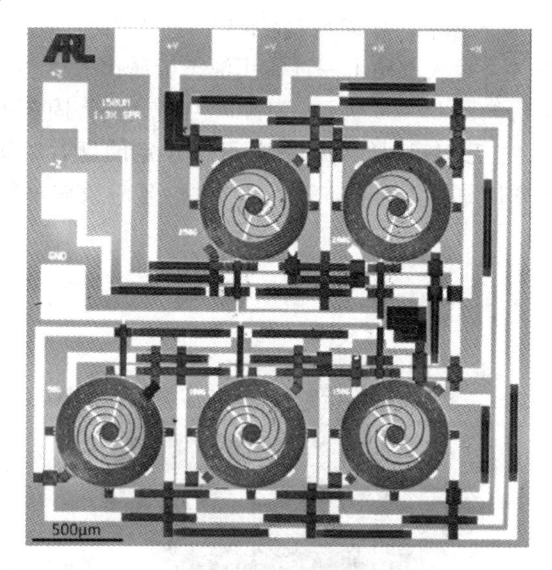

图 2.4.5 美国陆军研究实验室研制的惯性开关

2.4.2 基于不同材料的惯性开关

韩国延世大学 Jae－IK Lee 等人提出了一种通过在可动电极和固定电极表面制备碳纳

米管，来增强接触效果的MEMS惯性开关设计方法[39]。此设计中，碳纳米管通过自组装方式在单晶硅衬底上不同区域有选择地合成，以充当变形的电机械接触电极。当可动电极和接触电极碰撞时，电极之间的碳纳米管不但有一定的弹性，而且接触后的碳纳米管将会产生摩擦吸附作用。图2.4.6(a)为碳纳米管惯性开关接触过程；图2.4.6(b)为传统惯性开关的接触过程；图2.4.6(c)为悬臂梁开关的结构示意图。由图2.4.6(a)可知，当开关打开时，可动电极向固定电极移动，开始接触，使碳纳米管发生弹性形变，最后恢复变形；而在传统惯性开关接触中，没有材料变形的过程。经过对比可知：可变形碳纳米管惯性开关可以延长接触时间，得到更加稳定和可靠的输出信号。实验测得传统的惯性开关的接触时间为7.5 μs，而集成碳纳米管的惯性开关的测试接触时间可以延长至114 μs。

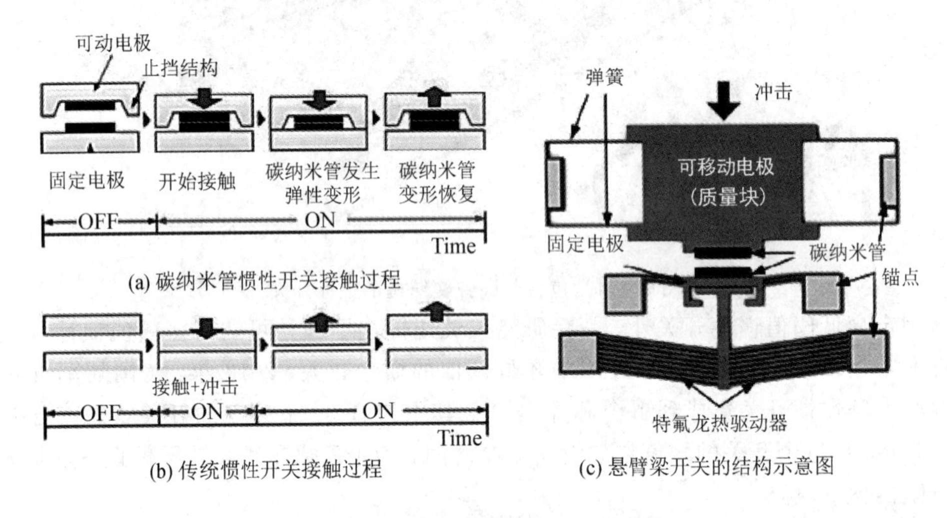

图2.4.6　碳纳米管MEMS惯性开关

我国台湾Huang Y.C. 等人设计了一种使用液态金属作为可动电极的、具有延迟效应的惯性开关[40]，器件结构如图2.4.7所示。其中，毛细管阀将固定电极与流体隔开，在加速度的作用下，微流体通过毛细管阀的时间就是开关设定的延时时间。该器件的优点在于使用甘油作为微流体代替有毒的金属液体汞，但器件的延时效应不适合于要求响应速度较快的应用场景。

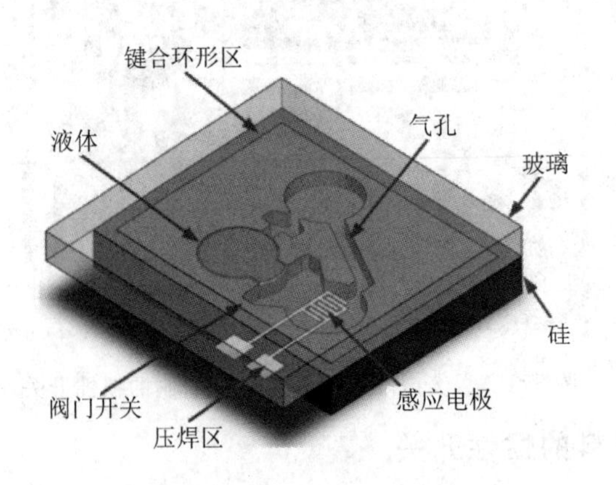

图2.4.7　具有时间延迟效应的惯性开关结构示意图

2.4.3　单轴与多轴惯性开关

上海交通大学杨卓青等人利用表面微加工技术在非硅衬底上设计并制作了一种具有多层金属结构的 MEMS 惯性开关[41]，图 2.4.8(a)为器件结构示意图，其中，位于质量块上方的固定电极被设计为孔式的柔性桥式结构。该开关可感知垂直衬底方向上的冲击加速度，且碰撞接触过程中产生的柔性弹性变形可有效延长开关的接触时间。部分 MEMS 惯性开关被设计为平面内单向敏感的形式，为了消除开关在非敏感轴方向上的运动并限制低频振动的扰动，限位块、限位梁以及限位套筒等结构被引入器件设计。

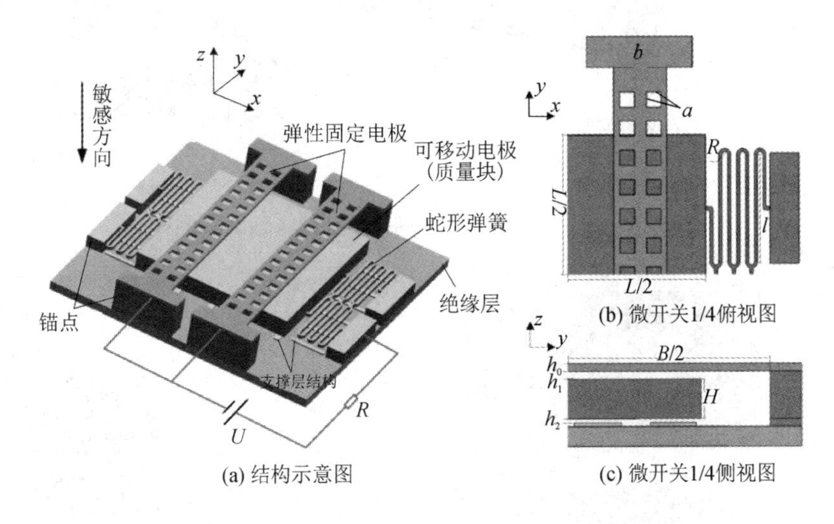

图 2.4.8　具有多层金属结构的 MEMS 惯性开关

图 2.4.9 为徐秋等人设计的具有多方向约束结构的单向敏感惯性开关[42]，该开关的敏感方向与基板平行，并与 y 轴正方向一致。当具有超过其阈值的外界加速度作用于器件敏感方向上时，附着在质量块上的弹性悬臂梁与固定电极碰撞，开关发生闭合；而当加速度作用于敏感方向的反向上时，质量块将首先与反向限位块发生碰撞然后反弹。若回弹位移小于移动电极与固定电极间的距离，则开关就不会发生误触发；当有更复杂的冲击作用于惯性开关时，包围着质量块的约束套筒结构可以限制质量块的随机运动。该 MEMS 惯性开关中的约束机构可有效降低器件的非轴向灵敏度，并提高其抗冲击能力，但不可避免地会给器件的制造带来一定的难度。

双轴敏感惯性开关本质上就是把两个单方向敏感的惯性开关整合到一起。北京大学赵前程等人设计的双轴惯性开关如图 2.4.10 所示[43]，器件的质量块被组合折叠式弹簧结构连接到衬底上，可在 x 轴和 y 轴方向上运动。但由于该结构只能敏感 x 与 y 轴两个方向的冲击加速度，不能满足面内多方向惯性信息敏感的需求，因此杜立群等人对该种形式的惯性开关进行了结构改进，将径向固定电极设计为有球面接触的蛇形弹簧形式[44]，以敏感平面上各个方向的加速度冲击，如图 2.4.11 所示。

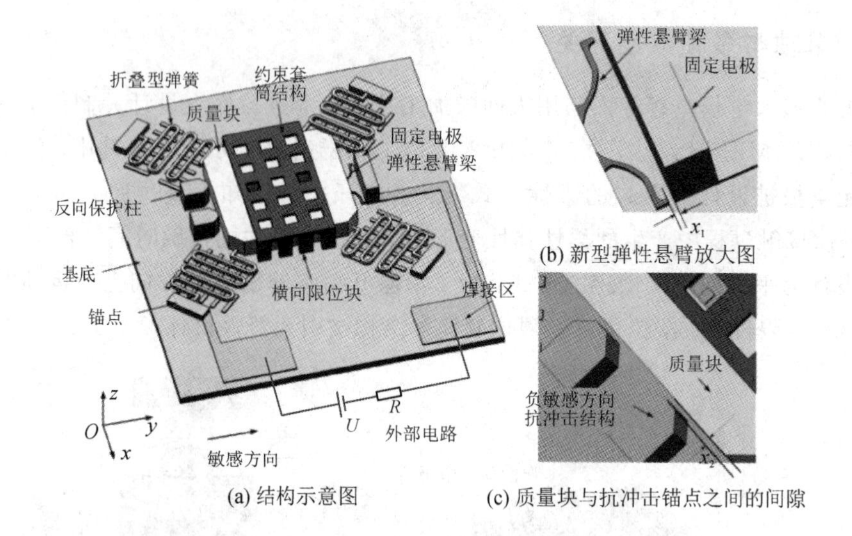

(a) 结构示意图　(b) 新型弹性悬臂放大图　(c) 质量块与抗冲击锚点之间的间隙

图 2.4.9　具有多向约束结构的单轴敏感惯性开关

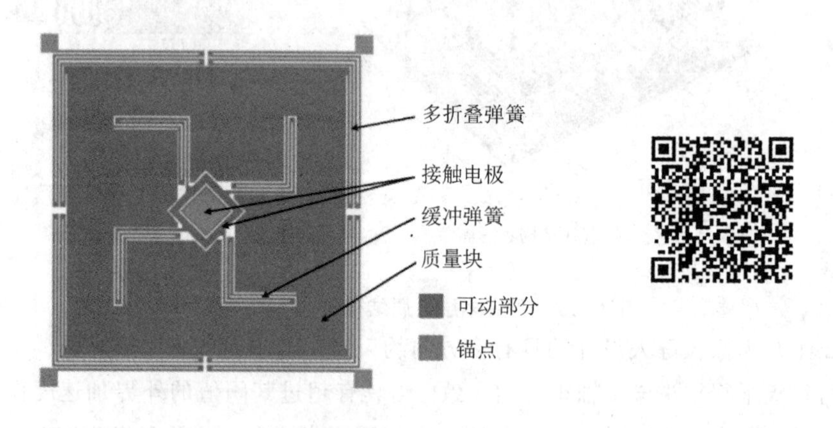

图 2.4.10　双轴敏感惯性开关

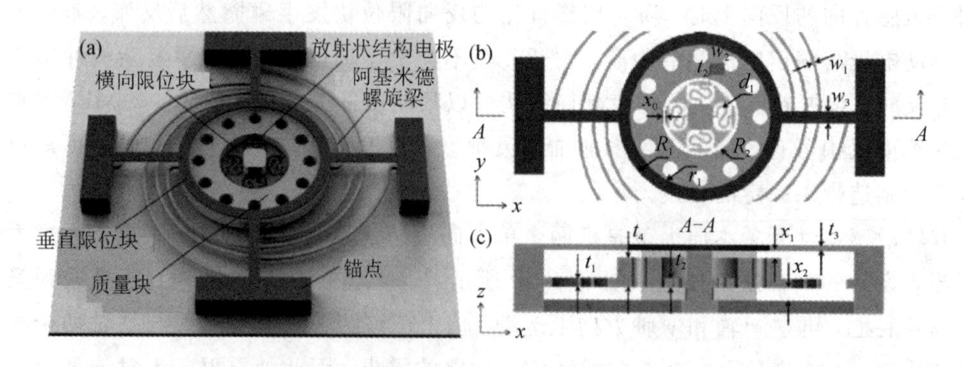

图 2.4.11　面内多向敏感 MEMS 惯性开关

2014 年，上海交通大学提出了一种可以敏感三个轴向加速度的、不同于将三个单轴惯性开关简单集成的 MEMS 惯性开关，有效避免了反方向上的误触发，以及轴向扰动比较严重的问题。为了获得更多方向的冲击敏感信息，各研究机构相继开展能够实现全向敏感的惯性开关研究工作。图 2.4.12 为杨卓青等人设计的全向敏感惯性开关[45]，其固定电极位于质量块空心处且被分为两组，由中心圆柱体支撑的一组悬臂结构作为水平面内 360°轴向固定电极，位于质量块顶部的枫叶状 T 形结构作为垂直方向上的固定电极。

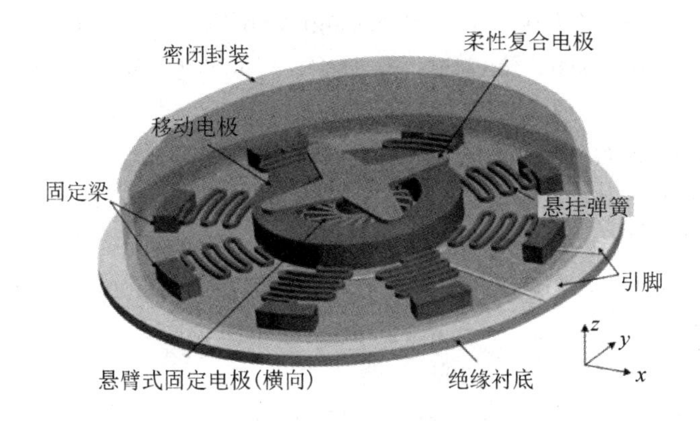

图 2.4.12 全向敏感惯性开关

参考文献

[1] BAO M. Chapter 1 - introduction to mems devices[J]. Analysis and Design Principles of MEMS Devices, 2005: 1 - 32.

[2] 章吉良，周勇，戴旭涵. 微传感器：原理、技术及应用[M]. 上海：上海交通大学出版社，2005.

[3] AGILENT TECHNOLOGIES, INC. Microcap wafer-level package with vias: US19990360859[P]. 2001 - 05 - 08.

[4] LIU C H, KENNY T W. A high-precision, wide-bandwith micromachined tunneling accelerometer[J]. Journal of Microelectromechanical systems. 2001, 10(3): 425 - 433.

[5] 胡雪梅. 微机械电容式加速度计的系统分析[D]. 西安：西安电子科技大学，2006.

[6] BENMESSAOUD M, NASREDDINE M M. Optimization of MEMS capacitive accelerometer[J]. Microsystem Technologies, 2013, 19(5): 713 - 720.

[7] HA Byeoungju, LEE Byeungleul, SUNG Sangkyung. A area variable capacitive microaccelerometer with force-balancing electrodes[J]. Proceedings of SPIE-The International Society for Optical Engineering, 1998, 3242: 146 - 151.

[8] TAO Y K, LIU Y F, DONG J X. Experimental analysis of the MEMS capacitive accelerometer's shock resistibility[C]. NSTI-Nanotechnology 2012: Electronics, Fabrication, MEMS, Fluidics and Computational, Santa Clara, 2012: 451 - 454.

[9] 陶永康，刘云峰，董景新，等. 电容式高过载微机械加速度计的设计与实验[J]. 光学精密工程，2014, 22(4): 918 - 925.

[10] TAO Y K, LIU Y F, DONG J X. Flexible stop and double-cascaded stop to improve shock reliability of MEMS accelerometer[J]. Microelectronics Reliability, 2014(54):

1328 - 1337.

[11] 胡启方，李男男，邢朝洋，等. 一种采用圆片级真空封装的全硅 MEMS 三明治电容式加速度计[J]. 中国惯性技术学报，2017，25(6)：804 - 809.

[12] XU M, HAN X, ZHAO C, et al. Design and Fabrication of a MEMS Capacitance Vacuum Sensor Based on Silicon Buffer Block [J], Journal of Microelectromechanical Sytems, 2020, 29(6): 1556 - 1562.

[13] SHI Y B, WANG Y L, FENG H Z, et al. Design, fabrication and test of a low range capacitive accelerometer with anti-overload characteristics[J]. IEEE Access, 2020(8): 26085 - 26093.

[14] ZHANG L, LU J, KURASHIMA Y, et al. Vertical-plate-type microaccelerometer with high linearity and low cross-axis sensitivity[J]. Sensors and Actuators A Physical, 2015(222): 284 - 292.

[15] JIA C, MAO Q, LUO G, et al. Novel high-performance piezoresistive shock accelerometer for ultra-high-g measurement utilizing self-support sensing beams[J]. Review of Scientific Instruments, 2020, 91(8): 085001.

[16] SHI Y B, ZHAO Y, FENG H, et al. Design, Fabrication and Calibration of a High - G MEMS Accelerometer[J]. Sensors&Actuators A Physical, 2018, 279(15): 733 - 742.

[17] WANG S, WEI X, ZHAO Y, et al. A MEMS resonant accelerometer for low-frequency vibration detection[J]. Sensors&Actuators A Physical, 2018, 283: 151 - 158.

[18] YIN Y, FANG Z, HAN F, et al. Design and test of a micromachined resonant accelerometer with high scale factor and low noise[J]. Sensors and Actuators A: Physical, 2017, 268: 52 - 60.

[19] FANG T, YIN Y, HE X, et al. Temperature-drift characterization of a micromachined resonant accelerometer with a low-noise frequency readout[J]. Sensors and Actuators A: Physical, 2019, 300: 111665.

[20] FANG Z X, YIN Y G, HE X F, et al. A sensitive micromachined resonant accelerometer for moving-base gravimetry[J]. Sensors and Actuators A: Physical, 2021, 325: 112694.

[21] PALANIAPAN M, HOWE R T, YASAITIS J. Performance comparison of integrated z-axis frame microgyroscopes [C]//IEEE the Sixteenth International Conference on MICRO Electro Mechanical Systems, 2003. Mems-03 Kyoto. IEEE, 2003: 482 - 485.

[22] SUNG W T, LEE J Y, LEE J G, et al. Design And Fabrication of Anautomatic Mode Controlled Vibratory Gyroscope [C]//IEEE International Conference on MICRO Electro Mechanical Systems. IEEE, 2006: 674 - 677.

[23] DING H T, YANG Z C, YAN G Z, et al. MEMS gyroscope control system using a band-pass continuous-timesigma-delta modulator [C]. IEEE Sensors 2010

Conference, 2010, 868 - 872.

[24] 欧芬兰. 圆片级真空封装蝶翼式微陀螺优化设计[D]. 长沙：国防科技大学，2019.

[25] CAO H L, LIU Y, KOU Z W, et al. Design, fabrication and experiment of double U-Beam MEMS vibration ring gyroscope[J]. Micromachines, 2019, 10(3): 186.

[26] PARSA T, OLEG I, IGOR I, et al. Disk resonator gyroscope with whole-angle mode operation[C]//IEEE International Symposium on Inertial Sensors&Systems. IEEE, 2015.

[27] SU T, SARAH H, PARSA T, et al. Silicon MEMS Disk Resonator Gyroscope With an Integrated CMOS Analog Front-End[J]. Sensors Journal, IEEE, 2014, 14(10).

[28] XIA D Z, HUANG L C, XUE L, et al. Structural Analysis of Disk Resonance Gyroscope[J]. Micromachines, 2017, 8(10).

[29] LIU N, SU Z, LI Q, et al. Characterization of the Bell-Shaped Vibratory Angular RateGyro[J]. Sensors, 2013, 13(8): 10123.

[30] 曾鹏军. 新型 MEMS 音叉式陀螺结构优化设计研究[D]. 武汉：华中科技大学，2020.

[31] GAO Y, HUANG L B, DING X K, et al. Design and implementation of a Dual-Mass MEMS gyroscope with high shock resistance[J]. Sensors, 2018, 18(4).

[32] WANG J K, LOU W Z, WANG D K, et al. Design, analysis, and fabrication of silicon-based MEMS gyroscope for high-g shock platform [J]. Microsystem Technologies, 2019, 25(12): 1 - 10.

[33] 郝飞帆，李孟委，王俊强，等. MEMS光栅陀螺制造与测试[J]. 微电子学，2021，51(02)：276 - 280.

[34] 郝飞帆，李孟委，王俊强，等. 选择性阳极键合技术在光栅陀螺中的应用[J]. 焊接学报，2020，41(12)：61 - 66.

[35] 陈光焱，王超. 微惯性开关设计技术综述[J]. 信息与电子工程，2009，7(05)：439 - 442.

[36] XU Q, YANG Z Q, SUN Y, et al. Shock-resistibility of inertial microswitch under reverse sensitive directional ultra-high G acceleration [C]//IEEE International Conference on Micro Electro Mechanical Systems. IEEE, 2017.

[37] CHEN W, YANG Z, YAN W, et al. Fabrication and Characterization of a Low-g Inertial Microswitch With Flexible Contact Point and Limit-Block Constraints[J]. IEEE/ASME Transactions on Mechatronics, 2016, 21(2): 963 - 972.

[38] CURRANO L, BECKER C, LUNKING D, et al. Triaxial inertial switch with multiple thresholds and resistive ladder readout [J]. Sensors&Actuators A Physical, 2013, 195: 191 - 197.

[39] CHOI Jung-Wook, LEE Jae-lk, EUN Young-kee, et al. Aligned carbon nanotube arrays for degradation-resistant intimate contact in micromechanical devices[J]. Advanced Materials, 2011, 23: 2231 - 2236.

[40] HUANG Y, SUNG W, LAI W, et al. Design and implementation of time-delay switch triggered by inertia load[C]//Micro Electro Mechanical Systems (MEMS), 2013 IEEE 26th International Conference on. IEEE, 2013.

[41] YANG Z Q, DING G F, CAI H G, et al. A MEMS inertia switch with bridge-type elastic fixed electrode for long duration contact[J]. IEEE Transactions on Electron Devices, 2008, 55(9): 2492-2497.

[42] XU Q, YANG Z Q, FU B, et al. A surface-micromachining-based inertial micro-switch with compliant cantilever beam as movable electrode for enduring high shock and prolonging contact time[J]. Applied Surface Science A Journal Devoted to the Properties of Interfaces in Relation to the Synthesis&Behaviour of Materials, 2016, 387: 569-580.

[43] LIN L X, ZHAO Q C, YANG Z C, et al. Design and simulation of a 2-axis low g acceleration switch with multi-folded beams[C]//2014 12th IEEE International Conference on Solid-State and Integrated Circuit Technology(ICSICT). 2014: 1-3.

[44] DU L Q, LI Y, ZHAO J, et al. A low-g MEMS inertial switch with a novel radial electrode for uniform omnidirectional sensitivity[J]. Sensors and Actuators A Physical, 2018, 270: 214-222

[45] YANG Z Q, ZHU B, CHEN W G, et al. Fabrication and characterization of a multidirectional-sensitive contact-en-hanced inertial microswitch with an electrophoretic flexible composite fixed electrode[J]. Journal of Micromechanics and Microengineering, 2012, 22(4): 045006.

第三章　回音壁模式微腔器件及系统

3.1　回音壁模式微腔概述

最早人们是在声学反射的基础上观测到的回音壁现象，其中最著名的例子是北京天坛的回音壁墙，见图 3.1.1(a)、(b)。它是天坛公园里的一道直径为 61.5 m 的圆形围墙，当人们在靠近墙壁处发出声音时，声音会沿着墙壁传播。在墙的另一端，距离说话者一二百米的地方，也能清晰地听到说话者的声音。这一奇妙现象的声学原理其实很简单——反射。由于圆形墙面弧度合理且表面光滑，声波沿墙面多次反射之后，就会形成类似于"圆的内接多边形"的路径，近乎无损耗地抵达围墙另一端。英国圣保罗大教堂也有原理相同的"耳语廊"，如图 3.1.1(c)、(d)所示。

(a) 北京天坛

(b) 北京天坛回音壁

(c) 英国圣保罗大教堂

(d) 圣保罗大教堂内部

图 3.1.1　世界各地的回音壁

随着微纳加工技术的发展和人们对光学波段应用需求的增加，微腔的尺寸从微米量级横跨到厘米。对于回音壁模式的研究也逐渐过渡到了紫外-可见光-近红外，其原理还是通过内全反射将光子局域在腔内形成回音壁模式，由于通常具有超高的品质因子(Q 值)和较小的模式体积，因此能够增加腔内光子循环次数，极大地增强电磁场与材料的相互作用。同时腔内驻/行波效应可以有效地实现模态重构与电磁场分布调控，理论上毫米尺寸谐振腔可以实现几十千米量级的光纤测量精度，在基于频率的传感测量系统中已经展示了极高的精度，比如角速度传感、温度传感、磁传感、生物传感等，因此在科学技术和基础研究领域具有重要的应用。本章将从回音壁模式的原理出发，对回音壁模式谐振腔的材料选择和制造方法进行介绍，结合耦合集成特性对基于回音壁模式谐振腔的应用展开介绍。

3.1.1 回音壁模式原理

当光从光密介质入射到光疏介质且入射角大于临界角时，在两介质界面处发生全反射。光可以局域化在腔内，通过全反射以稳定的行波模式传播，从而在高折射率界面处产生光学回音壁模式(Whispering Gallery Mode，WGM)。此时，回音壁模式中的大部分能量分布在腔体附近的表面。为了使腔内的能量输入和输出成为可能，耦合器被用来耦合光学回音壁模式腔。光学谐振腔对光的频率有选择性。光腔内的光波只有在一定的共振条件下才能发生共振。当满足一定的相位匹配条件时，即光在谐振腔中传输产生的相位差为 2π 的整数倍时，光学回音壁模式腔中绕行的光波在腔内产生谐振，光波会互相重叠提高，导致等距离离散相干共振。由光波相干叠加产生的等距离散模是微腔的本征模，其频率称为本征频率。基于 WGM 的腔体只支持少量的辐射模式、发散模式和方位角模式，可以实现实验的重复性和腔体模式的可控性，因此基于 WGM 的腔体理论上可以实现单一的工作模式。

利用经典的电磁理论，我们可以通过求解特定微腔边界形状下的 Maxwell 方程组得到回音壁模式的场分布。在二维近似下，将矢量的 Maxwell 方程组简化为标量的 Helmholtz 方程：

$$\nabla^2 \psi + n^2 k^2 \psi = 0 \tag{3.1.1}$$

其中 $k = \omega / c = 2\pi/\lambda$ 是真空中的波矢，c 为真空中的光速，ω 为角频率，λ 为真空中的波长，n 为介质折射率。

一般情况下，只有规则的球形或柱形才存在解析解，因为在这两种腔边界条件下可以分别在球坐标和柱坐标系下分离变量求解。例如，球腔解的形式为

$$\psi = Z_l(nkr) Y_{lm}(\theta) \mathrm{e}^{-il\phi} \tag{3.1.2}$$

其中 $Z_l(nkr)$ 为 Bessel 或者 Hankel 函数，$Y_{lm}(\theta)$ 为球谐函数。l 称作角向模式数，可以近似地由公式 $1 \approx 2\pi nR/\lambda$ 得到，描述了光场在赤道面的波节数目，m 为方位角模式数，$m = (-l, -l+1, \cdots, l-1, l)$，描述了光场在微腔沿经线分布的波节数目。

利用边界条件，我们可以求解得到本征模式对应的本征频率 $\omega = ck$，把 ω 代回上式得到模式场分布。相同的 l、m 模式数下可以有很多模式，再根据其光场的径向分布在腔内的波节数目可以分为不同的径向模式，用径向模式数 q 来区分。因此，q、l、m 和偏振 4 个指标可以完整地表示出腔内稳定存在的一个模式。一般我们称 $q=1$、$l=m$ 的模式为基模。

为了更好地理解微腔模式分布，下面给出模式分布对应的不同的 q、l 和 m。图 3.1.2(a)为微腔内的光线传播示意图；图 3.1.2(b)为微腔赤道面上 WGM 的分布图；图 3.1.2(c)～(f)为半径 10 μm 的二氧化硅微球腔的回音壁模式的截面分布，分别对应模式数为 $(q, l, m) = (1, 51, 51)$，$(2, 51, 51)$，$(1, 51, 50)$，$(1, 51, 49)$；图 3.1.2(g)为图 3.1.2(c)所示的基模沿径向的场强分布曲线。值得注意的是，一小部分的能量电场分布在腔外的 R 方向并呈指数衰减，叫作倏逝场。这部分能量在回音壁模态控制与耦合方面非常重要。

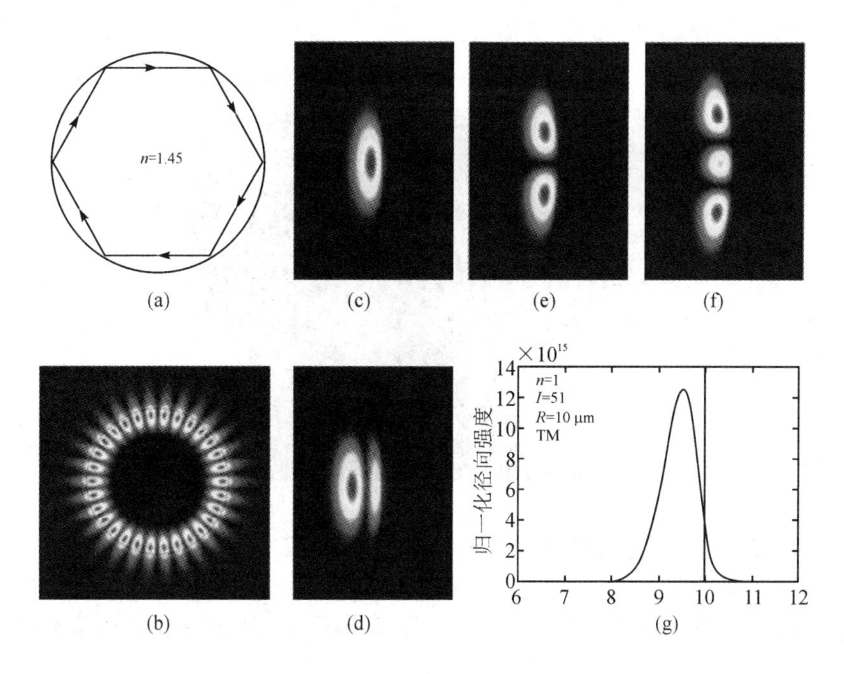

图 3.1.2　微腔内回音壁模式分布

3.1.2　回音壁谐振腔制造

1. 谐振腔材料的性能

近年来，国内外针对高 Q 值谐振腔制造开展了大量的研究，从材料的选择方面看，应该具有低光学吸收、低散射损耗、高稳定性、低成本、易于加工和易于集成等特点，针对特殊的调制器件应用，还需要材料具有较高的光学非线性系数，包括普克尔非线性系数和克尔非线性系数，此外在基于宽谱范围的光学频率检测方面还需要低模式色散特性等。下面将对几种常见的光学材料的性能进行描述和比较。

1）晶体材料

相比于非晶体材料，晶体材料具有固定的晶向，因此材料一致性好、缺陷少、光学损耗小，是制造超高 Q 值回音壁模式谐振腔的良好选择。准分子级别的氟化物材料透明窗口可以从深紫外到中红外，光学透过率可以超过 99.9%（1 cm）。以金刚石单点切削结合物理抛光技术制造的氟化钙晶体的光学 Q 值可以达到 10^{10}，通过热退火处理使得内部缺陷表面迁移并去除的方法 Q 值可以超过 10^{11}，远远超过了其他类型的光学谐振腔。此外，铌酸锂和钽酸锂材料具有较大的电光系数和良好的非线性光学性能，是电光调制器件的优良载体。但是目前晶体材料制造的谐振腔在耦合集成方面还需要进一步改进。氟化钙晶体光学谐振腔如图 3.1.3 所示。

2）玻璃材料

利用成熟的离子交换法可以在玻璃衬底上制作波导，其工艺简单，传输损耗小，生产成本低廉且偏振无关，是目前商用光分路器的主要材料。研究较多的是利用玻璃中的钠离子与熔盐中的银离子进行离子交换来制作光波导。经过特殊工艺制造的微晶玻璃在某些特

图 3.1.3 具有楔形结构的氟化钙晶体光学谐振腔以及腔内电磁场分布

定的温度下具有非常低的热膨胀系数，在超窄线宽稳频激光器和激光陀螺方面具有重要应用。此外，玻璃材料还可以进行有源掺杂，目前 Er 离子和 Yb 离子掺杂的激光玻璃材料(见图 3.1.4)工艺比较成熟，并且已经成为商用化产品。

图 3.1.4 Er 和 Yb 掺杂的激光玻璃材料(恒光光电)

3) 片上半导体材料

由于半导体材料可以兼容自上而下的曝光刻蚀工艺，因此其制备方法比较成熟，制成的波导和光学结构易于集成，可以很好地与电子器件集成，同时它具有较强的抗辐射性。片上的半导体材料器件可以实现较容易的调节，包括用片上热电极进行热致折射率调控，利用光生载流子效应进行快速的光致折射率调控等。但是相比于其他的材料，半导体材料本征吸收损耗相对较大，同时曝光刻蚀的方案容易在波导侧面留下带状的不完美的刻蚀表面，需要额外的光滑化处理才能够抑制表面颗粒或刻蚀缺陷导致的散射损耗。硅基半导体材料体系制造的片上光学谐振腔如图 3.1.5 所示。

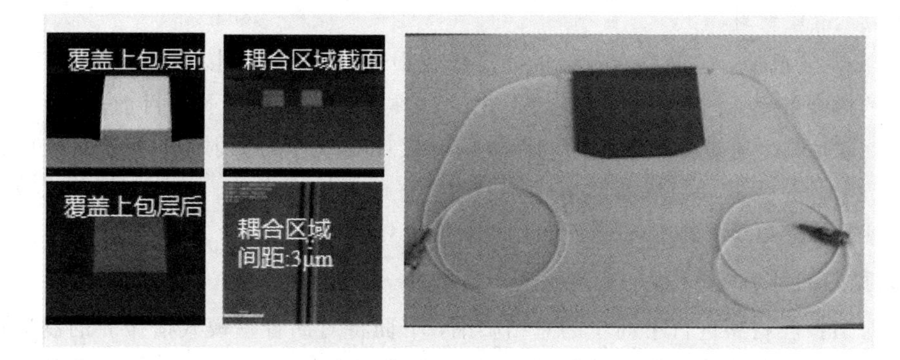

图 3.1.5　硅基半导体材料体系制造的片上光学谐振腔

4）高分子聚合物材料

聚合物光波导材料具有很高的电光耦合系数，可以大大降低需要热光调制的动态器件的功耗。它还具有较低的介电常数，比硅基光波导简单。它不需要高温加热，可以低温沉积在任何半导体衬底上实现集成。缺点是聚合物通常具有较高的热膨胀系数，对环境和温度的稳定性差，同时具有老化和光学吸收系数较大的缺点。大部分高分子聚合物材料具有负的热膨胀系数，利用该特性可以实现聚合物与其他材料谐振腔的复合结构，从而实现热学噪声的补充设计，为超低热学波动噪声谐振腔的制造提供解决方案。具有类球型结构的聚合物谐振腔如图 3.1.6 所示。

图 3.1.6　具有类球型结构的聚合物谐振腔

5）SOI 材料

SOI 材料的优点是与 CMOS 曝光刻蚀工艺兼容，易于大规模集成，抗辐射，同时在制造过程中可以较容易地实现二氧化硅层厚度的调控。此外，通过牺牲层腐蚀的工艺可以实现悬空结构设计与制造，包括二维光子晶体平板谐振腔和悬空结构纳米梁，因此所制备的光波导器件具有波导特性好、损耗小、体积小等优点。其缺点是折射率较高，与光纤的折射率不匹配。SOI 材料制造的微环芯光学微腔如图 3.1.7 所示。

图 3.1.7　SOI 材料制造的微环芯光学微腔

6）硅基 SiO_2 材料

SiO_2 波导在光通信波段具有较低的光学吸收损耗，并且与外接光纤折射率相近，因此具有较高的耦合效率。同时片上制备的工艺使其具有更好的稳定性。目前，SiO_2 掺 GeO_2 技术已经比较成熟，通过掺杂浓度的调谐可以有效控制波导的折射率，实现有效的光波导设计与制造。SiO_2 光波导与成熟的半导体工艺具有良好的相容性。通常，SiO_2 光波导是通过 PECVD 和反应离子刻蚀技术制作的，但工艺相对复杂。

2. 谐振腔的制造技术

以上对谐振腔材料进行了简单的总结归纳，下面将对回音壁模式谐振腔的制造进行介绍。目前的回音壁模式谐振腔先进制造技术主要可以归结为三种类型：基于曝光刻蚀的 CMOS 工艺技术、基于表面张力的主结构成型技术和基于微纳加工的机械切削抛光技术。材料的选择主要集中在硅基材料、聚合物材料和晶体材料，同时通过对微腔的波导结构调控与表面粗糙度优化制造实现 Q 值的提升与腔内电磁场模式控制。

1）曝光刻蚀制造技术

基于曝光刻蚀的 CMOS 工艺技术适合硅基片上谐振腔制造，具有一致性好、有利于集成等特点，国际上最具代表性的是美国加州理工学院的 Vahala 团队。2018 年，美国加州理工学院课题组以硅基材料为衬底，通过电感耦合反应离子刻蚀结合各向异性化学腐蚀，在片上制备楔形结构二氧化硅微腔结构，直径 4.3 mm 的氧化硅微盘的 Q 值为 2×10^8，结构如图 3.1.8 所示[1]。2020 年，该团队利用 1000℃高温进行热退火，结合楔形波导结构优化将微腔 Q 值提升至 1.1×10^9，是目前片上硅基谐振腔 Q 值的最高纪录[2]。然而该技术制备过程需要使用电子束曝光等工艺，加工难度大，尺寸误差要求极其严格。由于采用了自上而下的加工方式，因此在垂直芯片方向难以对波导结构进行有效的调控和制造。

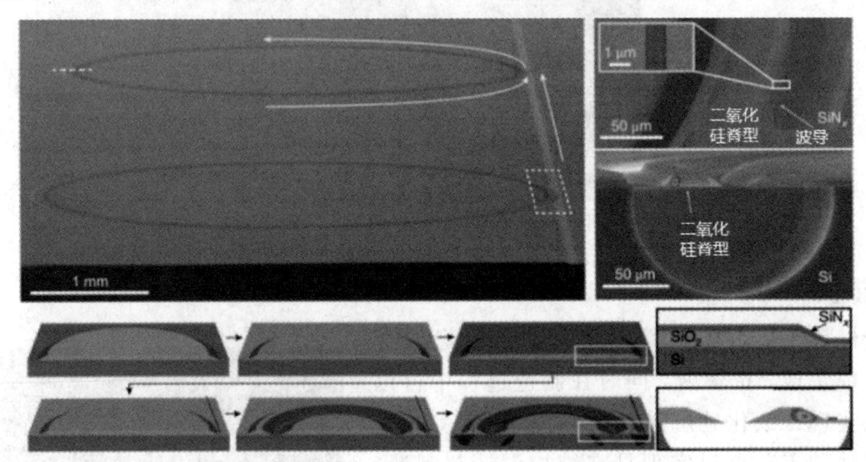

图 3.1.8　片上楔形二氧化硅波导谐振腔[1]

2）主结构成型技术

主结构成型技术利用熔融状态下材料的表面张力形成光滑波导结构，其表面粗糙度小于 1 nm，因此在抑制表面缺陷和散射损耗方面具有巨大的优势。加州理工大学的 Vahala 课题组利用表面张力形成二氧化硅热回流谐振腔，其 Q 值可以超过 10^8，器件结构如图 3.1.9

所示[3]。该结构通过氟化氙气体选择性刻蚀掉硅层，保留上表面二氧化硅层，再继续通过二氧化碳激光器聚焦加热达到热熔融温度，在热回流的过程中利用表面张力形成类环芯腔的结构。然而这种非晶材料的内部杂质和非均匀性等特点，限制了 Q 值的进一步提升，此外该方案几乎难以实现复杂曲面波导结构。

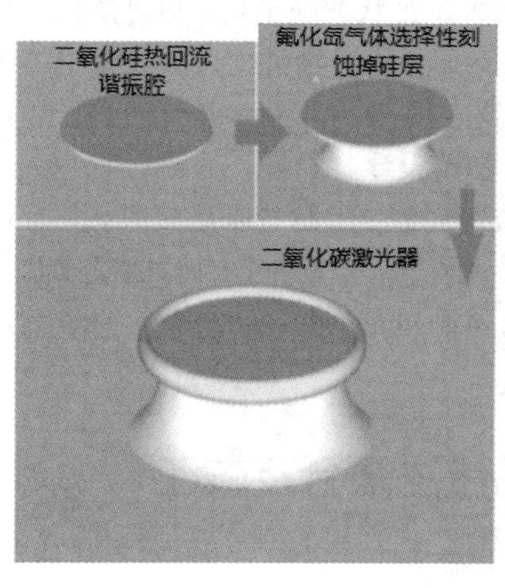

图 3.1.9　热回流制备微环芯型二氧化硅谐振腔[3]

3）机械切削抛光技术

机械切削抛光技术通过金刚石单点切削实现波导结构预制成型，结合物理抛光手段实现亚纳米表面粗糙度，因而可以对各种材料体系进行加工制造，谐振腔 Q 值远高于其他类型谐振腔，并且易于空间光集成。其中，美国的 OEwaves 公司的工作最具代表性，通过热退火实现晶体内部缺陷表面迁移复合，实现了 Q 值超过 10^{11} 的氟化钙晶体微腔，并且预测了氟化钙晶体微腔 Q 值可以达到 10^{14}[4]。此外，氟化镁、铌酸锂、蓝宝石谐振腔 Q 值分别达到 10^{10}、10^8 和 10^9，均为国际最优的指标。表 3-1-1 为各类型谐振腔不同波段 Q 值对比。

表 3-1-1　各类型谐振腔不同波段 Q 值对比

谐振腔类型	不同波段的 Q 值			
	775 nm	1064 nm	1319 nm	1550 nm
氧化铝	8×10^7		1.5×10^9	
石英				5×10^9
铌酸锂	7×10^7	8×10^7	2×10^8	6×10^8
钽酸锂	7×10^7		2×10^8	2×10^9
熔融二氧化硅	8×10^8			
氟化镁			$>10^{10}$	
氟化钙	$>6\times10^{10}$	$>6\times10^{10}$	$>4\times10^{10}$	$>3\times10^{10}$

机械切削抛光技术在波导结构制造方面更加灵活，在垂直波导方向上可以进行有效加工，相比于上述两种谐振腔制造技术增加了一个加工自由度，因此基于晶体谐振腔的侧面波导结构可控化制造成为重要的研究方向。瑞士洛桑联邦理工学院 Kippenberg 团队通过侧面波导结构控制实现了氟化镁谐振腔反常色散调控，增加了微腔克尔频梳的光谱范围；2015 年，美国加州理工大学团队通过该方案实现了带状波导结构，通过调控侧面波导结构实现了腔内电磁场分布和色散工程调控[5]。然而，为了去除机械切削过程中引入的表面缺陷和颗粒，从而降低吸收和散射损耗，制造工艺中需要引入精细抛光步骤，这也不可避免地破坏了机械切削预制的波导结构，使其偏离初始设计。

综上所述，晶体材料可以实现更好的 Q 值，但是加工制造难度较大，并且耦合集成方面还需要进一步研究。半导体材料制造技术最为成熟，但是材料自身的吸收和刻蚀加工导致表面散射损耗是亟待解决的难题。聚合物材料制造最为简单，但是自身较高的吸收和老化问题还需解决。

3.2 回音壁模式微腔耦合及表征

3.2.1 回音壁模式微腔耦合

前文对回音壁模式谐振腔的原理和制造作了介绍，本节将对耦合进行针对性的讲解，目的是在实际应用中提供优质的解决方案。通常，由于回音壁模式谐振腔具有旋转对称性，光子被囚禁在腔内，因此难以进行有效的光子注入和光子读出。为有效地激发和受激来自光学谐振腔中信号，需要借助耦合器件，目前回音壁模式微腔常见耦合方式有棱镜耦合、波导耦合、角抛光耦合及锥形光纤耦合，如图 3.2.1 所示。

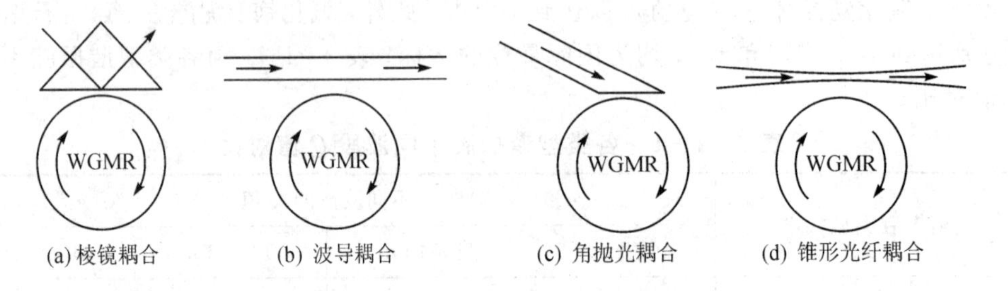

图 3.2.1 回音壁模式微腔常见的耦合方式

1. 自由空间耦合

自由空间光耦合方式是最早也是最简单的谐振腔注入方式，通常该情况可以用散射理论进行分析，即可以把入射光用球坐标系下的本征函数分解，当光场满足某些特定的条件时，一部分光可以耦合入谐振腔并在腔内振荡形成谐振。当我们仅仅考虑入射光是平面波的情况时，光场偏振方向垂直于回音壁模式的赤道面，即 TE 模式，则有

$$E_z^i = \boldsymbol{E}_0 \exp(inkr\cos\varphi) \tag{3.2.1}$$

入射光可以表示为

$$E_z^i = \boldsymbol{E}_0 \sum_{m=-\infty}^{+\infty} i^m J_m(kr)\exp(im\varphi) \tag{3.2.2}$$

其散射光可以表示为

$$E_z^s = \boldsymbol{E}_0 \sum_{m=-\infty}^{+\infty} i^m F_m H_m^{(1)}(kr)\exp(im\varphi) \tag{3.2.3}$$

其中，F_m 为第 m 项的系数。由于 $\exp(im\varphi)$ 的正交性，我们可以单独考虑某一 m 值的情况，在 R 方向的光场分布为

$$E_{mj}(r) = \begin{cases} A_m J_m(k^{(m,l)} n_{\text{core}} r) & r \leqslant R_1 \\ B_m J_m(k^{(m,l)} n_{\text{bubble}} r) + C_m H_m^{(1)}(k^{(m,l)} n_{\text{bubble}} r) & R_1 \leqslant r \leqslant R_2 \\ J_m(k^{(m,l)} n_{\text{bubble}} r) + F_m H_m^{(1)}(k^{(m,l)} n_{\text{air}} r) & r \geqslant R_2 \end{cases} \tag{3.2.4}$$

通过引入电磁场边界条件并结合公式(3.2.4)，消去其他系数，就可以得到散射光场与不同波矢下 $F_m(k)$ 的关系，并最终可以得到光场分布、散射系数等信息，其中，散射系数 $Q_s = Q_0\left(|F_0^2| + 2\sum_{m=1}^{\infty}|F_m^2|\right)$。

实际情况下，更多是研究紧聚焦高斯光束激发光学微腔模式，问题要复杂得多，但仍然是将入射光场按被散射物中的场模正交分解，再求解散射系数。为了获得更高的光场激发效率，需要入射光场与微腔模场有更大的重叠因子，所以往往将光束聚焦在微腔边沿甚至外侧。

自由空间光束耦合主要是利用微腔辐射，在回音壁模式和外界入射光之间进行能量交换。理论上讲，如果微腔中主要损耗来自弯曲边界的辐射损耗，并且自由空间中的入射光和微腔辐射光具有相同的模式，那么自由空间中的光就可以耦合进入微腔形成回音壁模式。尽管自由空间光耦合相比于其他方式最为简单，但由于腔内辐射模式强烈依赖于尺寸，当腔的尺寸远大于波长时辐射趋于零，所以通常自由光束与光学谐振腔耦合效率非常低。

上述原因限制了自由空间耦合的应用范围，目前仅在有限几种情况下适用。一是在方向性出射的谐振腔情况下，由于光具有可逆性，耦合光可以逆向沿着发射的光路注入，从而获得较高的耦合效率；二是通过材料合成的手段制造的百纳米量级到微米量级的球型腔，通过聚焦物镜直接激发；三是在太赫兹波段，通过将谐振腔侧面耦合至聚焦光路的束腰处进行激发。总之，自由空间光耦合在实验中并不常用。

2. 棱镜耦合

由于相位不匹配，因此自由空间的光束不能与微腔之间形成高效耦合。为此研究者提出了近场激发回音壁模式[6]，主要利用消逝场与微球内的波矢量相位匹配来实现有效的耦合。这种方法最早通过棱镜耦合来实现，Braginsky 等人在 1989 年首次利用棱镜耦合来激发微球内的回音壁模式。主要是利用入射光在折射率较大的棱镜中发生全反射产生的消逝场，在趋肤深度内由消逝场来激励回音壁模式。棱镜耦合可以通过调节入射光的入射角来改变消逝场的波矢量，从而与微腔内特定模式实现相位匹配，并且可以改变棱镜和微腔的间距来实现临界耦合。通常棱镜耦合的效率在 60%左右，通过特点的椭圆谐振腔结构可以提升棱镜耦合的效率，目前报道的棱镜和铌酸锂谐振腔的耦合效率最高可达 97%，但耦合棱镜体积较大且集成难度较大，限制了其在各方面应用。棱镜耦合示意图如图 3.2.2 所示。

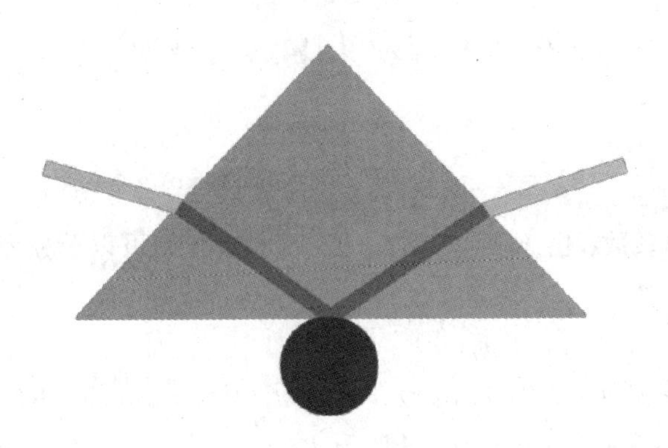

图 3.2.2　棱镜耦合示意图

棱镜耦合主要基于全反射原理，在满足内全反射条件的基础上，利用不同的入射角度控制实现不同腔内模式分布。当改变入射角度的时候，获得传输频谱的变化规律和不同谐振峰的深度变化。通过对接收光路角度的调节实现与入射角度的对应，避免出现在棱镜中内全反射而未被耦合到微腔中的光信号，公式(3.2.5)是棱镜耦合晶体微腔的入射光角度计算表达式。

$$\theta > \theta_c = \arcsin\frac{n_{\text{棱镜}}}{n_{\text{晶体}}} \tag{3.2.5}$$

对于耦合距离的影响：利用式(3.2.6)计算得到不同波长和入射角度的趋肤深度，以获得高效率的近场倏逝波棱镜耦合条件。根据不同的微腔结构及尺寸计算相应的临界耦合、过耦合和欠耦合距离。

$$d < \delta = \frac{\lambda}{2\pi\sqrt{n_{\text{晶体}}^2\sin^2\theta - n_{\text{空气}}^2}} \tag{3.2.6}$$

3. 锥形光纤耦合

光纤传播中的激光在光纤纤芯外同样具有倏逝波的形态分布，利用光纤进行回音壁模式的耦合，是目前常用的一种方式。将普通单模光纤去除包层，然后在高温下将光纤中段拉制成图 3.2.3 所示的锥形，制成锥形光纤(taper fiber)，便可以使得原本在纤芯中传播的激光在锥形区域的纤芯外以倏逝波的形式存在。如图 3.2.3 所示，满足回音壁模式谐振条件的激光从左侧端口输入后，光纤中的激光就沿着光纤以全反射的方式向前传播，因此其入射角自然会满足式(3.2.5)的要求。在光纤中段的锥形区，如果谐振腔和光纤的距离足够

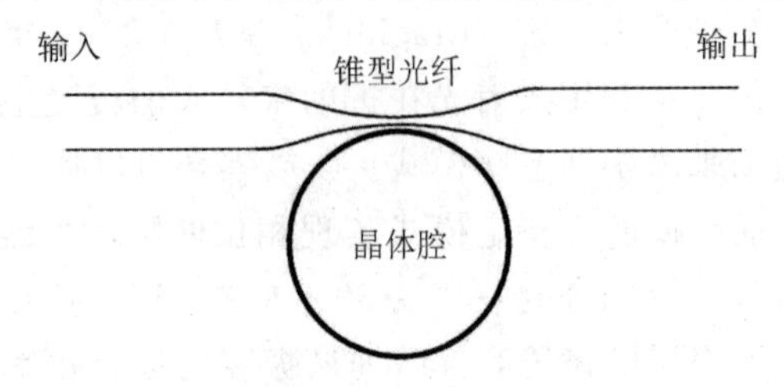

图 3.2.3　锥形光纤耦合示意图

近，使之满足式(3.2.6)的要求，那么光纤中的激光就可以耦合进谐振腔形成回音壁模式。回音壁模式的激光在谐振腔中传播若干圈以后，就会通过锥形区耦合区再次进入到光纤中，并从图 3.2.4 中右侧端口输出。

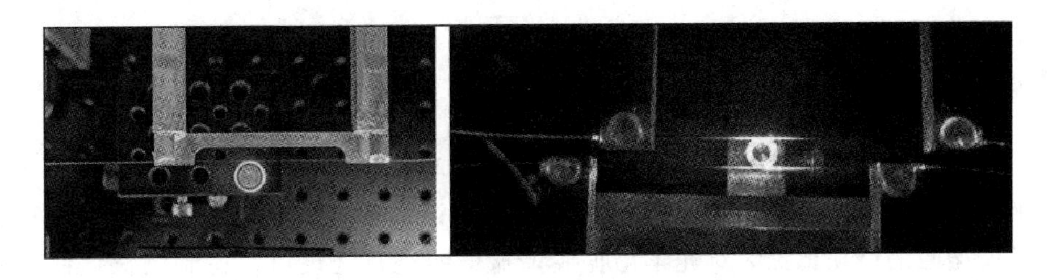

图 3.2.4　单路和双路锥形光纤耦合系统

除了图 3.2.4 左图所示的单光纤耦合系统，还有双光纤耦合系统，通过在图 3.2.4 右图中的下方区域再添加一条锥形耦合光纤，可以实现回音壁模式在谐振腔另一端的耦合。通过双光纤耦合系统，同时利用谐振腔中回音壁模式支持多波长谐振的特点，可以实现回音壁模式的多个波长在谐振腔里面的上传和下载。

光纤耦合由于其简单的结构以及较高的效率，被广泛应用在回音壁模式的耦合上。整个耦合系统都采用光纤连接的方式，只需要调整好光纤和谐振腔的相对位置，不需要专门调整入射角度，就可以很方便地实现耦合。另一方面，我们在上文提到，为了实现较高的耦合效率，耦合装置的折射率应该大于谐振腔的折射率，由于光纤的折射率不是很高，因此这种耦合系统主要适用于折射率较小的谐振腔，如 CaF_2、MgF_2 等谐振腔。但是对于折射率较大的谐振腔，如 $LiNbO_3$ 谐振腔，由于 $LiNbO_3$ 的折射率远高于光纤纤芯的折射率，光纤耦合的方式不再适用。对于这种折射率较高的谐振腔，棱镜耦合的方式则比较适用。

3.2.2　回音壁模式微腔表征

1. 品质因数

光学谐振腔的特征参数主要有品质因数(Q)、模式体积、自由光谱范围、耦合效率等，其中品质因数是衡量谐振腔性能的最基本的参数。品质因数反应的是谐振腔对光的存储能力。由于材料吸收损耗、表面散射损耗、表面不洁净损耗和辐射损耗等的存在，腔体的能量会不断衰减。Q 值描述的是光子寿命，品质因数 Q 越大说明光子在谐振腔中的寿命越长，反之则说明谐振腔中光子的寿命越短。品质因数可以定义为光学微腔中存储的总能量与微腔在一个振荡周期内损耗的能量的比值，描述的是光学微腔的损耗特性。因此 Q 值的普遍定义为

$$Q = \omega \frac{W}{-\mathrm{d}W/\mathrm{d}\tau} = 2\pi\nu \frac{W}{-\mathrm{d}W/\mathrm{d}\tau} = \omega\tau \tag{3.2.7}$$

式中，W 为谐振腔总的能量强度，$-\mathrm{d}W/\mathrm{d}t$ 表示单位时间内的能量损耗，ω 表示谐振腔的谐振角频率，$\omega = 2\pi\nu$，其中 ν 表示谐振腔内电磁场的振荡频率，τ 表示光子在谐振腔内的存储时间即光子寿命。

Q 值越高，说明微腔对能量的存储能力越强。高 Q 值的特征使得光学谐振腔成为良好的光存储器件。光谱线宽 $\Delta\nu$ 与其发光寿命之间的关系为

$$\Delta\nu = \frac{1}{2\pi\tau} \tag{3.2.8}$$

可以得到

$$\tau = \frac{1}{2\pi\Delta\nu} \tag{3.2.9}$$

推导得出

$$Q = \frac{\nu}{\Delta\nu} = \frac{\lambda}{\Delta\lambda} \tag{3.2.10}$$

这个测试方法可以用来估算 Q 值的量级。将测试得到的数据用 Origin 处理，得到回音壁模式微谐振腔的谐振谱线，对光学谐振腔谐振谱线进行处理可以得到谐振谱线的半高全宽值。运用式(3.2.10)就可以计算获得光学微腔的品质因数 Q。用半高全宽法测试 Q 值操作简单而且比较快捷，得到了普遍的应用。分析可知，光学谐振腔的谐振谱线越窄，谐振腔的 Q 值就越高，则得到的谐振谱线峰越尖，谐振波长附近的谐振波带越窄，外加载荷引起的谐振谱线漂移量所产生的干扰越小，有利于得到更加精准的高灵敏、高精度的光波导传感器件。

回音壁模式微谐振腔耦合结构的总体 Q 值由耦合状态($Q_{耦合}$)和谐振腔自身($Q_{本征}$)两个方面的因素共同决定：

$$Q_{总体}^{-1} = Q_{本征}^{-1} + Q_{耦合}^{-1} \tag{3.2.11}$$

其中，$Q_{耦合}$和具体耦合方式有关，用来描述光能量在耦合进出微谐振腔的过程中导致的光能量损失；$Q_{本征}$是用来描述与光学微谐振腔自身参数相关的品质因数。谐振腔制造完成后，其 $Q_{本征}$就确定下来，它由以下几个因素决定：

$$\frac{1}{Q_{本征}} = \frac{1}{Q_{辐射}} + \frac{1}{Q_{吸收}} + \frac{1}{Q_{散射}} \tag{3.2.12}$$

其中，$Q_{辐射}$ 表征有限的 D/λ 比率而导致的光能量损失，指由光学微谐振腔的表面弯曲导致的辐射能量损耗。

球形微谐振腔的 Q 辐射的近似表达式可以通过求解球的特征方程得到

$$Q_{辐射} = \frac{1}{2}\left(l + \frac{1}{2}\right)N^{-(1-2b)}\ (N^2 - 1)^{1/2e^{2Tl}} \tag{3.2.13}$$

其中，$l = \pi DN/\lambda$，D 是微谐振腔的直径；N 为折射率；λ 为谐振光的波长。

通过方程(3.2.13)的数学表达式可知：$Q_{辐射}$在 TE 和 TM 两个偏振态间略有不同，且 TE 偏振模式的 $Q_{辐射}$比 TM 偏振模式略高。$Q_{辐射}$与 D 之间是一种近指数增长的关系，这决定了当 D 大于某特定值时便可以忽略(即当作理想无损失状况)$Q_{辐射}$对 $Q_{本征}$的影响。可估计：当 λ=850 nm 时，欲得到 10^8 的 $Q_{本征}$值，腔体 D 大于 12 μm 就可忽略 $Q_{辐射}$。同理，当 λ=1550 nm 时，D 需要大于 25 μm 才能有近似理想的 $Q_{辐射}$。反之，对于一个小尺寸的微谐振腔(例如直径 $D<8$ μm)来说，$Q_{辐射}$值很小，便成为制约 $Q_{本征}$的主要因素。因此，对于小尺寸谐振腔($D/\lambda \leqslant 10$)来说，$Q_{本征}$主要由 $Q_{辐射}$决定。当 $D/\lambda \geqslant 15$ 时，$Q_{辐射} > 10^{11}$，此时 $Q_{本征}$主要由其他两个因素决定。

$Q_{吸收}$表征微谐振腔自身材料对谐振光能量内部吸收而导致的光能量损耗。对于具有较小吸收系数的材料，有如下的关系：

$$Q_{吸收} \approx \frac{2\pi n}{\alpha\lambda} \tag{3.2.14}$$

其中，n 为微谐振腔材料的折射率；λ 为波长；α 为材料在谐振波长处的吸收系数。

大部分回音壁模式微谐振腔所使用的材料是氧化硅，主要原因为：氧化硅材料对可见光和近红外光有很低的吸收系数，特别是在 1.5 μm 的通信波段。在 $\lambda = 1.5\ \mu m$ 波段处，$\alpha \approx 0.2$ dB/km。在 $\lambda = 0.6\ \mu m$ 波段处，$\alpha \approx 10$ dB/km。取典型的玻璃折射率 1.45，可得出在 $\lambda = 1.5\ \mu m$ 和 $\lambda = 0.6\ \mu m$ 处的 $Q_{吸收}$ 分别为 5×10^{11} 和 2×10^{10}。由此可见，对于氧化硅微谐振腔来说，$Q_{吸收}$ 对 $Q_{本征}$ 的影响比较小。

$Q_{散射}$ 表征由于微谐振腔表面粗糙而导致的光散射能量损耗。对给定材料和尺寸的光学微谐振腔，材料吸收和辐射损耗就确定了。因此，表面粗糙度导致的散射光损耗成为唯一可以改进的因素。和平面光波导的计算类似，$Q_{散射}$ 可通过下式估计：

$$Q_{散射} \approx \frac{3\lambda^2 l^{10/3}}{16\pi^5 \sigma^2 N^2 q^{5/2}} \tag{3.2.15}$$

其中，σ 为腔体表面粗糙度；q 为共振模级数。

对于典型的氧化硅表面来说，$\sigma = 50$ nm。根据式(3.2.15)，取 $q = 1$，可得出环形微谐振腔的 $Q_{散射}$ 与其直径、光波长以及表面粗糙度 σ 之间的关系曲线，如图 3.2.5 所示。

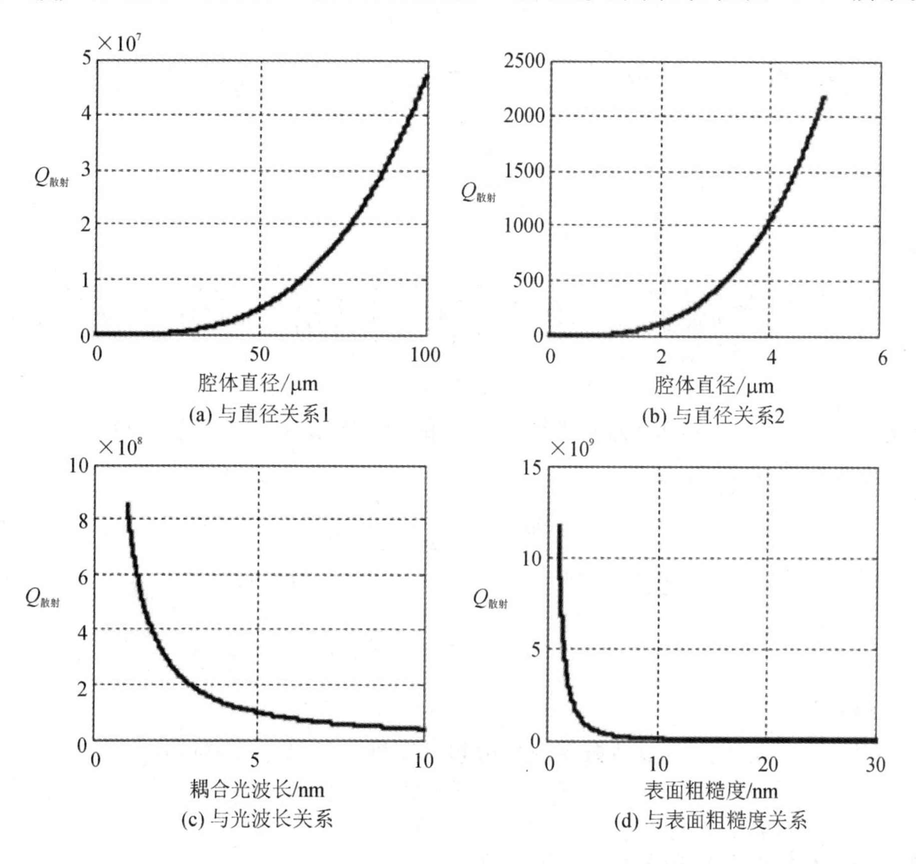

图 3.2.5　微谐振腔的 $Q_{散射}$ 与其直径、光波长以及表面粗糙度之间的关系

由此可知，光学微谐振腔的表面越光滑，其 $Q_{散射}$ 就越大。这对我们制造光学微谐振腔有以下两方面的启发：加强制造精度控制，尽量制备表面光滑度高的光学微谐振腔；可通过二次加工对微谐振腔的表面进行处理，以改善其不太光滑的表面。

2. 自由谱宽

光学微谐振腔内的谐振光波需要满足以下条件：

$$n_{\mathrm{eff}}L = q\lambda \tag{3.2.16}$$

其中，q 为正整数，表征光学谐振腔的不同谐振模式；L 为光学微谐振腔谐振模式的路径长度，通常取谐振腔的腔长。对于球形微谐振腔 $L=\pi D$，D 为球形微谐振腔的直径。盘形腔和环形谐振腔与球形微谐振腔类似，D 为盘形腔和环形谐振腔的直径。

自由频谱宽度(FSR)定义为两个相邻谐振模式之间的波长或者频率之间的间隔。有两种表述方式：波长表述方式 FSR(λ)和频率表述方式 FSR(υ)。

由式(3.2.16)，考虑两个相邻的谐振模式：

$$\begin{cases} n_{\mathrm{eff1}}L = M\lambda_1 \\ n_{\mathrm{eff2}}L = M\lambda_2 \end{cases} \tag{3.2.17}$$

其中，n_{eff1} 和 n_{eff2} 分别表征微谐振腔的第 m 阶和 $m+1$ 阶谐振模式所对应的有效折射率，则有

$$\mathrm{FSR}(\lambda) = \lambda_1 - \lambda_2 = \frac{n_{\mathrm{eff1}}\pi D}{m} - \frac{n_{\mathrm{eff2}}\pi D}{m+1} = \pi D\frac{n_{\mathrm{eff1}} + m(n_{\mathrm{eff1}} - n_{\mathrm{eff2}})}{m(m+1)} \tag{3.2.18}$$

令

$$\frac{n_{\mathrm{eff1}} - n_{\mathrm{eff2}}}{\lambda_1 - \lambda_2} = \frac{\mathrm{d}n}{\mathrm{d}\lambda} \tag{3.2.19}$$

于是有

$$\mathrm{FSR}(\lambda) = \Delta\lambda\frac{\lambda_2}{n_{\mathrm{eff2}}}\frac{\mathrm{d}n}{\mathrm{d}\lambda} + \frac{\lambda}{m+1} = \frac{\lambda_1\lambda_2}{\left(n_{\mathrm{eff2}} - \lambda_2\dfrac{\mathrm{d}n}{\mathrm{d}\lambda}\right)\pi D} = \frac{\lambda_1\lambda_2}{n_g(\lambda)\pi D} \approx \frac{\lambda^2}{n_g(\lambda)\pi D} \tag{3.2.20}$$

式中，$n_g(\lambda)=n_{\mathrm{eff}}-\lambda(\mathrm{d}n/\mathrm{d}\lambda)$为光学微谐振腔的群有效折射率。在忽略色散的情况下，有 $n_g(\lambda)=n_{\mathrm{eff}}(\lambda)$，于是得到

$$\mathrm{FSR}(\lambda) \approx \frac{\lambda^2}{n_{\mathrm{eff}}(\lambda)\pi D} \tag{3.2.21}$$

同理，由 $\nu=c/\lambda$(c 为光速)得到

$$\mathrm{FSR}(\lambda) \approx \frac{c}{n_{\mathrm{eff}}(\nu)\pi D} \tag{3.2.22}$$

3. 精细度

精细度(F)定义为光学微谐振腔的自由频谱宽度与其谐振线宽的比值：

$$F = \frac{\mathrm{FSR}(\lambda)}{\Delta\lambda} \tag{3.2.23}$$

根据 FSR(λ)以及 Q 值的定义，可得到

$$F = \frac{\lambda Q}{\pi n_{\mathrm{eff}} D} \tag{3.2.24}$$

精细度是一个无量纲的参量，其关联了光学谐振腔的 FSR 和 Q 值，是光学微谐振腔的另一个重要参量。精细度决定了光学微谐振腔的某些光学特性，比如谐振谱的噪声。

4. 模式体积

微腔 WGM 的模式体积 V 定义为模式场能量密度的全空间积分与能量密度最大值的比值，表达式如下：

$$V=\frac{\int n^2(r)\ |\boldsymbol{E}(r)|^2 \mathrm{d}^3 r}{\max(n^2(r)\ |\boldsymbol{E}(r)|^2)} \tag{3.2.25}$$

其中，$\boldsymbol{E}(r)$是电场矢量，$n^2(r)|\boldsymbol{E}(r)|^2$ 为腔内某点的能量密度，分子的积分范围为整个空间。

模式体积影响着微腔内 WGM 的能量密度，越小的模式体积对应着越大的能量密度，这会增强光与物质相互作用，有利于传感领域灵敏度的提高。通常情况下，模式场在空间被压缩得越明显，对应的模式体积也越小；另外，低阶模式相对于高阶模式往往具有更小的模式体积。

5. 耦合机理

光从锥形光纤传输到空气中时，是从光密介质传输到光疏介质，此时光会在锥形光纤内部发生全反射，并有少部分光渗透到空气中，形成倏逝场。回音壁模式微腔与锥形光纤通过倏逝场耦合。当微腔中光波的模式与倏逝场模式相匹配时，光在微腔中发生谐振，并在腔内以稳定的行波模式进行传输。定义耦合系统的耦合系数 $\beta=Q_o/Q_e$，根据微腔的本征损耗和耦合损耗的大小关系，分为三种不同的耦合状态。

1）欠耦合($\beta<1$)

当微腔与锥形光纤相距较远时，微腔与锥形光纤的相互作用非常微弱，激光通过倏逝场进入微腔内的能量较少，此时只有少量的激光满足相位匹配条件，耦合效果非常微弱，耦合系数趋于 0，光的透过率接近于 1。

2）临界耦合($\beta=1$)

逐渐减小微腔与锥形光纤的间距，随着模式重叠面积的增大，耦合效率将会随之不断提高，当微腔与锥形光纤的间距到达一定程度时，耦合系数趋于 1，透过率为 0，耦合效率最高。这时光全部耦合进入微腔中，微腔中的能量达到最大值，这称为临界耦合。

3）过耦合($\beta>1$)

达到临界耦合以后，进一步减小微腔与锥形光纤的间距，模式重叠面积开始减小，耦合强度开始变弱，耦合系数趋于 0，透过率将从 0 逐渐增加到 1。

3.3　回音壁模式微腔器件发展趋势及典型应用

3.3.1　回音壁模式有源激光器

激光阈值反比于谐振腔的品质因数，正比于模式体积。回音壁模式微腔在实现低阈值激光器研究方面备受关注，其结构如图 3.3.1 所示。回音壁微腔激光最早在增益介质体系中得到实验证明。近年来，回音壁微腔激光器的研究主要聚焦于增益材料和微腔结构设计两个方面。一方面人们探索各种不同类型的激光增益材料，以实现不同波长的微腔激光发射；另一方面，通过结构的设计来实现阈值的降低、线宽的压窄、多波长激射以及方向性出射等。特别地，人们也借助超高品质因子片上回音壁微腔研究和探索一些激射新机制，例如声子激光和激子激光等。早期的固态回音壁微腔主要通过二氧化硅熔融光纤制备而成，其品质因数可以达到 10^8。为了实现芯片集成，人们通过现代半导体工艺成功制备了片上超高品质因数微盘腔、微芯圆环腔以及微环腔等。由于二氧化硅是间接带隙半导体材料，无法直接发光，因此主要通过增益掺杂以及表面涂覆增益层来产生激光。其中，稀土离子掺杂的回音壁微腔激光器具有稳定性高、阈值低和工艺简单等优势，被广泛加以研究。除了稀土离子掺杂和量子点植入法，有机薄膜表面涂覆方法也能实现回音壁微腔激光器。例如，Vahala 研究组将 CdSe/ZnS 量子点涂覆在微芯圆环腔的表面，在 560 nm 波长附近实现了 9.9 fJ 的超低阈值激光出射，如图 3.3.1 所示。其中，图 3.3.1(a)为 CdSe/ZnS 量子点覆的微芯圆环腔激光器，左边为激光器的扫描电子显微镜图片，右边为受到泵浦的发光微腔的光学显微图像；图 3.3.1(b)为室温超低阈值连续光泵浦的 InAs/GaAs 量子点微盘腔激光器。

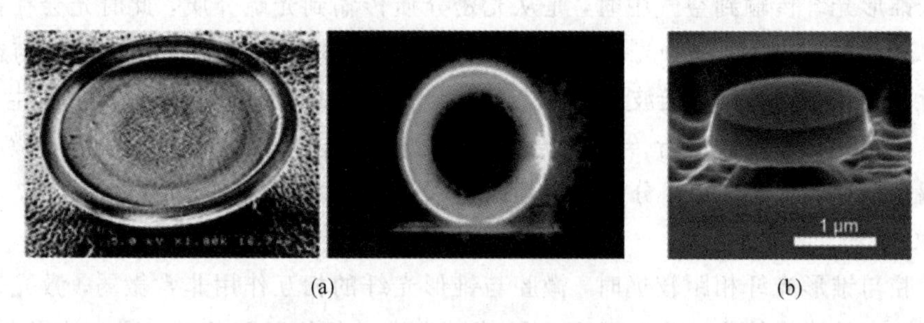

图 3.3.1　片上回音壁微腔激光器

具有增益的半导体材料是片上微型激光器研究的又一选择。贝尔实验室首先制备出了 10 μm 直径的 InGaAs 半导体微盘腔，实现了近红外波段的光致激光，其激光阈值仅为 100 μW。1993 年，他们又进一步实现了直径仅为 2 μm 的 InGaAs 半导体微盘腔脉冲激光[7]。为了实现连续激光，人们研发了连续光泵浦和电致激光技术。2007 年，Baets 研究组利用 InP 微盘腔实现了电致连续激光，并将 InP 微盘腔激光器集成在绝缘硅衬底上以便于光互联[8]。另一方面，室温连续光泵浦半导体激光器也在最近几年得到发展。例如，2016 年，Lau 研究组[9]对含有 InAs 半导体量子点的微盘腔进行连续光泵浦，在室温下实现了激光出射，激光阈值约为 200 μW。另外，由于具有高吸收系数、高量子效率以及宽带可调谐的辐射波长等特征，近几年钙钛矿纳微激光器也是国内外的研究热点。2017 年，宋清海研究组[10]利用自上而下的光刻工艺实现了钙钛矿微盘激光器，其阈值仅为 2.75 μJ/cm^2。为了实现回音壁微腔激光的高效和功能性输出，微腔结构设计也吸引了越来越多的研究兴趣。对于圆形的回音壁微腔，其结构的旋转对称性使得激光主要沿微腔赤道平面向外辐射，并且在赤道平面内各个方向的激光输出强度基本相同，这无疑造成了很大的能量损失。虽然倏逝场耦合方式可以实现回音壁模式的高效耦合，但是这类方法不仅需要满足动量匹配条件，而且需要借助于高精度对准或者光刻工艺来保证耦合器件和微腔之间的纳米尺度间隙。

3.3.2 回音壁模式自注入激光器

当激光器在振荡阈值之上时，激光器的受激光场即被锁定到入射光上。激光器的两种工作状态分别称为锁定模式和自由振荡模式。在锁定模式中，当注入光场和激光器发出的光场功率比足够高时，激光器会以与注入光相同的频率工作。而在自由振荡模式中，激光仍然工作在原来纵模的波长处。激光器的注入锁定理论和技术多年来一直受到人们的重视，注入锁定技术在半导体激光器中得到了充分的发展。在注入锁定式半导体激光器中，是利用一个窄线宽、低功率的单纵模半导体激光器作为主激光器，将其光注入一个大功率但线宽较宽的从激光器中，在满足一定条件时，从激光器的输出光中心频率和线宽，与主激光器线宽一致，而注入光功率能得到有效的放大，主、从激光器输出光的相位高度相关。

1. 外腔自注入锁定原理

1980 年，Lang[11] 和 Kobayashi[12] 提出了外腔式自注入锁定的装置模型，如图 3.3.2 所示。

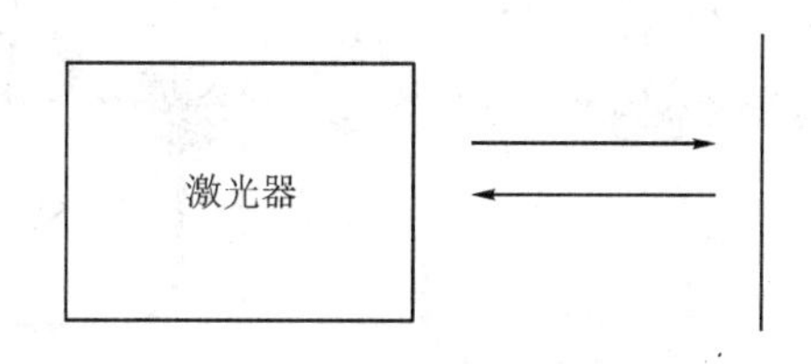

图 3.3.2 外腔式自注入锁定的模型示意图

该方法是给激光器外加光栅或者反射元件构成外腔自注入锁定系统，光从激光器输出经过外腔反射后再次注入谐振腔中进行进一步的受激辐射，腔内载流子发生改变，导致其他模式的增益减少，反馈模式的增益增大，反馈模式的强度大大提高，抑制了增益减少的模式强度。腔内载流子变化导致激光器增益发生变化，从而使得介质折射率发生变化，改变激光器的振荡频率。

从光场满足的麦克斯韦方程组出发，考虑激光器单模运行，忽略载流子扩散及自发辐射，假设腔内光场处处相等(即平均场近似)，得出描述半导体激光器的速率方程：

$$\frac{\mathrm{d}E}{\mathrm{d}t} = \frac{1}{2}(1 - i\alpha)G_{\mathrm{N}}(N - N_{\mathrm{th}})E \tag{3.3.1}$$

$$\frac{\mathrm{d}N}{\mathrm{d}t} = \frac{J}{qd} - \frac{N}{T_0} - [T^{-1} + G_{\mathrm{N}}(N - N_{\mathrm{th}})]P \tag{3.3.2}$$

其中，P 是光子数；E 是电场的缓变量；N 是载流子数；T 为光子寿命，实际上它与激光器的损耗密切相关；T_0 为载流子寿命；G_{N} 为微分增益；N_{th} 为阈值载流子数；α 是谱线增宽因子；q 是电子电量；d 是有源层厚度。

外腔式注入锁定的方程组，理论上是在速率方程中加自注入项，进而可以得到

$$\frac{\mathrm{d}E}{\mathrm{d}t} = \frac{1}{2}(1 - \mathrm{i}\alpha)G_{\mathrm{N}}(N - N_{\mathrm{th}})E + \gamma_{\mathrm{fb}}E(t - \tau_{\mathrm{fb}})\exp(\mathrm{i}\omega_0\tau_{\mathrm{fb}}) \tag{3.3.3}$$

$$\frac{\mathrm{d}N}{\mathrm{d}t}=\frac{J}{qd}-\frac{N}{T_0}-[T^{-1}+G_{\mathrm{N}}(N-N_{\mathrm{th}})]P \tag{3.3.4}$$

上式假设反馈比较小，忽略了多程反射，τ_{fb}为延迟时间，γ_{fb}为反馈率。上述两个公式即是外腔式注入的方程组。外腔反馈对激光器的输出光振幅和频谱进行了调制，调制特性主要由三个参数决定：外腔长度(决定延迟时间)、外腔表面的反射率、注入电流密度。

2. 基于光纤腔的自注入窄线宽激光器

在光纤中存在三种自发散射效应：光子与分子运动导致感应电偶极矩随时间的周期性调制从而产生的拉曼散射；光子与声学声子相互作用所产生的布里渊散射；光纤密度随机涨落引起折射率起伏所产生的瑞利散射。当存在强光入射并达到一定阈值时，则会产生三种对应的受激散射效应。自 R. H. Stolen 等人首次在光纤中观察到受激拉曼[13]以及受激布里渊散射后[14]，光纤中的受激散射效应一直受到普遍的关注与应用。2017 年，重庆大学的朱涛等人[15]利用受激瑞利散射(RBS)和受激布里渊散射(SBS)实现双腔反馈，进而实现了 75 Hz 的窄线宽激光器以及 70 dB 的边模抑制比，如图 3.3.3 所示。

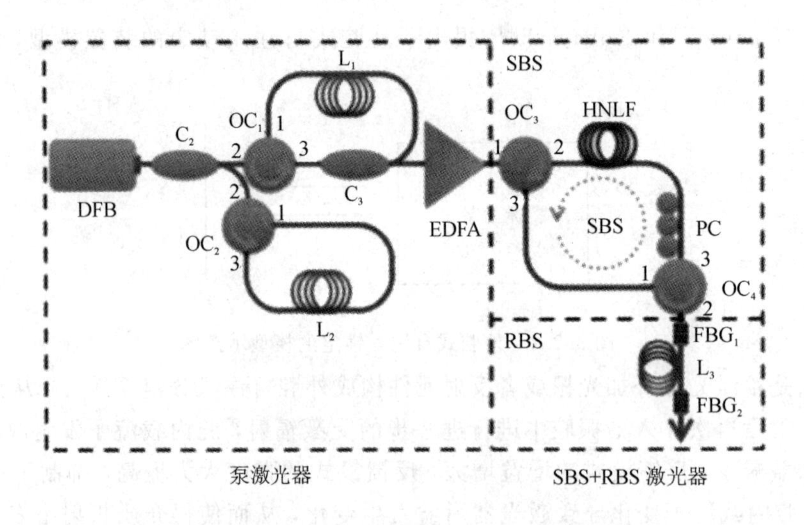

图 3.3.3　基于 SBS 和 RBS 的激光线宽压缩系统[15]

3. 基于高 Q 微环谐振腔的自注入窄线宽激光器

准单片集成式窄线宽半导体激光器主要由两部分组成，半导体增益芯片或反射式半导体光放大器(SOA)和 SPC 外腔谐振腔，二者通过模斑转换器(SSC)高效耦合实现准单片集成。通常选择高 Q 值因子的微环谐振腔(Microring Resonator，MRR)作为选频和锁模元件，MRR 通过增加有效腔长提高光子寿命、提供负光学反馈和注入锁定，实现线宽压窄、相频噪声和相对强度噪声抑制，并利用 MRR 的游标效应实现宽调谐。集成 MRR 的 SPC 外腔半导体激光器集中于双 MRR 结构，这种结构同时具备线宽窄、宽调谐、低功耗的特性。2013 年，荷兰特温特大学 Oldenbeuving 等人[16]提出一种基于波导外腔的准单片集成激光器，利用可调谐双 MRR 作为波导外腔，通过加热 MRR 使激射波长在预设波长间高速切换，线宽达 25 kHz，如图 3.3.4 所示。2017 年，该课题组报道集成 MRR 结构的 InP－Si_3N_4混合集成激光器获得了 290 Hz 窄线宽[17]。

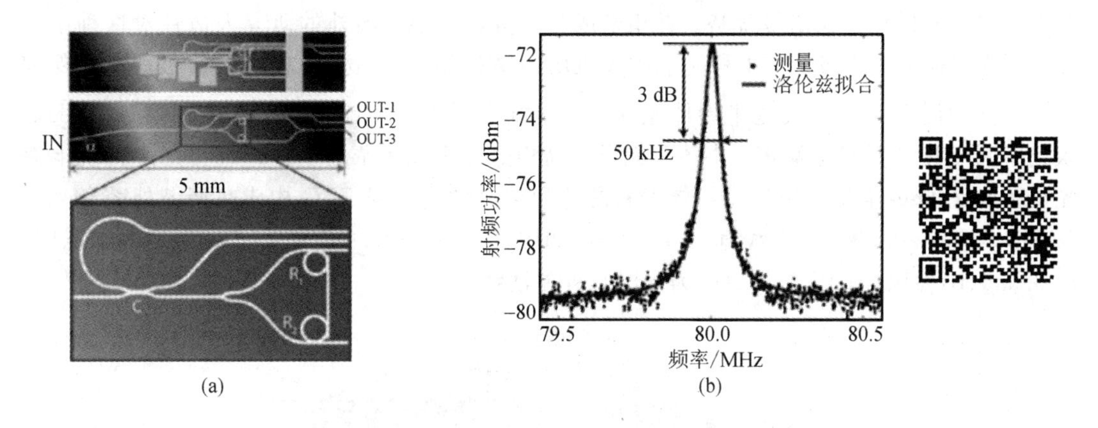

图 3.3.4　基于波导外腔的准单片集成激光器和激射光谱图[16]

4. 基于波导腔的自注入窄线宽激光器

单片集成结构的窄线宽半导体激光器是以分布反馈(DFB)激光器、分布布拉格反射(DBR)激光器为代表，利用半导体工艺将光栅和有源区结合在一个单片上的激光器结构，具有较高的集成度。2011 年，德国莱不尼兹高频技术研究所的 Spiebberger 等人[18]采用脊型波导研制了 1064 nm 波段高功率单纵模 DBR 激光器，获得激光线宽 2 kHz，结构如图 3.3.5 所示。2015 年，中科院半导体所的 Yu 等人报道了一种采用双回路自注入方案设计的自注入锁定的窄线宽 DBR 激光器，通过使用两个平行的光纤环来扩展激光腔，可以得到 10 kHz 的输出线宽[19]。

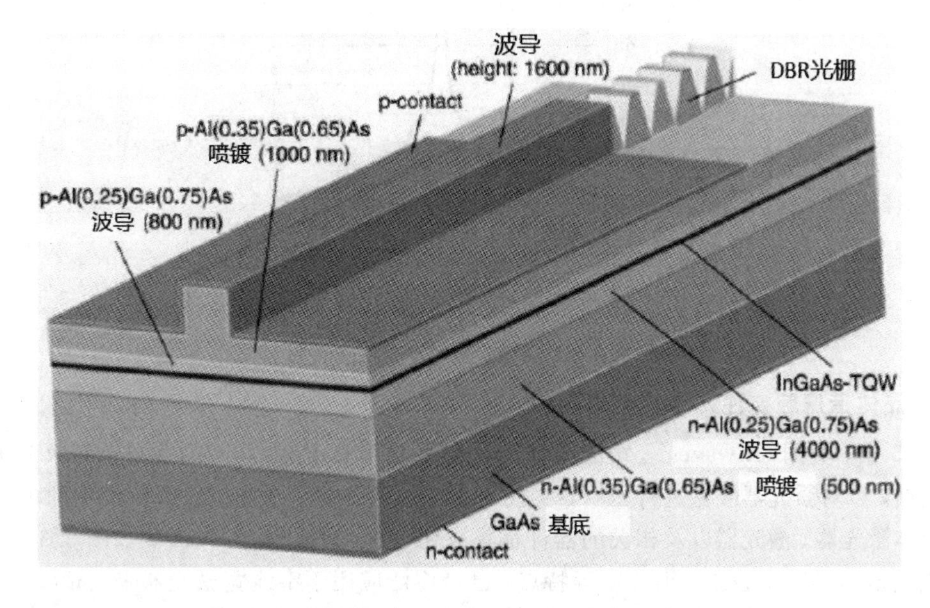

图 3.3.5　脊型波导 DBR 激光器的结构示意图

5. 基于光纤光栅的自注入窄线宽激光器

光纤布拉格光栅(FBG)外腔激光器利用光纤的光敏特性在光纤侧面写入光栅，即在激光输出的尾纤上写入光栅，将其与增益芯片进行耦合而成，有着结构简单、成本低廉、易于获得窄线宽和低噪声输出等优势，近年来成为研究的热点。国外的研究人员针对这种结构开展了大量研究。2016 年，中科院上海光机所的 Wei 等人[20]报道了 1550 nm 波段基于保偏光纤光栅的混合集成窄线宽半导体激光器，线宽≤3 kHz，相对强度噪声≤140 dB/$\sqrt{\text{Hz}}$，激光器同时具备低相位噪声、小体积封装、高稳定性和高可靠性等。2017 年，中科院上海光机所的 Zhang 等人[21]采用半导体增益芯片和热灵敏度增强 FBG 构成热调谐外腔激光器(ECL)，具备高调谐速率，线宽达 35 kHz，如图 3.3.6 所示。图 3.3.6(a)为结构示意图；图 3.3.6(b)为照片；图 3.3.6(c)为延时自外差法线。

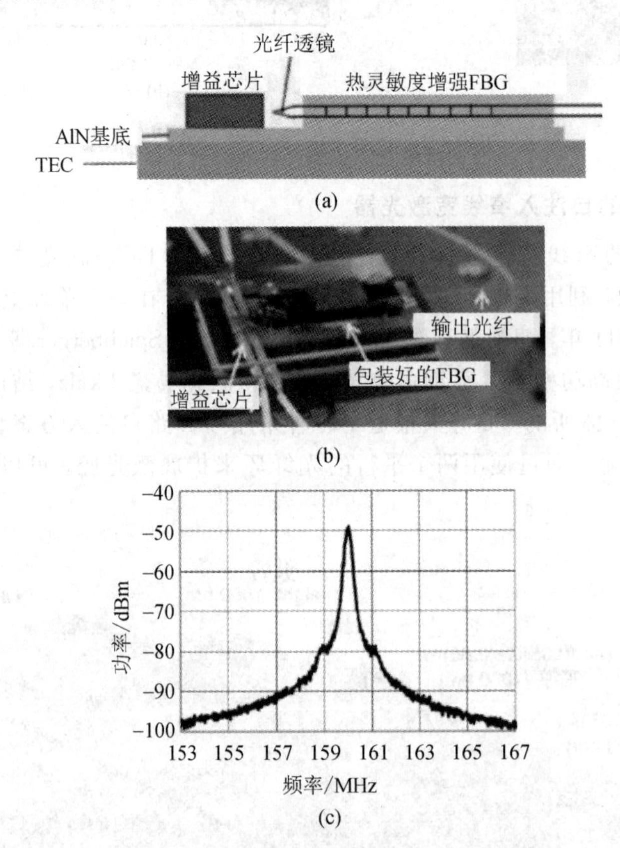

图 3.3.6 光纤光栅外腔半导体激光器[21]

6. 晶体谐振腔自注入锁定激光器

2015 年，美国 OEwaves 公司的 Liang 等人[22]利用 CaF_2 晶体腔的背向瑞利散射实现自注入反馈，以对激光器线宽进行压窄，实现了 30 Hz 积分线宽与亚赫兹瞬时线宽的集成芯片级半导体激光器。激光器以及相关的器件都集成在一起，体积小于 1 cm^3，如图 3.3.7 所示。受激瑞利散射具有增益小、谱线窄等特点，已经广泛应用于窄线宽激光器来实现线宽压窄。晶体腔与棱镜耦合，可以将激光器的一部分耦合到晶体腔中进行循环，并将背向散射以相反的方向耦合出晶体腔，作为反馈以稳定激光器的频率，压窄激光器线宽。通过外腔自注入反馈，激光器的频率噪声在 10 kHz 以上是 0.3 Hz/$\sqrt{\text{Hz}}$。

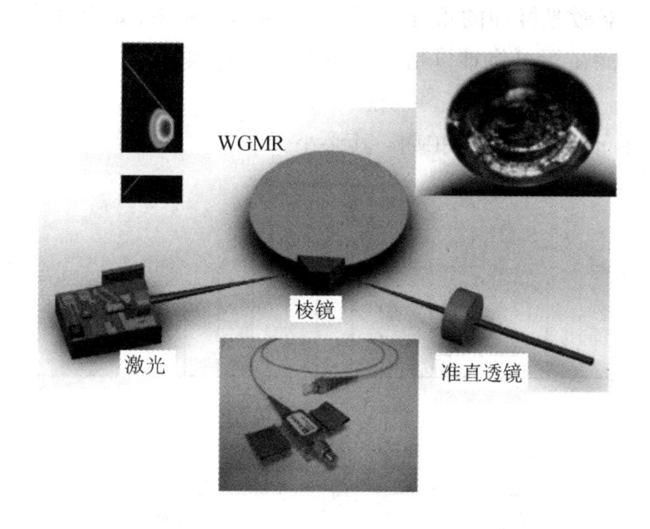

图 3.3.7　超低噪声半导体外腔激光器示意图[22]

3.3.3　回音壁模式光学频率梳

1. 光频梳概述

光频梳是一系列离散的、等间距分布的频率谱线，这种光谱与人们日常生活中使用的梳子极为相似，因此人产就称这样的光谱为“光学频率梳”。其实光学频率梳(Optical Frequency Comb，OFC)的概念在20世纪70年代便被提出[23]，被定义为由一系列离散的、等间隔的频率成分组成的宽带光谱，并且各频率分量具有稳定的相位关系。光学频率梳可用于对时间、频率、长度进行超高精度测量。台湾清华大学物理系教授施宙聪表示，光频梳就像是一把拥有精密刻度的尺或定时器，只不过一般的仪器以毫米、毫秒为单位，而光频梳在长度的测量上精确胜过纳米，时间则胜过飞秒甚至达到阿秒。光频梳已成为继超短脉冲激光问世之后激光技术领域又一重大突破，在该领域内开展开创性工作的两位科学家J. Hall和T. W. Hansch于2005年被授予诺贝尔物理学奖。

在光学领域，光学频率梳就像一把“直尺”，使人类能够对光学频率实现极其精密的测量。在直线上标记一系列标准的长度，比如毫米，就可以用来测量其他物体的长度，如果尺上这些标准间隔代表的不是距离，而是频率，每一点都代表不同的频率值，那么就可以用这把尺子来测量频率。光(或电磁波)中有各个不同的频率分量(不同颜色的光的振荡频率都不同)，每一分量都有固定的频率，如果把这些分量都标记到一把“尺”上，就可以测量其他物体发出的光的频率了，这就是所谓的“光学频率梳”。

原理上，光频梳在频域上表现的是具有相等频率间隔的光学频率序列，在时域上表现的是超短光脉冲(飞秒量级时间宽度的电磁场振荡包络)序列，光脉冲序列与光频梳的光谱是满足傅里叶变换关系的(如图3.3.8所示)[24]。其中，图3.3.8(a)为光频梳的分立光谱图，相邻光谱线的频率间隔由光频梳的脉冲重复频率决定；图3.3.8(b)为光频梳的时域脉冲序列图。

光频梳在频域上产生等间隔光频齿，每一根光频齿的频率如下：

$$f_n = nf_r + f_{ceo} \tag{3.3.5}$$

其中，f_r 为锁模激光器激光脉冲的重复频率；f_{ceo} 为偏差频率；n 为整数。

光频梳最大的功能在于可将难以精确测量的未知光频 f_u 以下式表示：

$$f_u = nf_r \pm f_{ceo} \pm f_{beat} \tag{3.3.6}$$

其中，f_{beat} 为 f_u 和第 n 根光梳齿的拍频，其必小于 f_r 。

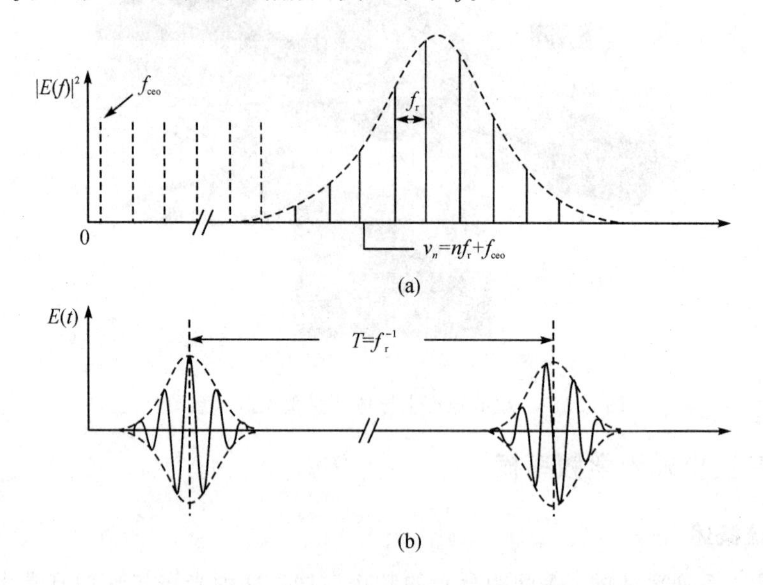

图 3.3.8　光频梳的频域和时域示意图[24]

2. 回音壁模式光频梳产生机理

光频率梳光源有很多种。最早出现的基于飞秒钛宝石激光器的光学频率梳具有良好的性能，但其体积大，制造成本高，控制烦琐，工程应用不便。随着光纤锁模激光器的日益成熟，基于光纤锁模激光器的光频率梳在重复频率、光谱平整度、鲁棒性、尺寸和光谱覆盖等方面对当前和未来的应用具有巨大的优势。基于光电调制技术的光频率梳是在连续光被一个或多个光电调制器调制时，在调制器输出处得到一个以连续光为中心、射频振荡器频率为间隔的光频率梳。伴随着低噪声、高频射频源和低驱动电压、大功率电光调制器的发明，光电调制方案稳定性好，结构简单，中心频率和重复频率可以独立调节。因此光电梳得到了越来越多的关注。

由于光学回音壁模式谐振腔自身的结构特点，超参量振荡、四波混频等过程中的相位匹配条件能够自然满足，因此基于回音壁模式微腔的光学频率梳也得到了快速的发展[25-30]。2007 年，德国马普量子光学所的 P. Del′ Haye 等人在超高品质因数的可芯片集成的微腔中，观察到了由克尔效应产生的光频梳[27]。随后，微腔光学频率梳得到了迅速发展。传统的光频率梳采用锁模激光器产生超短光脉冲，形成等间距的光频率梳，而新型光频率梳采用高品质因数的光微腔，将光束限制在腔内的微小体积内。通过这种方法，增强了光的能量密度和非线性。这种增强的非线性大大降低了参数振荡阈值。参数振荡过程可以产生有效的边带，简并与非简并四波混合的两个非线性过程产生等间距的副边带，从而在微腔[31]中产生光频率梳。虽然微腔光频率梳的产生不能取代商业化的激光锁模光频率梳，但它可以满足高重复频率和波长范围的要求。因此，光学频率梳的应用领域大大扩展。

基于四波混频效应的高品质因数(Q值)光学微腔产生的克尔光学频率梳的梳齿间距可以覆盖1 GHz至数太赫兹的范围，扩展了传统锁模激光光谱梳和光电梳的适用范围，在精密频率校准、任意波形的产生、天文光谱校准、孤子传播、光通信技术和光存储等领域具有较大的应用优势。克尔光频率梳是随着微腔制造技术的进步而发展起来的一门新学科。2003年，Vahala课题组在硅基硅片上制作了Q值大于10^8的微盘腔[3,32]；在此基础上，课题组于2004年观测到了微腔内的光参量振荡现象[33]。2007年，Kippenberg研究小组首次利用连续光泵浦技术在微盘腔内实现宽带克尔光频率梳，揭开了克尔光学频率梳研究的新篇章。随后，研究人员在多种微腔中实现了克尔光频梳，如各种晶体微腔和CMOS工艺兼容的平台微腔(氮化硅微腔、高折射率掺杂玻璃微腔和硅微腔)。表3-3-1列举了一些微腔及其产生的克尔光学频率梳的关键参数[34]。

表3-3-1 微腔特性及其产生的克尔光学频率梳的关键参数

材料	参数				
	克尔系数 $n_2/(m^2W^{-1})$	结构	Q值	频梳重频/GHz	波长范围/nm
二氧化硅	2.6×10^{-20}	微环芯	1×10^8	375	1200～1700
二氧化硅	2.6×10^{-20}	微环芯	2×10^8	375	990～2170
二氧化硅	2.6×10^{-20}	球形	2×10^7	427	1450～1700
二氧化硅	2.6×10^{-20}	柱形	5×10^8	32.6	1510～1610
氟化镁	1×10^{-20}	微环芯	约10^9	35	1533～1553
氟化镁	1×10^{-20}	微环芯	$>10^9$	10～110	2350～2550
氟化镁	1×10^{-20}	微环芯	约10^9		360～1600
氟化钙	3.2×10^{-20}	盘形	6×10^9	13	1545～1575
氟化钙	3.2×10^{-20}	盘形	3×10^9	23.78	794
Hydex	1.2×10^{-19}	环形	1.2×10^6	0.2～6	1400～1700
Hydex	1.2×10^{-19}	环形	1.5×10^6	49	1460～1660
氮化硅	2.5×10^{-19}	环形	5×10^5	403	1450～1750
氮化硅	2.5×10^{-19}	环形	10^5	226	1170～2350
氮化硅	2.5×10^{-19}	环形	2.6×10^5	977.2	502～580
氮化硅	2.5×10^{-19}	环形	1.7×10^7	25	1510～1600
硅	6×10^{-18}	环形	5.9×10^5	127	2100～3500
氮化铝	$(2.3\pm1.5)\times10^{-19}$	环形	6×10^5	370	1450～1650
氮化铝	$(2.3\pm1.5)\times10^{-19}$	环形	6×10^5	369	517～776
宝石	$(8.2\pm3.5)\times10^{-19}$	环形	约10^6	925	1516～1681

3. 回音壁模式微腔光频梳实验

为了产生微腔光学频率梳，需要用连续激光器激发具有三阶非线性效应的光学微腔。当泵浦光的功率足够高时，谐振腔首先会产生光参量振荡，随着泵浦光功率的提高，腔内光参量振荡会演化为一个宽带光频率梳。由此产生的光频率梳特性取决于泵浦光的失谐量、泵浦功率、微腔的品质因数和色散特性。

在此前的微腔光学频率梳产生实验中，通过调节泵浦光频率，令其处于谐振腔共振频率的蓝失谐位置，使光学频率梳处于热稳定状态，从而获得稳定的频率梳。然而，泵浦光在共振峰的蓝色失谐位置的频率梳通常是一个噪声状态。为了实现低噪声的微腔光频率梳，近年来，研究人员利用各种实验技术将泵浦光锁定在共振峰红移处，从而产生更加稳定的低噪声微腔光孤子频率梳。

在光频梳的产生实验中，还可以采用连续光泵浦的技术方案。实验中使用的泵浦光源是一种波长可连续调节的窄线宽激光器。激光经过光纤放大器(Optical Fiber Amplifier，OFA)放大并调整其偏振态后，输入到微环谐振腔(Microring Resonator，MRR)的输入端口，光场增强，在 MRR 中产生宽带光频率梳。对于对称四端口 MRR，由于波导传输损耗的存在，光场不能处于临界耦合状态。因此，部分泵浦光不会进入微腔，而是直接从通孔输出。因此，与 Drop 端口输出的光频率梳相比，Through 端口输出的光频率梳具有更强的泵浦成分，如图 3.3.9 所示。对于 Through 端口输出的光频率梳，在测量时需要使用滤光器将泵浦光滤掉，以增加频率梳的对比度。测量从 Drop 端口输出的光频率梳不需要滤波过程，所显示的光频率梳为在 Drop 端口获得的测量结果。

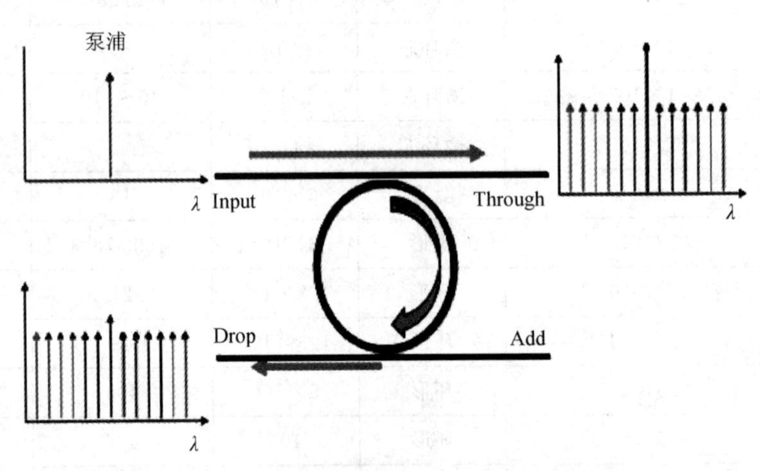

图 3.3.9 MRR 光频梳产生的原理图

将掺铒光纤放大器(EDFA)输出功率设置为定值，调节偏振控制器状态，使泵浦光偏振与微腔 TE 模式一致。连续调整扫频激光器的发射波长，使泵浦光从蓝色失谐侧耦入 MRR。图 3.3.10 给出了克尔光学频率梳的演化过程，其中(a)～(c)为微腔共振峰处的泵浦光处于蓝色失谐处的光谱。图 3.3.10(a)为光参量振荡谱，也称为主梳或图灵光频率梳[35]。此时，频率梳的频率分量具有固定的相位关系，且相互相干。图 3.3.10(a)所示主梳的频率间隔为 48×FSR，主要由调制不稳定的增益峰值点决定，与波导的色散和泵浦功率有关。

随着泵浦失谐量的减少，腔内功率继续增加。当调制不稳定带宽中其他谐振峰的增益足够大时，也会发生光参量振荡，新生成的光频成分与主梳和泵浦光产生级联四波混频效应，形成子梳，如图 3.3.10(b)所示，各频率成分仍然相干。随着泵浦失谐量进一步减小，腔内功率进一步增加，每个梳齿的带宽也会增加，并会产生新的梳齿，每个梳齿的频率分量会随着泵浦功率的增加而进一步增大。

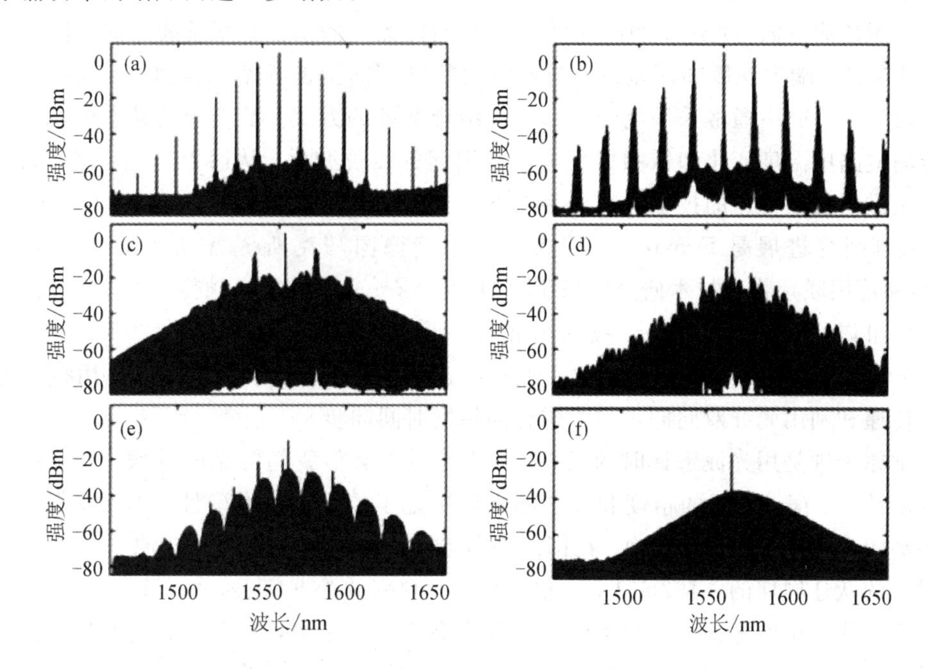

图 3.3.10　MRR 中光频梳的演化过程

(a) 主梳光谱图；(b) 子梳光谱图；(c) 调制不稳定性梳光谱图；(d) 3 孤子光谱图；(e) 2 孤子光谱图；(f) 单孤子光谱图

最终每个子梳相互重叠，形成高噪声光学频率梳。由于 MRR 的色散效应，每个子梳中每个波长的频率间隔不同，所以每个重叠子梳的频率分量互相拍频，形成多个射频分量。同时，由于每个频率分量的相位不一致，所以在时域内形成了一个不稳定的信号，即光频率梳进入了一个不稳定的状态。随着泵浦功率的进一步提高，腔内产生的频率成分越来越多。光频率梳的总带宽随着泵浦失谐的减小或泵浦功率的增大而增大，如图 3.3.10(c)所示，同时光频率梳的噪声也会显著增大。此时，光频率梳被称为“MI”梳。

当泵浦光处于红失谐位置时，光频率梳处于热不稳定状态，需要特殊的实验方法来实现腔内的热平衡。在图 3.3.10 所示的实验中，通过添加辅助光平衡腔内的热效应，使得泵浦光进入红失谐时仍处于热平衡状态。当泵浦光进入红失谐时，光频率梳进入孤子状态。孤子态包括孤子晶体态、多孤子态和单孤子态。图 3.3.10(d)～(f)显示了 3 孤子和 2 孤子以及单孤子态的光频率梳。

4. 光频梳技术的价值及应用

光频梳相当于一个光学频率综合发生器，是迄今为止最有效的绝对光学频率测量的工具，可将铯原子微波频标与光频标准确而简单地联系起来，为发展高分辨率、高精度、高准确性的频率标准提供了载体，也为精密光谱、天文物理、量子操控等科学研究方向提供了较为理想的研究工具。目前光频梳已被成功应用到光学频率精密测量、原子离子跃迁能级的测量、远程信号时钟同步与卫星导航等领域，并且随着光信息技术的发展，光频梳也将在光学任意波形产生、多波长超短脉冲产生和密集波分复用光通信等领域得到广泛的应用。

在时频传输方面，通过长距离光纤，将原子钟/光钟的精密频率基准无损地传递到另一端，同时在另一端重现该频率基准，或者将两端已有的精密频率基准进行高精度的比对。在系统设计及实验中通常采用电子学和光学结合互补的方式。基于主动补偿的技术，抑制光纤传输链路中温度变化和低频机械振动等引起的相位变化，从而提升稳定性。目前，利用光载波进行射频传递的技术方案分为以下三种：射频调制传递、光频传递以及光频率梳传递。最新研究进展是 Droste S. 等人利用连接德国马克斯·普朗克量子光学研究所(MPQ)和德国联邦物理技术研究院(PTB)的 1840 km 光纤进行光频传递的实验，频率传递不稳定度可以达到 10^{-15}/100 s。我国北京大学研究团队已经完成了在 120 km 电信级光纤中，以光学频率梳的脉冲串作为载波，利用数字式前馈补偿技术以及波分复用技术进行精密频率传递和利用光纤双向同步技术进行高精度时间同步。

光学原子钟是用光波来计时的工具，其工作过程类似我们常见的钟摆，利用钟摆的周期性摆动计时。摆动计时的精度和频率稳定性决定了整个钟的准确性。单摆周期越小，对应的振动频率越高，钟就越精确。在国际单位制中，秒的定义为铯 133 原子的两个超精细结构对应的跃迁周期的 9 192 631 770 倍，其振荡频率约为 9 GHz，处于微波频段。如果采用光波振荡代替微波振荡，其频率比微波频率高 5 个数量级，具有更高的精度。因此光学原子钟是迄今为止人类制造的最精确的时间计量装置，在空间导航、卫星通信和基础物理问题的超高精度监测中发挥着作用。美国 OEwaves 公司基于克尔频梳开发的微型光学原子钟如图 3.3.11 所示。

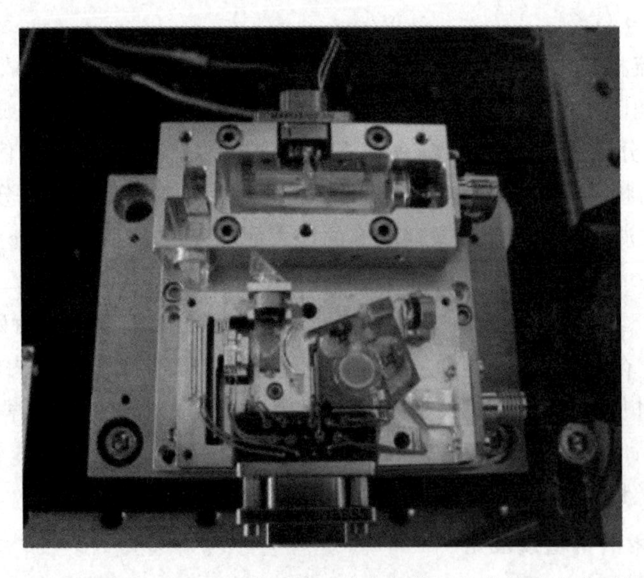

图 3.3.11　美国 OEwaves 公司基于克尔频梳开发的微型光学原子钟

此外，科研人员基于光频梳还开发了一系列应用。在超灵敏化学探测方面，可以用于快速识别爆炸物和危险病原体等危险物质，还可以通过检测病人呼出的气体的化学成分来诊断疾病。在天文光谱校准方面，美国加州理工学院 Vahala 团队利用微腔孤子频梳提供精确的频率校准，实现了 1 m/s 的视向速度测量精度。在相干通信方面，瑞士洛桑联邦理工学院 Kippenberg 团队利用光频梳的宽带等间距梳齿特性，替代多个单模激光器，将波分复用通信速率提升至 55 Mb/s。在绝对距离测量方面，Vahala 团队利用直径 7 mm 的二氧化硅微腔频梳提供绝对光学频率精确标定，实现了 26 km 模糊测量范围和 200 nm 精度。微腔光频梳的应用领域如图 3.3.12 所示。

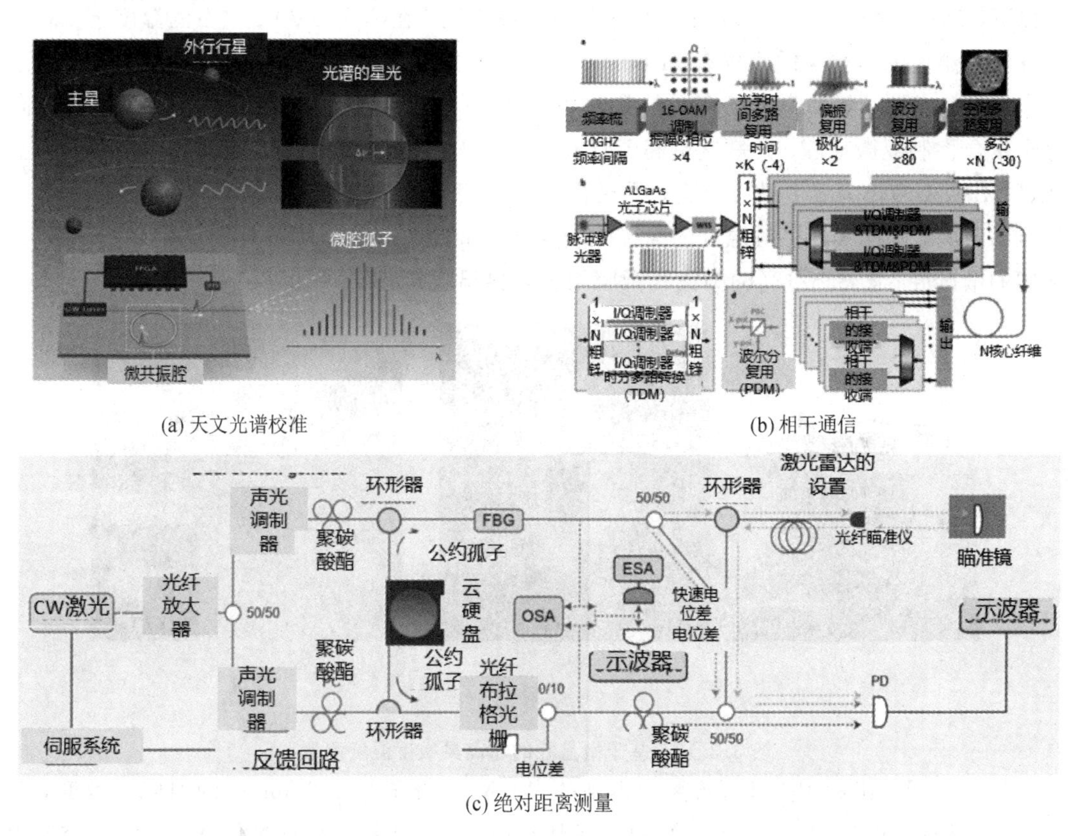

(a) 天文光谱校准 (b) 相干通信

(c) 绝对距离测量

图 3.3.12 微腔光频梳的应用领域

3.3.4 回音壁模式超高灵敏度传感器

超高品质因子回音壁微腔极大地增强了光与物质相互作用，在光学传感中显示出巨大的优势，具体表现为极高的传感灵敏度和极低的探测极限。近年来，基于回音壁微腔的光学传感技术发展迅速，人们不仅展示了它们具有磁场和温度等物理量传感能力，也相继证明了它们具有纳米尺度单颗粒甚至单分子的传感能力。近年来，随着微腔加工工艺的提高，回音壁模式微腔的应用可谓遍地开花，已经在很多领域中起到了举足轻重的作用，大体上可分为四类：基础物理研究、高阶非线性效应研究、应用光子学器件研究和各种物理量传感研究。

我们知道，微腔的尺寸和外界折射率发生变化，都会对谐振谱产生影响，当微腔的温度发生变化时，在热膨胀的效应下，微腔的尺寸会发生膨胀或者收缩。同时微腔材料存在热折变效应，温度的改变同样会改变微腔的折射率，利用这一性质，回音壁微腔可以实现温度的高灵敏度传感。同时，微腔材料的选择也十分重要。具有较大热光系数和热膨胀系数的材料能够产生较大的频移，从而实现温度的精确传感。通常情况下，热膨胀系数比热光系数小一个数量级，所以材料的热光系数成为一个重要的因素。在这方面，由聚二甲基硅氧烷(PDMS)等聚合物制成的微球谐振腔是一个不错的选择，其温度灵敏度在亚毫开尔文以下，调谐系数为 0.245 nm/K。有课题组研究表明，在 20℃～30℃左右的温度下，硅基微球腔对温度的传感灵敏度仅有 11 pm/℃[36]，为了提高其温度灵敏度，可以在微球表面涂覆一层温敏薄膜，例如 PDMS 等，将其灵敏度提高一个数量级以上。或者直接使用有机高分子聚合物制成微球腔，灵敏度更高(245 pm/℃)[37]。还有课题组使用聚 N-异丙基丙烯酰胺(PNIPAAm)作为温度敏感材料，采用化学气相沉积法在微盘腔表面涂覆了一层很薄的聚合物薄膜，同样实现了对温度的高灵敏度探测，如图 3.3.13 所示，其中，图 3.3.13(a)为镀膜的微盘腔；图 3.3.13(b)为镀膜微腔用于外界温度传感。

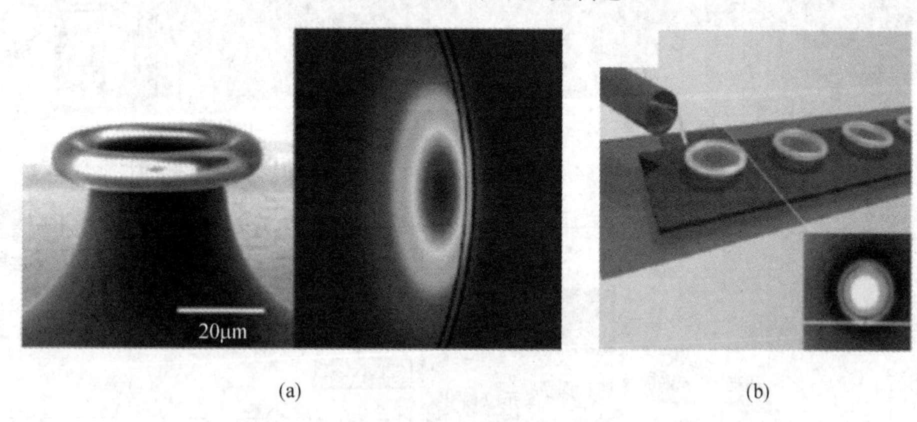

(a) (b)

图 3.3.13 基于微盘腔的超高灵敏度温度测量

已经有课题组利用光纤环形腔中得到的 WGM 实现了 0.212 nm/K 的温度灵敏度，并且这一结构可以实现 250℃～700℃的超高温探测。基于微腔的物理量传感方面，微腔磁力仪以及陀螺仪是目前发展的重要研究方向，它具有灵敏度高、易于片上集成、体积小以及常温工作等优势，近年来吸引了国内外越来越多学者的研究兴趣。微腔磁力仪是腔光力学的一种应用形式，其基本原理是磁致伸缩材料在交变磁场下通过伸缩应力作用激发微腔机械振动模式，引起周期性的微腔形变，从而对回音壁模式的共振波长进行调制。由于机械模式和光学模式的双共振效应，回音壁微腔光学磁力仪具有极高的灵敏度。2012 年，Forstner 等人第一次提出并证明了回音壁微腔磁力仪。他们将铽镝铁黏合于微芯圆环腔顶部，测量微腔光学模式共振波长受磁场的调制频率和强度，最终在 MHz 频段实现了最高为 400 $nT/\sqrt{Hz}$ 的磁场传感灵敏度[38]。之后，该研究组通过将铽镝铁放置于微腔内部，从而增强磁致伸缩材料与微腔机械模式的耦合强度，将 MHz 频段的磁场探测灵敏度提高了 500 倍，同时提出通过磁致伸缩的非线性效应实现灵敏度为 150 nT/$\sqrt{Hz}$的 2 Hz～1 kHz 低频段磁场探测[39]。2018 年，李贝贝等人[40]利用相位压缩光进行探测，降低微腔磁力仪中的激光散粒噪声。

回音壁模式微腔同样能应用于压力传感领域中，当外界压力作用于微腔时，其几何尺寸会发生变化从而导致谐振波长漂移或展宽，耦合效率也会发生变化。如图 3.3.15 所示，400 μm 的实心 SiO_2 微球腔在外界压力作用时可以实现 0.031 nm/N 的压力灵敏度。与温度传感类似，受力产生形变越大的微腔材料其灵敏度越高，使用有机高分子材料 PMMA 后，得到的压力灵敏度为 1.087 nm/N(实芯)和 7.664 nm/N(空芯)。结合传感器的探测范围与探测精度，该课题组最终实现了最小 10^{-5} N 的压力分辨[41]。此后，人们发现了很多弹性模量更小的材料，T. Ioppolo 等人利用空芯 PDMS 得到了最低 10^{-12} N 的分辨率，如图 3.3.14 所示，其传感结构根据精密的机械设计制作而成。图 3.3.14(a)为 SiO_2 微腔压力传感器[41]；图 3.3.14(b)为 PDMS 微球腔[42]；图 3.3.14(c)为空芯 PMMA 微球腔[43]。使用高精度的微加工工艺，制作了一个微小的悬臂梁，利用其弯曲来实现微腔几何尺寸的变化，从而大大提高了分辨率。

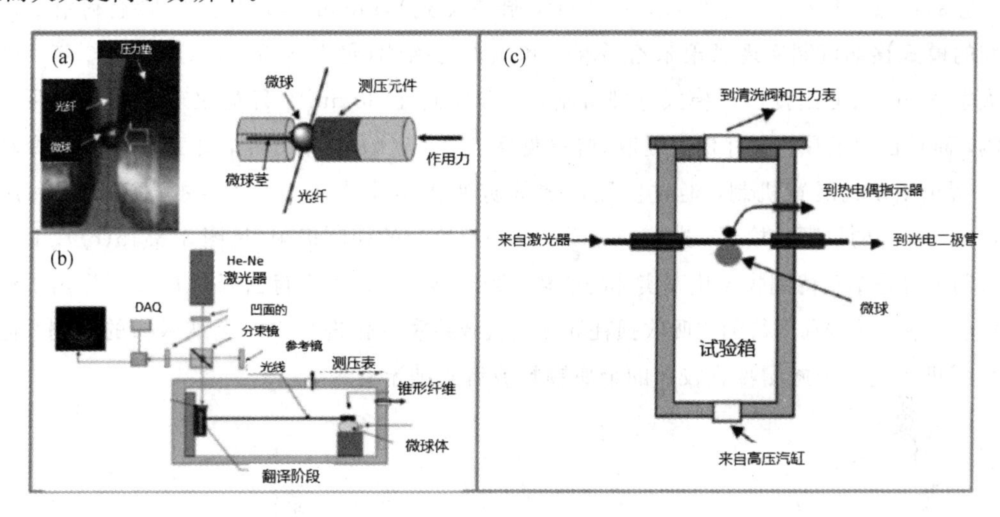

图 3.3.14　微谐振腔在压力传感中的应用[41-43]

到目前为止，回音壁微谐振腔在传感领域应用最多的仍然是生物传感。利用一些生物分子或者微小颗粒物对回音壁模式微腔倏逝场的微小干扰，我们可以将其应用于生物领域实现单分子测量[44-50]。这一领域中，基于回音壁微腔的传感器是最有应用潜力的。近年来，微腔生物传感发展迅速，吸引了国内与国际上很多课题组的注意力，在该研究领域中，研究最多的微腔为微球腔、微柱腔、液芯管状腔等。回音壁模式微腔对于单分子或者生物微纳微粒探测的原理是：当被测物靠近系统的倏逝场时，倏逝场的折射率会发生变化，从而导致传感器谱线波长或者能量的变化，对于不同的待测物，通常会设计不同的传感结构。传感结构按照波导的不同通常分为两种：直波导和谐振腔件。直波导通常通过监控传感器的光损耗来检测分子数。而谐振腔件通常能对特定波长的光进行选频，传感器的结构和材料决定了其谐振模式的波长和能量，这类传感器中目前研究最多的有基于表面等离子体共振(Surface Plasma Resonance，SPR)原理和基于回音壁模式原理两种，特定的生物分子能够改变其共振波长。对于回音壁模式微腔传感器来说，满足相位匹配条件的光在被束缚在微腔内发生全内反射，沿着微腔的内壁循环运行。

回音壁模式微腔传感器应用于生物分子探测时，主要有两种解调方式，分别为波长解调和模式分裂解调。对于波长解调来说，其传感原理为：在宏观角度，待测物靠近微腔时，其环境有效折射率发生变化，从而导致了波长的漂移；从微观角度分析，当待测物进入微腔倏逝场时，会在待测物附近将部分模式的光引出腔外，增大了其光程，导致波长发生红移。模式分裂解调最早是由 Washington 大学的 Yang 研究团队提出的[51]，他们在实验中采用微芯圆环腔($Q=10^7$)，当生物分子进入微腔倏逝场时，会对倏逝场中的光进行散射，一些简并的回音壁模式发生分裂，具体表现为待测物的尺寸、折射率等发生变化，会影响谐振模式中光谱的分裂或者展宽(Q 值变化)。可以看出，回音壁模式微腔在生化探测领域中潜力无限，吸引了国内外很多课题组开展相关工作。

近年来，人们通过检测聚苯乙烯标准小球、金纳米球以及灭活病毒等颗粒证明了回音壁微腔的单颗粒传感能力。例如，2008 年，哈佛大学 Vollmer 等人[52]在实验上利用回音壁微腔的模式移动机制实现了聚苯乙烯颗粒和病毒的探测(见图 3.3.15(a))。2010 年，华盛顿大学 Yang 研究组提出了模式分裂机制，不仅实现了 30 nm 半径的聚苯乙烯小球颗粒的检测，而且证明了颗粒尺寸信息提取方法(见图 3.3.15(b))。2013 年，北京大学肖云峰研究组[53]提出了模式展宽机制，通过监测模式线宽变化实现了 70 nm 半径的聚苯乙烯和病毒(Lentiviruses)的单颗粒检测，进一步降低了单颗粒检测的探测极限(见图 3.3.15(c))。以上 3 种机制主要是基于待测物极化率实部的变化。2016 年，北京大学肖云峰研究组[54]提出了耗散型传感机制，通过利用待测物吸收损耗导致的模式线宽变化进行单个金纳米棒的检测。耗散型传感机制适用于探测吸收较大的金属颗粒或者碳纳米管等。

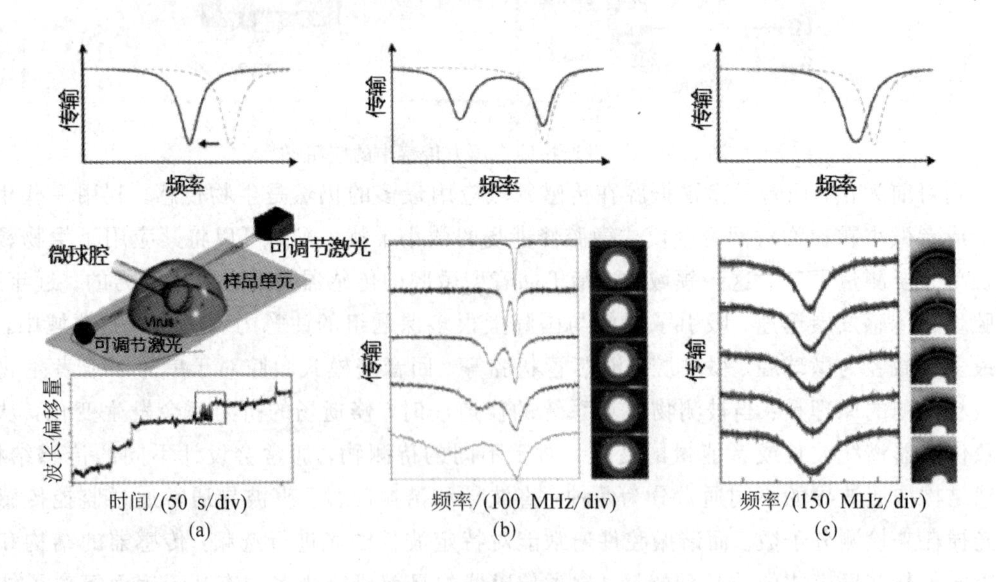

图 3.3.15 基于回音壁微腔的单纳米颗粒检测

3.3.5　回音壁模式微光机电陀螺

谐振腔作为谐振式光学陀螺的核心敏感部件，按其不同可以将谐振式光陀螺分为以光纤环形谐振腔为核心敏感元件的谐振式光纤陀螺(R-FOG)、以波导谐振腔为核心敏感元件的谐振式微光机电陀螺(R-MOG)和以晶体腔为核心敏感元件的晶体微光机电陀螺，它们的基本原理都是通过检测谐振腔内顺、逆时针两路光波的谐振频差来敏感载体旋转角速率，即 Sagnac 效应。

1931 年，法国人 Sagnac 在干涉实验中观测角速率和相移的关系时，提出了 Sagnac 效应，构成了现代光学陀螺的理论基础。假设一闭合的光学环路，形状任意，两束相向传播的光波从该环路中任意一点出发，各自环行一周，其中，CW 表示顺时针方向，CCW 表示逆时针方向。如果闭合光路相对惯性空间沿某一方向转动，则两束光波的相位将发生变化，这种现象称为 Sagnac 效应。

Sagnac 效应可用图 3.3.16 来解释，圆环代表一个闭环的光学回路。两束光同时注入点 M 相向传输，当该回路静止时，两束光经历了相同的光程后重新回到 M 点，不产生相位差；当该回路沿 CW 方向以角速度 Ω 旋转时，注入点旋转到了 M′点，沿 CW 方向传输光所经历的光程比沿 CCW 方向的光程长，从而产生相位差。为便于理解，只讨论真空环境下的闭合光路，假设该光路为圆形光学环路，可以推广到任意形状的闭合介质光路。

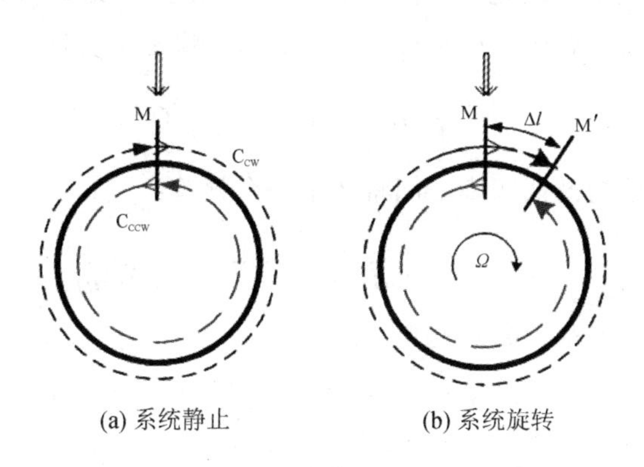

(a) 系统静止　　(b) 系统旋转

图 3.3.16　Sagnac 系统原理图

图 3.3.16 为圆形环路(可以是 N 匝光纤环路)，假设圆半径为 R，旋转角速率为 Ω，则光学环路上任意点的切向速度为 $v=R\times\Omega$。当环路处于静止时，光波经过 N 匝环路的传输时间为 $t_{\mathrm{CW}}=t_{\mathrm{CCW}}=N\times 2\pi R/c$，$c$ 为真空中的光速；当环路旋转时，光波在闭合光路内传播 N 匝又回到起始点，起始点已发生移动。因此，可以有两种理解：一是假定光传播速度不变，顺时针传播路程为 N 倍的周长所需的时间要比沿逆时针传播路程时间要长；二是假定传播路程不变，顺时针的传播速度降低，而逆时针的传播速度增加。我们采用后一种方式来解析，由速度合成公式：

$$v_{\mathrm{CW}}=c+R\Omega \tag{3.3.7}$$

$$v_{\mathrm{CCW}} = c - R\Omega \tag{3.3.8}$$

对应传输时间分别为

$$t_{\mathrm{CW}} = \frac{N \cdot 2\pi R}{v_{\mathrm{CW}}} = \frac{N \cdot 2\pi R}{c + R\Omega} \tag{3.3.9}$$

$$t_{\mathrm{CCW}} = \frac{N \cdot 2\pi R}{v_{\mathrm{CCW}}} = \frac{N \cdot 2\pi R}{c - R\Omega} \tag{3.3.10}$$

由于 $c^2 \gg (R\Omega)^2$，CCW 和 CW 之间的相位差可以表示为

$$\phi_s = \frac{2\pi \cdot c}{\lambda_0}(t_{\mathrm{CCW}} - t_{\mathrm{CW}}) = \frac{2\pi \cdot c}{\lambda_0} \cdot \frac{N \cdot 2\pi R \cdot 2R\Omega}{c^2 - (R\Omega)^2} \approx \frac{8\pi S}{\lambda_0 c}\Omega = \frac{4\pi RL}{\lambda_0 c}\Omega \tag{3.3.11}$$

其中：$L = N \cdot 2\pi R$ 为光纤线圈长度，$S = N\pi R^2$ 为闭合光路的总面积。

该结论同样适用于任意形状闭合环路介质中光的传播特性，因此，Sagnac 是与介质无关的纯空间延迟效应，其相移对介质折射率的变化不敏感；从式(3.3.11)可以看出，Sagnac 相移仅与环路面积、光纤长度与直径乘积以及旋转角速率成正比，而与光路的具体形状、环绕轴位置等无关，目前，所有光学陀螺的原理和测试等都是基于 Sagnac 效应。谐振腔作为谐振式光学陀螺的核心敏感单元，当某一频率的光波在谐振腔中循环传输时会产生多光束的干涉，只有满足某个特定频率的光波才会发生谐振现象，因此称之为谐振式光学陀螺。其优点是采用很短的光纤或者集成式波导谐振腔，因此在微型化方面具有很大的优势，同时，还可以避免干涉式陀螺中的 Shupe 误差问题。以谐振式光学陀螺为例，当谐振腔沿方向轴发生旋转时，CW 和 CCW 传播方向的周长将发生变化，其光程差为

$$\Delta L = L_{\mathrm{CW}} - L_{\mathrm{CCW}} = \frac{4S}{c}\Omega \tag{3.3.12}$$

此时，CCW 和 CW 光波的谐振频率之间将产生一个频差：

$$\Delta F = f_{\mathrm{CCW}} - f_{\mathrm{CW}} = m\left(\frac{c}{nL_{\mathrm{CCW}}} - \frac{c}{nL_{\mathrm{CW}}}\right) = mc\,\frac{\Delta L}{nL^2} = f_0\,\frac{\Delta L}{L} \tag{3.3.13}$$

将式(3.3.12)中 L 代入上式，可以得到

$$\Delta F = \frac{4S}{\lambda_0 L}\Omega = \frac{D}{\lambda_0}\Omega \tag{3.3.14}$$

其中，λ_0 为光波在真空中的波长，D 为环路直径。由式(3.3.14)可以看出，谐振式光学陀螺由 Sagnac 效应引起的频差与谐振腔的匝数无关。

谐振式光学陀螺的系统构成如图 3.3.17 所示，主要包括四大部分：耦合系统、光源系统、调制解调系统及信号处理系统。在高性能、窄线宽激光光源的触发下，相位调制解调系统配合信号处理单元，完成谐振腔 CW 和 CCW 两个相反方向的谐振频差检测，最终检测得到角速率。

该系统具体工作过程为：激光器经 3 dB 耦合器 C1 分成两束功率相等的光束，分别经过隔离器后进入各自的相位调制器，然后分别从 CW 和 CCW 方向耦合进入谐振腔内，并在谐振腔内形成两个方向的谐振光波，最后分别经 C2 和 C3 耦合后输出到各自的探测器中。

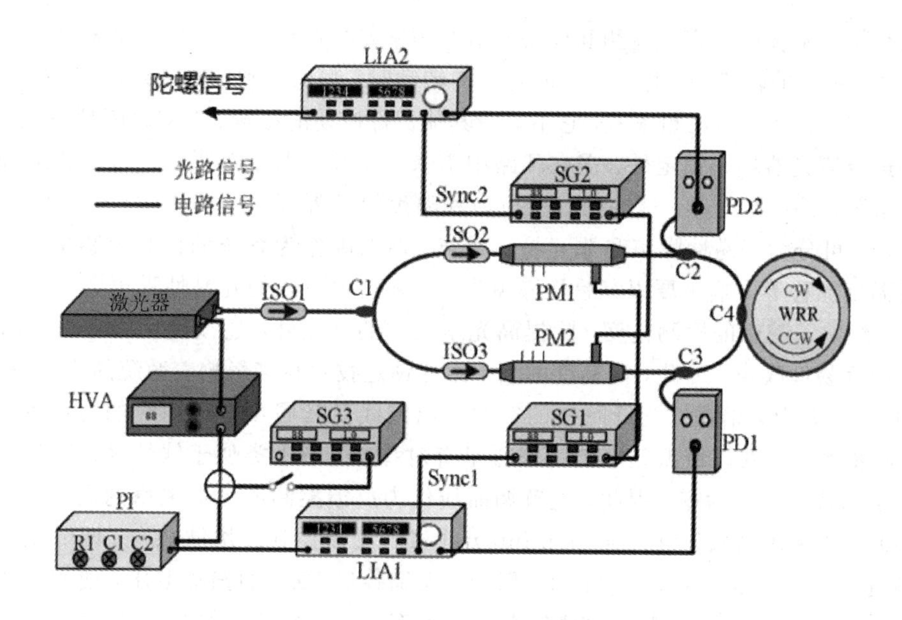

图 3.3.17　谐振式光学陀螺的系统构成示意图

一般来说，谐振式光学陀螺都是采用图 3.3.18 所述的单路闭环检测技术，通过提高激光器锁定回路的增益减小互易性的低频噪声，通过开环路的低通滤波器减小互易性的高频噪声。然而由于环路延迟的存在，激光器锁定回路的增益无法无限提高，因此环路对互易性低频噪声的抑制能力有限。为了有效抑制互易性高频噪声，需要减小低通滤波器的带宽，过小的带宽会降低陀螺的响应，恶化陀螺的跟踪性能。此外，单路闭环系统通过检测陀螺输出的电压信号，利用标度因数转化为频率差信号，任何由光学和电学器件波动引起的环路直流增益变化，都会影响标度因数，从而影响陀螺的输出精度。

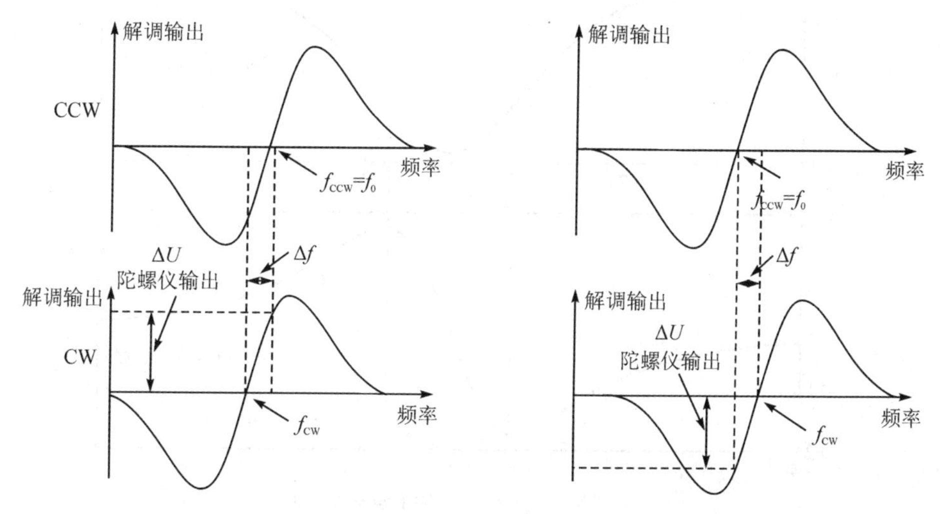

图 3.3.18　基于调相谱技术的角速度测量原理示意图

双路闭环系统通过直接检测和环路的谐振频率差，而不是检测通过标度因数转换的电压差，得到陀螺的转速。当陀螺沿顺时针方向转动时，测试得到负频率差，当陀螺沿逆时针方向转动时，测试得到正频率差。它不易受其他器件波动的影响。在双路闭环系统中，除了对环路进行激光器环路锁定外，需在环路中引入一个反馈控制环节，进行环路的锁定。实际上，光学器件如激光器、谐振腔等受应力和温度等外界环境因素影响，会在环路中引入各类噪声，可分为互易性噪声和非互易性噪声。谐振腔作为系统的核心敏感单元，其谐振频率受温度漂移等影响主要以互易性噪声为主，环路中引入的互易性噪声会等效输出相应的频差，影响了陀螺的检测精度。除提高光学元件的性能外，还须优化闭环反馈回路来降低系统的互易性噪声，因此，高精度的频率跟踪锁定技术直接影响着系统的检测精度。

图 3.3.19 为某谐振式光纤陀螺的实测输出谱线及其同步解调曲线的对应关系。可以看出，同步解调曲线以谐振频率点为中心呈奇对称，区域Ⅰ类似于线性区，且谐振频率点处的解调曲线的幅度为零，因此，把解调曲线作为反馈控制激光器频率的误差信号，当锁频使能时，数字比例积分(Proportion Integral，PI)反馈控制模块被触发，调节激光器的频率逐渐进入谐振谷区，误差信号由 PI 积分后反馈控制 PZT 的扫描电压，使积分值逐步减小，直到为零，此时，激光频率被锁定在谐振频率点。检测过程如图 3.3.20 所示，当系统处于静止状态且激光频率被锁定在 CW 光路谐振频率点处时，CCW 光路处于谐振状态，解调输出为零；当系统以逆时针方向旋转时，CW 和 CCW 的谐振频率分别会增加和减小，如图 3.3.20(a)、(b)所示，此时 PI 控制模块一直使能，使激光器的输出光波频率被跟踪并锁定在 FRR 的 CW 方向的谐振频率点处，CCW 光路的解调输出为与谐振频差成比例的电压信号，经计算可得到对应的旋转角速率。同样，图 3.3.20(c)、(d)为系统顺时针旋转时的输出检测过程。

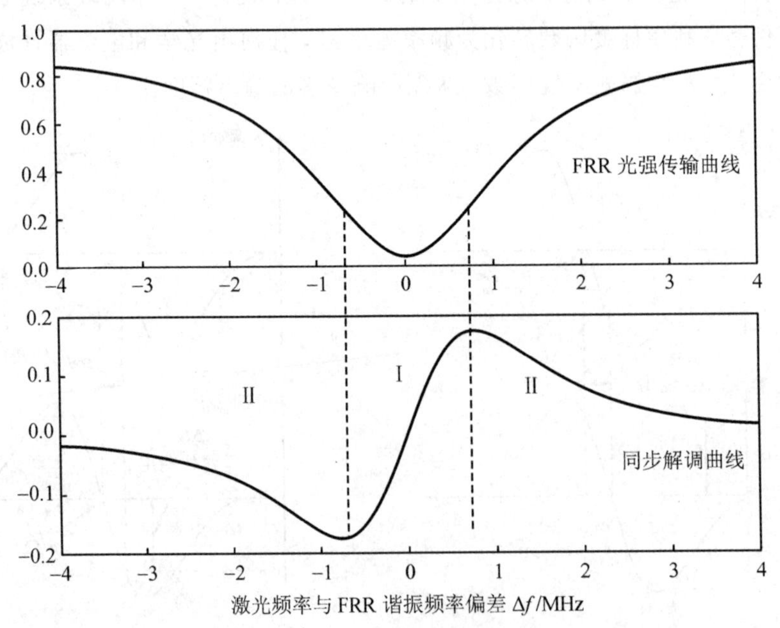

图 3.3.19　谐振曲线和解调曲线的关系图

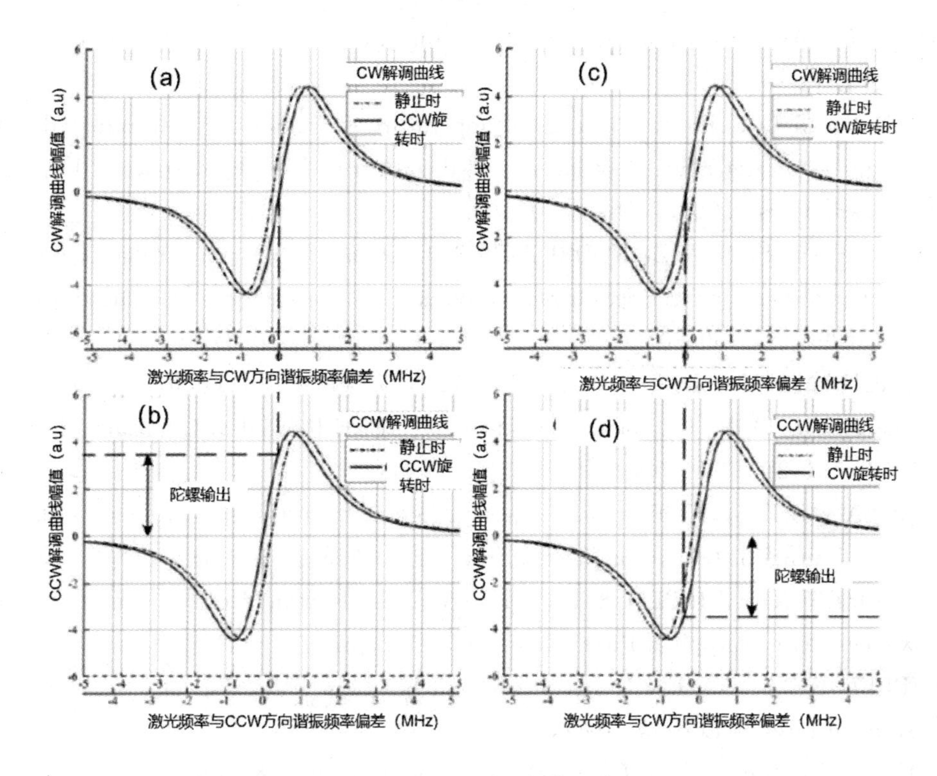

图 3.3.20　谐振式光学陀螺信号检测原理

参考文献

[1] YANG Ki Youl, OH Dong Yoon, LEE Seung Hoon, et al. Bridging ultra-high-Q devices and photonic circuits[J]. 2018,12(5): 297 - 302.

[2] WU L, WANG H M, YANG Q F, et al. Greater than one billion Q factor for on-chip microresonators[J]. Optics Letters, 2020, 45(18): 5129 - 5131.

[3] ARMANI D K, KIPPENBERG T J, SPILLANE S M, et al. Ultra-high-Q toroid microcavity on a chip[J]. Nature, 2003,421(6926):925 - 928.

[4] SAVCHENKOV A A, MATSKO A B, ILCHENKO V S, et al. Optical resonators with ten million finesse[J]. Optics Express. 2007, 15, (11):6768 - 6773.

[5] GRUDININ I S, YU N. Dispersion engineering of crystalline resonators via microstructuring[J]. Optica. 2015, 2, (3):221 - 224.

[6] BRAGINSKY V B, GORODETSKY M L, ILCHENKO V S. Quality-factor and nonlinear properties of optical whispering-gallery modes[J]. Physics Letters A, 1989, 137(7-8): 393 - 397.

[7] SLUSHER R E, LEVI A F J, MOHIDEEN U, et al. Threshold characteristics of semiconductor microdisk lasers[J]. Applied Physics Letters, 1993, 63: 1310 - 1312.

[8] VAN C J, ROJO R P, REGRENY P, et al. Electrically pumped InP-based microdisk

lasers integrated with a nanophotonic silicon-oninsulator waveguide circuit [J]. Optics Express, 2007, 15: 6744 - 6749.

[9] WAN Y, LI Q, LIU A Y, et al. Temperature characteristics of epitaxially grown InAs quantum dot micro-disk lasers on silicon for on-chip light sources[J]. Applied Physics Letters, 2016, 109(1): 011104.

[10] ZHANG N, SUN W Z, RODRIGUES S P, et al. Highly reproducible organometallic halide perovskite microdevices based on top-down lithography[J]. Advanced Materials, 2017, 29(15): 1606205.

[11] LACHAMBRE J L, LAVIGNE P, OTIS G, et al. Injection locking and mode selection in TEA - CO_2 laser oscillators[J]. IEEE Journal of Quantum Electronics, 1976, 12(12): 756 - 764.

[12] KOBAYASHI S, KIMURA T. Injection locking in AlGaAs semiconductor laser[J]. IEEE Journal of Quantum Electronics, 1981, 17(5): 681 - 689.

[13] STOLEN R H, IPPEN E P, TYNES A R. Raman oscillation in glass optical waveguide[J]. Applied Physics Letters, 1972, 20: 62 - 64.

[14] IPPEN E P, STOLEN R H. Stimulated brillouin scattering in optical fibers[J]. Applied Physics Letters, 1972, 21: 539 - 541.

[15] Huang S, Zhu T, Yin G, et al. Tens of hertz narrow-linewidth laser based on stimulated Brillouin and Rayleigh scattering[J]. Optics Letters, 2017, 42(24): 5286 - 5289.

[16] OLDENBEUVING R M, KLEIN E J, OFFERHAUS H L, et al. 25 kHz narrow spectral bandwidth of a wavelength tunable diode laser with a short waveguide-based external cavity[J]. Laser physics letters, 2012, 10(1): 015804.

[17] FAN Y, OLDENBEUVING R M, ROELOFFZEN C G H, et al. 290Hz intrinsic linewidth from an integrated optical chip-based widely tunable InP-Si_3N_4 hybrid laser[C]. Lasers and Electro-Optics (CLEO), 2017 Conference on IEEE, 2017: 1 - 2.

[18] SPIEBBERGER S, SCHIEMANGK M, WICHT A, et al. DBR laser diodes emitting near 1064 nm with a narrow intrinsic linewidth of 2 kHz[J]. Applied Physics B: Lasers and Optics. 2011,104(4): 813 - 818.

[19] YU L Q, LU D, PAN B W, et al. Widely tunable narrow-linewidth lasers using self-injection DBR lasers[J]. IEEE Photonics Technology Letters, 2015, 27(1): 50 - 53.

[20] WEI F, SUN G, ZHANG L, et al. Narrow-linewidth hybrid integrated external cavity diode laser for precision applications [C]//Conference on Semiconductor Lasers and Applications Ⅶ. 2016.

[21] ZHANG Q, SU R, DU W N, et al. Advances in small perovskite-based lasers[J]. Small Methods. 2017,1(9): UNSP 1700163.

[22] LIANG W, ILCHENKO V S, ELIYAHU D, et al. Ultralow noise miniature external

cavity semiconductor laser[J]. Nature Communications, 2015, 6(1): 7371-7371.

[23] TEETS R, ECKSTEIN J, HNSCH T W. Coherent two-photon excitation by multiple light pulses[J]. Physical Review Letters, 2015, 38(14): 760-764.

[24] KIPPENBERG T J, HOLZWARTH R, DIDDAMS S A. Microresonator-Based Optical Frequency Combs[J]. Science. 2011,332,(6029): 555-559.

[25] ILCHENKO V S, SAVCHENKOV A A, MATSKO A B, et al. Dispersion compensation in whispering-gallery modes[J]. Journal of the Optical Society of America A Optics Image Science and Vision, 2003, 20(1): 157-162.

[26] SCHLIESSER A, PICQUE N, HAENSCH THEODOR W. Mid-infrared frequency combs[J]. Nature Photonics. 2012,6(7): 440-449.

[27] P Del'Haye, SCHLIESSER A, ARCIZET O, et al. Optical frequency comb generation from a monolithic microresonator[J]. Nature, 2007, 450(7173): 1214-1217.

[28] CHEMBO Y K, STREKALOV D V, YU N. Spectrum and dynamics of optical frequency combs generated with monolithic whispering gallery mode resonators[J]. Physical Review Letters, 2010, 104(10): 103902.

[29] LIANG W, SAVCHENKOV A B, MATSKO V S, et al. Generation of near-infrared frequency combs from a MgF_2 whispering gallery mode resonator[J]. Optics Letters, 2011, 36(12): 2290-2292.

[30] OKAWACHI Y, SAHA K, LEVY J S, et al. Octave-spanning frequency comb generation in a silicon nitride chip[J]. Optics Letters, 2011, 36(17): 3398-3400.

[31] LAINE J P, TAPALIAN C, LITTLE B, et al. Acceleration sensor based on high-Q optical microsphere resonator and pedestal antiresonant reflecting waveguide coupler[J]. Sensors and Actuators A Physical, 2001, 93(1): 1-7.

[32] VAHALA K. Optical Microcavities[J]. Nature, 2003, 424(6950): 839.

[33] KIPPENBERG T J, SPILLANE S M, VAHALA K J. Kerr-nonlinearity optical parametric oscillation in an ultrahigh-Q toroid microcavity[J]. Physical Review Letters, 2004, 93(8): 083904.

[34] WU J Y, XU X Y, NGUYEN T G, et al. RF Photonics: An optical microcombs' perspective[J]. IEEE Journal of Selected Topics in Quantum Electronics. 2018, 24, (4): 6101020.

[35] 王伟强. 基于微环谐振腔的克尔光频梳研究[D]. 西安：中国科学院西安光学精密机械研究所，2018.

[36] MA Q L, ROSSMANN T, GUO Z X. Whispering-gallery mode silica microsensors for cryogenic to room temperature measurement[J]. Measurement Science and Technology, 2010, 21(2): 025310.

[37] DONG C H, HE L, XIAO Y F, et al. Fabrication of high-Q polydimethylsiloxane

optical microspheres for thermal sensing[J]. Applied Physics Letters, 2009, 94 (23): 231119.

[38] FORSTNER S,PRAMS S, KNITTEL J, et al. Cavity optomechanical magnetometer[J]. Physical Review Letters. 2012,108,(12): 120801.

[39] FORSTNER S, SHERIDAN E, KNITTEL J, et al. Ultrasensitive optomechanical magnetometry[J]. Advanced Materials, 2015, 26(36): 6348 - 6353.

[40] LI B B, BILEK J, HOFF U B, et al. Quanturm enhanced optomechanical magnetometry[J]. Optica, 2018, 5, (7): 850 - 856.

[41] IOPPOLO T, AYAZ U K, OTUGEN M V. High-resolution force sensor based on morphology dependent optical resonances of polymeric spheres[J]. Journal of Applied Physics, 2009, 105(1): 013535.

[42] IOPPOLO T, OTUGEN M V. Pressure tuning of whispering gallery mode resonators[J]. Journal of the Optical Society of America B - Optical Physics. 2007,24,(10): 2721 - 2726.

[43] IOPPOLO T, KOZHEVNIKOV M I, STEPANIUK V, et al. Micro-optical forcesensor concept based on whispering gallery mode resonators[J]. Applied Optics, 2008, 47 (16): 3009 - 3014.

[44] LI B B, WANG Q Y, XIAO Y F, et al. On chip, high-sensitivity thermal sensor based on high-Q polydimethylsiloxane-coated microresonator[J]. Applied Physics Letters, 2010, 5(12): 140 - 149.

[45] MEHRABANI S, KWONG P, GUPTA M, et al. Hybrid microcavity humidity sensor[J]. Applied Physics Letters, 2013, 102(24): 1101.

[46] CHOI H S, ZHANG X, ARMANI A M. Hybrid silica-polymer ultra-high-Q microresonators[J]. Optics Letters, 2010, 35(4): 459 - 461.

[47] IOPPOLO TV. ÖTÜGEN, FOURGUETTE D, et al. Effect of acceleration on the morphology-dependent optical resonances of spherical resonators[J]. Journal of the Optical Society of America B, 2011, 28(28): 225 - 227.

[48] CHISTIAKOVA MV, ARMANI AM. Photoelastic ultrasound detection using ultra-high-Q silica optical resonators[J]. Optics Express, 2014, 22(23): 28169.

[49] ANDREA M, ARMANI, KERRY J, et al. Heavy water detection using ultra-high-Q microcavities[J]. Optics Letters, 2006, 31(12): 1896 - 1898.

[50] GOHRING J T, DALE P S, FAN X. Detection of HER2 breast cancer biomarker using the optofluidic ring resonator biosensor[J]. Proceedings of SPIE-The International Society for Optical Engineering, 2010, 146(1): 226 - 230.

[51] ZHU J G, OZDEMIR S K, XIAO Y F, et al. On-chip single nanoparticle detection and sizing by mode splitting in an ultrahigh-Q microresonator[J]. Nature Photonics, 2010, 4(1): 46 - 49.

[52] VOLLMER F, ARNOLD S, KENG D. Single virus detection from the reactive shift of a whispering-gallery mode[J]. Proceedings of the National Academy of Sciences, 2009, 105(52): 20701 - 20704.

[53] SHAO L B, JIANG X F, YU X C. Detection of single nanoparticles and lentiviruses using microcavity resonance broadening[J]. Advanced Materials, 2013, 25(39): 5616 - 5620.

[54] SHEN B Q, YU X C, ZHI Y Y, et al. Detection of single nanoparticles using the dissipative interaction in a high-Q microcavity[J]. Physical Review Applied, 2016, 5(2): 0: 0011.

第四章 典型水声传感器件及系统

4.1 水声传感器概述及其研发背景

1. 引言

声呐系统主要是通过一个或多个水声传感器将接收到的声目标信号转换为电信号，经过放大以电压形式输出。良好的声呐系统离不开性能优异的水声传感器件，其质量和性能优劣将直接影响到整个系统的精度以及能否反映被测目标的全部信息。近年来，国内开始将 MEMS 传感器应用于水下进行水声探测，在“十三五”期间，这已经上升为水声换能器领域的研究热点，且发展势头非常迅猛。据不完全统计，国内已有十余家高校和科研院所开展了 MEMS 水声传感器方面的研究工作。2004 年，中北大学张文栋等人率先提出研制纤毛式 MEMS 矢量水听器的设想，后经包括作者在内多人的共同努力，MEMS 水听器结构设计历经几代优化，总体性能逐步提升并日趋稳定。本章以纤毛式 MEMS 矢量水听器作为典型水声传感系统，对其工作原理、结构设计及优化、微结构机械特性仿真等内容进行详细阐述。

2. 研究背景

海洋面积占地球总面积的 70%以上。海洋中有种类繁多的生物、大量的矿产和巨大的空间资源，但是人类大部分的活动都在陆地上，对海洋的了解甚至不及对外太空的认识。目前，陆地上的资源在可预见的未来将会被消耗殆尽，转向海洋资源的开发是必然选择。可以说，21 世纪是海洋的世纪。2017 年，党的十九大报告中提出，我国今后将协调海洋和陆地的发展，加强对海洋的探索和利用。随着我国经济快速发展，对外开放不断扩大，国家战略空间不断向海洋拓展和延伸，海洋事业的发展关乎国家兴衰与民族生存发展。

水下战场已成为现代化战场的重要组成部分，潜艇具有隐蔽性好、战场生存能力强的特点，自第一次世界大战后潜艇得到广泛的应用。美国设计的“海狼级”核潜艇的噪声已经达到了 90～100 dB[1]。核潜艇使用消声瓦和吸波材料之后其总体噪声水平降低了约 35～40 dB[2-3]。

在海洋探测方面，海水具有较大的比热容和较强的吸热能力，红外技术的应用受到很大限制；在浑浊的海水中由于散射等原因，光的传播距离有限，使用探照灯探测距离仅在数十米范围内，在军事中难以得到应用。目前，声波仍是在海洋中进行信息传输的最好选择[4]。因此，声呐系统是各世界海洋强国的研究重点。

水听器是声呐系统的核心部件，是实现声电转换的敏感元件，性能优异的水听器是实现良好声呐系统的基础。随着水下目标隐身技术的发展和对探测距离要求的不断提高，声呐设备的工作频率也不断降低[5-7]。对于用标量水听器研制的声呐系统，提高其探测精度通常靠增加水听器的个数和阵列的大小的方法。声呐工作的频率越低，声呐阵列的孔径越大，有时甚至长达上千米。因此，标量水听器组成的声呐系统不能应用于无人潜航器(UUV)、鱼雷、水雷和空投浮标等小型武器作战平台。相比之下，矢量水听器可以测量声场中的矢量信息，抑制各向同性噪声，具有较好的偶极子指向性而且空间增益大，因此，矢量声呐系统比标量声呐系统具有更远的探测距离和更高的探测精度[8-13]。

近年来随着 MEMS 技术的发展，传感器的小型化已成为必然。MEMS 传感器具有微米级甚至纳米级的内部结构尺寸，系统尺寸一般为几毫米或更小。MEMS 传感器具有体积小、重量轻、功耗低、性能稳定等优点，适合批量生产，价格低廉，易于与 IC 集成。因此，基于 MEMS 技术的矢量水听器是未来水听器的发展趋势。

4.2　矢量水听器研究历史及现状

对声场中矢量信息的测量最早可追溯到 1882 年 Lord Rayleigh 研究的一种能够测量空气质点振速的“Rayleigh 盘”，它为水中声场矢量信息的测量提供了研究方向[14]。1956 年，美国学者 C. B. Leslie 等人在 *The Journal of the Acoustical Society of America* 学术期刊上发表了题为“Hydrophone for Measuring Particle Velocity”的研究结果，作者将振动传感器内置于一个球体中，声波在水中传播时水质点的振动引起球体的振动，用振动传感器测量球体的振动从而测量水质点振速，当前同振式矢量水听器基本上都是以此为理论基础进行研制的[15]。

1989 年，俄罗斯学者弗·亚·休罗夫教授整理了自己的研究成果，并出版了《声学矢量——相位方法》的专著。他在该著作中不仅详细阐述了水声传感技术的理论基础，还对水听器的实际应用进行了介绍，该专著至今仍具有重要的参考价值[16]。1991 年，学术期刊 *The Journal of the Acoustical Society of America* 在第 89 卷和 90 卷均刊发了美国和俄罗斯学者在水声研究中的研究成果[17]。1995 年，美国声学学会召开了矢量水听器会议，相关成果随后发表在《声质点振速传感器：设计、性能和应用》论文集上[18]。

可以直接测量水质点的声压梯度水听器由美国学者首次研发出来，虽然该传感器的灵敏度为 −240 dB(0 dB=1 V/μPa)，但是它的重要意义在于首次实现了对水质点的直接测量[19]。1998 年，V A. Shchurov 提出了复合式三维同振矢量水听器，如图 4.2.1 所示，将内部装有正交放置的压电式加速度计的压电陶瓷球通过弹簧悬挂在整流罩内，压电陶瓷球壳用来测量声压信息，加速度计用来测量矢量信息[20]。

美国学者 T. Gabrielson 等人研制出了一种型号为 SV-1 的水声传感器[21]，如图 4.2.2 所示。该水听器是可以测量质点振速的同振型声压梯度水声传感器，只能测量一个方向的声波，工作频率范围为 70～7000 Hz。1955 年，该研究团队又完成了对该水声传感器的改进，得到了型号为 SV-2 的水声传感器，工作频率的下限降到了 15 Hz[22]。这两种型号的水声传感器都是基于动圈型换能原理研制的，其灵敏度不高。

随着在水听器方面研究的不断深入和知识积累，美国在二十世纪五十年代中期研制出了 AN/SSQ 系列声呐浮标系统，如图 4.2.3 所示。型号为 AN/SSQ-53 的浮标系统采用了矢量水听器，标志着矢量水听器开始从实验室走向工程应用[23]。

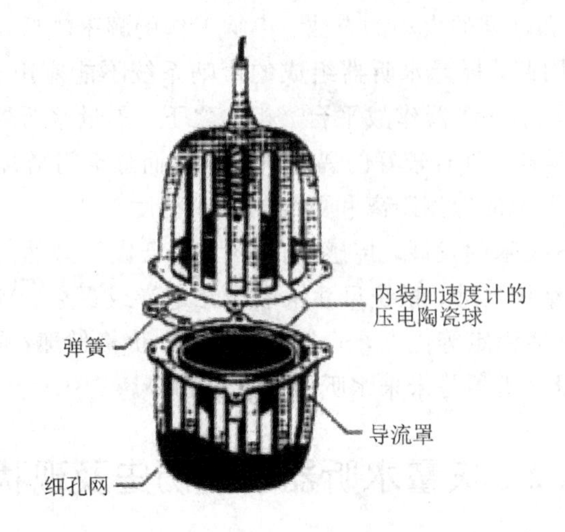

图 4.2.1　V A. Shchurov 研制的水听器

图 4.2.2　质点振速水声传感器

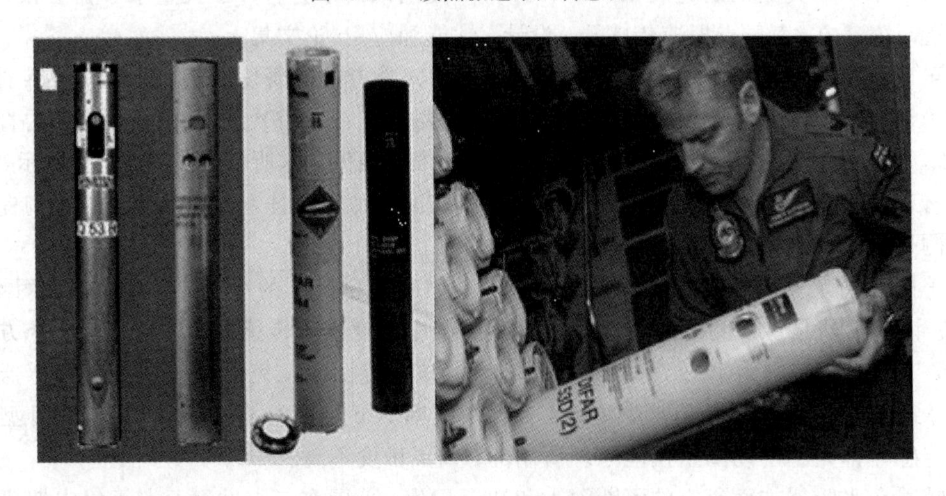

图 4.2.3　美国 AN/SSQ 系列声呐浮标

2003 年，Wilcoxon Research 公司开发出了三维矢量水听器，如图 4.2.4 所示[24-25]。该水听器用正交放置的加速度计实现矢量信息测量，加速度是采用 PZT－PT 压电单晶体研制的。第二年，该公司使用开发的五个水听器制作了矢量水听器阵列，并在阿拉斯加水域附近进行了海洋环境噪声测量实验。实验结果表明矢量水听器在海洋环境噪声测量方面具有较大的优势[26-28]。

图 4.2.4 Wilcoxon Research 公司研制的水听器及阵列

20 世纪，俄罗斯对矢量水听器的研究也取得了大量成果，太平洋海洋技术研究所用压电加速度计研制的同振球形三维矢量水听器如图 4.2.5(a)所示，其内部结构如图 4.2.5(b)所示。实验结果表明矢量水听器的信噪比相对于标量水听器提高了大约 10～20 dB。

(a) 两个水听器实物

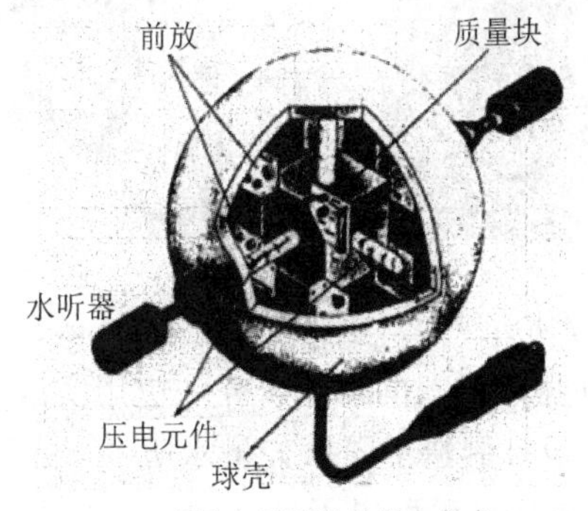

(b) 压电加速度计的组合方式

图 4.2.5 俄罗斯研制的同振水听器

俄罗斯学者利用矢量水听器和标量声压传感器研制的一种测量系统如图 4.2.6 所示。根据实验目的将其布放在深度为 15～1000 m 的日本海、南中国海等水域进行了大量测试，实验时的频率范围为 6～1000 Hz，对海水的环境噪声进行了详细的研究[29]。通过海洋噪声研究得到了水下噪声中扩散和相干分量之间的相互影响。

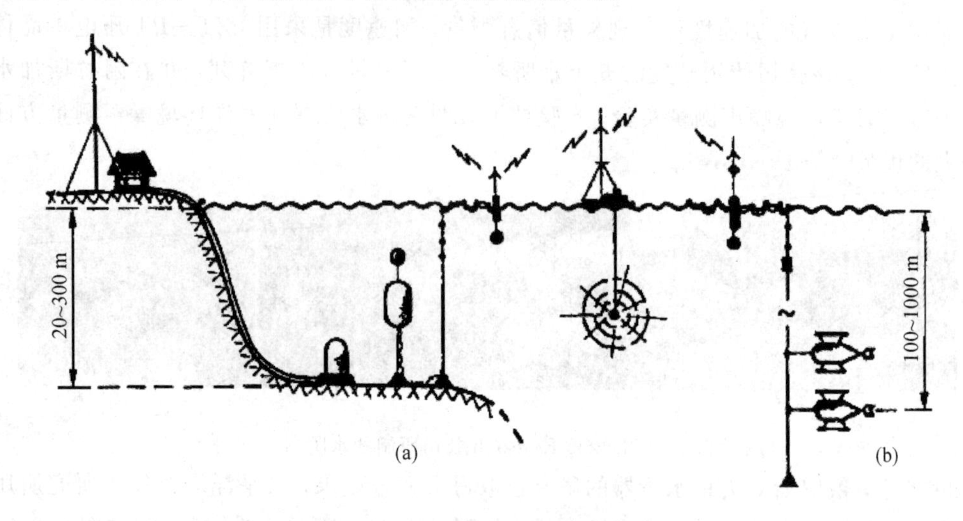

图 4.2.6　俄罗斯研制的测量系统

国内对矢量水听器的研究起步较晚，但是哈尔滨工业大学引进俄罗斯水听器技术以后，取得了较快的发展，研制出了多种结构的矢量水听器[30-33]。图 4.2.7 为其研制的一款低频同振球形矢量水听器，工作频率范围为 20～1250 Hz。图 4.2.8 为其研制的一款高频同振球形矢量水听器，工作频率范围为 1000～12 500 Hz。

图 4.2.7　低频同振球形矢量水听器

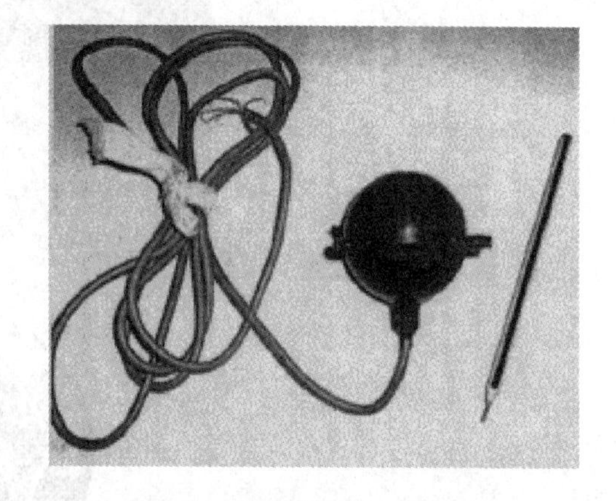

图 4.2.8　高频同振球形矢量水听器

哈尔滨工业大学在国内同振水听器的理论研究和应用实践方面占有重要的地位。2009 年，邢世文用压电式加速度计设计制造了同振矢量水听器，并用 8 个水听器搭建了一个线阵，如图 4.2.9 所示，在湖上进行试验取得了良好的测试结果[34]。2013 年，任一石又使用压电加速度传感器制作了两个表面有凸起的矢量水听器[35]，如图 4.2.10 所示。该水听器的优点在于可以方便地更换敏感元件，在水听器的后期维护保养中具有较大的优势[36]。武甜甜在三维压电矢量水听器的小型化方面进行了相关研究工作，她设计了共用质量块的压电加速度计用于矢量信息的测量[36]。

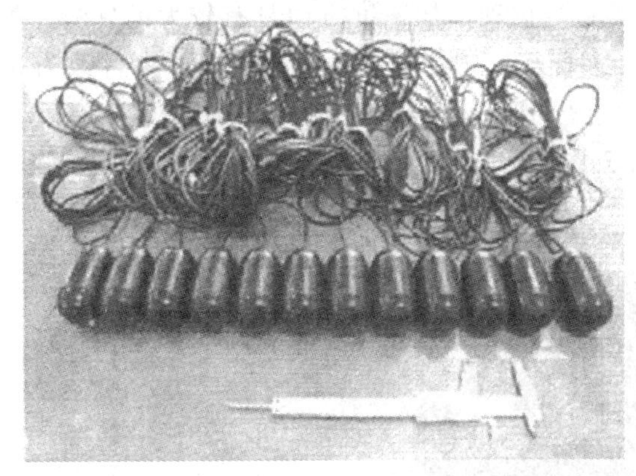
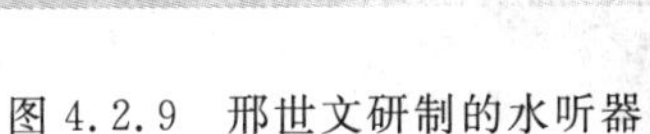

图 4.2.9　邢世文研制的水听器

图 4.2.10　任一石研制的水听器

光纤水听器是一种建立在光纤、光电子技术基础上的水下声信号传感器。它通过高灵敏度的光学相干检测，将水声振动转换成光信号，通过光纤传至信号处理系统提取声信号信息，具有灵敏度高、频响特性好、动态范围大、抗电磁干扰与信号串扰能力、适于远距离传输与组阵的特点。光纤水听器主要用于海洋声学环境中的声传播、噪声、混响、海底声学特性、目标声学特性等的探测，是现代海军反潜作战、水下兵器试验、海洋石油勘探和海洋地质调查的先进探测手段。

据资料报道，在石油和海洋军事等方面光纤式矢量水听器已有所应用[37-38]。国防科技大学对光纤式矢量水听器的研究在我国处于领先水平[39-41]。2002 年，该校的相关研究人员就进行了光纤式矢量水听器的应用验证，并取得了预期结果[42]。2003 年又开发出了一种三分量干涉型矢量水听器。此后又将光纤式矢量水听器在拖曳阵中进行了应用实验[43-45]，如图 4.2.11 所示。

(a) 未封装的水听器

(b) 布放水听器阵列

图 4.2.11　国防科技大学研制的光纤式水听器

2011 年，王建飞等人将弹性柱体设计为薄壁空心的刚性圆柱体，在不影响灵敏度的条件下提高了光纤矢量水听器的频带范围，实验结果表明该水听器的加速度灵敏度在工作频率范围内的变化不大于 1.4 dB[46]。同年，王付印设计了一种对轴向加速度不敏感的水听器，如图 4.2.12 所示。测试结果表明该水听器在抵抗轴向加速度方面具有较大的优势，在拖曳阵的应用中具有良好的前景。2016 年，金孟群等人将传统的低反射率光学器件改为光纤布拉格光栅，对光纤加速度元件的传感参数进行了优化[47]。测试结果表明加速度灵敏度为 22.5 dB(0 dB=1 rad/g)，波动范围为±1.5 dB。

图 4.2.12 可抑制轴向加速度的光纤水听器

我国很多研究机构和科研院所也对矢量水听器的理论和应用展开了研究，如海军潜艇学院和海军青岛雷达声呐修理厂[48]、杭州应用声学研究所[49]、海声科技有限公司[50]、西安邮电大学[51]、中国电子科技集团公司第 49 所[52]、大连理工大学船舶工程学院[53]等都取得了一些成果。

在 MEMS 技术成熟以前，矢量水听器的体积都比较大，精度比较低。近年来随着 MEMS 技术的快速发展，矢量水听器的小型化成为可能。1996 年，Howard. K 等人就利用 MEMS 技术研制出了体积仅为 8 cm^3 的振速水声传感器[54]。2001 年，英国学者提出了将 PVDF 压电薄膜应用于 MEMS 水听器的想法。2007 年，印度学者 G. Uma 等人对基于 PVDF 压电薄膜的 MEMS 水听器进行了仿真分析[55]。2006 年，中国台湾的 Li Sie-Yu 等人基于表面微加工工艺，利用 SOI 片加工了压阻式水听器[56]。由于采用了 SOI 片，水听器性能的一致性相比于以前有了很大的提高。2010 年，韩国学者 Sungjoon Choi 等人研制出了一种静压自平衡的压电式 MEMS 水听器[57]。

在国内，MEMS 矢量水听器也成为研究热点。2006 年，博士研究生陈丽洁研制了一种三维矢量水听器，所使用的加速度计为采用 MEMS 工艺加工的压阻式加速度计[58-59]。其外形尺寸(直径×高度)为 ϕ22 mm×40 mm，测试结果表明水听器频率响应的最大值为4 kHz，在 1 kH 频率处其灵敏度为－194 dB。2009 年，李金亮用电容式加速度计研制了一个三维矢量水听器，如图 4.2.13 所示，其外形直径为 64 mm，工作频率范围为 500 Hz 以下，驻波管测试结果表明三个通道的灵敏度分别为－201 dB、－201 dB、－200 dB(0 dB=1V/μPa)[60]。2010 年，管宇对电容式加速度计进行了优化设计，加工了四种不同的矢量水听器，如图 4.2.14 所示[61]。

中北大学对矢量水听器的研究虽然起步较晚，但是利用其在 MEMS 方面的优势，基于仿生学原理创新性地提出了一种纤毛式 MEMS 矢量水听器，其结构如图 4.2.15 所示。

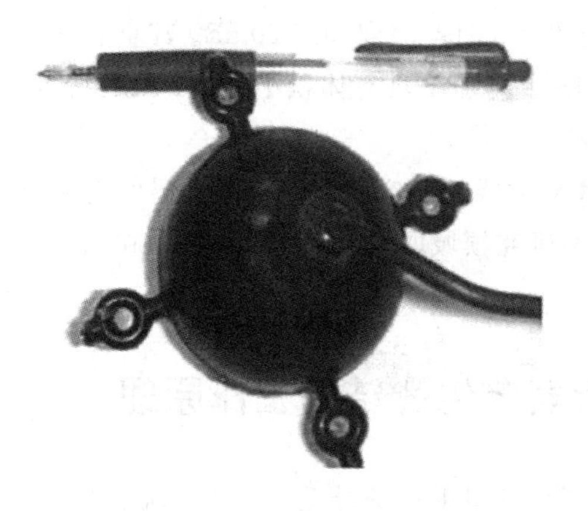

图 4.2.13　三维矢量水听器

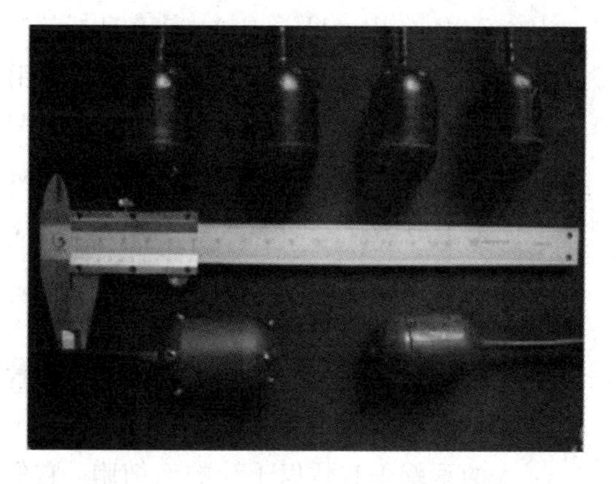

图 4.2.14　优化设计的矢量水听器

图 4.2.15　纤毛式 MEMS 矢量水听器结构示意图

2007 年，中北大学张文栋教授团队首次完成了纤毛式仿生矢量水听器原理的验证，研制的纤毛式仿生矢量水听器如图 4.2.16 所示[62]。测度结果表明该水听器的接收灵敏度为

(a) 未封装的仿生水听器

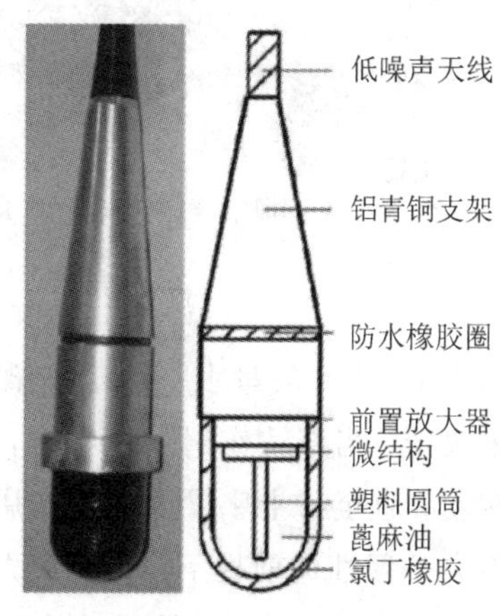

(b) 封装的仿生水听器

图 4.2.16　纤毛式仿生矢量水听器

-197.7 dB(0 dB=1V/μPa)，具有良好的“8”字指向性，凹点深度大于 20 dB。其重要意义体现在提出了一种新型的矢量水听器，采用 MEMS 工艺加工具有体积小、成本低的特点，压敏原理可以实现对低频信号甚至零频信号的测量。

此后，中北大学一直致力于仿生 MEMS 矢量水听器的研究，改进了水听器的封装方法，优化了敏感纤毛的形状和尺寸等[63-69]，在声学研究领域取得了较大的进展，在水声学的应用与研究方面具有重要影响。

4.3 纤毛式 MEMS 矢量水听器仿生微结构工作原理

人的耳蜗里有数以千计的毛细胞，它们的顶部长有很细小的纤毛。在液体流动时，这些毛细胞的纤毛受到冲击，经过一系列生物电变化，把声音信号转变成生物电信号经过听神经传递到大脑。大脑再把送达的信息加以加工、整合就产生了听觉。

从人耳的工作原理我们可以得知，椭圆窗将液体密封在耳蜗管道中，耳蜗中的长有纤毛的毛细胞起到了声－电转换的关键作用，如图 4.3.1 所示。以此为原型，张文栋等人结合 MEMS 技术，提出十字梁＋纤毛的声电换能微结构，纤毛用于模仿毛细胞感受声波，十字梁及根部压敏电阻用于模仿毛细胞实现声－电转换，如图 4.3.2 所示。具体工作原理如下：当声波引起纤毛振动时，十字梁微结构根部产生应力应变，从而导致集成于十字梁根部的压敏电阻的阻值变化，利用惠斯通桥提取 x 轴、y 轴压敏电阻、电压的变化，从而获得声源的方位和强度信息。从十字梁微结构的工作原理上可以分析得知，如果声波压差梯度越大，则纤毛的摆动幅度越大，当纤毛与传声介质特性阻抗相同或接近时，纤毛与传声介质将同幅同频同相位振动，因而从声学角度分析该十字梁微结构所敏感的物理量是声压梯度。

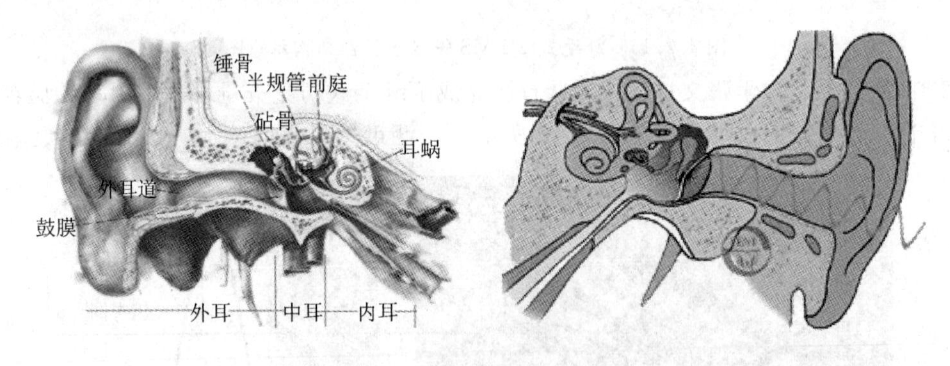

图 4.3.1　人耳结构及传声原理模型

纤毛式 MEMS 矢量水听器十字梁微结构的机械特性主要由十字梁和纤毛材料的刚度与密度来决定。当声波作用于纤毛时，纤毛将会摆动，使得与纤毛相连的十字梁中心连接体随之转动，直至与十字梁上的反作用力相等从而达到平衡。

在不失一般性的前提下，为了使力学模型得到简化，先进行以下假设：

(1) 与纤毛相比，十字梁微结构中心的质量很小，可忽略不计。

(2) 十字梁微结构中心连接体与纤毛之间是刚性连接。

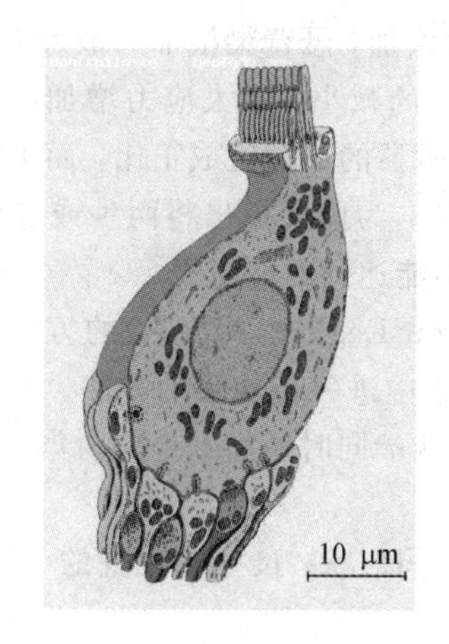

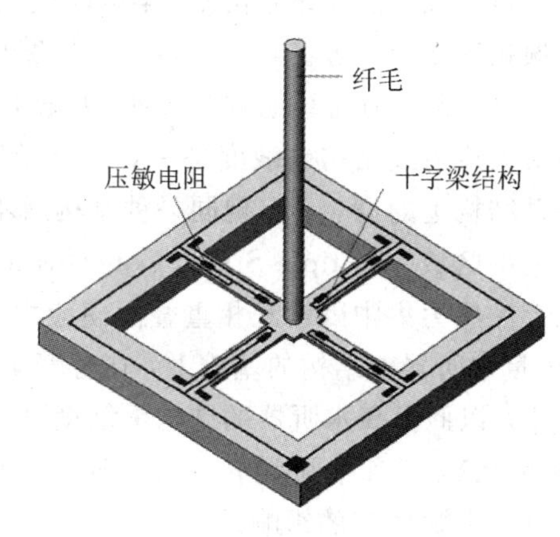

图 4.3.2 耳蜗纤毛与纤毛式 MEMS 矢量水听器仿生微结构

(3) 十字梁微结构边框都是刚性的。

(4) 纤毛刚度足够大，在施加外力时自身不扭曲变形，且纤毛的位移远远小于其长度。

(5) 不考虑阻尼影响。

建立该微结构的力学分析模型如图 4.3.3～图 4.3.6 所示。当纤毛式 MEMS 矢量水听器十字梁微结构的纤毛受到 x 方向的声波作用力 $F_x = mg$ 时，将会对十字梁中心连接体产生沿 x 轴方向上的水平作用力 F_H 和绕十字梁中心 y 轴平面内的力矩 M，其中 m 是纤毛的质量。

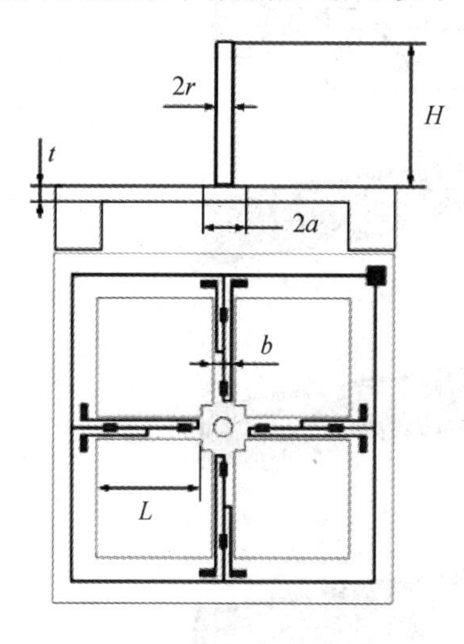

图4.3.3 十字梁微结构的几何尺寸示意图

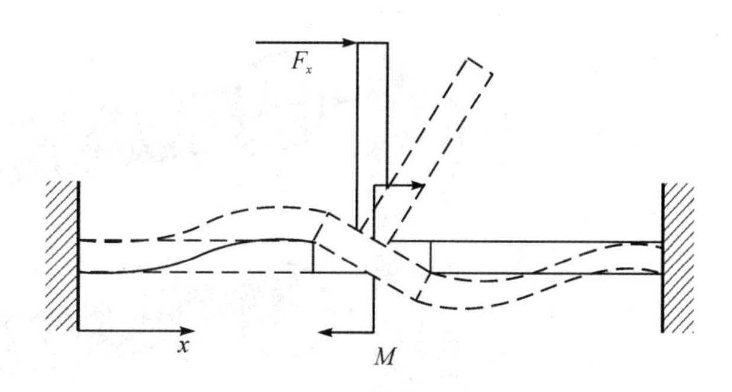

图 4.3.4 微结构截面承受力矩 M 变形的示意图

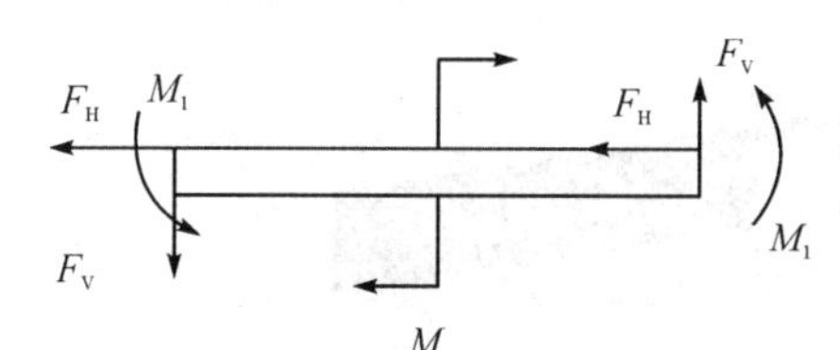

图 4.3.5 十字梁中心连接体受力分析图

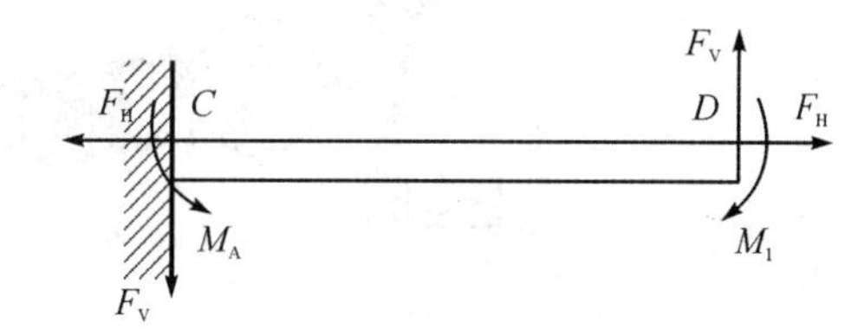

图 4.3.6 单根悬臂梁受力分析图

通过理论分析可知，随着纤毛长度、梁的长度的增加，悬臂梁根部的最大应力增加，十字梁微结构共振频率变低；随着梁的厚度、梁的宽度的减小，最大应力增加，共振频率变低。由于悬臂梁的最大应力与纤毛式 MEMS 矢量水听器的灵敏度成正比，而十字梁微结构的共振频率与最大应力或结构灵敏度是一对固有矛盾，为此又提出将两种或多种结构的优点集中到同一种结构上的设想，实现同一种结构所不能达到的性能指标。

多重应力集中区域(Multiple Stress Concentration Region，MSCR)的方法，是指 2 个(包含 2 个)以上的应力集中因素互相重叠而使应力集中进一步加强的方法。本节在原有纤毛式 MEMS 矢量水听器微结构的基础上，在悬臂梁两端同时增加 2 个应力集中因素：局部减薄和局部变窄，以此提高水听器的结构灵敏度。

下面采用 ANSYS12.1 有限元软件，详细探讨不同形状、尺寸和位置的 MSCR 对微结构的结构灵敏度和共振频率的影响。

为避免形状选择的盲目性，先分析不同形状的 MSCR 对单根悬臂梁灵敏度的影响。具有不同形状 MSCR 的悬臂梁结构如图 4.3.7 所示，共计 5 种结构。所有悬臂梁轮廓尺寸均是 1000 μm×120 μm×40 μm(长×宽×厚)，多重应力集中区域的凹槽槽深均为 20 μm，凹槽上端口长度是 50 μm。

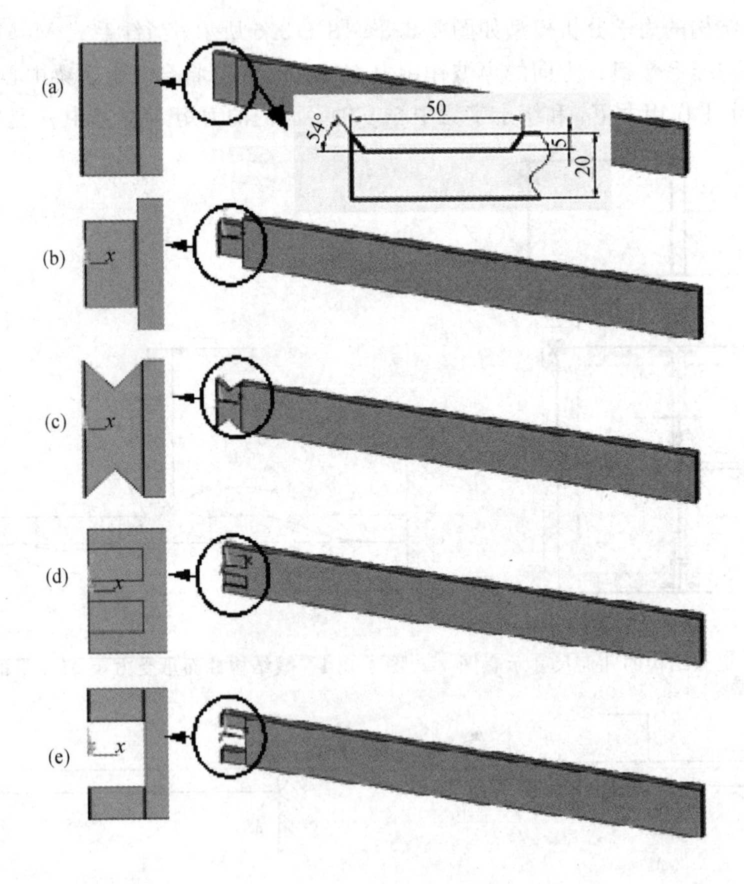

图 4.3.7　具有不同形状 MSCR 的悬臂梁结构

通过有限元仿真，得到具有不同形状 MSCR 的单根悬臂梁受到静力作用的应力云图，如图 4.3.8 所示，表 4－3－1 给出了不同 MSCR 上表面的平均应力和一阶固有频率。

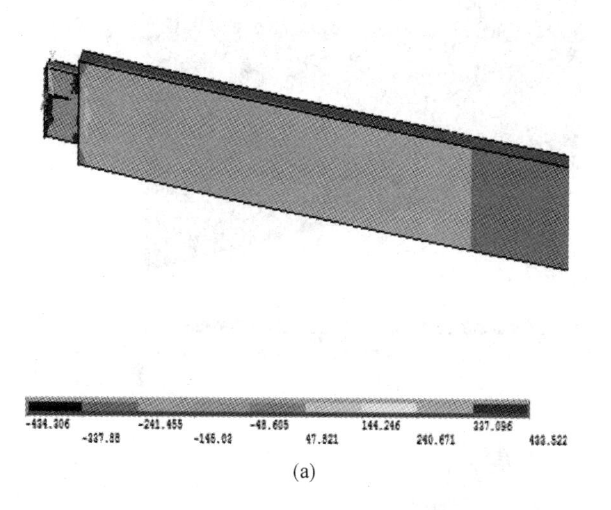

(a)

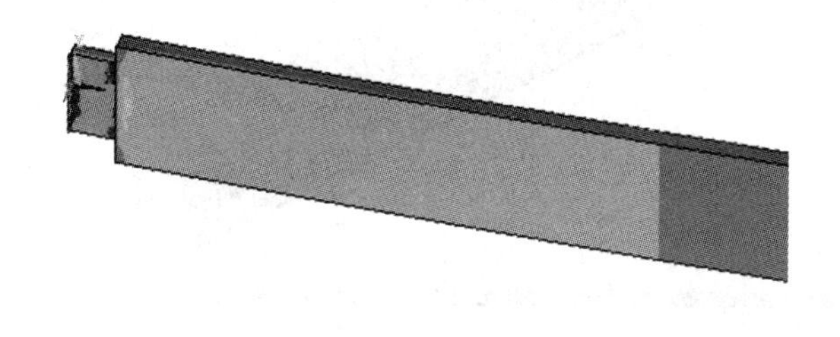

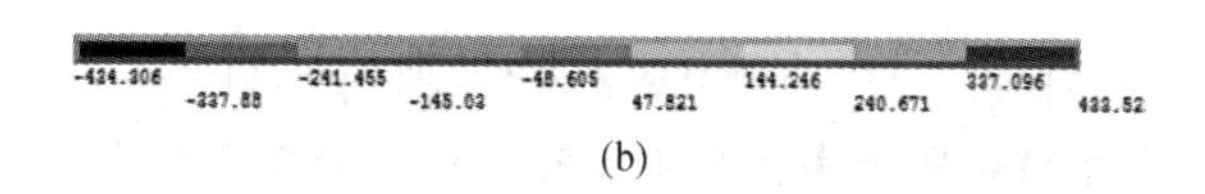

(b)

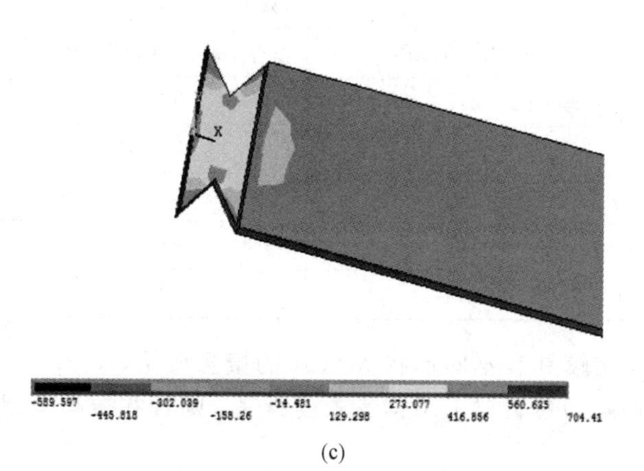

(c)

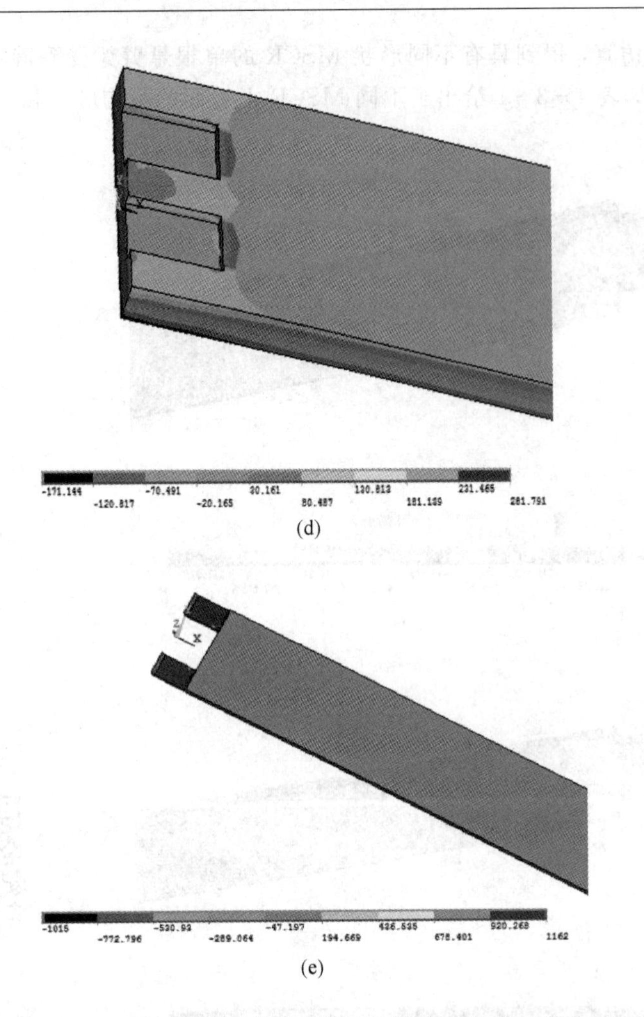

图 4.3.8　具有不同形状 MSCR 的悬臂梁应力云图(单位 kPa)

表 4-3-1　不同 MSCR 上表面的平均应力和一阶固有频率

类　型	参　　数	
	平均应力/kPa	一阶固有频率/Hz
(a)	215	32 266
(b)	320	30 034
(c)	302	30 438
(d)	182	34 375
(e)	414	28 100

由表 4-3-1 可以看出，比较具有不同形状 MSCR 的微悬臂梁，若其平均应力越大，则一阶固有频率越低，可以理解为悬臂梁上结构灵敏度越高，则其共振频率越低，即传感器可用工作频带带宽越窄。

在纤毛式 MEMS 水听器微结构的悬臂梁两端引入 MSCR，MSCR 使微梁局部减薄和变窄，以达到应力集中的目的。为简化建模过程，将边框去掉代之以刚性约束。建立了三种微结构模型，所有悬臂梁轮廓的长和宽分别是 1000 μm 和 120 μm，所有中心连接体尺寸为 600 μm×600 μm(长×宽)，所有仿生纤毛半径为 150 μm，长度为 5 mm；纤毛看作线弹性结构，材料属性为刚硬塑料，其弹性模量为 7.4×10^{10} Pa，密度为 2320 kg/m^3，泊松比为 0.17。

模型 1：无 MSCR 的普通悬臂梁结构，悬臂梁梁厚为 40 μm。

模型 2：无 MSCR 的普通悬臂梁结构，悬臂梁梁厚为 20 μm。

模型 3：有 MSCR 的悬臂梁结构，整体梁厚为 40 μm，多重应力集中区域的凹槽槽深为 20 μm，凹槽上端口长度是 80 μm。

模态仿真三种结构模型的一阶振型如图 4.3.9 所示。

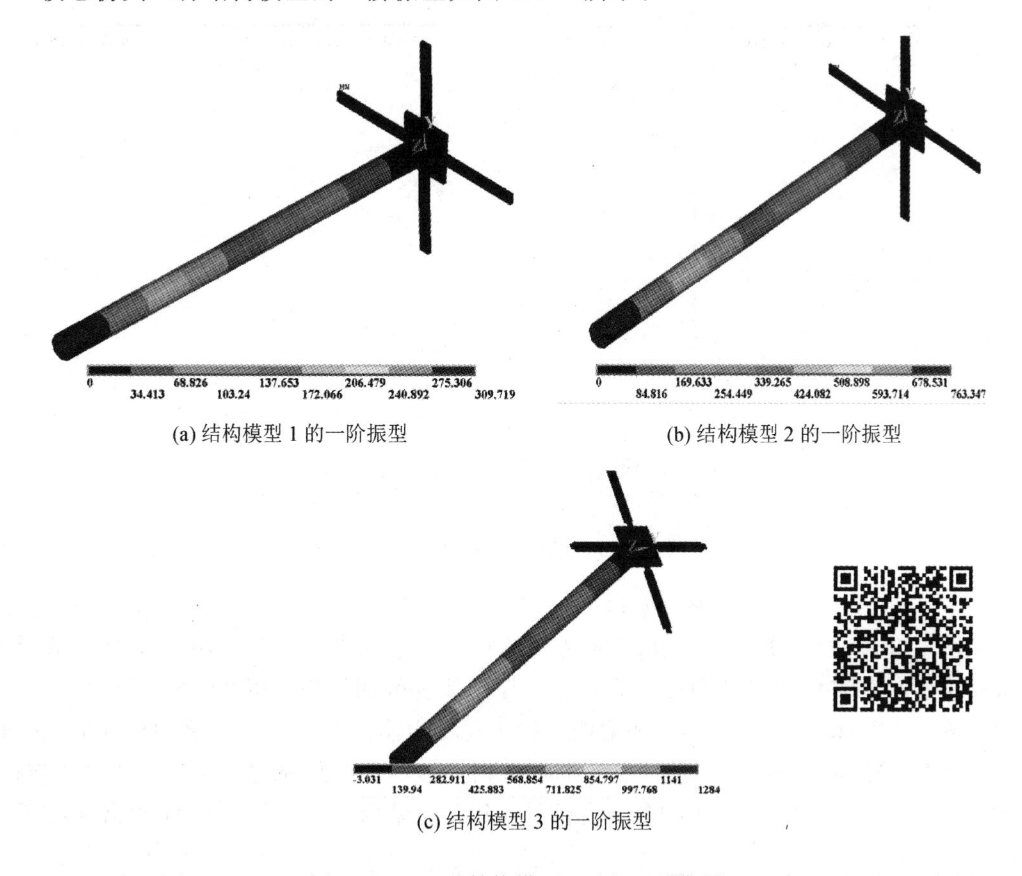

(a) 结构模型 1 的一阶振型　(b) 结构模型 2 的一阶振型

(c) 结构模型 3 的一阶振型

图 4.3.9　三种结构模型一阶振型比较图

从仿真结果得出，纤毛式 MEMS 矢量水听器在该共振频率处 x、y 两路灵敏度会同时增大，如果两路灵敏度增大的比例相同，从理论上讲不会影响到纤毛式 MEMS 矢量水听器的定向精度。第三阶振型为沿着纤毛方向上下振动，如果后续悬臂梁上的压敏电阻一致性非常好，信号提取的惠斯通电桥非常平衡，也不会影响 x、y 两路的灵敏度，因此，在第三阶共振频率处也能得到良好的“8”字形余弦指向性，且不影响纤毛式 MEMS 矢量水听器的定向精度。针对三种微结构模型，利用 ANSYS 软件中谐响应分析模块进行谐响应仿真分析。谐响应分析中，利用时间历程后处理器提取十字梁微结构上某一节点的位移随频率的变化情况。仿真结果如图 4.3.10 所示。

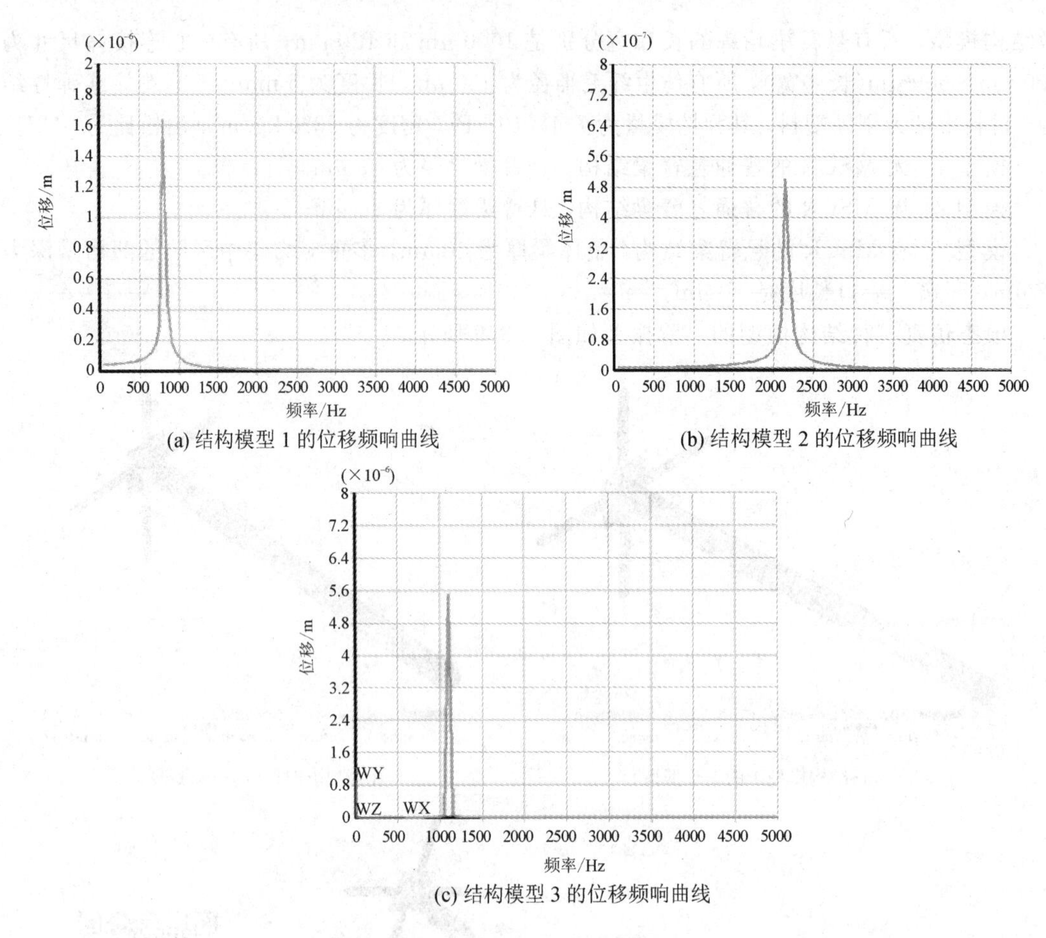

(a) 结构模型 1 的位移频响曲线　(b) 结构模型 2 的位移频响曲线

(c) 结构模型 3 的位移频响曲线

图 4.3.10　三种结构的位移频响曲线

从图 4.3.10 可以看出，具有 MSCR 的结构 3 的一阶共振频率 1100 Hz 低于梁厚为 40 μm 的结构模型 1 的 1951 Hz，然而高于梁厚为 20 μm 的结构模型 2 的 741 Hz。

纤毛式 MEMS 矢量水听器十字梁微结构中压敏电阻应布置在悬臂梁的根部应力变化最大的位置。MEMS 微结构悬臂梁上 8 个阻值相等的压敏电阻通过两组惠斯通电桥连接，如图 4.3.11 所示。当有沿 x 方向的声音信号作用于微结构时，在梁上就会产生不对称的应

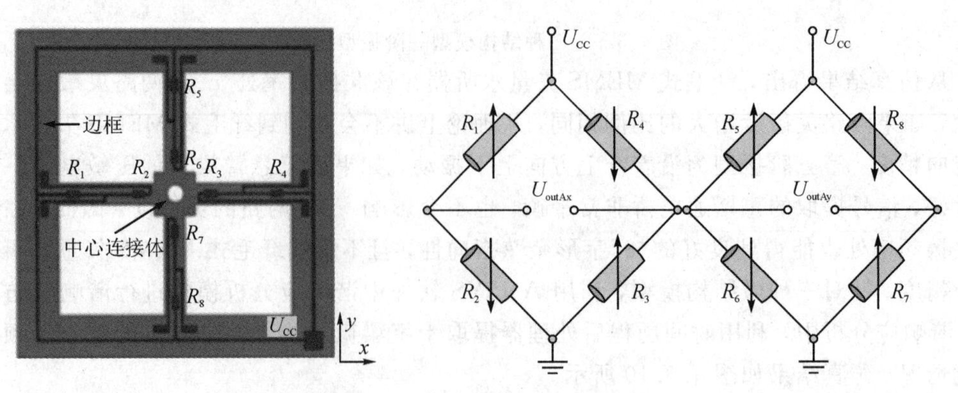

图 4.3.11　惠斯通电桥连接

力分布，若 R_1 和 R_3 单元对应的是张力，则 R_2 和 R_4 单元对应的是压力，R_5、R_6、R_7 和 R_8 对应的是剪切力，在梁宽度远大于梁厚度的条件下，剪切应力产生的形变完全可以忽略，这样可以基本认为 R_5、R_6、R_7 和 R_8 的电阻值变化为零，而 R_1、R_3 与 R_2、R_4 的电阻值大小朝相反的方向变化。该四个压敏电阻通过电桥方式连接，当外加直流激励时，电桥不平衡所引起的变化就会被检测出来。

在无声波作用下，电桥的输出电压为

$$U_{\text{outAx}(\sigma=0)} = \frac{(R_1R_3) - (R_2R_4)}{(R_1 + R_2)(R_3 + R_4)}U_{\text{in}} = 0 \tag{4.3.1}$$

其中 U_{in} 为惠斯通桥外加直流电压，即 U_{cc}。

当有声波作用时，x 轴上的压敏电阻阻值发生变化，从而电桥的输出电压表示为

$$U_{\text{out}} = \frac{(R_1 + \Delta R_1)(R_3 + \Delta R_3) - (R_2 - \Delta R_2)(R_4 - \Delta R_4)}{(R_1 + \Delta R_1 + R_2 - \Delta R_2)(R_3 + \Delta R_3 + R_4 - \Delta R_4)}U_{\text{in}} \tag{4.3.2}$$

式(4.3.2)中，U_{in} 为供电电压，一般为 5 V。各压敏电阻阻值分别是 $R_1 = R_2 = R_3 = R_4 = R$，靠近边框放置的电阻阻值变化量是 $\Delta R_1 = \Delta R_4 = \Delta R$，靠近中心连接体放置的电阻阻值变化量是 $\Delta R_2 = \Delta R_3 = \Delta R^*$，将以上各值代入式(4.3.2)，化简得

$$U_{\text{out}} = \frac{2(\Delta R/R + \Delta R^*/R)}{4 - (\Delta R/R - \Delta R^*/R)^2}U_{\text{in}} \tag{4.3.3}$$

忽略横向应力分量，对于 P 型压敏电阻，电阻率 $\Delta R/R$ 或 $\Delta R^*/R$ 与被测量应力的关系为

$$\frac{\Delta R}{R} = \pi_l \sigma_l \quad 或 \quad \frac{\Delta R^*}{R} = \pi_l \sigma_l^* \tag{4.3.4}$$

式中，σ_l、σ_l^* 分别为微悬臂梁两端的纵向应力分量，均为正值；π_l 为纵向压阻系数，值为 $71.8 \times 10^{-11}\ \text{m}^2/\text{N}$。结合式(4.3.3)和式(4.3.4)得

$$U_{\text{out}} = \frac{2\pi_l(\sigma_l + \sigma_l^*)}{4 - \pi_l(\sigma_l - \sigma_l^*)^2}U_{\text{in}} \tag{4.3.5}$$

假设 $\sigma_l = \sigma_l^*$，则

$$U_{\text{out}} = \pi_l \sigma_l U_{\text{in}} \tag{4.3.6}$$

由式(4.3.6)可以看出，为提高 MEMS 芯片输出电压，可通过增大输入电压或提高应力来达到目的，但增大电压的同时必然导致电噪声和功耗的增加，其信噪比也不会提高。所以，在不能改变压阻系数的条件下，提高应力是提高纤毛式 MEMS 矢量水听器灵敏度的唯一途径。为此，可通过在悬臂梁上增加多重应力集中区域，进一步提高纤毛式 MEMS 矢量水听器的灵敏度。

静力分析时，在纤毛的侧面上沿 y 轴负方向施加 1 Pa 的载荷，得到 y 方向各点的应力云图，如图 4.3.12～图 4.3.14 所示。

通过定义路径，提取 y 轴正半轴单梁上的应力分布曲线。三种微结构模型的应力曲线分别如图 4.3.15～图 4.3.17 所示。

由图 4.3.15～图 4.3.17 可以看出：

(1) 无应力集中的悬臂梁上的应力分布在整条悬臂梁上，两端大，中间小，应力随悬臂梁位置变化曲线呈线性关系；具有应力集中的悬臂梁上的应力急剧变化且主要集中在多重应力集中区域，在梁上其他部位基本无应力。

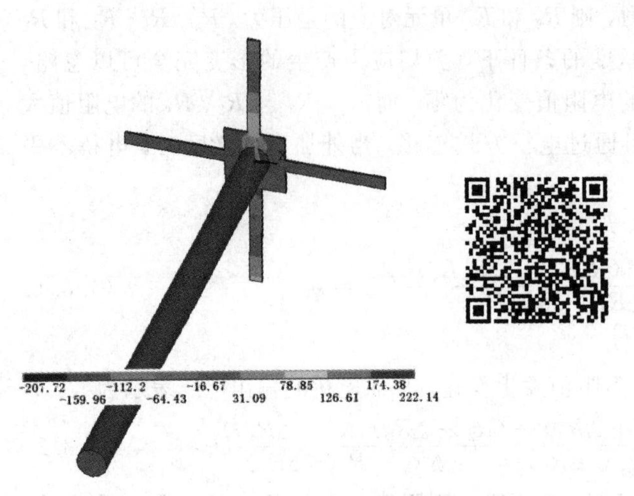

图 4.3.12　模型 1 的结构应力云图

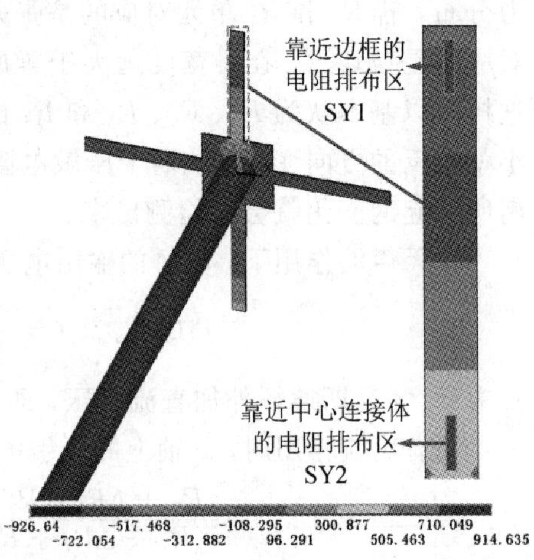

图 4.3.13　模型 2 的结构应力云图

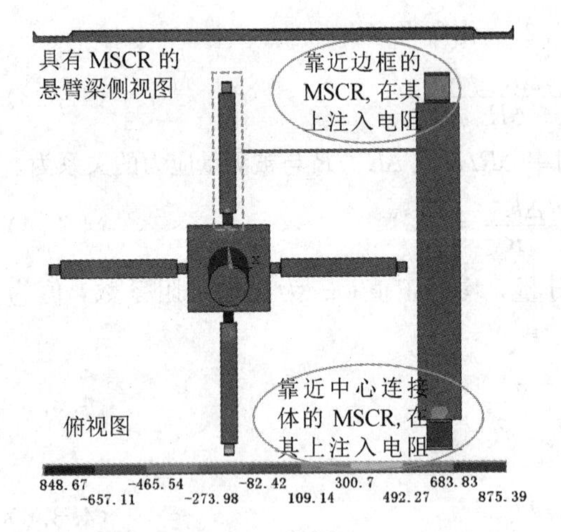

图 4.3.14　模型 3 的结构应力云图

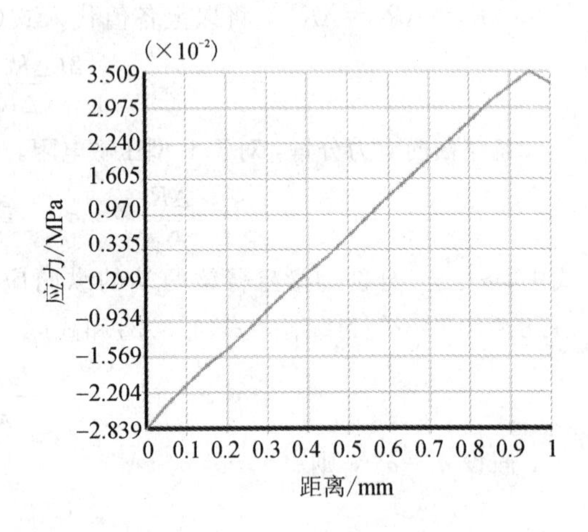

图 4.3.15　模型 1 应力曲线

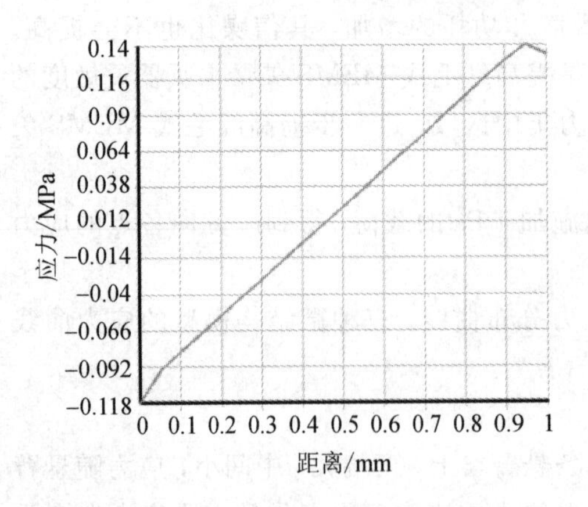

图 4.3.16　模型 2 应力曲线

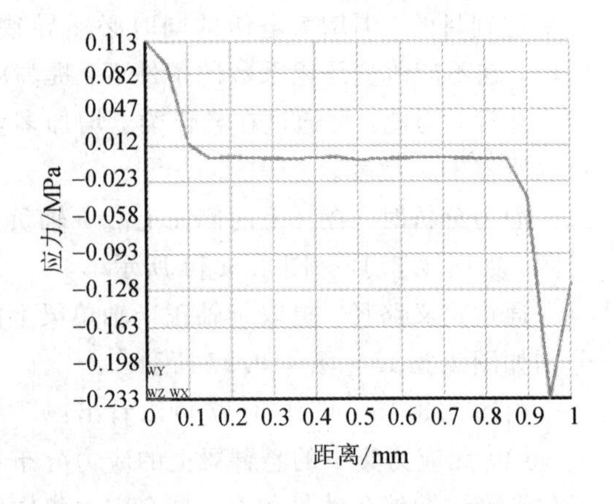

图 4.3.17　模型 3 应力曲线

(2) 模型 1 的最大应力为 0.035 MPa；模型 2 的最大应力为 0.14 MPa；模型 3 的最大应力为 0.24 MPa，约为模型 2 的 2 倍，模型 1 的 7 倍。

综上，三种微结构模型的一阶共振频率和最大应力如表 4－3－2 所示。

表 4－3－2 三种结构模型参数对比

类 别	参 数	
	一阶共振频率/Hz	最大应力/MPa
模型 1	1951	0.035
模型 2	741	0.14
模型 3	1100	0.24

从表 4－3－2 中可以看出，具有 MSCR 的微结构模型 3 相对于结构 2，最大应力由 0.14 MPa 提高到 0.24 MPa，即纤毛式 MEMS 矢量水听器的灵敏度提高近 2 倍。频响带宽也由 741 Hz 拓展到 1100 Hz，即纤毛式 MEMS 矢量水听器的工作频段拓宽了约 1.5 倍，从而实现了微结构灵敏度和频响带宽同时得到优化的设计目标。

纤毛式 MEMS 矢量水听器依靠纤毛来接收声波，纤毛的有效接收表面积直接影响水听器的灵敏度。为此，在多重应力集中微结构的基础上可进一步集成一低密度小球，其中小球的密度为 25 kg/m^3，直径为 2000 μm，其他十字梁和纤毛尺寸与前面参数一致。针对该结构利用 ANSYS 软件进行了有限元建模，并完成了谐响应分析和静力分析。仿真结果如图 4.3.18 和图 4.3.19 所示。

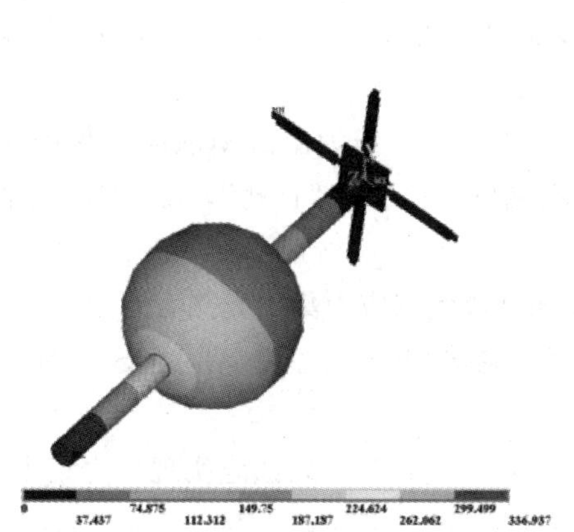

图 4.3.18 集成低密度小球的一阶模态图

图 4.3.19 集成低密度小球的位移谐响应曲线

从图 4.3.18 和图 4.3.19 可以看出，集成了低密度小球的微结构一阶固有频率为 674 Hz，比未集成低密度小球的微结构的一阶固有频率 1100 Hz 低。

静力仿真过程跟前面完全一致。仿真结果如图 4.3.20 所示。

从图 4.3.20 可以看出，集成了低密度小球的微结构最大应力为 0.54 MPa，比未集成低密度小球微结构的最大应力 0.24 MPa 高了 2.25 倍。

综上，纤毛集成低密度小球方案在工程应用中适合于甚低频、高灵敏检测场合，如监测低噪声潜艇等水下声目标。

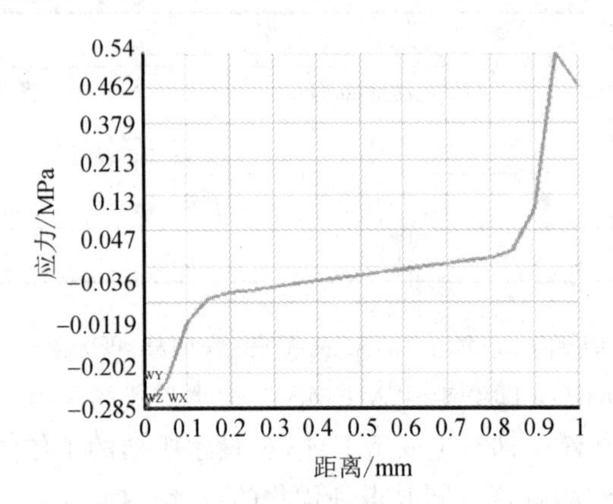

图 4.3.20　集成低密度小球应力曲线

4.4　纤毛式 MEMS 矢量水听器微结构加工工艺

1. 工艺流程

十字梁微结构工艺流程设计主要包括湿法刻蚀、光刻(采用阳版，正胶 AZ1500 或 AZ4330)、氧化、清洗、干法刻蚀、离子注入、薄膜淀积、金属溅射、裂片等工序。具体流程如下：

(1) 备片：N 型 4 英寸 SOI 硅片，顶层器件 Si 层厚度为 20 μm，Box 层(SiO_2 层)厚度为 2 μm，晶面为(100)，晶向为〈110〉，电阻率为 34 Ω · cm。

(2) LPCVD：正面形成 SiO_2 层，SiO_2 厚度 t_{ax} = 2000 Å，作为湿法刻蚀应力集中区的保护层(PECVD 生长 SiO_2 层容易形成空洞缺陷，在腐蚀时会产生“针孔”，LPCVD 致密性较好不会产生缺陷)。

(3) 光刻：在 SiO_2 层上实现应力集中区的刻蚀窗口(使用应力集中光刻版)。

(4) RIE 刻蚀：去除应力集中区表面 SiO_2(过刻蚀确保 SiO_2 刻蚀完全)，在 Si 表面形成应力集中区窗口。

(5) 四甲基氢氧化胺(TMAH)湿法刻蚀：25%TMAH 在 85℃腐蚀硅实现应力集中区，刻蚀深度为 20 μm。

(6) SiO_2 腐蚀：采用 BHF 溶液去除整个顶层 SiO_2 至表面疏水，清洗。

(7) LPCVD：正面形成 SiO_2 层，SiO_2 厚度 t_{ax} = 2000 Å，作为压敏电阻离子注入阻挡层。

(8) 光刻：在 SiO_2 层上实现电阻条的刻蚀窗口(使用 p^- 光刻版)。

(9) RIE 刻蚀：正面刻蚀 SiO_2 形成电阻条窗口。

(10) 正面离子注入：B^+ 注入能量为 100 keV，注入剂量为 $4\times10^{14}\ cm^{-3}$，注入角度为 7°。

(11) SiO_2 腐蚀：采用 BHF 溶液去除整个顶层 SiO_2 至表面疏水，清洗。

(12) LPCVD：正面形成 SiO_2 层，SiO_2 厚度 $t_{ax}=2000$ Å，作为欧姆接触离子注入阻挡层。

(13) 光刻：在 SiO_2 层上实现欧姆接触的刻蚀窗口(使用 P^+ 光刻版)。

(14) RIE 刻蚀：刻蚀 SiO_2 形成欧姆接触区。

(15) 正面浓离子注入：BF^+ 注入能量为 140 keV，注入剂量为 $2.4\times10^{15}\ cm^{-3}$。

(16) 标准清洗。

(17) 退火：在 1000℃温度下，历时 30 min，用氮气氛围退火，形成压敏电阻和欧姆接触，结深为 1 μm。

(18) LPCVD 淀积氮化硅：双面淀积 SiN，厚度 $t_{ax}=1000$ Å；Si_3N_4 既可以作为后续金属连线的绝缘介质层，又为后续背腔 ICP 刻蚀 Si 作掩膜层。

(19) 光刻：在氮化硅上形成电极接触孔。

(20) 正面 ICP 刻蚀：正面刻蚀电极接触孔，刻蚀深度 1500 Å(使用 P^+ 光刻版)。

(21) 标准清洗。

(22) 溅射 Ti-Au：厚度为 500～2000 Å。

(23) 光刻：采用负胶或反转胶在 Au 层上光刻形成电镀图形区(使用 Metal 光刻版)。

(24) 电镀；电镀 Au 使导线区域厚度增至 3 μm，确保互连可靠。

(25) 采用碘化钾和碘混合溶液腐蚀去金，采用 H_2SO_4 溶液腐蚀 Ti。

(26) 标准清洗。

(27) 快速退火合金：在 350℃温度下保持 5 min，形成欧姆接触，测试电阻。

(28) 光刻：在正面实现十字梁结构保护区(使用 Front 光刻版)。

(29) ICP 刻蚀：采用 C_4F_8 干法正面刻蚀十字梁结构之外区域的氮化硅。

(30) RIE 刻蚀：正面刻蚀十字梁结构之外区域的 SiO_2。

(31) ICP 刻蚀：Bosch 工艺正面刻穿十字梁结构之外区域的 Si，至 Box 层停止。

(32) 标准清洗：表面亲水。

(33) 背腔光刻：形成背腔刻蚀区(使用 Back 光刻版)。

(34) ICP 刻蚀：背面刻蚀背腔区域氮化硅(C_4F_8，功率 600 W)。

(35) RIE 刻蚀：背面刻蚀背腔区域 SiO_2。

(36) ICP 刻蚀：Bosch 工艺背面分次刻蚀背腔区域 Si，在埋氧层腐蚀自停止，形成背腔。

(37) RIE 刻蚀：背面刻蚀背腔区域的 Box 层 SiO_2，释放结构。

(38) 干法去胶：避免器件在溶胶中损伤。

(39) 裂片：避免划片时损伤裸露的可动器件。

(40) 封装引线。

纤毛式 MEMS 矢量水听器微结构加工工艺流程如图 4.4.1 所示。

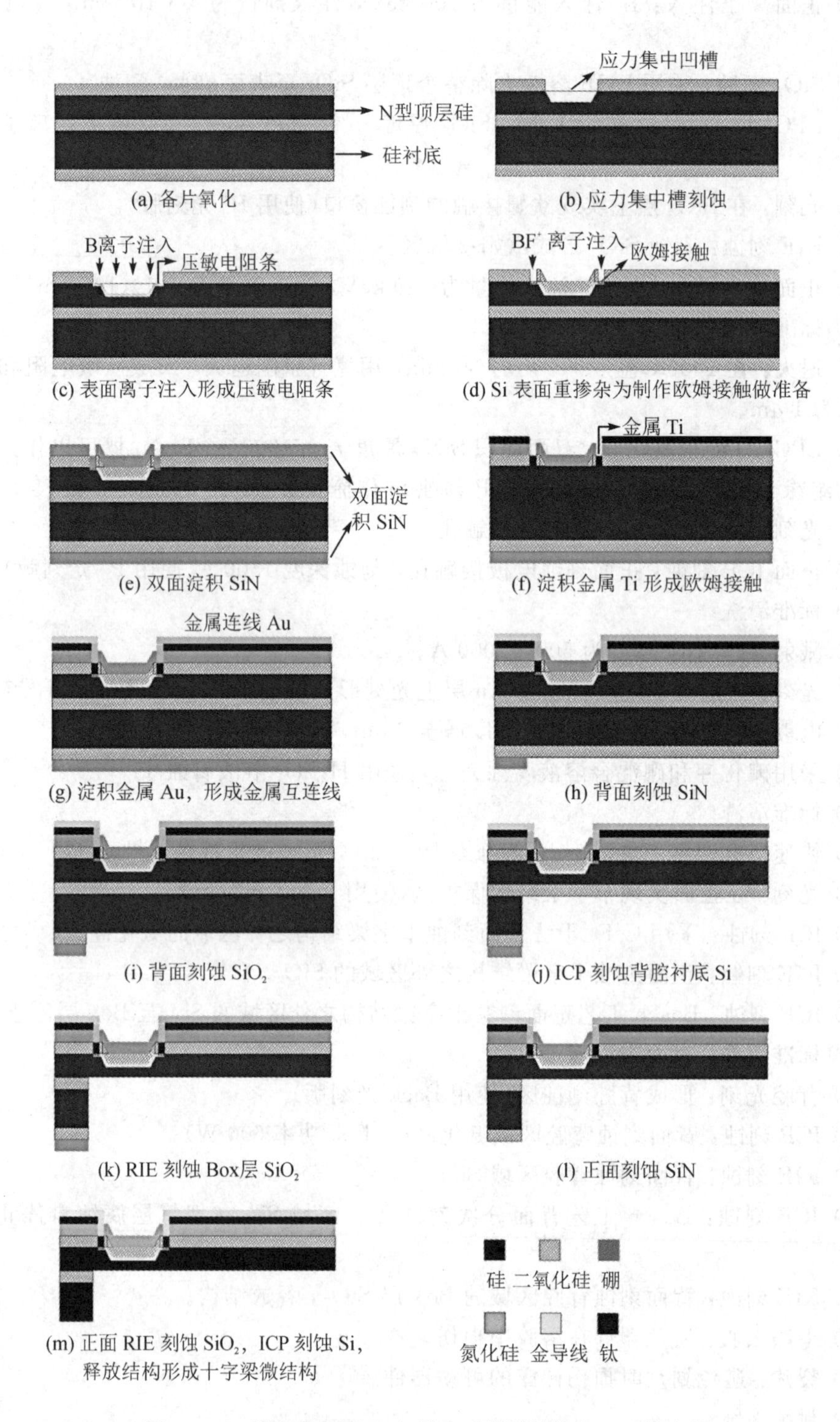

图 4.4.1　纤毛式 MEMS 矢量水听器微结构加工工艺流程

2. 光刻掩膜版图

纤毛式 MEMS 矢量水听器十字梁微结构加工所需要的光刻掩膜版图共六张，分别为应力集中版、P^- 压阻版、引线孔和 P^+ 欧姆接触版、金属线互连版、背腔版、正面穿通版。纤毛式 MEMS 矢量水听器十字梁微结构整体版图如图 4.4.2 所示。

1）应力集中版

此层光刻版是十字梁微结构的第一层版，其上定义了应力集中区域所要挖的凹槽，此层版凹槽的宽度与悬臂梁相等，凹槽深度是悬臂梁厚度的一半，如图 4.4.3 所示。

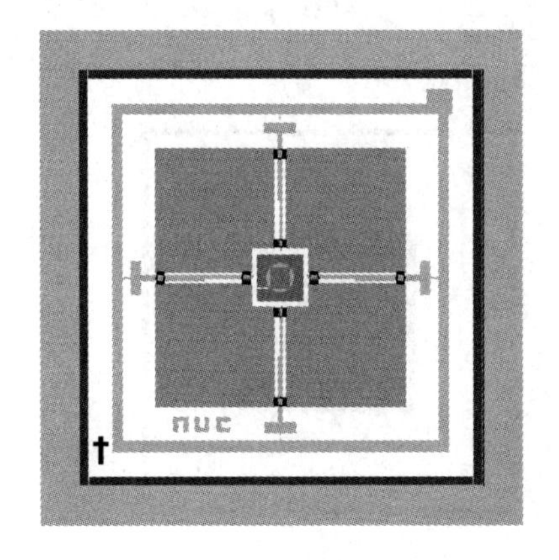

图 4.4.2　十字梁微结构整体版图

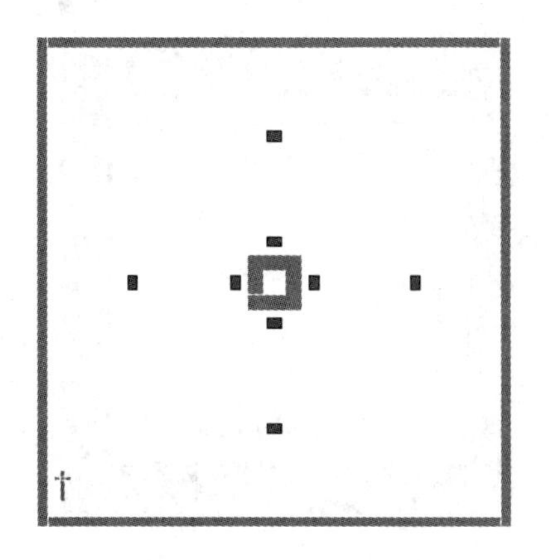

图 4.4.3　应力集中版

2）P^- 压阻版

此层光刻版上定义了压敏电阻的具体外形尺寸及在十字梁的布放位置，如图 4.4.4 所示。

3）引线孔和 P^+ 欧姆接触版

此层光刻版图可三次重复使用，用来实现压阻区引线孔、P^+ 高浓度离子注入孔、金属钛与硅表面的欧姆接触，其结构如图 4.4.5 所示。根据加工单位工艺条件要求，该引线孔与 P^- 压敏电阻区的最小覆盖为 10 μm，以防套刻偏差造成接触电阻阻值过大。

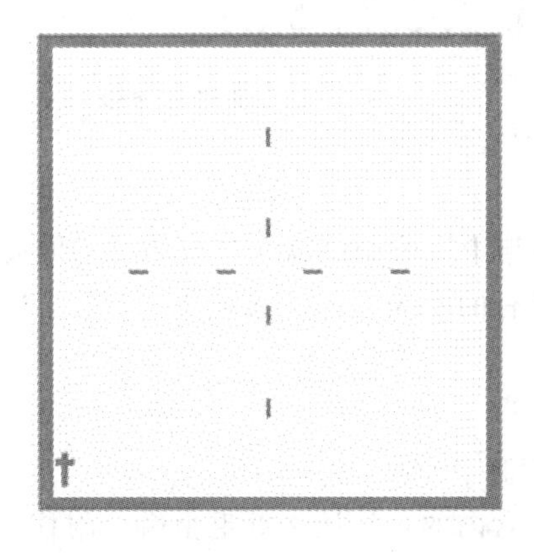

图 4.4.4　P^- 压阻版

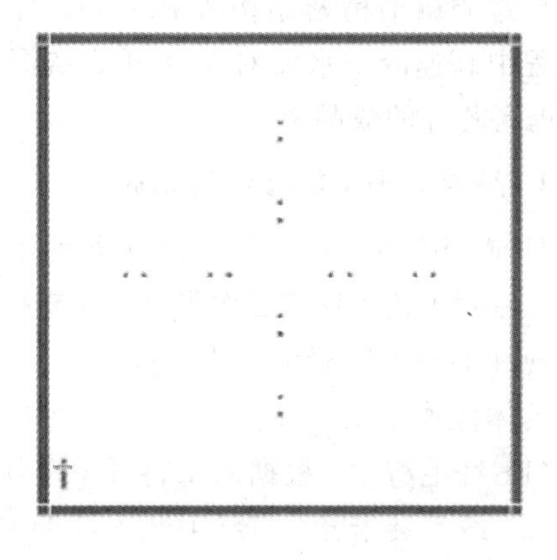

图 4.4.5　引线孔和 P^+ 欧姆接触版

4）金属线互连版

此层光刻版用来完成微结构悬臂梁上的压敏电阻通过金属导线内部互连构成惠斯通全桥，见图 4.4.6。

5）背腔版

此层光刻版图与后面的正面穿通版一起用来实现微结构悬臂梁的厚度加工，如图 4.4.7 所示。此层版图从 SOI 圆片背面硅衬底开始加工，采用 MEMS 技术特有的双面对准光刻工艺和 ICP 刻蚀的腐蚀自停止工艺来完成。其中的 SiO_2 层利用 RIE 刻蚀完成。

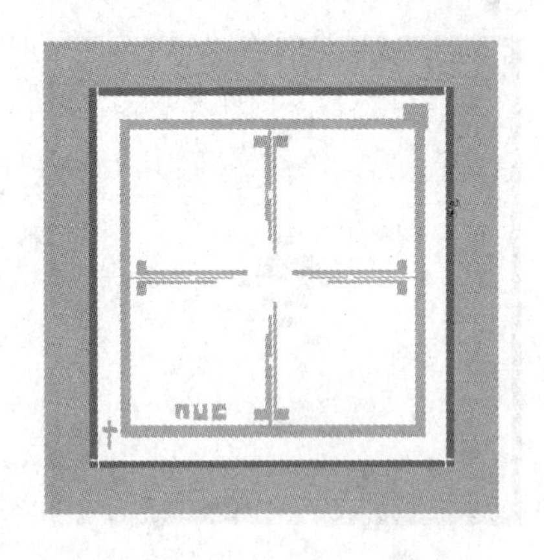

图 4.4.6 金属线互连版

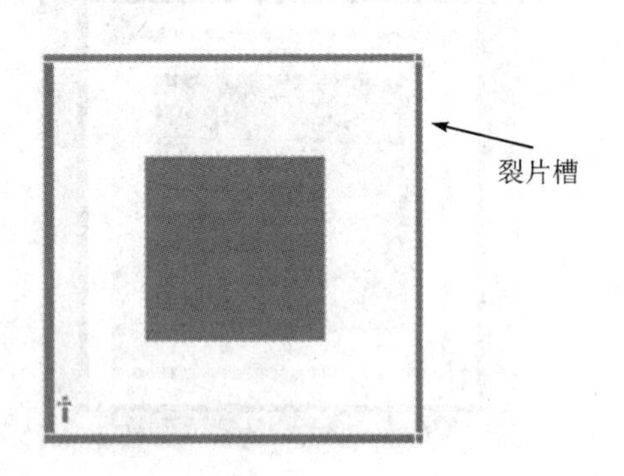

图 4.4.7 背腔版

6）正面穿通版

此层光刻版与前面的背腔版联合使用，通过套刻完成纤毛式 MEMS 矢量水听器十字梁微结构成型，如图 4.4.8 所示。

在结构释放过程中特意加入裂片槽，通过释放结构的刻蚀同时完成每个水听器芯片单元的分离，这就免去了后续的划片分离管芯工艺，这一点对裸露的微纳精密结构极其重要，可以避免划片过程中高速冷却水流对器件可动结构的冲击损伤，提高芯片的成品率。

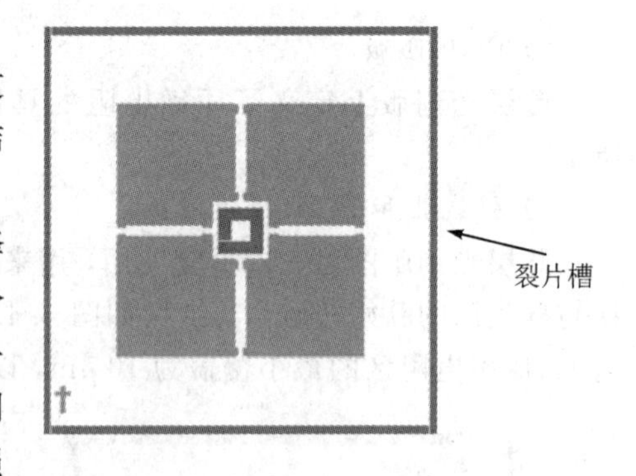

图 4.4.8 正面穿通版

3. 纤毛与十字梁微结构集成

目前，国内外所有 MEMS 工艺均不能实现纤毛与十字梁微结构一次性集成，因此，只能开发后续工艺实现其二次集成。本节利用实验室已有的专用微系统集成平台(见图 4.4.9)来实现纤毛与十字梁微结构集成。

具体操作步骤如下：

(1) 纤毛剪切：根据需求将纤毛剪切至设计长度。

(2) 纤毛装卡盒：将纤毛装入纤毛卡盒内，靠卡盒内的负气压将纤毛上端吸附住。

(3) 粘胶：通过三维自动输运机构将纤毛输运至粘接胶池，并使纤毛的下端与胶体接触，接触时间持续 3 s 以上。

(4) 粘接：通过三维自动输运机构，在显微镜观察下将纤毛下端附着的胶体与十字梁微结构芯片的中心对准，并粘接到一起。

(5) 固化：将粘接胶体在光照射下固化，光照时间持续 1 分钟以上。

(6) 纤毛脱卡盒：纤毛卡盒内负气压变为正气压，纤毛从卡盒内脱离，将纤毛卡盒抬起。

(7) 归位：通过三维自动输运机构将纤毛卡盒归位，操作完毕。

图 4.4.9　专用微系统集成平台

4.5　纤毛式 MEMS 矢量水听器封装及电路集成

4.5.1　纤毛式 MEMS 矢量水听器调理电路

水声信号往往非常微弱，如果想要检测到零级海况海洋本底噪声以下的声信号，不仅需要水听器具有较高的灵敏度，还需要水听器自身的本底电噪声要低。纤毛式 MEMS 矢量水听器自身的电噪声主要来源于两个方面：纤毛式 MEMS 矢量水听器芯片和后端的信号调理电路。

电源模块往往是电路噪声的主要来源之一，所以选用了低噪声的线性稳压器 LT1761（其输出电压噪声有效值为 20 μV），为纤毛式 MEMS 矢量水听器芯片和信号调理电路提供一个稳定、干净的直流电压。LT1761 的供电电路如图 4.5.1 所示。

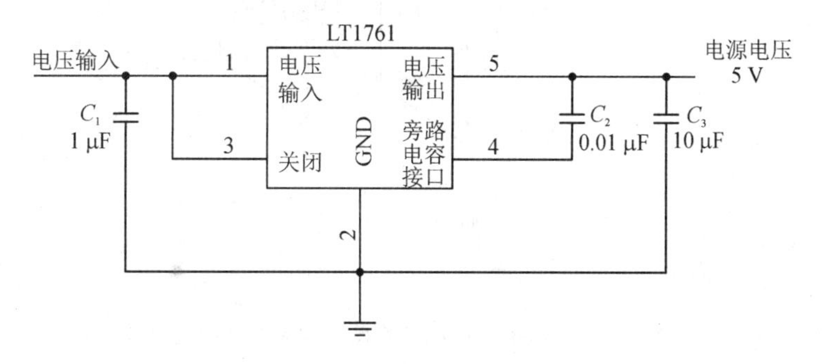

图 4.5.1　信号调理电路供电电源

纤毛式 MEMS 矢量水听器信号提取电路主要包括阻抗匹配网络、放大电路、滤波电路、跟随电路四部分。信号放大电路如图 4.5.2 所示。由于受到芯片制作工艺的制约，惠斯通电桥中的压敏电阻的阻值会有偏差，从而使纤毛式 MEMS 矢量水听器芯片的输出信号含有直流差模信号，若直接进入放大电路，会影响运放的输出动态范围，故在放大电路输入端用电容 C_1、C_2 来排除直流差模信号的影响，R_3、R_4 分别和 C_3、C_4 构成低通滤波器，以滤除信号中的高频噪声。对于差分输入放大电路来说，选用了低噪声、低失调电压、高共模抑制比的仪表放大器 AD8421，其最大输入电压噪声为 3.2 nV/$\sqrt{\text{Hz}}$。AD8421 的增益可由外部单个电阻来调节，如：在信号调理电路中增益电阻 R_g 设为 200 Ω，则运放的增益为 $G=1+9.9\ \text{k}\Omega/R_g\approx 50$。信号调理电路采用单电源 +5 V 供电，则运放的输出摆幅为 +1.2～+3.4 V，运放的参考电压为 +2.5 V。

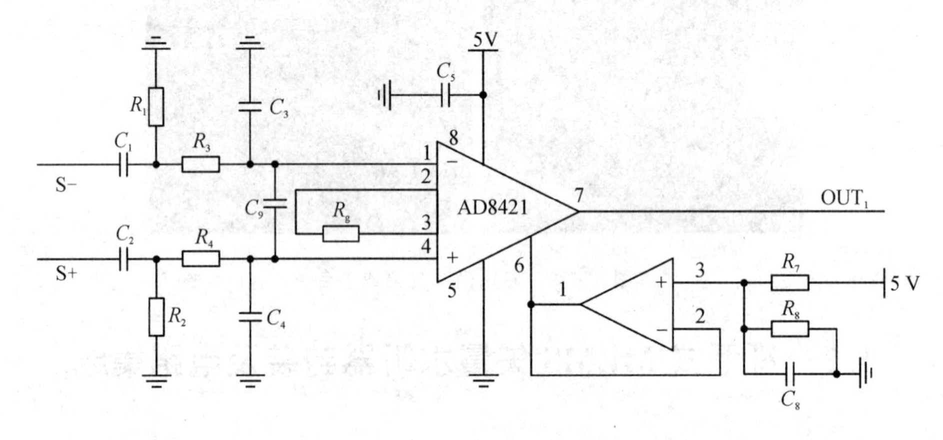

图 4.5.2 信号放大电路

为了滤除放大信号中的高频噪声，设计了二阶有源低通滤波器。考虑到 VCVS 式滤波器具有可调增益、同相位输出等优点，巴特沃兹滤波器的通频带幅值特性平坦，故将低通滤波器设计为 VCVS 二阶巴特沃兹低通滤波器。纤毛式 MEMS 矢量水听器的频响范围为 5 Hz～1 kHz，将低通滤波器的截止频率设为 2 kHz，增益为 1，滤波电路原理图如图 4.5.3 所示。滤波器输出端连接电压跟随电路，减小输出阻抗，并提高负载驱动能力。对图 4.5.3 电路进行了仿真，结果符合预期设计要求，仿真结果如图 4.5.4 所示。

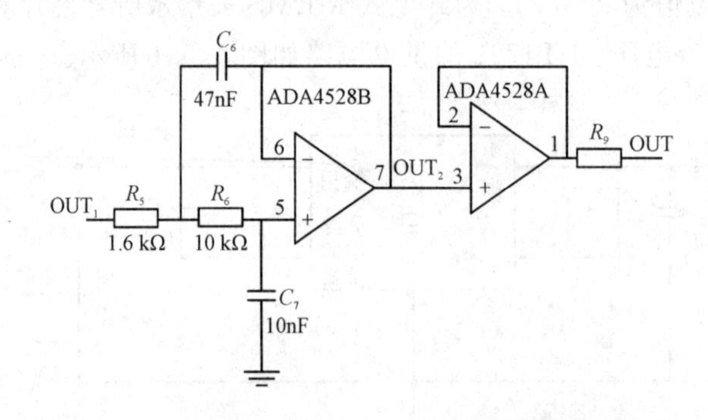

图 4.5.3 压控电压源二阶低通滤波器和跟随器

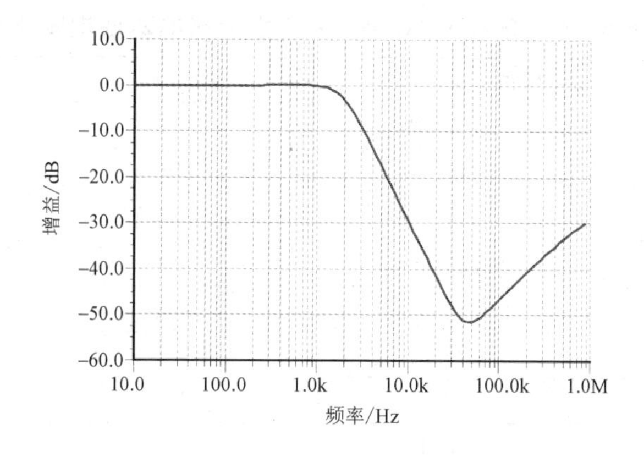

图 4.5.4　有源二阶低通滤波器的通频带

所研制的信号调理电路实物如图 4.5.5 所示。为验证该信号调理电路的性能，在其输入端连接纤毛式 MEMS 矢量水听器芯片，并将该芯片及电路放入具有电磁屏蔽功能的铝桶中。系统上电之后，利用安捷伦 35670A 频谱分析仪(见图 4.5.6)对其本底电噪声进行测试。其中，信号调理电路放大倍数为 50(即增益为 33 dB)，测试结果如表 4-5-1 所示。

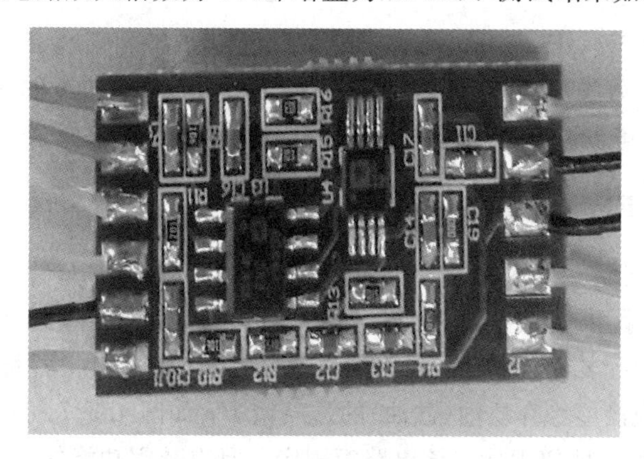

图 4.5.5　信号调理电路实物

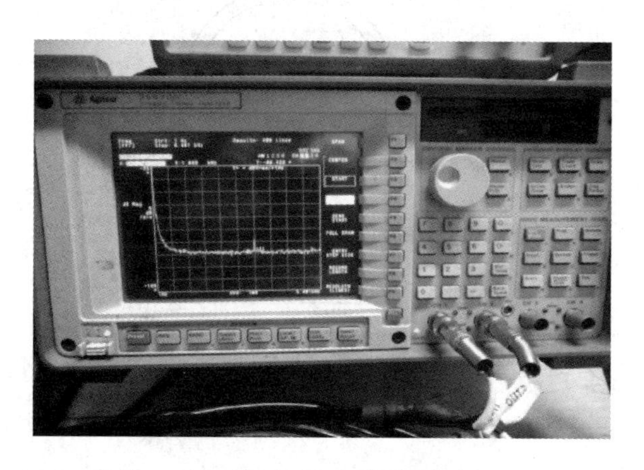

图 4.5.6　测试所用安捷伦频谱分析仪

表 4-5-1　纤毛式 MEMS 矢量水听器的本底电噪声谱级

频率/Hz	本底电噪声/dB	频率/Hz	本底电噪声/dB
20	−102.2	250	−129.6
25	−110.3	315	−129.6
31	−116.2	400	−129.8
40	−122.1	500	−130.1
50	−118.3	630	−130.1
63	−126.5	800	−130.2
80	−128.4	1000	−130.2
100	−129.1	1250	−130.3
125	−129.4	1600	−130.3
160	−129.5	2000	−130.5
200	−129.5		

从表 4-5-1 中看出，从 63 Hz 开始，该纤毛式 MEMS 矢量水听器的本底电噪声均低于−126 dB(0 dB=1 V/$\sqrt{\text{Hz}}$)。从理论上推算，扣除运放 50 倍放大即 33 dB 增益，该信号提取电路零输入本底电噪声从 63 Hz 开始应该低于−159 dB，接近安捷伦频谱分析仪的本底电噪声−160 dB，可以说该信号提取电路自身电噪声已经非常低了。

4.5.2　纤毛式 MEMS 矢量水听器封装集成

在 MEMS 水听器芯片封装的研究方面，韩国的 Sungjoon Choi 等学者研制的承压自平衡型 MEMS 水听器采用透声性能好的聚氨酯材料进行芯片密封，该封装结构具有良好的透声性能和耐压能力。本节初步提出采用透声聚氨酯做成透声帽，并将纤毛式 MEMS 矢量水听器芯片密封于充满绝缘介质油(硅油)的透声帽中，如图 4.5.7 所示。纤毛式 MEMS 矢量水听器芯片集成在微型 PCB 上，该电路板固定于具有减震功能的柔性支座上。

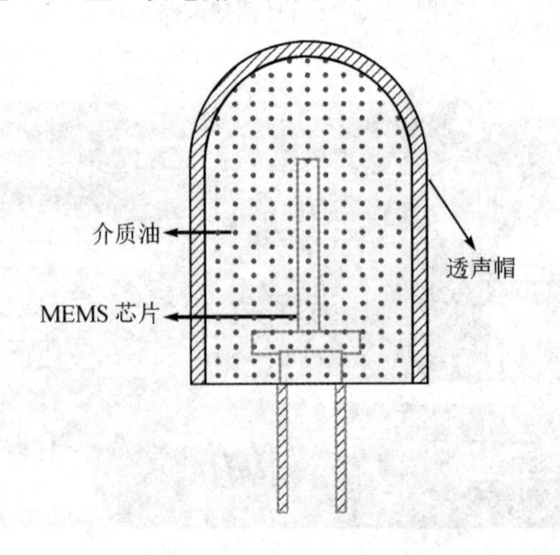

图 4.5.7　纤毛式 MEMS 矢量水听器透声帽封装示意图

在前期封装的基础上设计了一种抗流封装结构，如图 4.5.8 所示。该微型导流罩采用独立螺纹安装，便于拆卸更换。微型导流罩采用透声性较好的材料如聚氨酯制作，确保声波能量最大限度地传递给纤毛。微型导流罩的顶部开一小孔，通过小孔实现内部与外部水介质贯通。导流罩抑制流激噪声的工作原理如下：当海流或涡流冲击导流罩时，导流罩内部的水被压缩并通过顶部的通孔与外界进行交换，该过程起到了缓冲外力的作用，减少了海流冲击对纤毛式 MEMS 矢量水听器的影响，从而实现导流罩抗流激噪声的功能。另外，该导流罩还起到了保护内层透声帽的作用。

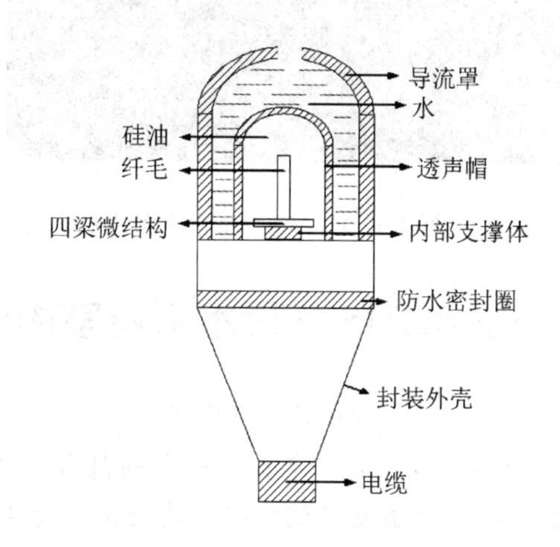

图 4.5.8 纤毛式 MEMS 矢量水听器抗流封装结构

纤毛式 MEMS 矢量水听器的组装主要包括几个部分，即纤毛式 MEMS 矢量水听器芯片的支撑与固定、透声帽的安装与密封、注油与注油孔密封、信号提取电路板灌封、金属壳体与水密电缆硫化集成等。

纤毛式 MEMS 矢量水听器封装集成流程如下：

(1) 将纤毛式 MEMS 矢量水听器芯片固定在 PCB 上，并焊接引线。

(2) 将 PCB 固定在隔振支座上。

(3) 将已集成有纤毛式 MEMS 矢量水听器芯片的隔振支座安装到不锈钢封装外壳的减振支座固定槽中。利用专用微系统集成平台实现纤毛与 MEMS 矢量水听器芯片的二次集成。

(4) 将聚氨酯密封胶注入不锈钢金属壳体的密封槽中，注入密封胶的量大约为槽深的 2/3，再将透声帽固定在密封槽中。然后，将其放置于烘箱中进行密封胶固化。温度设为 55℃，固化时间为 30 分钟。

(5) 通过注油孔，将透声帽内注满硅油并保持一定压力；将透声帽内存在的气泡通过出油孔排尽，然后用带水密胶垫的螺丝钉将注油孔、出油孔密封。

(6) 取一段 5 m 左右的 5 芯带屏蔽网的水密电缆，将电缆的一端焊接 BNC 接插件，另一端与信号提取电路输出端连接。

(7) 采用橡胶硫化密封方法将电缆进行硫化处理。

(8) 各金属件密封组装。

纤毛式 MEMS 矢量水听器样机实物如图 4.5.9 所示。

图 4.5.9 纤毛式 MEMS 矢量水听器样机实物图

4.6 纤毛式 MEMS 矢量水听器室内性能测试

纤毛式 MEMS 矢量水听器在组装完毕后，已形成样机。必须对该水听器样机主要性能指标进行一系列标校测试，验证其实际性能与设计指标的符合程度。

纤毛式 MEMS 矢量水听器的灵敏度测试采用驻波场比较校准法。在此校准方法中，将待校准的纤毛式 MEMS 矢量水听器和标准标量水听器同时放入驻波管声场中，让两者同时接收驻波场声信号，比较记录这两只水听器的输出电压值。比较校准法矢量水听器校准装置如图 4.6.1 所示。

图 4.6.1 校准装置

本节重点关注经过多重应力集中、集成低密度小球等优化设计后的纤毛式 MEMS 矢量水听器性能与前期纤毛式 MEMS 矢量水听器性能的比对。因此，分别制作三只纤毛式 MEMS 矢量水听器进行测试比对，即“结构 1：前期结构(20 μm 梁厚)”“结构 2：多重应力集中(40 μm 梁厚，局部减薄为 20 μm)”“结构 3：多应力集中＋低密度小球集成(小球直径 2000 μm，密度为 25 kg/m^3)”，微弱信号提取电路均采用优化后的电路，其中放大倍数均为 50 倍。从 20 Hz 开始，按照 1/3 倍频程进行测试。标准水听器采用中船重工 715 所研制的

RS－100，其灵敏度为－180 dB(0 dB=1 V/μPa)。驻波桶中注满不导电的低密度硅油。

纤毛式 MEMS 矢量水听器测试在山西汾西重工有限责任公司完成，测试过程分为两步：三只纤毛式 MEMS 矢量水听器不带透声帽，在驻波桶中进行裸芯片测试；三只纤毛式 MEMS 矢量水听器带透声帽，在驻波桶中进行测试。

结构 2 低频 80 Hz、高频 1 kHz 时域测试结果如图 4.6.2 所示。

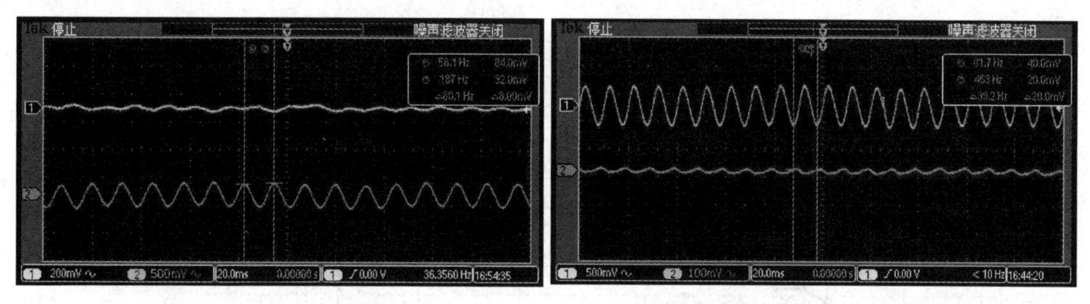

(a) 结构 2 x 轴向最大时 80 Hz

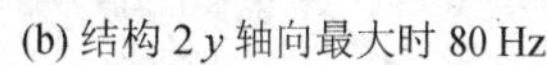

(b) 结构 2 y 轴向最大时 80 Hz

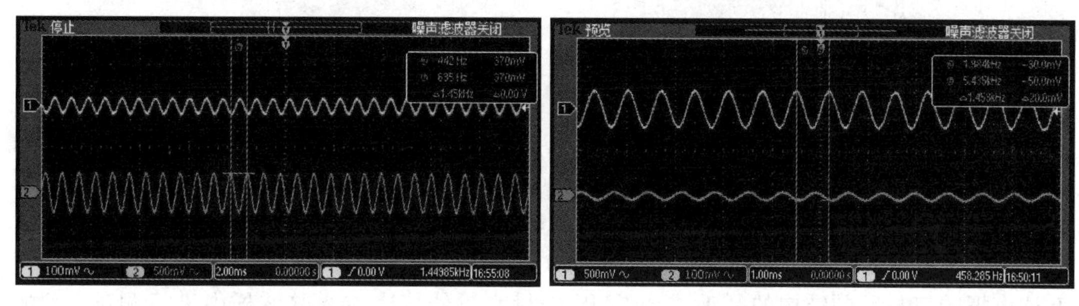

(c) 结构 2 x 轴向最大时 1 kHz　　(d) 结构 2 y 轴向最大时 1 kHz

图 4.6.2　结构 2 纤毛式 MEMS 矢量水听器裸芯片输出信号

三种结构纤毛式 MEMS 矢量水听器裸芯片频响测试结果如图 4.6.3 和图 4.6.4 所示。

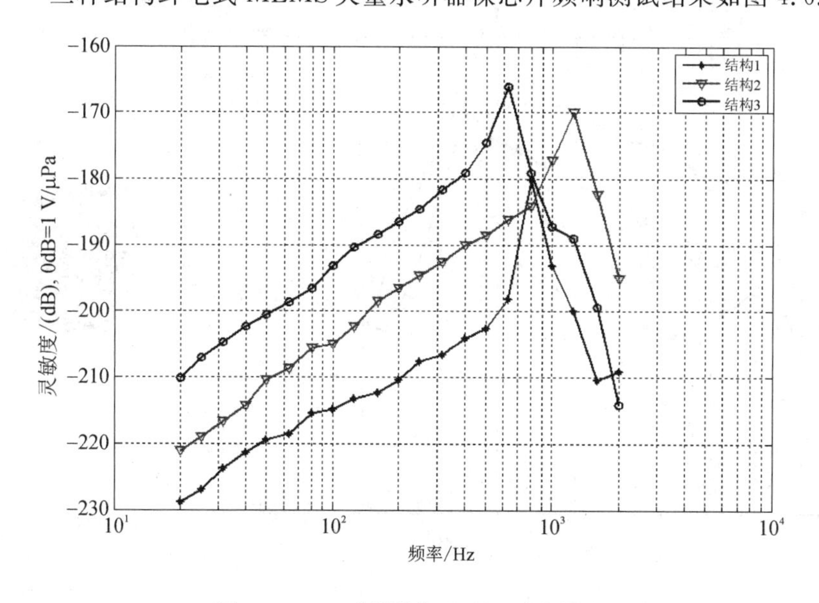

图 4.6.3　三种结构裸芯片 x 路灵敏度

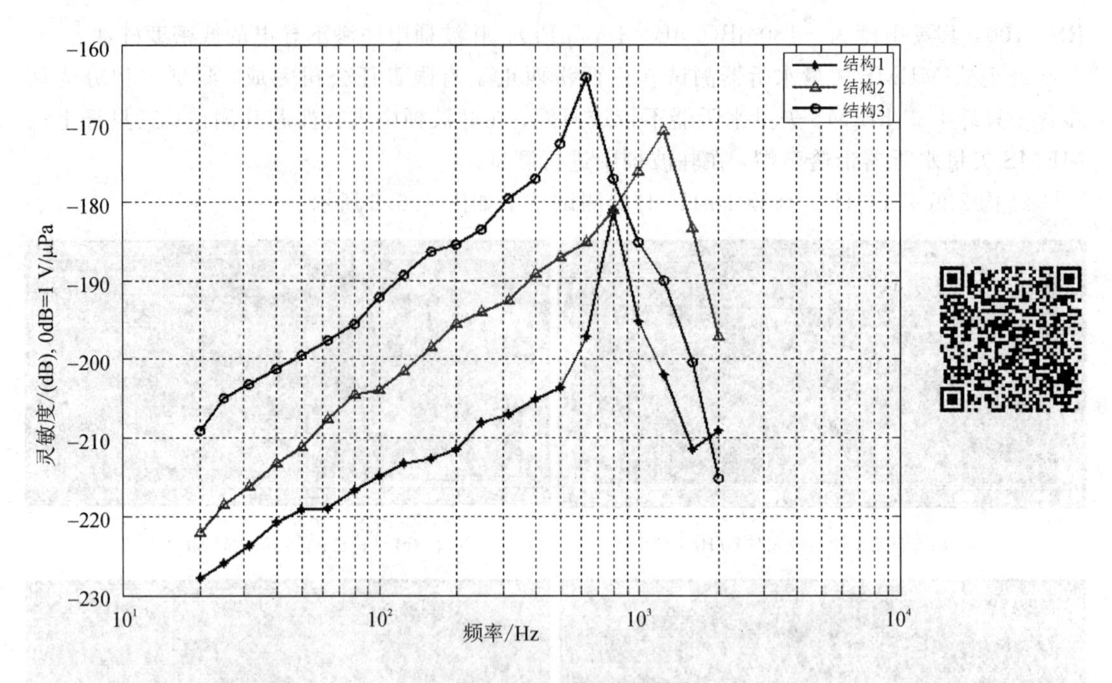

图 4.6.4　三种结构裸芯片 y 路灵敏度

从图 4.6.3 和图 4.6.4 可以看出，该测试结果与前面 ANSYS 仿真结果基本吻合，也验证了 ANSYS 有限元分析方法在 MEMS 微结构设计方面的有效性。

为了不降低纤毛式 MEMS 矢量水听器的灵敏度，选择丁腈橡胶作为透声帽材料，将带有透声帽的三只不同结构的纤毛式 MEMS 矢量水听器依次放入驻波桶中进行测试，频响测试结果如图 4.6.5 和图 4.6.6 所示。

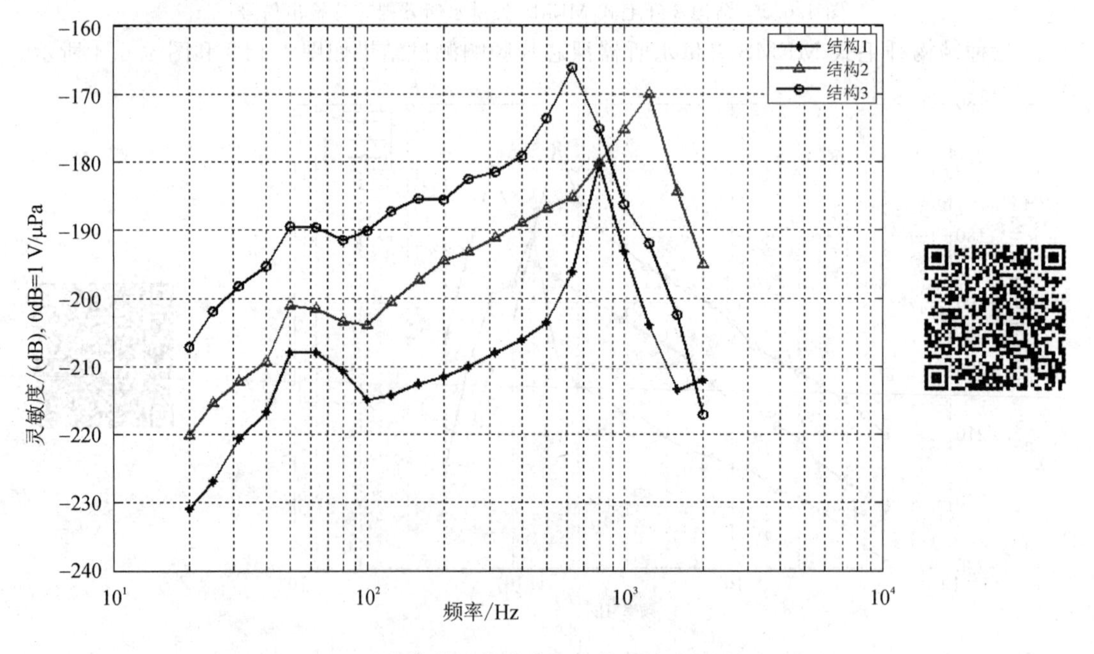

图 4.6.5　三种结构带丁腈橡胶帽 x 路灵敏度

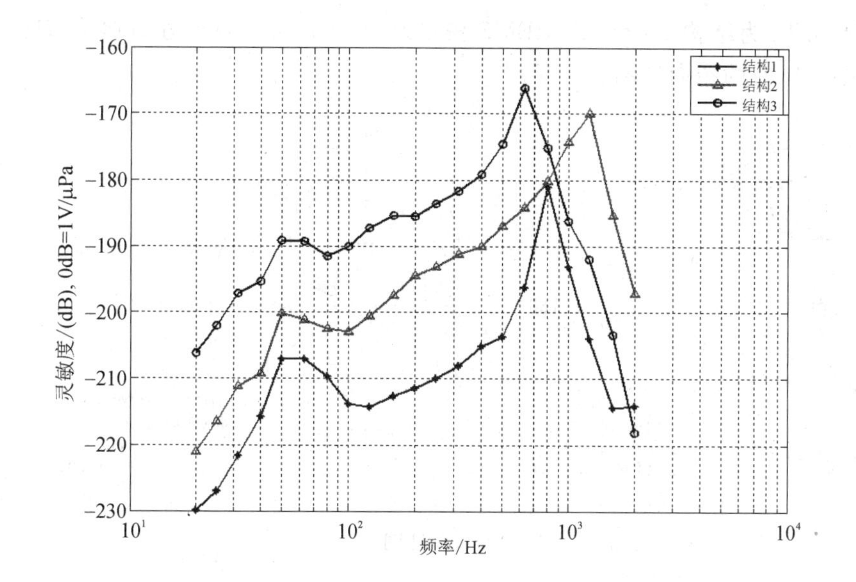

图 4.6.6　三种结构带丁腈橡胶帽 y 路灵敏度

从图 4.6.5 和图 4.6.6 中可以看出，由于采用超薄透声性好的丁腈橡胶帽作为透声帽，因而总体上封装后的纤毛式 MEMS 矢量水听器的灵敏度并没有比裸芯片的灵敏度降低，与前期采用 2 mm 厚聚氨酯材料做透声帽相比灵敏度提高了 10 dB 左右，特别是在低频段。总体上，多重应力集中微结构还是比前期微结构在频响带宽和灵敏度上均有所改善：灵敏度提高了 6～10 dB，有效频响范围从 20～600 Hz 拓宽到了 20 Hz～1 kHz。集成低密度小球微结构虽然有效频响范围由 20 Hz～1 kHz 缩减到了 20～500 Hz，但灵敏度提高了 10～15 dB。

但是，由于丁腈橡胶透声帽自身固有的振动特性叠加到纤毛式 MEMS 矢量水听器芯片的性能上，因而测试曲线变化相对复杂，不再满足每倍频程灵敏度增加 6 dB 的趋势。其中在 50～80 Hz 的峰值为丁腈橡胶透声帽的谐振峰，这在一定程度上提高了低频的灵敏度。

矢量水听器的指向性是其最大特点。纤毛式 MEMS 矢量水听器的指向性测试装置依旧选用驻波桶，在驻波桶平面波声场内完成其指向性测试。指向性测试现场如图 4.6.7 所示。

图 4.6.7　纤毛式 MEMS 矢量水听器的指向性测试现场

图 4.6.8～图 4.6.11 为结构 2 纤毛式 MEMS 矢量水听器 x 和 y 两个方向在 20 Hz、125 Hz、500 Hz、800 Hz 时的指向性图。

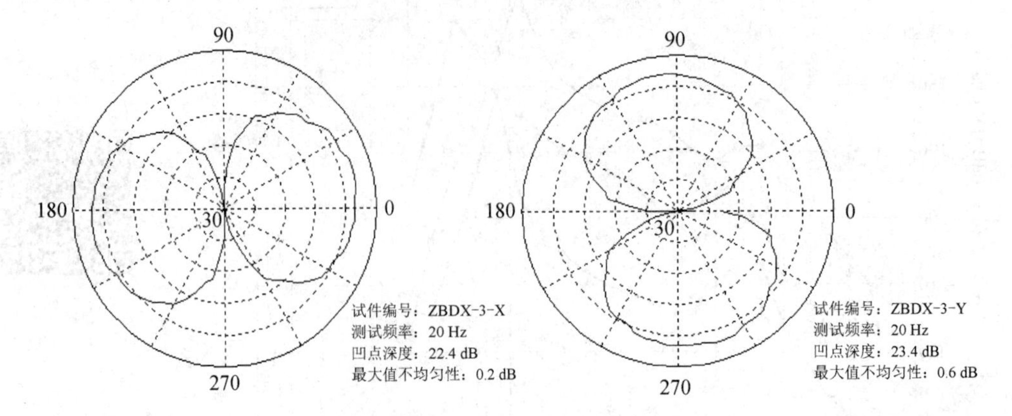

图 4.6.8　20 Hz 时的指向性图

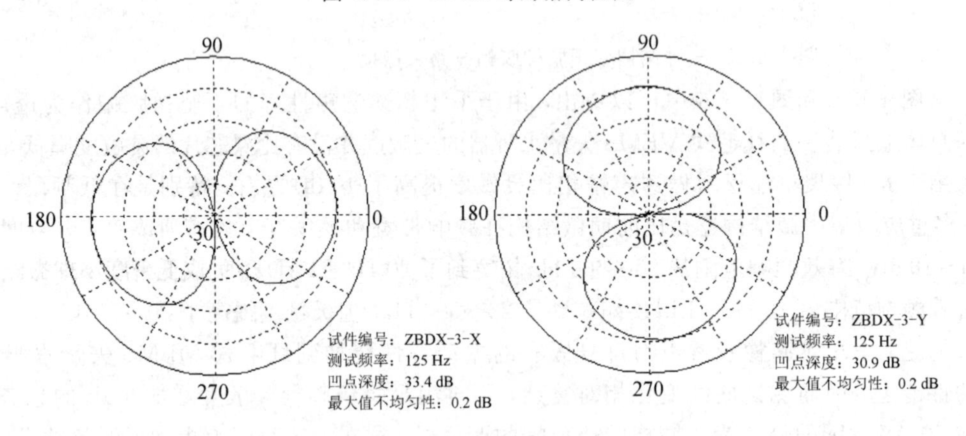

图 4.6.9　125 Hz 时的指向性图

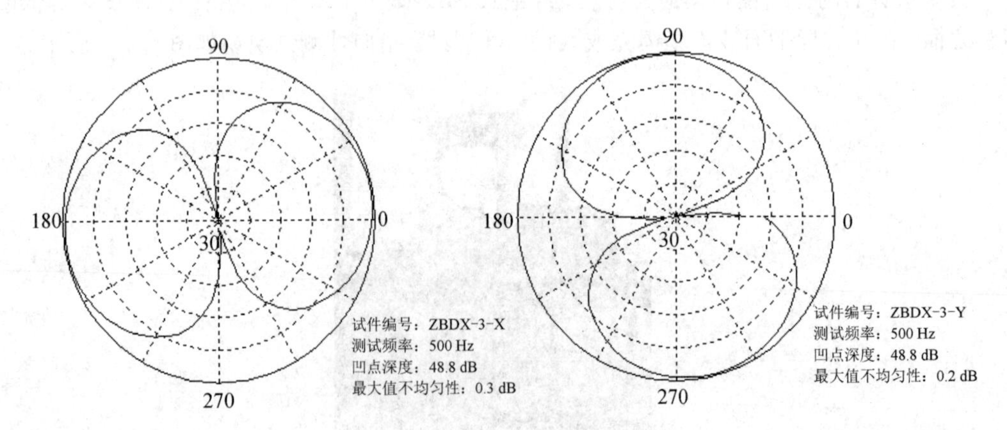

图 4.6.10　500 Hz 时的指向性图

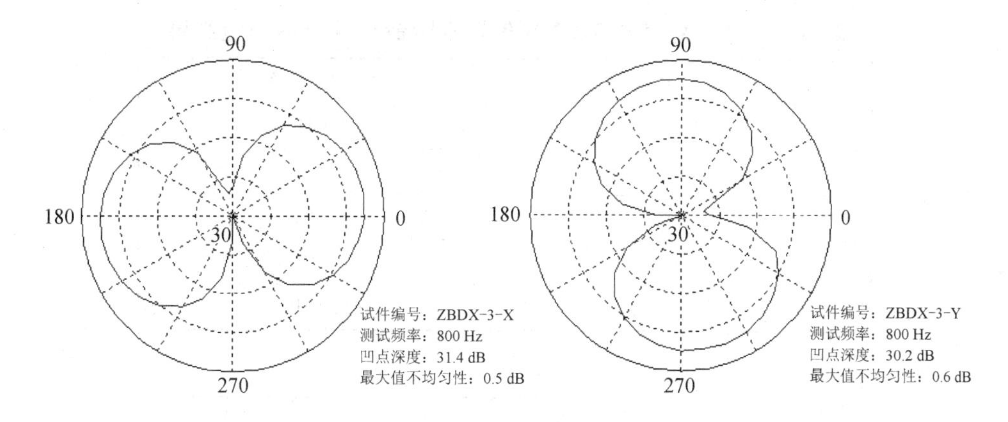

图 4.6.11　800 Hz 时的指向性图

从图 4.6.8～图 4.6.11 中可以看出，在 800 Hz 之前，纤毛式 MEMS 矢量水听器的“8”字形余弦指向性曲线较平滑，对称最大不均匀性均小于 0.6 dB，x、y 两路正交性好。

量程是衡量传感器检测能力的一个重要指标。目前，国内外定义水听器的量程都是在单频信号(一般取 1 kHz)作用下所得到的范围，这个量程指的是“窄带量程(1 Hz 带宽)”。测量方法：将纤毛式 MEMS 矢量水听器和标量标准水听器固定在一起，置于消声水池中央水下 5 m，发射换能器同样置于消声水池中央水下 5 米，并与纤毛式 MEMS 矢量水听器相距 5 m。发射 CW(正弦脉冲波)信号，每个脉冲包含 4 个正弦波，脉冲间隔为1 s。调节电功率放大器，声源级由低到高持续变化，观测记录纤毛式 MEMS 矢量水听器和标量标准水听器(利用标量标准水听器标定声源级的大小)的电信号输出，观测 MEMS 矢量电信号的输出与声信号的输入曲线是否呈线性关系，记录曲线由线性变为非线性的拐点声源级，该声源级即为水听器过载声压级。选择 1 kHz 频点进行测试。

量程＝过载声压级－本底等效噪声声压级

纤毛式 MEMS 矢量水听器量程测试现场如图 4.6.12 所示。

图 4.6.12　纤毛式 MEMS 矢量水听器量程测试现场

测试结果列于表 4-6-1 及图 4.6.13。

表 4-6-1　纤毛式 MEMS 矢量水听器线性范围测量结果

声压/Pa	输出电压/V
10	0.016
100	0.161
1000	1.603
1500	2.103
2000	2.201

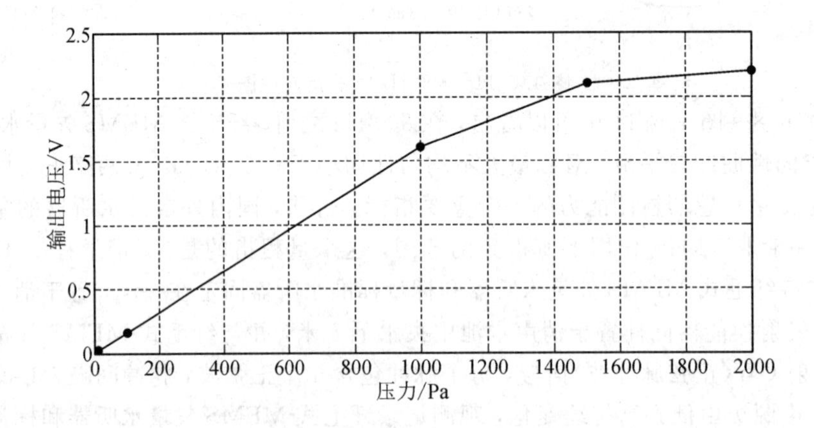

图 4.6.13　纤毛式 MEMS 矢量水听器的电信号输出与测量声压的变化关系

从图 4.6.13 可以看出，水听器的输入为 1000 Pa 时输出出现拐点，此时 1000 Pa 对应声压级为 180 dB(0 dB=1 μPa)。在这个频率点上水听器的等效本底噪声谱级 P_x 为

$$P_x = M_x - U_x \tag{4.6.1}$$

其中，M_x、U_x 分别为纤毛式 MEMS 矢量水听器 1 kHz 频点的灵敏度和本底电噪声谱级。

根据图 4.6.1 和表 4-6-1 可知，1 kHz 频点的灵敏度和本底电噪声谱级分别为 −175 dB、−130 dB，代入式(4.6.1)，得

$$P_x = -175\ \text{dB} - (-130) = 45\ \text{dB}$$

将 45 dB 带入量程计算公式，得纤毛式 MEMS 矢量水听器的量程为 180 dB−45 dB=135 dB。

值得说明的是，纤毛式 MEMS 矢量水听器量程为 135 dB 是在 1 kHz 频点测到的，是“窄带量程”。

利用实验室已有的振动台(丹麦 TV5220)进行纤毛式 MEMS 矢量水听器抗冲击能力测试，测试方法为定频测试，测试现场如图 4.6.14 所示。测试结果如图 4.6.15 所示，表明在 0～50g 内纤毛式 MEMS 矢量水听器输出电压线性度较好，达到 99.6%。然而，当频率为 200 Hz 时，振动冲击以 2g/min 的速度继续增加，当增加到 84g 时，输出电压突然下降为零，停止振动，观察水听器结构，发现芯片结构已损坏，说明水听器抗振动冲击最大不能超过 84g，根据工程使用极限 1.25 倍计算，该纤毛式 MEMS 矢量水听器的使用范围为 0～67g。

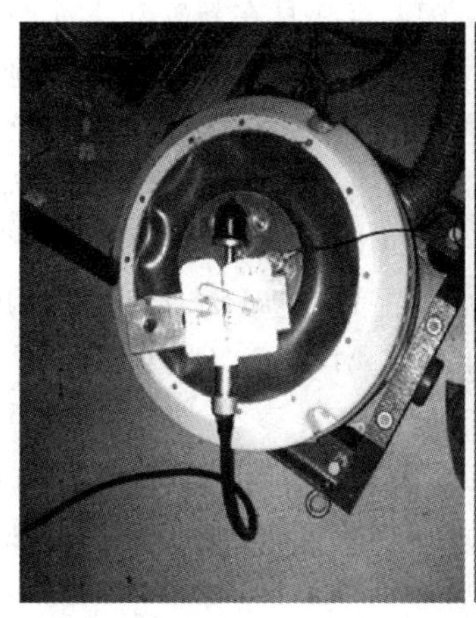

图 4.6.14　测试现场

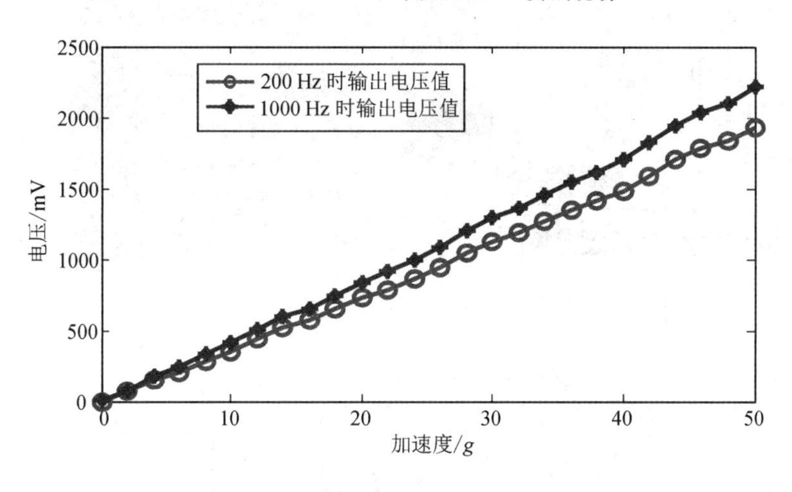

图 4.6.15　x 方向时 0～50g 测试结果

4.7　纤毛式 MEMS 矢量水听器湖试及海试

水听器未来的应用领域主要面向海洋，海洋环境与室内消声水池环境大为不同，不仅有大风大浪、潮汐更迭、海水腐蚀，还有声速梯度分布、混响(海面混响、海底混响、体积混响)乃至生物攻击等，这些复杂因素都将影响到水听器特别是矢量水听器的正常工作性能。本节所设计的微型导流罩相比于当前国内矢量水听器普遍采用的外加“鸟笼”结构导流罩具有小巧、高效、安装应用方便等特点。通过试验比对，最终选择聚氨酯作为微型导流罩的材料，并且聚氨酯材料具有耐海水腐蚀，工作温度范围广，可常温下成型及高延伸率等优点，保证了纤毛式 MEMS 矢量水听器能够长时间在水下工作。该微型导流罩在抑制流激噪声方面非常有效，在流速为 1 m/s，即两节流速，在 20 Hz～1 kHz 带宽内，流激噪声约为 20 dB，并能将信噪比提高 15～20 dB。该微型导流罩为纤毛式 MEMS 矢量水听器的工程应用奠定了基础。

为了检验纤毛式 MEMS 矢量水听器自由场性能，2014 年 9 月在新安江水库中船重工 721 厂试验基地进行了灵敏度测试和指向性测试试验。新安江水库 721 厂试验基地位于杭州市西南部，远离闹市，平均水深超过 60 m，水域开阔，具有良好的自由声场测试条件。声信号采用中科院声学所鱼唇发射换能器发射的 160～800 Hz 正弦脉冲波，脉冲间隔为 1.5 s，每个脉冲包含 6 个正弦波。利用 NI 数据采集卡(PXTe - 1071)进行数据采集，如图 4.7.1 所示，与数据采集卡相连的接线盒为 BNC2110，采样率设置为 20 kHz。纤毛式 MEMS 矢量水听器固定在带有精密刻度的旋转支架上，并将纤毛式 MEMS 矢量水听器置于水下 20 m 处。同时，放置一只标准压电标量水听器于水下 20 m 处作为参考，该标量水听器的灵敏度为－190 dB。发射换能器同样置于水下 20 m 处，与纤毛式 MEMS 矢量水听器、标量水听器三者排成一条直线。其中，发射换能器距离纤毛式 MEMS 矢量水听器 12 m，距离标准水听器 8 m，具体方案如图 4.7.2 所示，测试现场及水听器安装方法如图 4.7.3 所示。

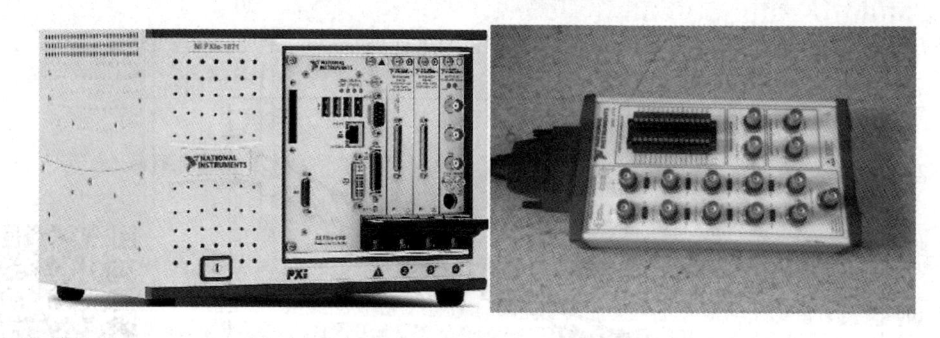

图 4.7.1　NI 数据采集系统及板卡

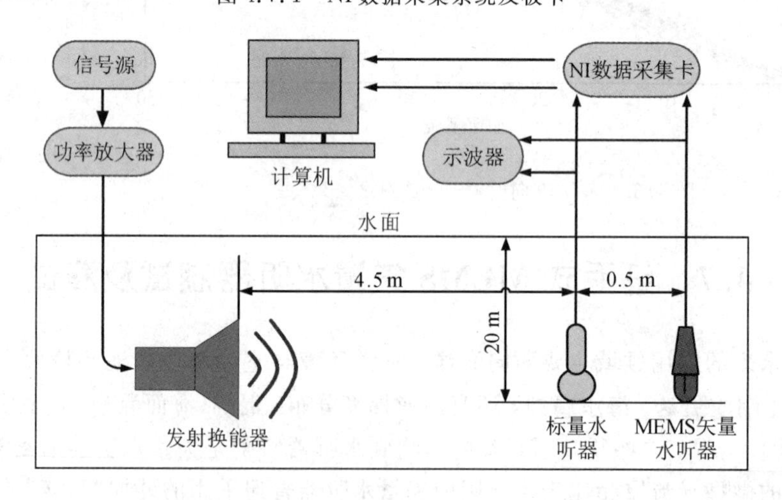

图 4.7.2　湖试方案

受发射换能器频率响应范围的限制，在 160～1250 Hz 范围内按 1/3 倍频程取共计 10 个频点作为测试频率。

纤毛式 MEMS 矢量水听器灵敏度换算公式为

$$M = 20\lg\left(\frac{U_1}{U_2}\times\frac{r_2}{r_1}\right) - 170 \tag{4.7.1}$$

(a) 纤毛式 MEMS 矢量水听器湖试测试现场

(b) 纤毛式 MEMS 矢量水听器安装方法

图 4.7.3　纤毛式 MEMS 矢量水听器测试现场及安装方法

图 4.7.4 为纤毛式 MEMS 矢量水听器接收到的脉冲信号（x 路为最大方向）。

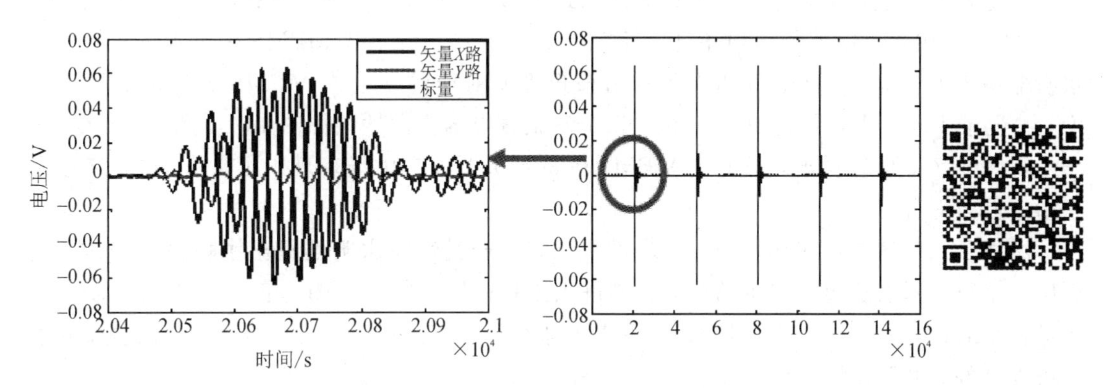

图 4.7.4　纤毛式 MEMS 矢量水听器接收到的脉冲信号

表 4-7-1 为纤毛式 MEMS 矢量水听器的 x 路在 1/3 倍频程各点具体声压灵敏度。图 4.7.5 为纤毛式 MEMS 矢量水听器的频响曲线。

结论：该灵敏度曲线与驻波桶中测试曲线趋势基本一致，然而灵敏度大小相差约 8 dB，原因可能是纤毛式 MEMS 矢量水听器后端带 30 m 长缆吃掉了部分有效信号，造成灵敏度测试结果比实际值小。

表 4-7-1　各频率点具体声压灵敏度(放大 33 dB)

f/Hz	M_p/dB	f/Hz	M_p/dB
160	−202.1	400	−194.7
200	−200.3	500	−192.5
250	−198.4	630	−190.4
315	−196.3	800	−188.5

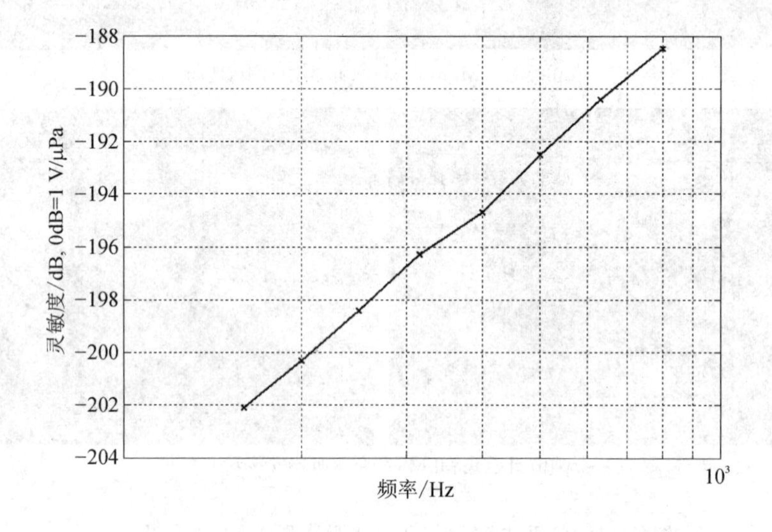

图 4.7.5　纤毛式 MEMS 矢量水听器频响曲线

在定频测试过程中，通过旋转固定纤毛式 MEMS 矢量水听器的支架，改变声波相对纤毛式 MEMS 矢量水听器的入射角度。每旋转 3° 记录一次纤毛式 MEMS 矢量水听器和标量水听器输出的电信号，并通过公式换算出该角度所对应的纤毛式 MEMS 矢量水听器灵敏度，共记录 120 个点，完成 360° 测试。每个测试频点的指向性图如图 4.7.6 所示。

从图 4.7.6 可以看出，纤毛式 MEMS 矢量水听器在自由场表现出了良好的“8”字形余弦指向性及对称性。

海洋是水听器最终应用场所，海洋的复杂性、严酷性对水听器提出了更高的要求，然而所有水听器只有通过大海的检验，方能进入工程应用。为此，2014 年 10 月在青岛崂山海域进行了海试，验证纤毛式 MEMS 矢量水听器在复杂海洋环境中的综合性能。试验海域水文条件良好，水面开阔，平均水深 42 m，海况 2 级。

在自主搭建的潜标平台上，对纤毛式 MEMS 矢量水听器在青岛海域上进行了测试。图 4.7.7 是潜标系统的示意图，图 4.7.8 是海试现场，图 4.7.9 是纤毛式 MEMS 矢量水听器安装图。其中潜标的电子舱内安装有数据记录器和电子罗盘，连接了 3 只纤毛式 MEMS 矢量水听器和 1 只标量水听器。船只拖曳发射换能器发射固定的频率声信号，并围绕潜标行驶。船只行驶分为两个阶段，一是在潜标一侧行驶，航线与潜标的正横距离为 50 m，起点和终点距潜标约 300 m；二是以潜标为中心环形行驶，航行半径约为 100 m。船只行驶示意图如图 4.7.10 所示。

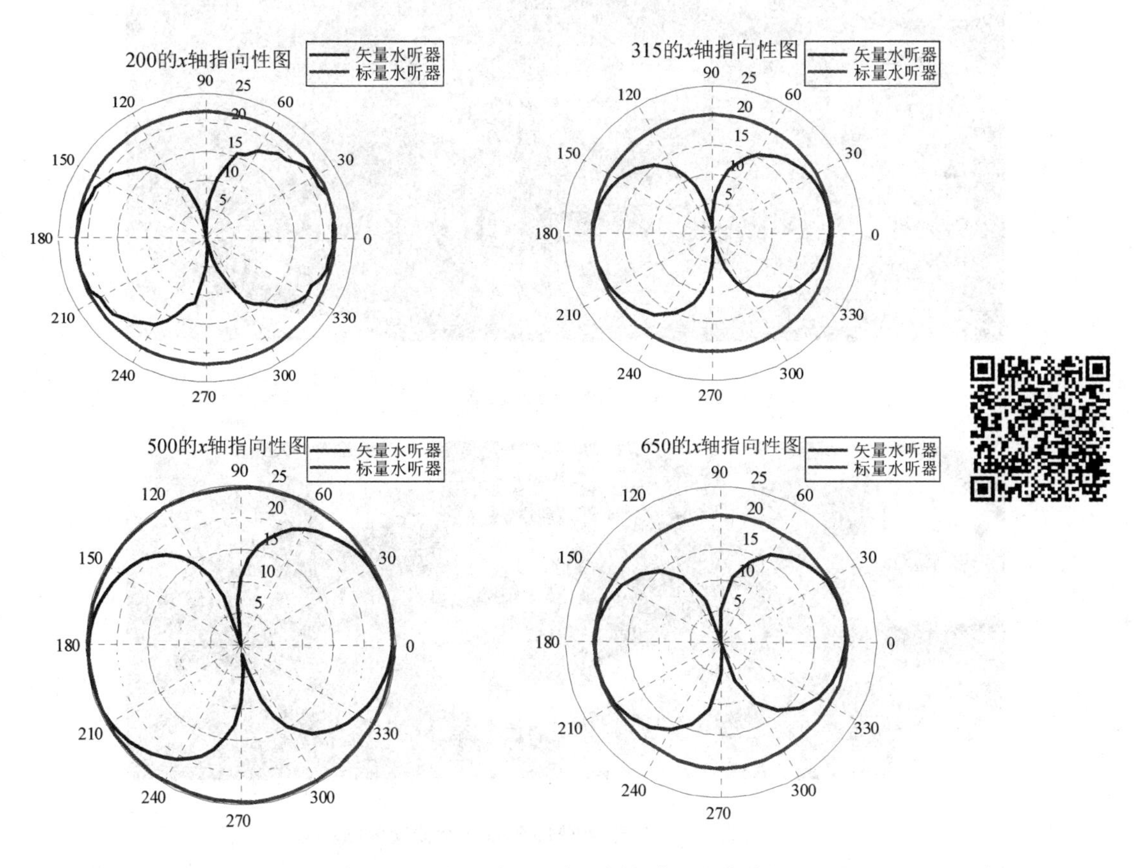

图 4.7.6　纤毛式 MEMS 矢量水听器在不同频率下的指向性

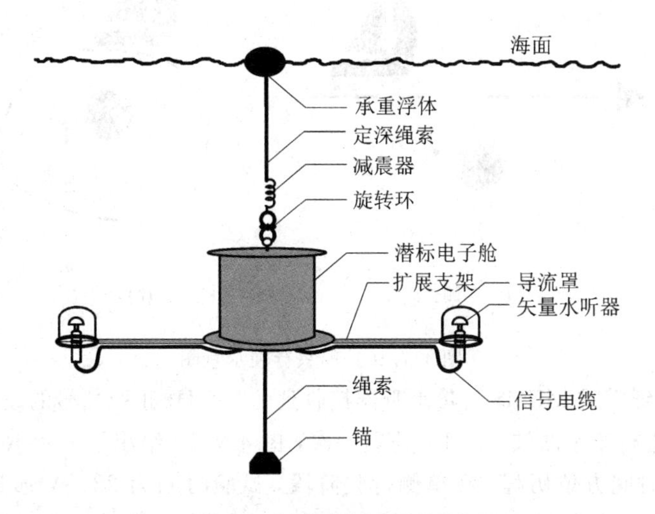

图 4.7.7　潜标系统示意图

图 4.7.8　海试现场

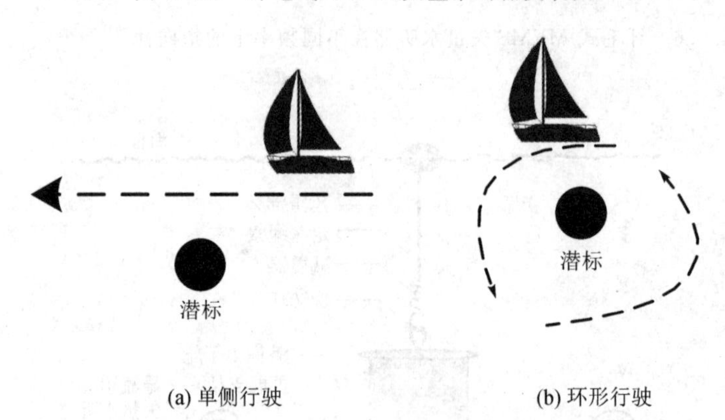

图 4.7.9　纤毛式 MEMS 矢量水听器安装图

图 4.7.10　船只行驶示意图

图 4.7.11 是纤毛式 MEMS 矢量水听器接收到的 300 Hz 正弦信号的波形图。以 300 Hz为中心频率对数据进行窄带滤波，每 1 s 处理一次，图 4.7.12 给出了采用 Root-MUSIC 方法对目标方位跟踪的时间方位历程。在单侧行驶阶段，试验时间为 220 s，通过数据处理得到船只的起点方位为 9°，航行结束时为 170°，与实际运行方位相吻合；在以潜标为中心环形行驶过程中，起始方位为 26°，绕行一圈后，结束时的方位为 47°，与试验船实际运行方位基本吻合。

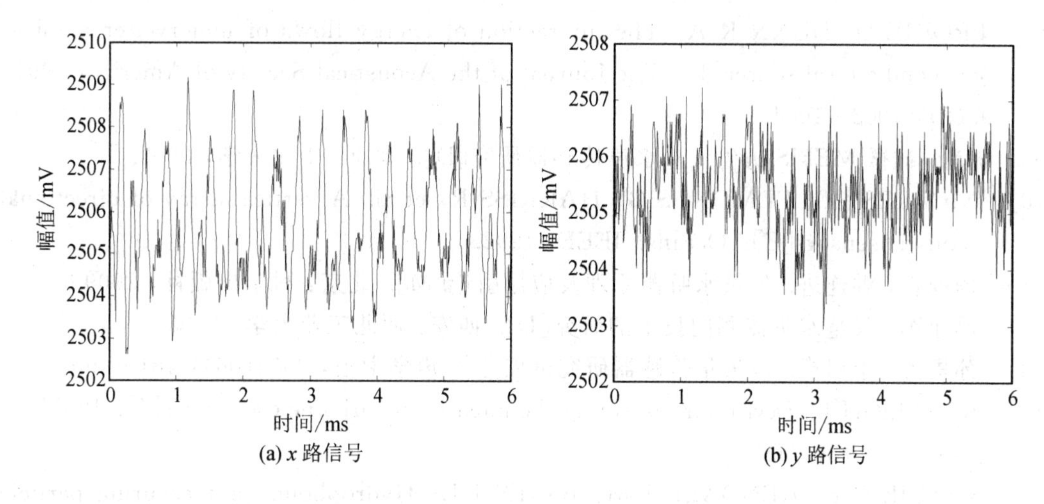

图 4.7.11　纤毛式 MEMS 矢量水听器的时域信号

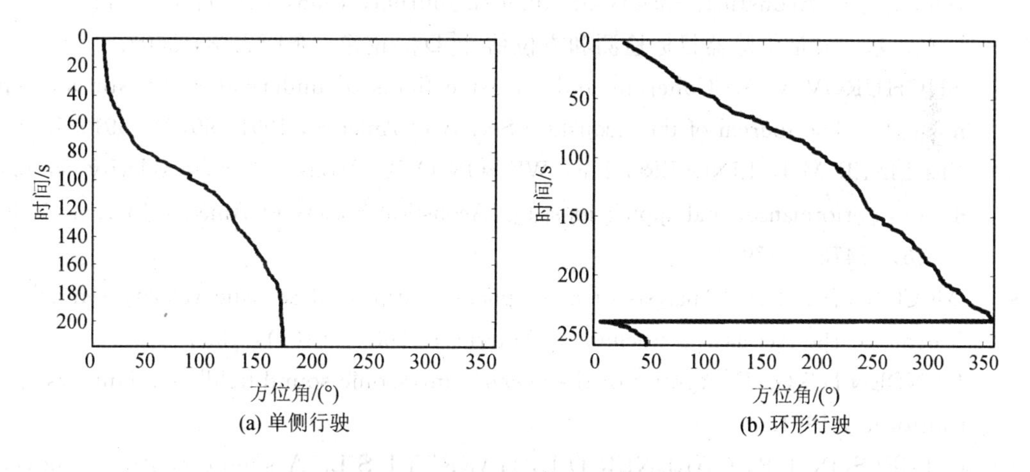

图 4.7.12　试验船的时间方位历程

参考文献

[1] 廖风云. 潜艇辐射噪声测量及被动测距研究[D]. 哈尔滨：哈尔滨工程大学，2007.

[2] 汤智胤，姜荣俊，何琳. 潜艇声隐身态势评估方法研究[J]. 武汉理工大学学报，2007，31(1)：17-20.

[3] 陈剑，鲁民月，庞天照. 潜艇噪声水平对声呐探测性能影响分析[J]. 舰船科学技术，2009，31(12)：22-25.

[4] 刘林仙. 基于 MEMS 仿生矢量水听器的测距声呐系统设计[D]. 太原：中北大学，2013.

[5] 罗超. 基于矢量水听器阵的目标方位估计方法研究[D]. 西安：西北工业大学，2006.

[6] 王友华. 矢量水听器超复数模型及其 DOA 估计算法[D]. 上海：复旦大学，2008.

[7] 朱韬. 水下目标低频声散射特性研究[D]. 上海：上海交通大学，2008.

[8] BRODIE D, DUNN R A. The interaction of energy flows of underwater ambient noise and a local source[J]. The Journal of the Acoustical Society of America, 1991, 90(2): 1002 - 1004.

[9] 陈尚. 硅微 MEMS 仿生矢量水声传感器研究[D]. 太原：中北大学，2008.

[10] NICKLES J C, EDMONDS G, HARRISS R, et al. A vertical array of directional acoustic sensors[C]. Oceans. IEEE, 1992.

[11] 杨德森，洪连进. 矢量水听器原理及应用引论[M]. 北京：科学出版社，2009.

[12] 邢建军. 矢量水听器测向技术的研究[D]. 西安：西北工业大学，2005.

[13] 孙贵青，李启虎. 声矢量传感器研究进展[J]. 声学学报，2004(06)：481 - 490.

[14] RAYLEIGH L. Device for measuring the intensity of airborne oscillations[J]. PhiMag, 1882, 14: 186 - 188.

[15] LESLIE C B, KENDALL J M, JONES J L. Hydrophone for measuring particle velocity[J]. Acoustical Society of America Journal, 1956, 28(4): 711 - 715.

[16] 尹燕. 基于矢量传感器目标检测和方位估计[D]. 南京：东南大学，2008.

[17] SHCHUROV V A. Coherent and diffusive fields of underwater acoustic ambient noise[J]. The Journal of the Acoustical Society of America, 1991, 90(2): 991 - 1001.

[18] BERLINER M J, LINDBERG J F, WILSON O B. Acoustic particle velocity sensors: design, performance, and applications[J]. Acoustical Society of America Journal, 1996, 100(6): 3478 - 3479.

[19] MCCONNELL J A. Analysis of a compliantly suspended acoustic velocity sensor[J]. Journal of the Acoustical Society of America, 2003, 113(3): 1395.

[20] LYNDEN D S G. Energetics of the ocean's infrasonic sound field[D]. University of California, 1991.

[21] GabriELSON T B, GARDNER D L, GARRETT S L. A simple neutrally buoyant sensor for direct measurement of particle velocity and intensity in water[J]. J Acoust Soc Am, 1995, 97(4): 2227 - 2237.

[22] JONES J L, LESLIE C B, BARTON L E. Acoustic characteristics of a lake bottom[J]. The Journal of the Acoustical Society of America, 1958, 30: 142 - 145.

[23] 孙心毅. 基于矢量水听器的高指向性二阶水听器的研究[D]. 哈尔滨：哈尔滨工程大学，2014.

[24] DENG K K. Underwater acoustic vector sensor using transverse-response free, shear mode, PMN-PT Crystal[J]. J Acoust Soc Am, 2006, 120(6): 3439.

[25] SHIPPS J C, DENG K. A miniature vector sensor for line array applications[C]. Proceedings of the Oceans. IEEE, 2003.

[26] SHIPPS J C, ABRAHAM B M. The use of vector sensors for underwater port and waterway security[C]//Proceedings of the IEEE Sensors for Industry Conference. IEEE, 2004.

[27] ABRAHAM B M. Ambient noise measurements with vector acoustic hydrophones

[C]//Proceedings of the Oceans. IEEE, 2007.

[28] CLARK J A, TARASEK G. Localization of radiating sources along the hull of a submarine using a vector sensor array[C]//Proceedings of the Oceans. IEEE, 2006.

[29] Shchurov V A, Kuyanova M V. Use of acoustic intensity measurements in underwater acoustics(modern state and prospects)[J]. 声学学报, 1999, (4): 315-326.

[30] 孟洪，周利生，惠俊英. 组合矢量水听器及其成阵技术研究[J]. 声学与电子工程，2003,(1): 15-20.

[31] 洪连进，杨德森，时胜国，等. 中频三轴向矢量水听器的研究[J]. 振动与冲击，2011, 30(3): 79-84.

[32] 杨德森，孙心毅，洪连进，等. 基于矢量水听器的振速梯度水听器[J]. 哈尔滨工程大学学报，2013, 34(1): 7-14.

[33] 李楠松，朴胜春，宋海岩，等. 浅海中单矢量水听器高分辨方位估计方法[J]. 哈尔滨工程大学学报，2014,(2): 208-215.

[34] 邢世文. 三维矢量水听器及其成阵研究[D]. 哈尔滨：哈尔滨工程大学，2009.

[35] 任一石. 新型结构三维矢量水听器的研究[D]. 哈尔滨：哈尔滨工程大学，2013.

[36] 武甜甜. 三维压电矢量水听器小型化的研究[D]. 哈尔滨：哈尔滨工程大学，2009.

[37] DANDRIDGE A, KERSEY A D, DAVIS A R, et al. 64 Channel all optical deployable acoustic array[C]//Optical Fiber Sensors, 1997.

[38] FARSUND O, ERBEIA C, LACHAIZE C, et al. Design and field test of a 32-element fiber optic hydrophone system[C]//Proceedings of the Optical Fiber Sensors Conference Technical Digest OFS. IEEE, 2002.

[39] 熊水东，罗洪，胡永明，等. 三维光纤矢量水听器实验研究[C]//中国声学学会2005年青年学术会议论文集，2005.

[40] YU A, KE X, WAN J. Research on source of phase difference between channels of the vector hydrophone[C]//Proceedings of the 2016 IEEE 13th International Conference on Signal Processing (ICSP). IEEE, 2016.

[41] CHEN Y, MENG Z, MA S Q, et al. Range passive localization of the moving source with a single vector hydrophone[C]//Proceedings of the 2016 IEEE/OES China Ocean Acoustics (COA). IEEE, 2016.

[42] 倪明，李秀林，张仁和，等. 全光光纤水听器系统海上试验[J]. 声学学报，2004,(6): 539-543.

[43] WANG J F, LUO H, MENG Z, et al. Experimental research of an all-polarization-maintaining optical fiber vector hydrophone[J]. Journal of Lightwave Technology, 2012, 30(8): 1178-1184.

[44] 吴艳群. 拖线阵用光纤矢量水听器关键技术研究[D]. 长沙：国防科学技术大学，2011.

[45] 饶伟. 光纤矢量水听器海底地层结构高分辨率探测关键技术研究[D]. 长沙：国防科学技术大学，2012.

[46] 王建飞，罗洪，熊水东，等. 高性能三维全保偏光纤矢量水听器研制[J]. 光电子·激光，2011，(12)：1784-1788.
[47] JIN M，GE H，ZHANG Z. The optimal design of a 3D column type fiber-optic vector hydrophone[C]//Proceedings of the Ocean Acoustics. IEEE，2016.
[48] 孙芹东，李永庆，魏富涛，等. 复合同振式三维矢量水听器的研制[C]//中国声学学会全国声学学术会议论文集，2014.
[49] 金梦群，张自丽，吴国军，等. 基于光纤碟型加速度传感单元的三维柱形矢量水听器[J]. 中国激光，2015，42(3)：166-172.
[50] 田忠仁，陈斌，张椿. 三维同振型矢量水听器设计[J]. 声学与电子工程，2009，(4)：5-7.
[51] 石敏，王海陆. 三维压差式矢量水听器定向性能分析[J]. 舰船科学技术，2008，30(4)：65-68.
[52] 宫占江，李金平，张鹏，等. 一种新型三维 MEMS 电容式矢量水听器研制[J]. 中国电子科学研究院学报，2013，8(2)：205-208.
[53] 陈洪娟，张虎，赵緦. 三维同振球形矢量水听器的小型化研究[C]//全国水声学学术交流暨水声学分会换届改选会议，2009.
[54] ROCKSTAD H K，KENNY T W，KELLY P J，et al. A microfabricated electron-tunneling accelerometer as a directional underwater acoustic sensor [C]// Proceedings of the American Institute of Physics Conference Series，1996.
[55] UMA G，UMAPATHY M，JOSE S，et al. Design and simulation of PVDF - MOSFET based MEMS hydrophone[J]. 2007，35(3)：329-339.
[56] LI S Y，HSU C C，LIN S Z，et al. A novel design of piezo-resistive type underwater acoustic sensor using SOI wafer[C]//Proceedings of the Oceans. IEEE，2007.
[57] CHOI S，LEE H，MOON W. A micro-machined piezoelectric hydrophone with hydrostatically balanced air backing[J]. Sensors Actuators A Physical，2010，158(1)：60-71.
[58] 陈丽洁，贾琳，张鹏，等. 混合集成型压阻式矢量水听器设计[J]. 中国电子科学研究院学报，2009，4(2)：132-136.
[59] 陈丽洁. 微型矢量水听器研究[D]. 哈尔滨：哈尔滨工程大学，2006.
[60] 李金亮. 三轴向电容式矢量水听器的研究[D]. 哈尔滨：哈尔滨工程大学，2009.
[61] 管宇. 一种低频三维 MEMS 矢量水听器的研制[D]. 哈尔滨：哈尔滨工程大学，2010.
[62] XUE C Y，CHEN S，ZHANG W D，et al. Design，fabrication，and preli minary characterization of a novel MEMS bionic vector hydrophone[J]. Microelectron J，2007，38(10)：1021-1026.
[63] XU Q D，ZHANG G J，DING J W，et al. Design and implementation of two-component cilia cylinder MEMS vector hydrophone[J]. Sensors Actuators A Physical，2018，277(2018)：142-149.

[64] BAI B, REN Z M, DING J W, et al. Cross-supported planar MEMS vector hydrophone for high impact resistance[J]. Sensors Actuators A Physical, 2017, 263: S0924424717302522.

[65] WANG R X, LIU Y, BAI B, et al. Wide-frequency-bandwidth whisker-inspired MEMS vector hydrophone encapsulated with parylene[J]. Journal of Physics D Applied Physics, 2016, 49(7): 1-7.

[66] LIU Y, WANG R X, ZHANG G J, et al. "Lollipop-shaped" high-sensitivity Microelectromechanical Systems vector hydrophone based on Parylene encapsulation[J]. 2015, 118(4): 044501.

[67] ZHANG G J, DING J W, XU W, et al. Design and optimization of stress centralized MEMS vector hydrophone with high sensitivity at low frequency[J]. Mechanical Systems Signal Processing, 2018, 104: 607-618.

[68] WANG R X, LIU Y, XU W, et al. A "Fitness-Wheel-Shaped" MEMS Vector Hydrophone for 3D Spatial Acoustic Orientation[J]. Journal of Micromechanics Microengineering, 2017, 27(4): 045015.

[69] WANG R X, SHEN W, ZHANG W J, et al. Design and implementation of a jellyfish otolith-inspired MEMS vector hydrophone for low-frequency detection[J]. Microsystems and Nanoengineering, 2021, 7(1): 1.

第五章　典型高温压力传感器件及系统

5.1　压力传感器概述

压力传感器作为力敏传感器的重要组成部分，是工业生产中应用最广泛的传感器之一，大量存在于各类自动控制领域，如生产自控、智能交通、航空航天、军工、石化、油井、电力、车辆、船舶等[1-3]，如图 5.1.1 所示。

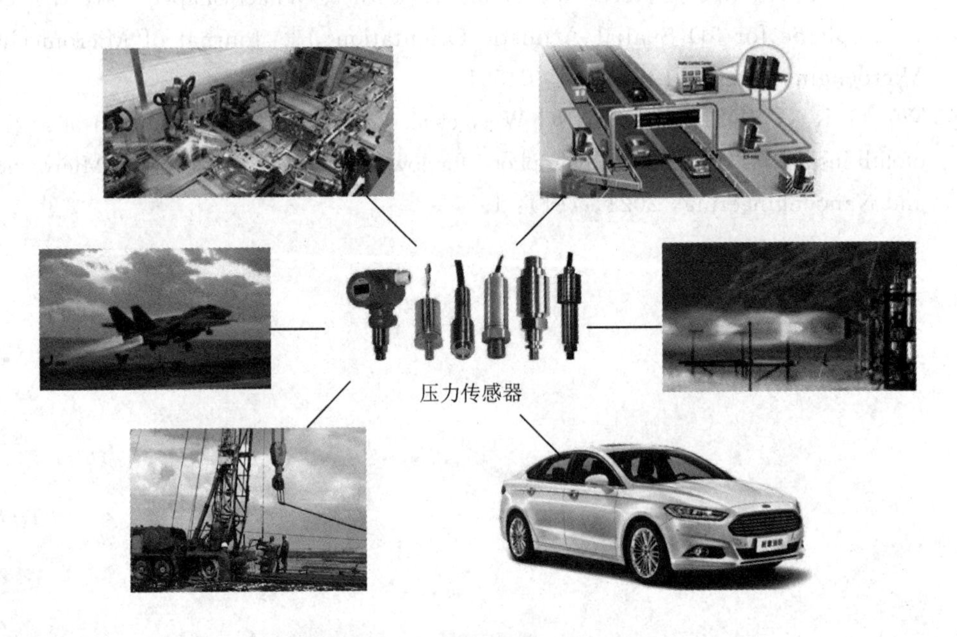

图 5.1.1　压力传感器应用领域

近年来，随着交通运输、石油化工、军事航天等行业的发展，对压力传感器在高温环境(大于 125℃)下的应用需求大大增加[4-6]。例如汽车发动机节气门的压力测量、石油勘探开采井下油压测量，其压力传感器工作温度达到 220℃；冶金化工生产中的压力容器与管道压力监测应用中，其工作温度可达 480℃；普通涡轮发动机燃烧室压力测量，其工作温度可达 1400℃[7-9]；超声速飞机的发动机燃烧室、高速飞行器外表面压力测量，环境温度达到 2000℃[10-12]；火箭发动机燃烧室压力测量，温度达到了 3000℃，等等[13]，如图 5.1.2～图 5.1.4 所示。

(a) 汽车发动机 (b) 石油勘探开采

图 5.1.2 工业生产中的高温压力测试需求

(a) 涡轮发动机 (b) 冲压发动机

(c) 大型发动机试车 (d) 飞行器载入过程

图 5.1.3 国家重大工程中的高温压力测试需求

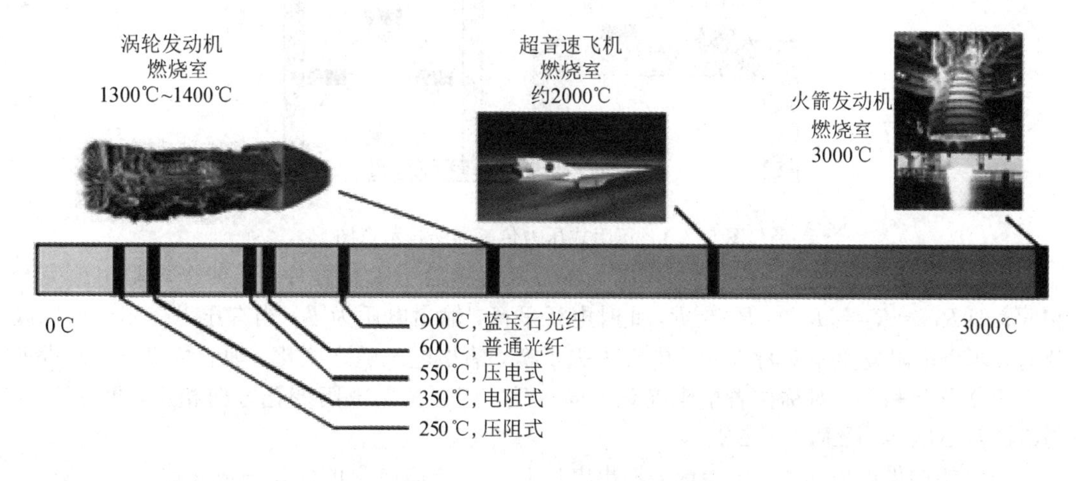

图 5.1.4 不同类型压力传感器的耐高温应用

目前，各个国家的相关科研机构和公司都投入巨资对高温压力传感器展开研究。市场上现有的高温压力传感器产品与公开发表的研究成果显示，高温压力传感器主要分为压阻式、电容式、无线无源式等。研发高温压力传感器，可满足各类恶劣复杂测试环境中压力测试的需求，实现高温环境中的原位压力测量，成为当前压力传感器发展的前沿方向之一，具有重要的研究价值和意义。本章对不同类型的高温压力传感器工作原理、结构设计、工艺加工及相关应用进行介绍。

5.2 压阻式高温压力传感器

5.2.1 压阻式高温压力传感器基本原理

1. 压阻式压力传感器工作原理

1）压阻效应

所谓压阻效应，是指当半导体受到应力作用时，由于应力引起能带的变化和能谷的能量移动，使其电阻率发生变化的现象。

压力传感器的制造中一般利用集成电路平面工艺，用杂质扩散或离子注入的方法形成电阻器。

2）工作原理

基于硅的压阻效应原理，压阻式压力传感器采用硅薄膜作为力敏元件，以连成惠斯通电桥的四个等值硅掺杂电阻作为转换元件，将外界压力信号转换成电信号，实现了外界压力的实时测量。图 5.2.1 所示为压阻式压力传感器结构示意图，当外界压力作用于硅薄膜上时，膜片变形，表面应力分布发生变化，硅掺杂电阻的阻值改变，电桥失去平衡，输出电压信号。

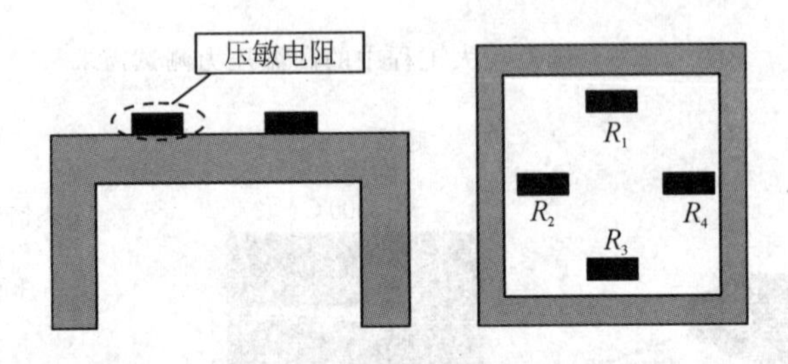

图 5.2.1 压阻式压力传感器结构示意图

图 5.2.2 所示为惠斯通电桥原理图，当无压力作用于敏感膜片时，四个电阻阻值完全相同，即 $R_1 = R_2 = R_3 = R_4 = R$，此时电桥平衡，输出电压为零；当有压力作用于敏感膜片时，四个电阻发生不对称变化，电桥失去平衡，输出电压随之变化。理想情况下，假设四个电阻变化量相等，对称位置电阻变化方向一致，相邻位置电阻变化方向相反，即 $\Delta R_1 = |\Delta R_2| = \Delta R_3 = |\Delta R_4| = \Delta R$。

当电桥的供电电压 U_{in} 一定时，输出电压 U_{out} 与压敏电阻的变化率成正比：

$$U_{out} = \frac{\Delta R}{R} U_{in} \tag{5.2.1}$$

由式(5.2.1)可以看出，压敏电阻的变化率决定了输出电压的大小。

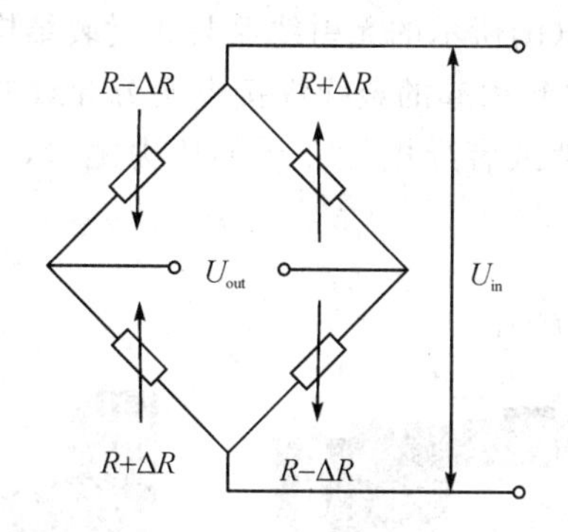

图 5.2.2　惠斯通电桥原理图

压力传感器将压力信号转换为电信号，需要用金属引线将压敏电阻连接成惠斯通电桥来实现。常见的金属引线连接方式主要有三种：开环连接、半开环连接和闭环连接，如图 5.2.3 所示。开环连接每一个桥臂上都可以串联补偿电阻，然而开环的引线接口较多，连接复杂；闭环连接引线连接简单，但无法对单个压敏电阻的阻值进行准确测量；半开环连接具有结构简单、可进行电阻补偿的优点。

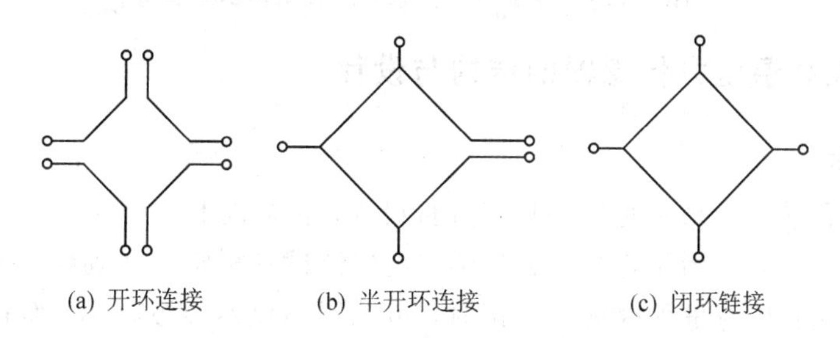

图 5.2.3　金属引线连接方式

2. 高温工作关键因素

1) 高温芯片材料选择

传统的扩散硅压阻式压力传感器通常在 N 型硅衬底表面通过掺杂工艺进行硼元素掺杂形成 P 型压敏电阻，压敏电阻与基底间形成 PN 结隔离，由于随着工作温度的不断升高，PN 结漏电流不断增大，所以通常仅适用于 125℃以下工作环境。SOI(Silicon on Insulator)压阻式压力传感器、SOS(Silicon on Sapphire)压阻式压力传感器采用介质隔离方式，由于硅材料在温度超过 500℃的环境下易氧化、易腐蚀且会发生塑性变形，因此适用于 500℃以下工作环境。碳化硅材料有较宽的禁带宽度，击穿电场强度较高，在高温、高压、高频、大功率的电子电力器件领域拥有广阔应用前景，理论上可以在 600℃以上稳定工作。2015 年，美国 NASA 研究中心验证了 N 型 4H-SiC 压力传感器可工作于 800℃。

2) 封装设计

图 5.2.4 所示为两种典型的硅压阻式压力传感器封装形式。传统的传感器硅芯片和传感器其他电路是通过细金丝连接起来的，这些细金线或焊接处容易疲劳而出故障。目前可采用填充硅油隔离的方式将这些细金丝或焊接处保护起来，一定程度上避免了疲劳失效问

题，但由于硅油沸点较低，故此类型结构的传感器通常适合于150℃以下的环境，具体结构如图5.2.4(a)所示。图5.2.4(b)所示的无引线倒装式封装结构解决了传统压力传感器设计制造中高振动或快速的压力循环引起的金线焊接点疲劳导致的问题，同时膜片的隔离设计可以使传感器用于一般腐蚀性或者导电性介质的压力测量，理论上可持续工作温度可达到500℃[14]。

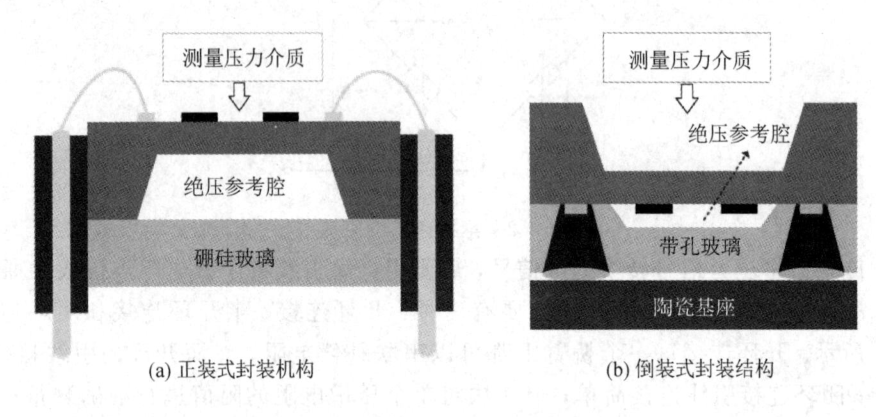

图5.2.4　高温压力传感器封装结构示意图

5.2.2　压阻式高温压力传感器的结构与设计

1. 性能指标

压阻式压力传感器一般依据所需指标进行设计，包括以下几个方面：

(1) 压力量程[15]。压力量程是压力传感器已经测试和标定并达到精度和其他指标的压力范围。使用者在此压力量程内进行测试时，传感器不仅不会被破坏，而且应达到给出的各项指标。

(2) 精度[15]。精度是线性、迟滞和重复性误差以及热漂移影响的综合效应。精度指标又分为基本精度指标和全精度指标。前者是指在一定参考条件(一般在25℃)下测量得到的精度值，不包括温度影响。后者是指定的某一温度范围内的精度值，包括温度影响。

(3) 全精度[15]。全精度一般用总相对误差$\pm a$来表示。a越大，压力传感器测量精度越低，总相对误差a由下面几部分独立误差所组成(称为平方和开方法——RSS法)：

$$a^2 = a_l^2 + a_h^2 + a_r^2 + K_0^2 + K_s^2 \tag{5.2.2}$$

式中，a_l、a_h、a_r分别为非线性误差、迟滞误差、重复性误差；K_0和K_s分别为热零点漂移系数和热灵敏漂移系数。

(4) 零点漂移[16]。零点漂移是指在规定的条件下和时间间隔内，零点输出值的变化量[3]。在规定的环境条件下，传感器通电预热及预压后，记录零点初始输出值Y_0，然后每隔15 min记录一次零点输出值Y_i(i=1，2，3，…)，从开始记录起连续进行的时间不得少于1 h。零点漂移按式(5.2.3)计算，零点漂移不大于基本误差限绝对值的1/2，绝对压力传感器无要求。

$$d_z = \frac{|y_i - y_0|_{\max}}{y_{FS}} \times 100\% \tag{5.2.3}$$

式中，$|y_i - y_0|_{max}$为零点输出值与初始零点输出值差值绝对值的最大值；y_{FS}为满量程输出值。

（5）灵敏度[16]。传感器的灵敏度为输出变化量与相应的输入变化量之比。压力传感器的灵敏度为工作直线的斜率。

注：如采用端点平移直线则取斜率 b；如采用最小二乘直线则取斜率 b'，以下均统一采用 b 表示。

（6）满量程输出[16]。压力传感器的满量程输出值的计算公式如下：

$$y_{FS} = |b(p_{max} - p_{min})| \tag{5.2.4}$$

式中 p 为测量压力值。

（7）重复性[16]。重复性为各检定点上正反行程标准偏差随机误差的极限，按照式(5.2.5)进行计算：

$$\xi_R = \frac{3\sqrt{\dfrac{1}{2m}\left(\sum_{i=1}^{m} s_{Ii}^2 + \sum_{i=1}^{m} s_{Di}^2\right)}}{y_{FS}} \times 100\% \tag{5.2.5}$$

式中，s_{Ii}、s_{Di}分别为各检定点上正反行程子样标准偏差。

（8）迟滞[16]。迟滞用于描述压力或温度升程和降程时输出信号不一致的程度。按式(5.2.6)进行计算：

$$\xi_H = \frac{|\bar{y}_{Ii} - \bar{y}_{Di}|_{max}}{y_{FS}} \times 100\% \tag{5.2.6}$$

式中，$\bar{y}_{Ii}$、$\bar{y}_{Di}$分别为各检定点中同一检定点正行程输出值的算术平均值与反行程输出值的算术平均值。

（9）线性度[16]。压力传感器的线性度是指输出信号与输入压力之间关系曲线接近直线的程度。传感器的线性度按式(5.2.7)进行计算：

$$\xi_L = \frac{(\bar{y}_i - y_i)_{max}}{y_{FS}} \times 100\% \tag{5.2.7}$$

式中，$\bar{y}_i$ 为各检定点输出值的算术平均值；y_i 为选定工作直线对应的值。

设计时一般依据以上技术指标要求进行传感器的制备，下面选取一款典型 SOI 高温压力传感器的设计案例进行介绍。

2. 力学结构设计

压阻式压力传感器通常采用硅敏感薄膜作为弹性敏感元件，当压力载荷作用于敏感膜片时，薄膜四周支撑结构的变形和薄膜相比很小，近似认为没有变形，因此敏感薄膜可等效成四边固支的薄板。根据弹性理论力学，当平板厚度 t 与宽度 a 的比值小于 1/5 时，可视为弹性薄板[17]。需要满足小挠度理论的模型：

（1）薄板的变形属于弹性形变，二阶以上形变量忽略不计；

（2）薄板只有垂直向上方向的形变；

（3）薄板不存在层间挤压，截面内剪应力为零且无法向应力。

根据这些假设，薄板的变形问题中的物理量均能用挠度 w 表示，结合边界条件，建立线性微分方程可以得到薄板的最大挠度和应力。

如图 5.2.5 所示在薄板上建立直角坐标系，其挠度变化可表示为

$$D\left[\frac{\partial^4 w(x,\ y)}{\partial x^4}+2\frac{\partial^2 w(x,\ y)}{\partial x^2\partial y^2}+\frac{\partial^4 w(x,\ y)}{\partial y^4}\right]=p \tag{5.2.8}$$

式中，D 为弯曲刚度，可用式(5.2.9)表示；p 为薄板所受的压力载荷。

$$D=\frac{Et^3}{12(1-\nu^2)} \tag{5.2.9}$$

式中：E 为材料的弹性模量(硅的弹性模量为 170 GPa)；ν 为泊松比(硅的泊松比取 0.3)；t 为薄板厚度。

在满足小挠度理论的前提下，对边长为 A 的正方形薄板建立笛卡尔坐标系，以薄板内部平面的中心点为坐标原点，如图 5.2.5 所示，x 轴和 y 轴分别为薄板长度和宽度方向，z 轴为板厚方向，薄板上、下表面分别为 $+H/2$、$-H/2$。

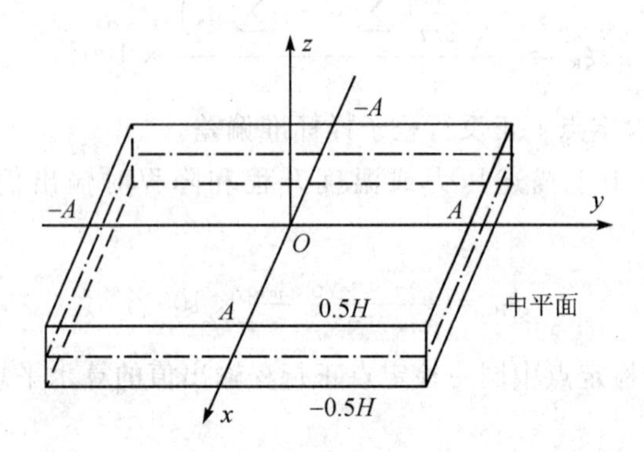

图 5.2.5　方形薄板直角坐标系

边界条件为

$$\begin{cases} x=0,\quad x=a\Leftrightarrow w(x,\ y)=0,\quad \dfrac{\partial w(x,\ y)}{\partial x}=0 \\ y=0,\quad y=a\Leftrightarrow w(x,\ y)=0,\quad \dfrac{\partial w(x,\ y)}{\partial y}=0 \end{cases} \tag{5.2.10}$$

解得薄板的挠度为

$$w(x,\ y)=0.0138\frac{p}{Et^3a^4}(x^2-a^2)^2(y^2-a^2)^2 \tag{5.2.11}$$

薄板上任一点$(x,\ y)$沿 x 方向的应力 σ_x 与沿 y 方向的应力 σ_y 为

$$\begin{cases} \sigma_x=-\dfrac{Et}{2(1-\nu^2)}\left(\dfrac{\partial^2 w}{\partial x^2}+\nu\dfrac{\partial^2 w}{\partial y^2}\right) \\ \sigma_y=-\dfrac{Et}{2(1-\nu^2)}\left(\dfrac{\partial^2 w}{\partial y^2}+\nu\dfrac{\partial^2 w}{\partial x^2}\right) \end{cases} \tag{5.2.12}$$

敏感薄膜形状为方形时，最大挠度 $w_{\max}$ 和最大应力 $\sigma_{\max}$ 分别为

$$w_{\max}=\frac{0.0138pa^4}{Et^3} \tag{5.2.13}$$

$$\sigma_{\max} = \frac{0.308pa^2}{t^2} \tag{5.2.14}$$

式中，a 为方形敏感薄膜的边长；t 为薄板的厚度。

基于薄板理论，压阻式压力传感器敏感膜结构的设计需要满足线性原则和可靠性原则：

（1）线性原则：为了保证传感器输出信号和施加载荷呈线性变化，敏感膜的最大变形应小于膜厚的 1/5，即

$$\omega_{\max} = \frac{0.0138pa^4}{Eh^3} < 0.2h \tag{5.2.15}$$

式中，E 为硅的弹性模量(170 GPa)；p 为传感器的最大载荷(20 MPa)；a 为敏感膜片的边长；h 为敏感膜的厚度。

（2）可靠性原则：为了保证传感器工作的可靠性，保证其有较大的抗过载能力，要求敏感膜表面最大应力小于材料破坏应力的 1/5，即

$$\sigma_{\max} = \frac{0.308pa^2}{h^2} < 0.2\sigma_m \tag{5.2.16}$$

式中，σ_m 为硅的破坏应力(6 GPa)。

根据线性原则与可靠性原则约束，利用 ANSYS 仿真软件对膜厚附近取整数并进行参数化仿真。敏感膜片厚度越大，膜片最大挠度越小，最大应力越小，因此膜片的抗过载能力强，灵敏度低[18]。当敏感膜片厚度减小时，膜片最大挠度增大，最大应力增大，其灵敏度增大但抗过载能力减弱。理论上敏感膜片越薄，芯片灵敏度越高，但是当敏感膜片过薄时，芯片线性度急剧下降，传感器性能变差，因此，在设计敏感膜片厚度时，要综合考虑传感器工作的灵敏度、线性度和可靠性以及实际加工工艺精度等条件[19]。

3. 灵敏度设计

图 5.2.6 所示为敏感膜片受 1.5 MPa 压力时应力分布图，利用 ANSYS 软件对设计好的芯片进行静力学分析，定义压敏电阻的位置，得到其电阻所在位置的应力，利用 origin 积分求出压敏电阻所在位置平均应力，计算得到压敏电阻平行于膜片边缘排布平均应力和压敏电阻垂直于膜片边缘排布平均应力，进而得到平均应力。

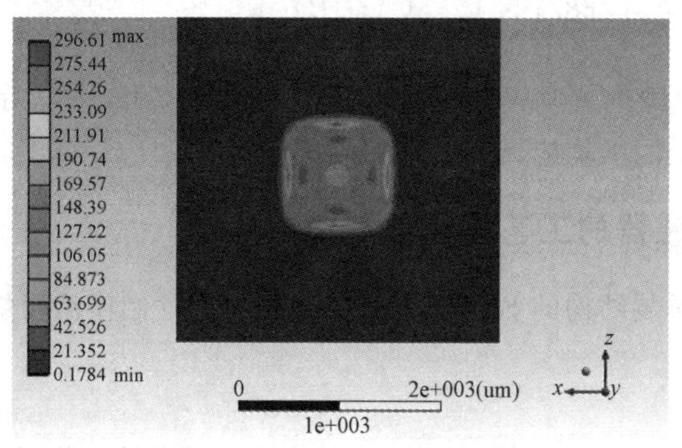

图 5.2.6　敏感膜片受压应力分布示意图

理想情况下，四个压敏电阻的阻值相等，用 R 表示，电阻变化量相等。然而，实际上由于垂直于边缘放置的两个压敏电阻横跨整个应力集中区，和平行于边缘的压敏电阻的阻值变化量并不完全相同，只有对称位置的变化量相同。因此，假设 $\Delta R_1=\Delta R_3=\Delta R'$，$\Delta R_2=\Delta R_4=\Delta R''$。

本示例的高温压力芯片采用全桥电路，压敏电阻排布位置应力分布图如图 5.2.7 所示，电桥的输出电压为

$$U_{\text{out}}=\frac{\Delta R'-\Delta R''}{2R+\Delta R'+\Delta R''}U_{\text{in}} \tag{5.2.17}$$

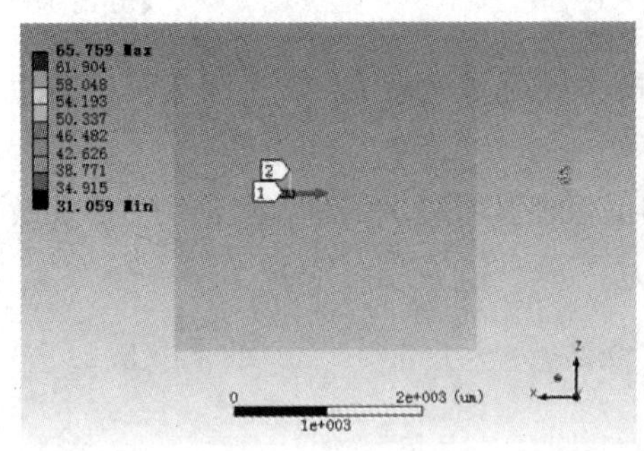

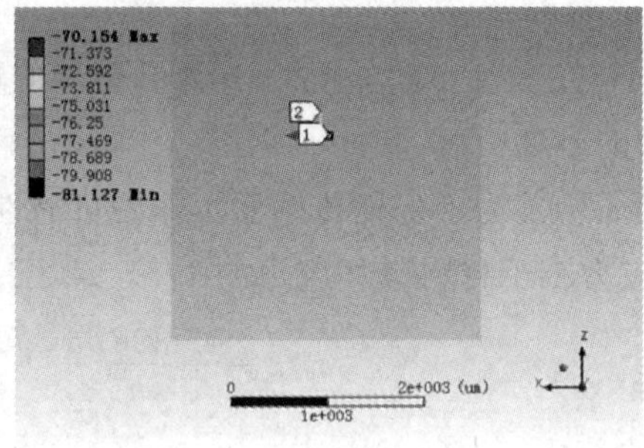

图 5.2.7　压敏电阻排布位置应力分布图

当压敏电阻平行于膜片边缘排布时：

$$\begin{aligned}\frac{\Delta R}{R}&=\frac{1}{x_2-x_1}\int_{x_1}^{x_2}\pi_l\sigma_x+\pi_t\sigma_y\,\mathrm{d}x\\&=\frac{68.1\times10^{-11}}{x_2-x_1}\int_{x_1}^{x_2}\sigma_x-\sigma_y\,\mathrm{d}x=68.1\times10^{-11}A\end{aligned} \tag{5.2.18}$$

当压敏电阻垂直于膜片边缘放置时：

$$\begin{aligned}\frac{\Delta R}{R}&=\frac{1}{x_2-x_1}\int_{x_1}^{x_2}\pi_l\sigma_x+\pi_t\sigma_y\,\mathrm{d}x\\&=\frac{68.1\times10^{-11}}{x_2-x_1}\int_{x_1}^{x_2}\sigma_x-\sigma_y\,\mathrm{d}x=68.1\times10^{-11}B\end{aligned} \tag{5.2.19}$$

将式(5.2.18)和式(5.2.19)代入式(5.2.17)，得传感器的输出电压为

$$U_{\text{out}}=\frac{68.1\times10^{-11}(A-B)}{2+68.1\times10^{-11}(A+B)}U_{\text{in}} \tag{5.2.20}$$

式中：A 表示平行于敏感膜片边缘位置放置的压敏电阻上的平均应力，B 表示垂直于敏感膜片边缘位置放置的压敏电阻上的平均应力。

5.2.3　压阻式高温压力传感器的工艺设计与制备

下面选取一个典型的正式封装结构的 SOI 压阻式高温压力芯片制作流程供广大读者参考学习，如图 5.2.8 所示[20-25]。

具体流程如下：

(a) 用 3＃清洗液和 1＃清洗液清洗，保证 SOI 晶圆片洁净度满足工艺要求[26]；

(b) 器件层掺杂：清洗后进行扩散或离子注入进行掺杂；

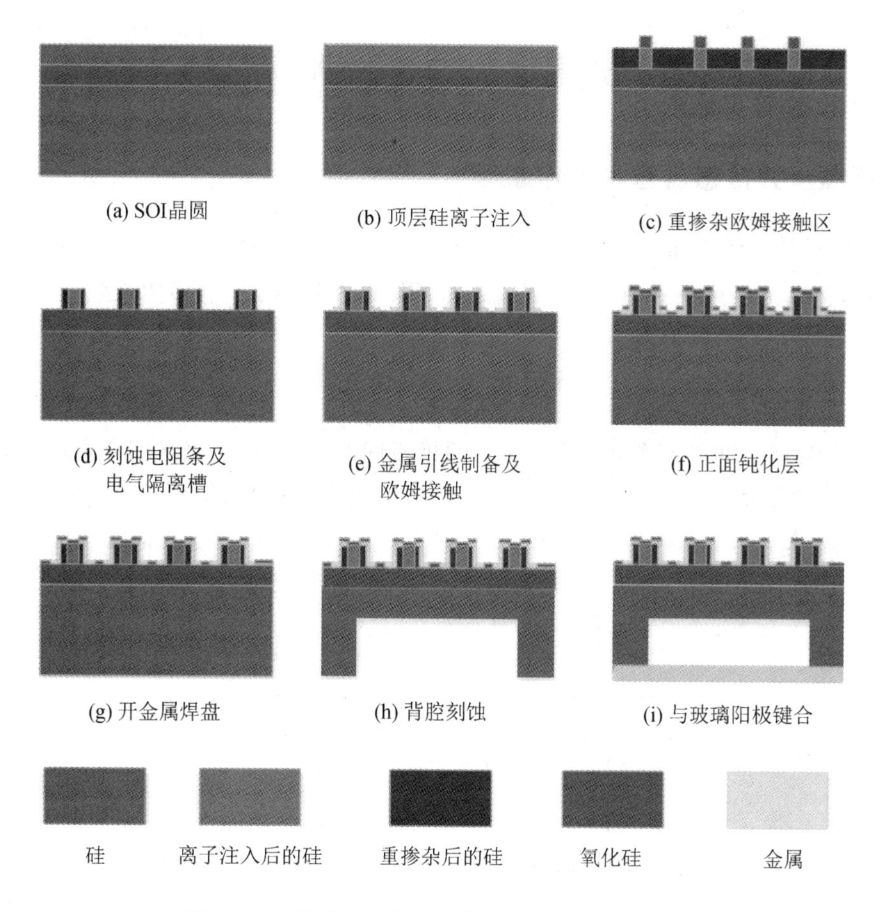

图 5.2.8　典型 SOI 压阻式高温压力芯片制作流程

(c) PE 氧化硅形成硬掩膜，重掺杂欧姆接触区；

(d) 利用光刻和刻蚀工艺形成压敏电阻条；

(e) 溅射金属电极引线及退火形成欧姆接触；

(f) PE 氧化硅形成表面钝化保护膜层；

(g) 刻蚀氧化硅，露出金属焊盘；

(h) 通过深硅刻蚀或湿法腐蚀工艺形成背面腔体；

(i) 阳极键合形成绝压参考腔。

5.2.4　压阻式高温压力传感器的特点及应用

硅压阻式高温压力传感器具有频响高、体积小、耗电少、灵敏度高、精度高等优点，但也存在工艺复杂、温度特性差等不足，随着技术的发展，目前这方面的不足也得到改善。在压阻传感器科学工程领域，Kulite 被公认为全球领头者，其生产的高温无引线压力传感器可持续工作在 482℃ 环境下。硅压阻式压力传感器广泛应用于航空飞机、汽车科技、工业监控、仪表与测量、船舶系统、能源研究及生物医学等领域。

5.3 电容式高温压力传感器

5.3.1 电容式高温压力传感器基本工作原理

1. 电容式压力传感器工作原理

用两块金属平板作电极可构成最简单的电容器，如图 5.3.1 所示。当忽略边缘效应时，其电容量为[27]

$$C=\frac{\varepsilon S}{d}=\frac{\varepsilon_0\varepsilon_r S}{d} \tag{5.3.1}$$

式中：C 为电容量；S 为极板间相互覆盖面积；d 为两极板间距离；ε 为两极板间介质的介电常数；ε_0 为真空的介电常数，$\varepsilon_0=8.854\,187\,817\times10^{-12}$ F/m；ε_r 为介质的相对介电常数，$\varepsilon_r=\frac{\varepsilon}{\varepsilon_0}$，对于空气介质 $\varepsilon_r\approx1$。

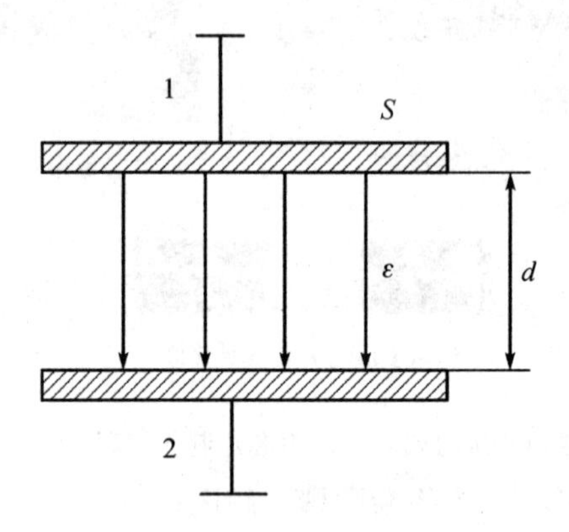

图 5.3.1 平板电容器

由式(5.3.1)可知：在 S、d、ε 三个参数当中，其中两个保持不变，改变另一个参数即可使电容量 C 发生改变。这就是电容式压力传感器的基本原理。因此一般的电容式压力传感器可以分为变面积式、变间距式、变介电常数式三类。一般，改变平行板间距的传感器可以测量微米数量级的位移，而变化面积的传感器则适用于测量厘米数量级的位移，变介电常数的传感器适用于液面、厚度的测量[28]。采用 MEMS 工艺制备的压力传感器常采用变间距式。

1）变面积式电容压力传感器

通常变面积式电容压力传感器的两个极板当中一个是固定不动的，称之为定极板；另一个是可移动的，称之为动极板。动极通常选用圆形金属薄膜或镀金属薄膜，当压力到来时，薄膜构成的动极发生形变，由于动极和定极之间间距改变进而导致电容量的变化，通过信号调理电路便可输出与压力信号成数量关系的其他电信号[29]。

2）变间距式电容压力传感器

变间距式电容压力传感器的下极板是固定不动的，上极板受到外界压力时，两极板间

距 d 发生改变，从而传感器的电容也发生了变化，电容变化值与压力值一一对应，完成压力信号到电容信号的转换。因此，根据传感器的变化输出值就可以获得压力数据，变形示意图如图 5.3.2 所示。由于施加相同载荷的情况下，方形膜的灵敏度大于相同尺寸的圆形膜，并且易于加工和切片，因此压敏极板和电极的形状常设计为正方形。

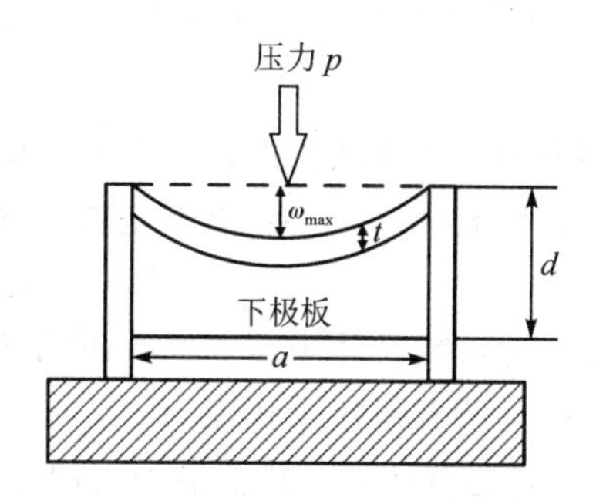

图 5.3.2　传感器结构变形示意图

变间距式的电容式压力传感器根据电容极板、中间介质和敏感膜片位置的不同，主要可以分为图 5.3.3 所示的几种模型。为了准确计算由于压力变化引起的电容值变化，依据电极、电容极板和电容空腔相对位置的不同，可以将电容式压力传感器等效为四种不同的模型。

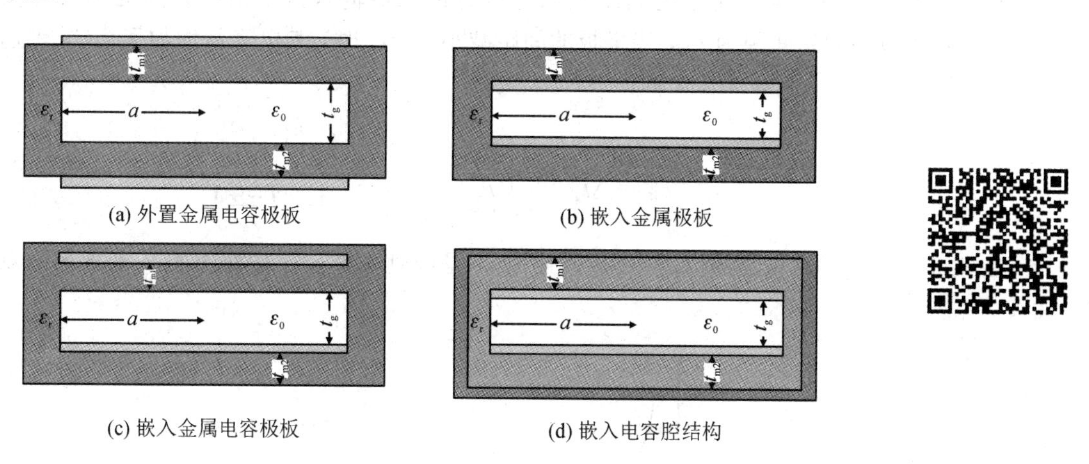

(a) 外置金属电容极板　(b) 嵌入金属极板

(c) 嵌入金属电容极板　(d) 嵌入电容腔结构

图 5.3.3　常见的电容结构模型[30]

忽略由于边缘效应产生的电容，即在理想情况下，上述四种情况下的初始电容 C_0 的计算公式分别如下[4]：

$$C_0 = \frac{4\varepsilon_0 a^2}{t_g + \dfrac{t_{m1} + t_{m2}}{\varepsilon_r}} \tag{5.3.2}$$

$$C_0 = \frac{4\varepsilon_0 a^2}{t_g} \tag{5.3.3}$$

$$C_0 = \frac{4\varepsilon_0 a^2}{t_g + \dfrac{t_{m1}}{2\varepsilon_r}} \tag{5.3.4}$$

$$C_0=\frac{4\varepsilon_0 a^2}{t_g+\dfrac{2t_{m1}}{\varepsilon_r}} \tag{5.3.5}$$

其中：ε_r 为敏感材料的相对介电常数；t_{m1} 和 t_{m2} 分别为电容腔的上、下极板厚度；t_g 为平行电容腔间距；$2a$ 为正方形敏感膜片边长。

2. 高温工作关键因素

在选择高温压力传感器材料时，主要从以下几个方面考虑：

(1) 材料成本。对于任何的系统设计来讲，成本是首要考虑的因素，在保证性能的同时，应尽可能节省成本。

(2) 耐高温可靠性。可靠性是系统设计中至关重要的方面，需要所选择材料在高温环境下保持稳定的性能、良好的抗疲劳度及抗干扰能力。

(3) 工艺可行性。传感器实现过程中，工艺是最为关键的一环，工艺的成熟度、难易程度很大程度上限制了材料的选择并影响着传感器的整体设计。

3. 静态特性

1) 非线性[27]

除变间距式电容压力传感器外，其他几种形式的电容压力传感器的输入量与输出电容量之间均为线性关系。本节讨论变间距式电容压力传感器输入量输出电容间的非线性关系，设电容极板的初始间距为 t_{g0}，当极板的间距减小了 Δt_g 时，其电容量增加了 ΔC，表达式为

$$C=C_0+\Delta C=\frac{\varepsilon S}{t_{g0}-\Delta t_g}=\frac{\varepsilon S}{t_{g0}\left(1-\dfrac{\Delta t_g}{t_{g0}}\right)}=\frac{C_0\left(1+\dfrac{\Delta t_g}{t_{g0}}\right)}{1-\left(\dfrac{\Delta t_g}{t_{g0}}\right)^2} \tag{5.3.6}$$

由式(5.3.6)可知，电容量 C 与极板间距 t_g 不是线性关系，而是如图 5.3.4 所示的双曲线关系。

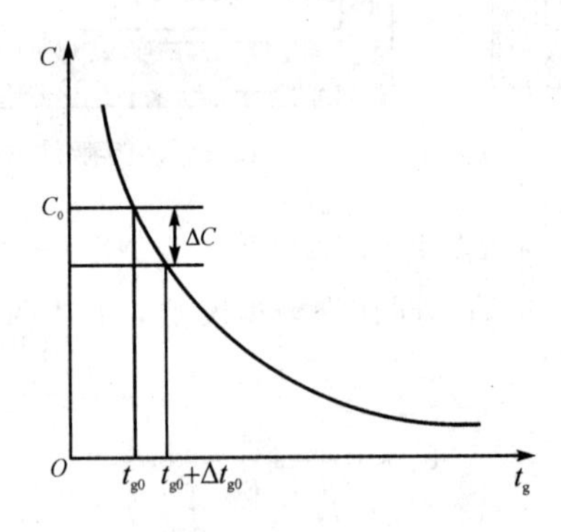

图 5.3.4　$C-t_{g0}$ 特性曲线

在式(5.3.6)中，若 $\dfrac{\Delta t_g}{t_{g0}}\ll 1$，有 $C=C_0+\Delta C\approx C_0\left(1+\dfrac{\Delta t_g}{t_{g0}}\right)$，有 $\Delta C\approx C_0\dfrac{\Delta t_g}{t_{g0}}$，即

$$\frac{\Delta C}{C_0}\approx\frac{\Delta t_g}{t_{g0}} \tag{5.3.7}$$

式(5.3.7)表明，当$\frac{\Delta t_g}{t_{g0}} \ll 1$时，变间距式电容压力传感器的$\Delta C$与$\Delta t_g$近似呈线性关系。

变间距式电容压力传感器极板间距t_g变化Δt_g，当$\frac{\Delta t_g}{t_{g0}}$较大时，电容变化量$\Delta C$与极板间距变化量$\Delta t_g$之间是非线性的；当$\frac{\Delta t_g}{t_{g0}} \ll 1$时，$\Delta C \approx C_0 \frac{\Delta t_g}{t_{g0}}$，电容变化量$\Delta C$与极板间距变化量$\Delta t_g$之间近似为线性关系。因此，为了消除压力与输出电容的非线性关系，压敏极板需要根据小挠度薄板理论来设计，使传感器在一定的压力范围内非线性减小甚至呈线性变化。

2) 灵敏度[31]

灵敏度是被测量缓慢变化时传感器电容变化量与引起其变化的被测量变化量之比。对于变间距式电容压力传感器而言，灵敏度S的表达式为

$$S = \frac{\Delta C}{\Delta t_g} \approx \frac{C_0}{t_g} \tag{5.3.8}$$

式中，Δt_g为间距改变量，ΔC为对应的电容变化量。

由式(5.3.8)可知，电容量增大或电容间距变小都可使灵敏度增强。所以，电容式压力传感器灵敏度的高低取决于C_0和t_g。而C_0和t_g与传感器的结构尺寸(a、ε_0、t_g)息息相关，因此改进电容式压力传感器的结构能够达到提高灵敏度的效果。

为了改善灵敏度，除了给压敏结构选择合适的材料之外，传感器的作用面积要尽量大，空腔的初始高度t_g要尽量小，压敏结构承受压力产生的形变量也要尽量大，介电层应采用介电常数大的材料。这些结构参数之间彼此联系、彼此影响，设计时需要结合起来考虑。

降低空腔的初始高度t_g能够增大C_0，但实际上，空腔高度的大小要保证传感器的线性工作范围，满足在量程范围内压敏极板在发生最大形变时不会与下极板接触。除此之外，空腔高度过小还会使传感器在负压状态时的灵敏度变低，所以空腔高度不能过小。面积大而厚度小的极板不仅可以提高C_0的值，还可以增大其在承受相同外界压力时产生的形变，但这不仅会降低传感器的线性度和韧性，也与MEMS技术的设计思想相悖。作用压力的减小还会造成压敏极板残余应力，从而对传感器灵敏度和线性度产生影响。所以，设计*MEMS*电容式压力传感器时需处理好灵敏度和线性度的关系。

综上所述，进行传感器尺寸设计时，不仅要考虑设计限制条件，还要考虑制造过程中的工艺约束及偏差。压敏极板的尺寸不仅要满足小挠度薄板理论，同时还要考虑初始电容、电容分辨率以及耐过载能力等性能参数。

5.3.2　电容式高温压力传感器的设计与制备

1. 电容式高温压力传感器设计

电容式高温压力传感器设计的基本理论是弹性敏感膜片形变理论。在本节中，针对变间距式电容压力传感器的上极板(敏感膜片)进行展开论述[31-34]。

当敏感膜片受压力变化时，电容变化如下：

$$C_s(p)=\frac{C_0}{\sqrt{\gamma}}\tanh^{-1}(\sqrt{\gamma})\approx C_0\left(1+\frac{\gamma}{3}+\frac{\gamma^2}{5}\right) \tag{5.3.9}$$

$$\gamma=\frac{\omega_{\max}}{t_g} \tag{5.3.10}$$

其中，C_0 为电容的初始值；p 为压力变化值；t_g 为电容空腔的间距；ε_r 为敏感材料的相对介电常数；$\omega_{\max}$为敏感膜片的最大挠度变化值。

依据 5.2.2 小节中的敏感膜片变形理论进行设计，为了使传感器工作在更宽的线性输出区域，一般要求敏感膜片的最大挠度小于膜厚的 1/5，同时还应满足敏感薄膜表面最大应力差小于材料的破坏应力的 1/5。在本节中，建立方形膜片模型，如图 5.3.5 所示，采用周边固支，正面施加压力进行仿真，仿真结果如图 5.3.6 所示，可得最大形变量发生在平板的中心，即有

$$\omega_{\max}=\frac{0.0213\times12\times(1-\nu^2)pa^4}{16\cdot Et^3}\leqslant\frac{t}{5} \tag{5.3.11}$$

$$\max(|\sigma_x-\sigma_y|)=\frac{1.0224\times(1-\nu)pa^2}{4\times t^2}\leqslant\frac{\sigma_m}{5} \tag{5.3.12}$$

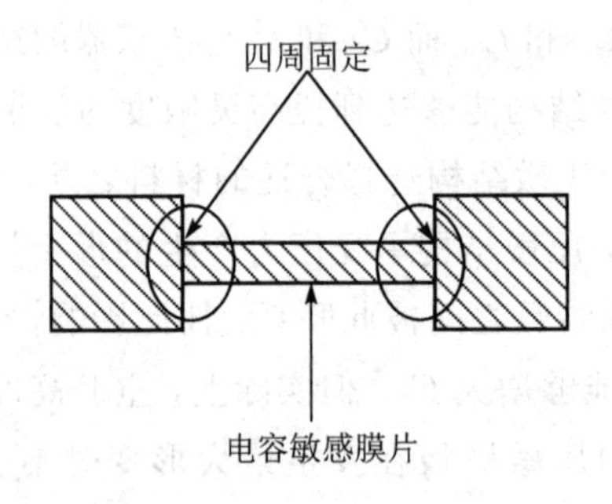

图 5.3.5　正方形周边固支薄板模型

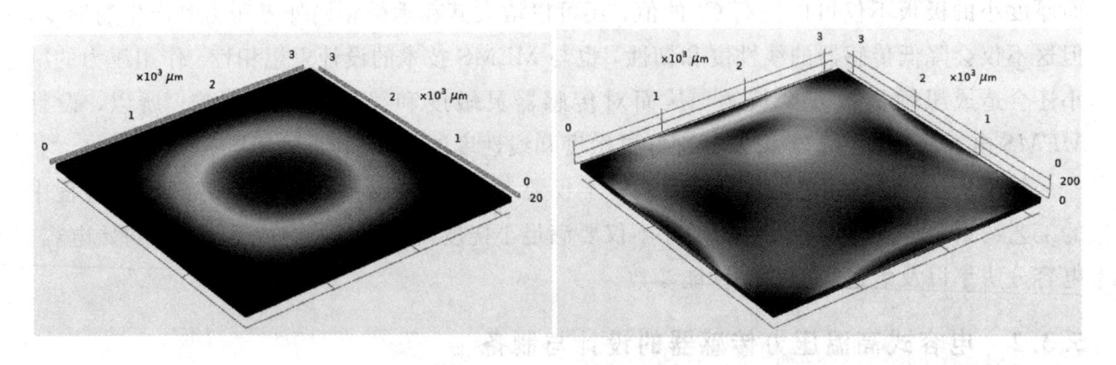

图 5.3.6　模型挠度、应力仿真

假设设计敏感膜片边长为 a，量程为 p，综合式(5.3.11)和式(5.3.12)计算得到敏感膜厚的范围，并结合实验室的 MEMS 加工条件，确定敏感膜厚度。

对于电容腔结构的设计，在确定敏感膜片的边长和厚度后，利用式(5.3.11)可以计算

得到敏感膜片最大变形挠度。由式(5.3.2)可知，在电容极板厚度和结构相对介电常数确定及相同的外界压力的情况下，灵敏度与 t_g 成反比，如果把间距设计得较小，电容将有更大的初始值和变化量，从而使传感器灵敏度变得更高。

综合上述设计得到敏感膜片的整体厚度参数，但还需考虑到后续 MEMS 工艺的可行性。下面介绍一个典型示例，具体结构参考图 5.3.7。

图 5.3.7　传感器敏感膜片设计结构

采用耐高温金属如 Ti/Au 或其他金属做电容的金属极板时，结构如图 5.3.8 所示。

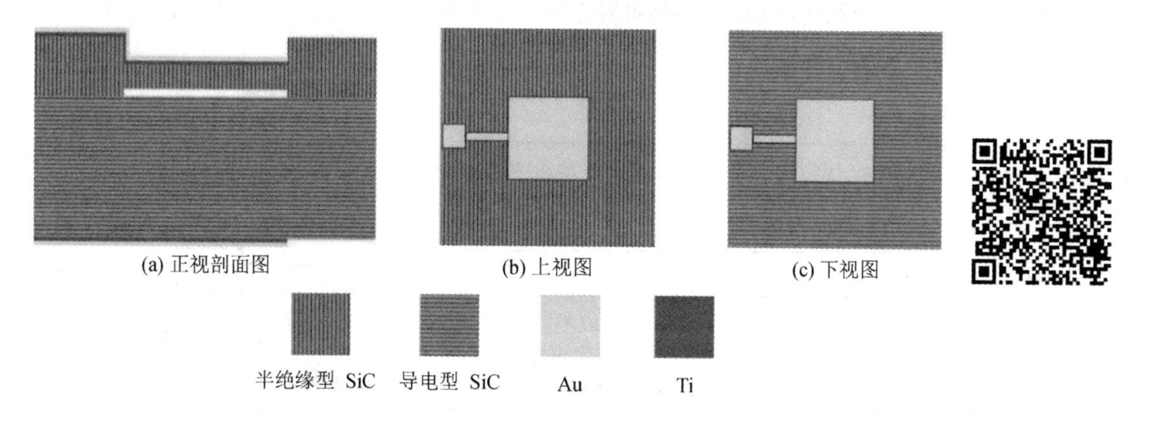

图 5.3.8　电容压力传感器电容结构

结合前文的电容理论结构和上述的分析，其初始电容的计算采用公式(5.3.4)。根据式(5.3.4)，可以计算得到在零载荷的情况下，该电容结构的初始电容。通过受压力变化的电容值求解公式即式(5.3.9)和式(5.3.10)，并结合最大挠度变化的理论计算值，得到在常温下传感器理论电容与压力的变化关系，如图 5.3.9 所示。

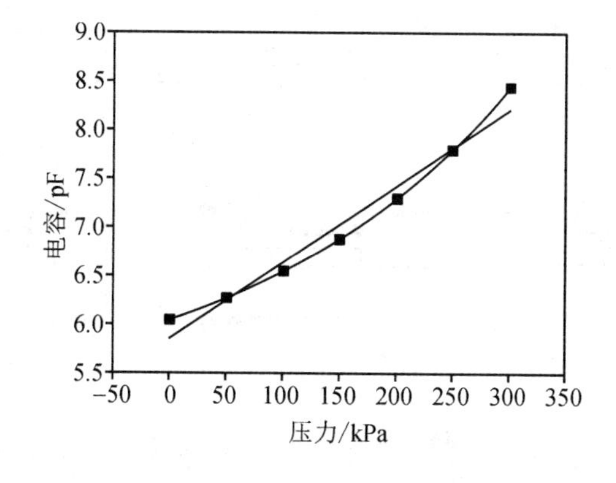

图 5.3.9　常温下传感器理论电容与压力的关系

通过图 5.3.9 可以看出，压力增大时，传感器的电容值也随着增大，并且在 300 kPa 的量程范围内，非线性误差小于 1%。

2. 电容式高温压力传感器工艺流程

下面以碳化硅电容式高温压力传感器为例进行介绍，供广大读者参考学习。电容式高温压力传感器的工艺制备主要包括压力传感器敏感膜片和压力传感器电容结构制备。其中，压力传感器的敏感膜片制备主要包括碳化硅晶圆的双面工艺，包括用于干法刻蚀碳化硅的金属掩膜层的制备、SiC 的 ICP 刻蚀、双面光刻及金属剥离等工艺。压力传感器电容结构的制备工艺主要包括 SiC 晶圆的直接键合及电容上下极板的金属图形化。

1）电容结构的空腔制备

本示例选用天科合达 4H－SiC 晶圆，厚度为 350 μm。首先将 4H－SiC 晶圆背面减薄至设计厚度，然后在 SiC 正面进行光刻；接着溅射金属掩膜，通过剥离工艺打开刻蚀窗口；利用 ICP 刻蚀 SiC，然后腐蚀多余的金属掩膜得到电容空腔。具体工艺流程如图 5.3.10(a)～(f)所示。

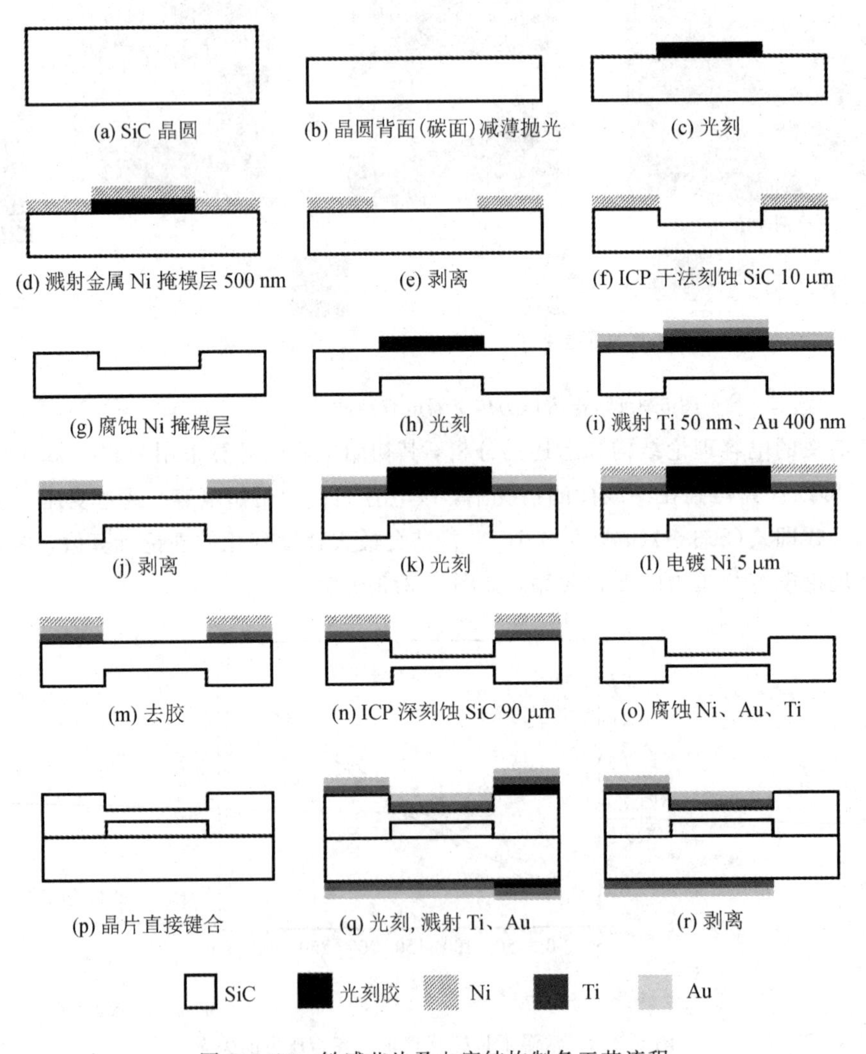

图 5.3.10　敏感芯片及电容结构制备工艺流程

2）敏感芯片的制备

在碳化硅背面进行深刻蚀，从而完成压力敏感膜片的制备。目前，在 SiC 刻蚀时，应用较多的掩膜层为 Al 和 Ni。由于金属 Al 和 Ni 相比致密性较差，在高能活性离子的轰击下，Al 更容易被溅射到 SiC 晶圆表面，形成微掩膜效应，继而在 SiC 材料表面长“草”，影响刻蚀效果，因此通过对比，采用 Ni 做掩膜层。利用 Ni 做掩膜层刻蚀碳化硅材料，其 ICP 刻蚀比可达到 1∶50。结合电容空腔的间距设计，采用了溅射工艺制备金属 Ni 层。常规的金属溅射和蒸发工艺无法为 SiC 的深刻蚀提供足够厚的掩膜层，因此采用溅射和电镀工艺制备较厚的金属掩膜层，然后利用 ICP 对碳化硅进行深刻蚀，腐蚀掉剩余的 Ni 掩膜以及底层的金属得到碳化硅感压敏感芯片，具体工艺流程如图 5.3.10(g)～(o)所示。

3）预处理

为了制备键合强度高、密封性好的电容结构，采用直接键合工艺，先对半绝缘型敏感膜片和导电型 SiC 晶片进行键合预处理，主要包括晶圆的湿法清洗和等离子体处理。然后对碳化硅的硅面进行氧等离子体激活，进而完成键合[7]，如图 5.3.10(p)所示。

4）制备电容结构的上电极极板

为了制备电容结构的上电极极板，首先溅射 Ti 做金属黏附层，接着溅射 Au 做金属极板，完成后续的极板图形化，工艺流程如图 5.3.10(q)～(r)所示。

5.3.3　电容式高温压力传感器的应用

电容式高温压力传感器具有温度特性好、输入能量低、动态响应特性好、自然效应小、环境适应性好等特点。其中，碳化硅、陶瓷电容压力传感器因其耐腐蚀、抗冲击、无迟滞、介质兼容性强等优势可用于水、气、液多种介质的压力检测，在农业、航空航天、石油化工、军事、精密测量等领域有广泛应用。

5.4　无线无源式高温压力传感器

5.4.1　无线无源式高温压力传感器的基本工作原理

1. 无线无源式压力传感器工作原理

相比传统的有线传感器，无线无源传感器不需要引线进行信号传输，虽然它的传输距离受到一定的限制影响，但是有利于应对各种恶劣条件下的参数测量。

无线无源式压力传感器的工作原理包括了压力膜片的敏感原理和无线无源 LC 传感器信号拾取原理。压力膜片的敏感原理是基于弹性力学中的薄板小挠度变形理论[35]，根据平板厚度 H 与平面最小尺寸 L 的比值，可将压力传感器的敏感膜片划分为薄板范围($1/80<H/L<1/5$)，小挠度变形是指当外界均匀载荷 p 施加到薄板中面时，薄板的最大挠度变化小于其厚度的 1/5，小挠度变形理论成立的前提是满足 Kirchhoff 假定[17]。压力敏感模型如图 5.4.1 所示。无线无源 LC 传感器信号拾取原理是基于无线电能传输的技术理论，不需

要导线即可将电能进行传输。当天线靠近传感器时，LC 回路的电感线圈与天线通过电磁耦合实现信号传输。无线无源压力传感器的信号提取原理如图 5.4.2 所示。

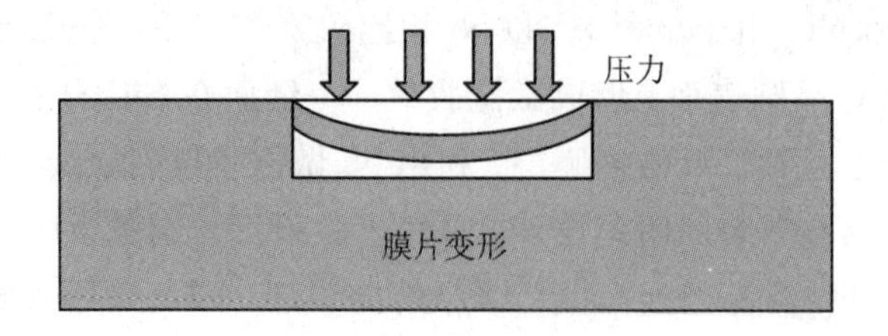

图 5.4.1　压力敏感模型

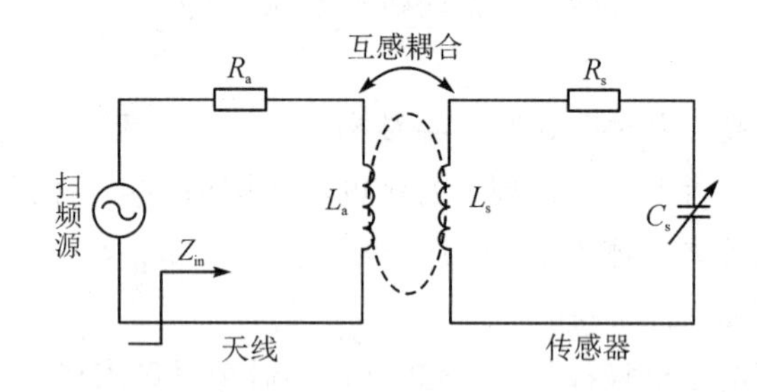

图 5.4.2　无线无源压力传感器的信号提取原理

2. 高温工作关键因素

敏感芯片材料的耐高温特性是限制高温压力传感器的工作温度的一个主要因素。半导体材料(SOI、SiC)[33-38]和压电材料(LGS)的压力传感器的工作温度一般不超过 750℃，石英材料的光纤微结构压力传感器由于石英材料的高温蠕变特点，长时稳定工作温度一般不超过 900℃。而基于耐高温陶瓷(如 LTCC、HTCC)、蓝宝石等材料的传感器的长时稳定工作温度可以达到 1000℃，甚至更高。总之，在材料的选择上要综合材料成本、耐高温可靠性、工艺可行性及具体应用需求等进行权衡考虑。

5.4.2　无线无源式高温压力传感器的结构与设计

本节选择一个 LC 谐振式无线无源高温压力传感器的设计案例进行介绍，其敏感结构如图 5.4.3 所示。通过利用 ANSYS 仿真软件仿真发现，当圆形膜片和方形膜片面积相等时，圆形膜片中心处形变是方形膜片的 1.25 倍，因此，从减小体积，提高灵敏度的角度考虑，宜采用圆形膜片。矩形膜各处曲率是不同的，而圆膜片曲率处处相同，因此选用圆膜片处理较简单。

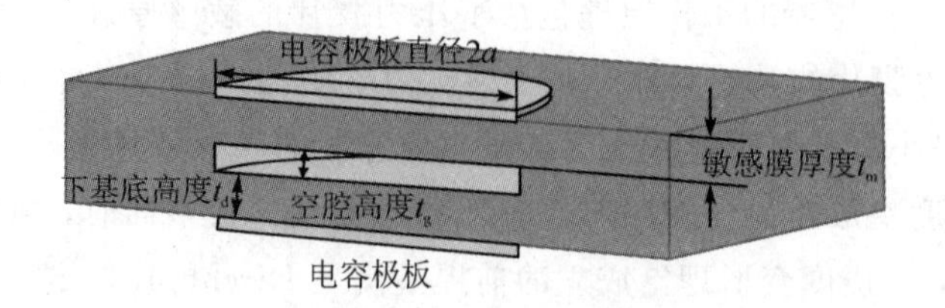

图 5.4.3　无线无源高温压力传感器敏感结构

利用圆形膜片的小挠度理论模型对传感器的敏感膜片进行了设计，针对圆形薄板，采用极坐标系处理更为方便。当圆形膜片受到外界均匀分布载荷 p 作用时，根据小挠度变形理论，极坐标系下的挠度 $\omega(r)$的平衡微分方程可表示为[39]

$$\left(\frac{\partial^2\omega}{\partial r^2}+\frac{1}{r}\frac{\partial\omega}{\partial r}+\frac{1}{r^2}\frac{\partial^2\omega}{\partial\varphi^2}\right)\left(\frac{\partial^2\omega}{\partial r^2}+\frac{1}{r}\frac{\partial\omega}{\partial r}+\frac{1}{r^2}\frac{\partial^2\omega}{\partial\varphi^2}\right)=\frac{12p(1-\nu^2)}{EH^3} \tag{5.4.1}$$

式中，ω 是半径为 r 处任意一点位置的挠度；p 是施加的均布载荷；r 是距离圆心半径为 r 处任意一点的位置；φ 是转角；E 是材料的杨氏模量；ν 是泊松比；H 是敏感膜片厚度。

根据周边固支的圆形膜片所满足的边界条件，即在 $r=R$ 处，$\omega(r)=0$，$\omega'(r)=0$，求解平衡微分方程可得到圆形膜片的挠度公式为

$$\omega(r)=\frac{p\,(R^2-r^2)^2}{64D} \tag{5.4.2}$$

其中，R 为圆形膜片半径。

由式(5.4.2)可得，在圆形膜片中心处即 $r=0$ 处，挠度变化最大值可表示为

$$\omega_{\max}=\frac{3pR^4(1-\nu^2)}{16EH^3} \tag{5.4.3}$$

根据圆形薄板的小挠度变形理论可得，圆形膜片的形变与应力分布均具有对称性，膜片上任意位置的径向应力 σ_r、切向应力 σ_t 分别表示为

$$\sigma_r=\frac{3p}{8H^2}\left[R^2(1+\nu)-r^2(3-\nu)\right] \tag{5.4.4}$$

$$\sigma_t=\frac{3p}{8H^2}\left[R^2(1+\nu)-r^2(1+3\nu)\right] \tag{5.4.5}$$

由上式可得，圆形膜片的最大应力出现在边缘处的上、下表面，最大应力$(\sigma_r)_{\max}$为

$$(\sigma_r)_{\max}=\frac{3pR^2}{4H^2} \tag{5.4.6}$$

无线无源 LC 谐振式高温压力传感器主要由电感线圈及带有密封压力腔的基底与金属极板形成的可变电容构成，敏感单元中所构成的平行板电容结构如图 5.4.3 所示。在没有外界压力作用的初始条件下，电容值 C_s 可表示为

$$C_s=\frac{\varepsilon_0 a^2\pi}{t_g+\dfrac{t_m+t_d}{\varepsilon_r}} \tag{5.4.7}$$

其中，ε_0 和 ε_s 分别为真空介电常数和传感器材料的相对介电常数；a 为电容极板半径；t_g 为密封腔的高度；t_m 为上基板敏感膜片的厚度；t_d 为下基板刻蚀腔后剩余基板厚度。

当有外界压力载荷施加在敏感膜片上时，上、下电容极板的间距随敏感膜片的挠度变化而变化，受到压力作用下的电容计算公式可表示为[30]

$$C_s=\frac{\varepsilon_0 a^2\pi}{t_g+\dfrac{t_m+t_d}{\varepsilon_r}}=\frac{\operatorname{arctanh}\sqrt{\dfrac{d_0}{(t_m+t_d)/\varepsilon_r}}}{\sqrt{\dfrac{d_0}{(t_m+t_d)/\varepsilon_r}}} \tag{5.4.8}$$

其中，d_0 为敏感膜片在外界压力作用下的挠度变化，可表示为

$$d_0 = \frac{3pa^4(1-\nu^2)}{16E(t_m)^3} \tag{5.4.9}$$

对于 LC 谐振压力敏感单元，其谐振频率可以表示为

$$f = \frac{1}{2\pi\sqrt{L_s C_s}} \tag{5.4.10}$$

式中，L_s 和 C_s 分别为传感器的电感和电容。

当外界压力作用于敏感膜片时，膜片变形导致电容上、下极板距离发生变化，从而电容值发生变化，最终导致传感器的谐振频率发生改变。

所设计的 LC 无线无源高温压力传感器的测试模型如图 5.4.4 所示。电感线圈和电容极板通过浆料丝网印刷在带有密封腔的传感器基板上形成 LC 谐振电路，利用天线以电磁互感耦合的形式获取谐振频率从而实现压力参数的测量。根据基尔霍夫电压定律，LC 串联谐振电路中输入阻抗 Z_{in} 可表示为[40]

$$Z_{in} = R_a + j2\pi f_s L_a + \frac{(2\pi f_s)^2 M^2}{R_s + j\left(2\pi f_s + \frac{1}{2\pi f_s C_s}\right)} \tag{5.4.11}$$

其中，M 和 f 分别为电感之间的互感和网络分析仪的扫频频率；R_a、L_a 分别为扫频天线回路中的电阻和电感；R_s、L_s、C_s 分别表示敏感单元回路中的等效电阻、电感和电容。

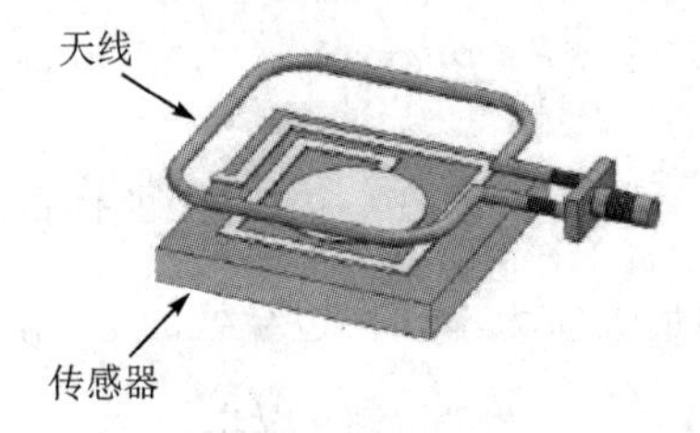

图 5.4.4　实际测试模型

假设传感器的品质因数为 Q，耦合系数为 k，则

$$Q = \frac{1}{R_s}\sqrt{\frac{L_s}{C_s}} \tag{5.4.12}$$

$$Z_{in} = R_a + 2\pi L_a k^2 Q \frac{\left(\frac{f_s}{f}\right)^2}{1+Q^2\left(\frac{f}{f_s}-\frac{f_s}{f}\right)} + j2\pi f_s L_a \left[1 + k^2 Q^2 \frac{1-\left(\frac{f_s}{f}\right)^2}{1+Q^2\left(\frac{f}{f_s}-\frac{f_s}{f}\right)^2}\right] \tag{5.4.13}$$

传感器的品质因数、耦合系数、天线的电感电阻等为定值，当天线靠近传感器时，LC 回路的电感线圈与天线通过电磁耦合实现信号传输。从天线侧，扫频信号连续地与 LC 谐振电路耦合，由公式可知，当网络分析仪扫描信号的频率与传感器的自谐振频率相同时，天线的实部阻抗 $R_e(Z_{in})$ 达到峰值，此时网络分析仪产生的谐振频率就是传感器自身的谐振频率，由天线的输入阻抗 Z_{in} 可得到 S_{11} 参数为

$$S_{11} = \frac{Z_{in} - Z_0}{Z_{in} + Z_0} \tag{5.4.14}$$

其中，$Z_0=50\ \Omega$，为网络分析仪的接口阻抗值，通过提取网络分析仪中的 $S_{11}-f$ 曲线可以读取传感器在某个压力下的谐振频率。通过提取和跟踪不同压力条件下天线的谐振信息的变化，可以获得传感器谐振频率随压力的变化关系。

根据压力敏感膜片的设计准则及圆形膜片的挠度变化理论公式，对结构设计影响最大的两个参数即膜片厚度和半径进行 Matlab 仿真，选取最优的结构尺寸参数。从图 5.4.5(a)中可以看出，半径越大，挠度变化越大，同时传感器灵敏度越高。图 5.4.5(b)所示为半径固定时，不同厚度的敏感膜片的挠度随压力的变化关系，可以看出敏感膜片厚度越薄，挠度变化越大。

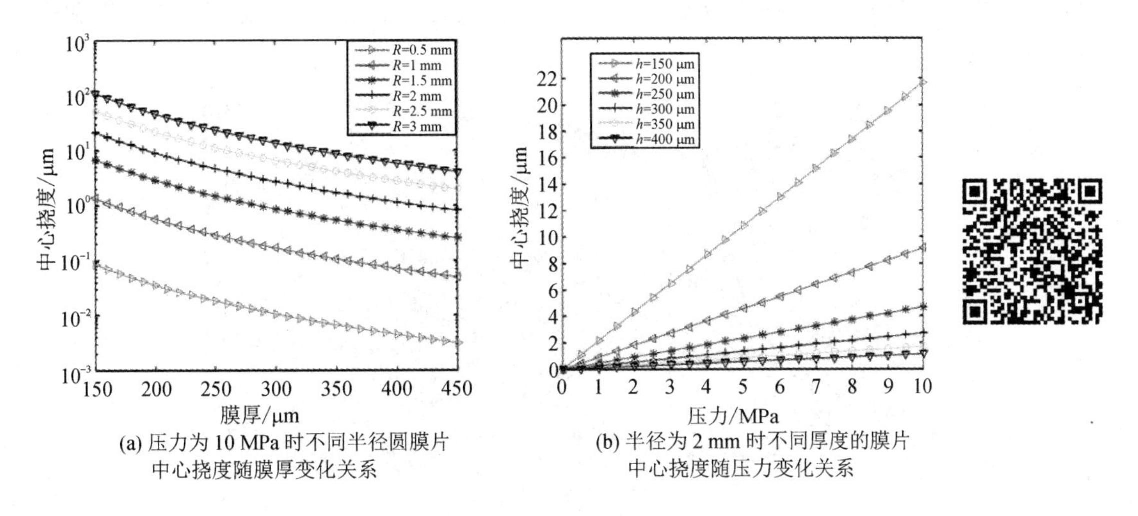

(a) 压力为 10 MPa 时不同半径圆膜片中心挠度随膜厚变化关系

(b) 半径为 2 mm 时不同厚度的膜片中心挠度随压力变化关系

图 5.4.5　敏感膜片挠度变化仿真结果

图 5.4.6 为 600 kPa 压力下不同半径的敏感膜片挠度随厚度的变化曲线，从中可以看出，膜片厚度在 80～150 μm 之间挠度变化较大。

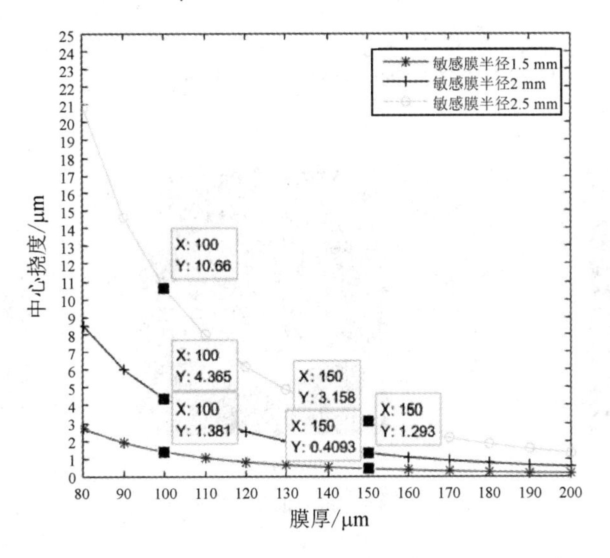

图 5.4.6　600 kPa 压力作用下不同半径的敏感膜片挠度随厚度的变化曲线

利用 ANSYS 软件对压力传感器模型中敏感膜片的形变进行有限元仿真，验证理论设计的准确性与可行性。图 5.4.7 所示为 ANSYS 中建立的压力敏感膜片的等效模型。对建立的敏感膜片模型添加材料参数，并对其周边固支面及下底面施加固定约束，然后对其上表面施加压力载荷进行膜片的挠度与应力分布仿真。图 5.4.8 所示为在敏感膜片上施加 1 MPa 均匀压力载荷时的位移及应力仿真结果。图 5.4.9 所示为敏感膜片中线上的应力与位移分布情况。

无线无源蓝宝石压力传感器的结构设计如图 5.4.10 所示，它由两层基底直接键合构成密封空腔，一层为膜片，另一层为带有圆形刻蚀槽的基底。在键合密封空腔对应上、下基板的面积通过丝网印刷涂覆高温浆料形成电容极板，将上、下电容极板通过电感线圈和侧壁连接形成串联回路。

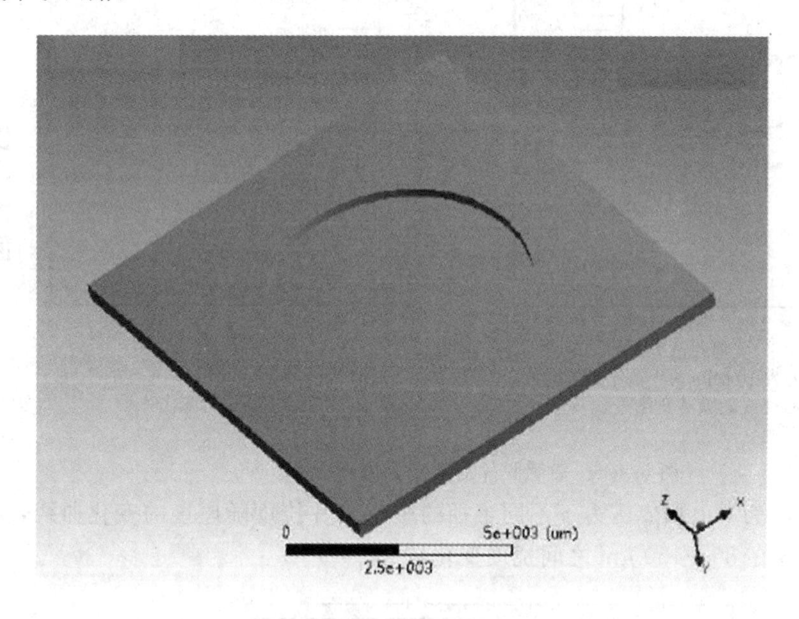

图 5.4.7　ANSYS 中建立的压力敏感膜片等效模型

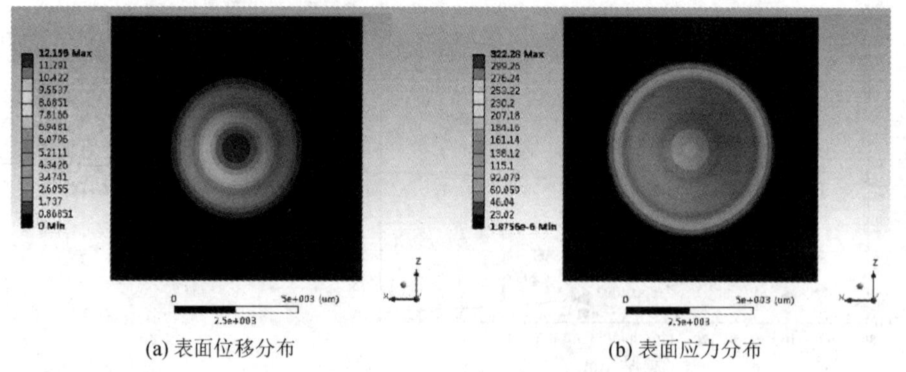

(a) 表面位移分布　　(b) 表面应力分布

图 5.4.8　施加 1 MPa 压力时敏感膜片 ANSYS 仿真结果

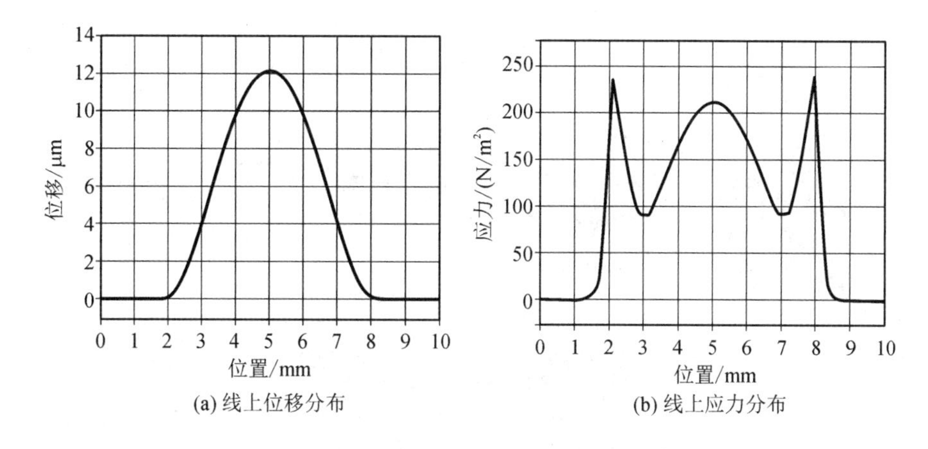

(a) 线上位移分布 (b) 线上应力分布

图 5.4.9 敏感膜片中线上 ANSYS 仿真结果

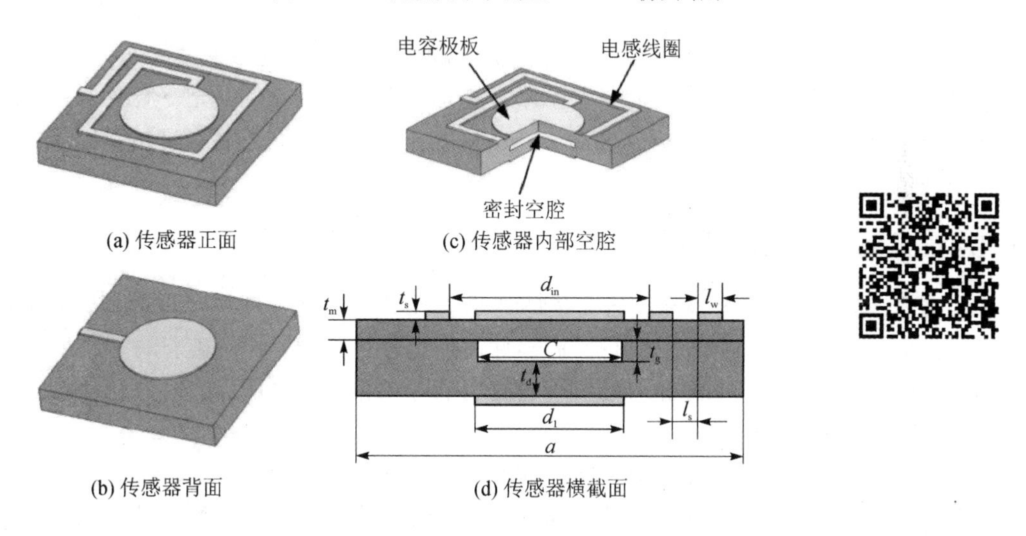

(a) 传感器正面 (c) 传感器内部空腔

(b) 传感器背面 (d) 传感器横截面

图 5.4.10 无线无源蓝宝石压力传感器的结构设计

通过理论计算及仿真分析得知，传感器的半径越大，膜片越薄，传感器的灵敏度越高。为实现较高的灵敏度，在外尺寸确定的前提下，选择了刻蚀设计深度的压力腔。膜片厚度在研磨后翘曲度和平整度较好的技术水平范围内进行选择，通过将其代入敏感膜片设计公式验证了可行性。此外，传感器的性能与平面螺旋电感的内外径、线宽、线间距等设计都息息相关。譬如，线间距过窄会导致传感器磁场损耗增加，信号传输及耦合能力变弱；线间距过宽会导致线圈之间寄生电容减小，传感器灵敏度降低。通过增加电感线圈外径能增强传感器与天线之间的耦合距离，但是同时也会增大传感器的尺寸。

5.4.3 无线无源式高温压力传感器的工艺设计与制备

下面以无线无源式氧化铝陶瓷高温压力传感器为例来介绍无线无源式高温压力传感器工艺设计与制备，供广大读者参考学习。该示例将高温瓷工艺与低温瓷工艺相结合，突破以往低温共烧与高温共烧存在的弊端，采用非共烧工艺方法加工而成。具体流程如图 5.4.11 所示[41]。

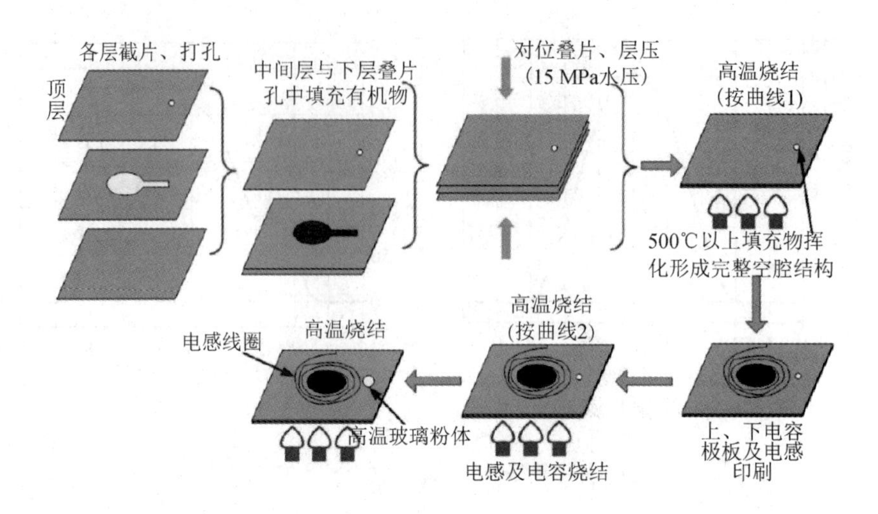

图 5.4.11 无线无源式氧化铝陶瓷高温压力传感器的制备工艺流程

具体工艺步骤描述如下：流延→生瓷片→打孔→孔填充、空腔填充→叠片→层压→高温多步烧结→印刷电感与电极板→低温烧结→排气孔密封填充→低温慢烧结及腔密封性检验→终测试。

5.4.4 无线无源式高温压力传感器的应用

引线式压阻、压电、电容高温压力传感器尽管在某一温度范围内可以适用，但是难以应用于极端热环境下的发动机、飞行器等部件高速运动的情况，在突破材料选择和微加工制造方法的基础上，规避电源和信号引线超高温热导的限制，将可以实时原位获取上述发动机或者飞行器中的相关参数。

无线无源式电磁耦合传感方法规避，提取了传感器压力敏感信号及供电引线的问题，有效解决了温度耦合问题，避免了信号和电源引线带来的温度传导对敏感特征提取破坏的问题。

参考文献

[1] 张洪润. 传感器技术大全[M]. 北京：北京航空航天大学出版社，2007.

[2] 曾光宇. 现代传感器技术与应用基础[M]. 北京：兵器工业出版社，2006.

[3] 陈圣林，王东霞. 图解传感器技术及应用电路[M]. 北京：中国电力出版社，2016.

[4] 何文涛，李艳华，邹江波，等. 高温压力传感器的研究现状与发展趋势[J]. 遥测遥控，2016，37(6)：62-71.

[5] KIM M M，NAM T C，Lee Y T. Development of the high temperature silicon pressure sensor[J]. Journal of the Institute of Electronics Engineers of Korea，2004，13(3).

[6] CHOI I M，WOO S Y，KIM Y K. Evaluation of high temperature pressure sensors[J]. Review of Scientific Instruments，2011，82(3)：035112.

[7] 王振华，王亮. 航空发动机试验测试技术发展探讨[J]. 航空发动机，2014，40(6)：47-51.

[8] 陈炳贻，陈国明. 航空发动机高温测试技术的发展[J]. 推进技术，1996，17(1)：19 - 21.
[9] 康占祥，黄漫国，戴嫣青，等. 新型航空发动机测试传感器的发展趋势[J]. 测控技术，2013，31(12)：1 - 3.
[10] PU Q，HONG Y，WANG G，et al. Fast eigensystem realization algorithm based structural modal parameters identification for ambient tests[J]. Journal of Vibration and Shock，2018，37(6)：55 - 60.
[11] KIM D H，LEE H J. Practical applications of a building method to construct aerodynamic database of guided missile using wind tunnel test data[J]. International Journal of Aeronautical and Space Sciences，2018，19(1)：1 - 9.
[12] 黄伟，罗世彬，王振国. 临近空间高超声速飞行器关键技术及展望[J]. 宇航学报，2010，31(5)：1259 - 1265.
[13] 李武奇，张均勇，张宝诚，等. 航空发动机主燃烧室稳定工作范围研究[J]. 航空发动机，2006，32(2)：38 - 42.
[14] 张迪雅，梁庭，姚宗，等. MEMS 压阻式压力传感器倒装焊封装的研究和发展[J]. 电子技术应用，2016，42(3)：24 - 27.
[15] 孙以材. 压力传感器的设计制造与应用[M]. 北京：冶金工业出版社，2000.
[16] 国家质量监督检验检疫总局. 压力传感器(静态)检定规程：JJB 860—2015.
[17] 龚尧南. 结构力学基础[M]. 北京：航空工业出版社，1993.
[18] 张俊峰，郝际平，王迎春，等. 膜板壳理论及其在结构分析软件中的应用[J]. 建筑科学，2006，22(5)：88 - 90.
[19] 赵艳平，丁建宁，杨继昌，等. 硅压力传感器芯片设计分析与优化设计[J]. 微纳电子技术，2006，43(9)：438 - 441.
[20] 王伟. SOI 高温压力传感器设计及制备技术研究[D]. 太原：中北大学，2014.
[21] 王文涛，梁庭，雷程，等. 基于 MEMS 技术的颅压监测传感器的设计与制备[J]. 微纳电子技术，2019，56(10)：811 - 816.
[22] 杨娇燕，梁庭，李鑫，等. 基于 SOI 岛膜结构的高温压力传感器[J]. 微纳电子技术，2018，55(9)：635 - 641.
[23] 李鑫. 硅岛式 SOI 高温压力传感器的设计与制备[D]. 太原：中北大学，2018.
[24] 陈勇，郭方方，白晓弘，等. 基于 SOI 技术高温压力传感器的研制[J]. 仪表技术与传感器，2014(6)：4 - 6.
[25] GIULIANI A，DRERA L，ARANCIO D，et al. SOI-based，high reliable pressure sensor with floating concept for high temperature applications [J]. Procedia Engineering，2014，87：720 - 723.
[26] 利萨·格迪斯，林斌彦. MEMS 材料与工艺手册[M]. 南京：东南大学出版社，2014.
[27] 孟立凡，蓝金辉. 传感器原理与应用[M]. 北京：电子工业出版社，2011.
[28] 白国花. 电容传感器测量电路的研究与应用[D]. 太原：中北大学，2005.
[29] 郭凯. 一种新型的瞬变微变电容检测系统的研究[D]. 太原：中北大学，2014.

[30] MICHAEL A. FONSECA. Polymer/ceramic wireless MEMS pressure sensors for harsh environments: High temperature and biomedical applications[D]. Atlanta: Georgia Institute of Technology, 2007: 67 - 71.

[31] 张瑞. 小量程 MEMS 电容式压力传感器设计与工艺研究[D]. 太原: 中北大学, 2016.

[32] 张瑞, 梁庭, 贾平岗, 等. 基于 CMOS - MEMS 工艺的小量程电容式压力传感器设计[J]. 仪表技术与传感器, 2016(01): 19 - 21+32.

[33] 梁庭, 贾传令, 李强, 等. 基于碳化硅材料的电容式高温压力传感器的研究[J]. 仪表技术与传感器, 2021, (03): 1 - 3+8.

[34] 李赛男, 梁庭, 喻兰芳, 等. SiC 高温压力传感器电容芯片设计与仿真[J]. 仪表技术与传感器, 2015(03): 7 - 9+42.

[35] TIMOSHENKO S. Theory of plates and shells[M]. McGraw Hill, London, 1984.

[36] ZHAO Y L, ZHAO L B, JIANG Z D. A novel high temperature pressure sensor on the basis of SOI layers[J]. Sensors & Actuators: A. Physical, 2003, 108(1).

[37] ZHAO Y L, FANG X D, JIANG Z D, et al. An ultra-high pressure sensor based on SOI piezoresistive material[J]. Journal of Mechanical Science and Technology, 2010, 24(8).

[38] MA X M, TANG F, WANG X H. Design of 6H-SiC high temperature pressure sensor Chip[J]. Key Engineering Materials, 2013, 2477(562 - 565).

[39] 吕秀杰, 夏需强, 唐帅, 等. 碳化硅基 MOEMS 压力传感器建模与仿真研究[J]. 仪表技术与传感器, 2015(1): 17 - 19.

[40] DONG L, WANG L F, HANG Q A. Implementation of multiparameter monitoring by an LC-Type passive wireless sensor through specific winding stacked inductors[J]. IEEE Internet of Things Journal, 2015, 2(2).

[41] 丁利琼. 基于陶瓷的无线无源高温压力与温度传感器的设计、制备及测试[D]. 太原: 中北大学, 2014.

第六章　量子传感器件及系统

6.1　量子传感器概述

探测是人类观察自然的基本手段，在科学研究、国防建设中有着重大应用，提高测量精度一直是人类追求的永恒目标。设想使用无任何经典噪声的单频激光进行精密测量，似乎可以达到无限精度，但实际上其精度受到光的“颗粒性”限制，这个物理极限称为“散粒噪声极限”(Shot Noise Limit，SNL)。量子力学的不确定性给出的测量精度受制于海森堡不确定关系，称为“海森堡极限”。量子传感是利用量子态演化和测量实现对外界环境中物理量的高灵敏度检测，具有灵敏度高、待测物理量与量子属性关系简单恒定的天然优势。量子传感原理示意图如图 6.1.1 所示。人们发现利用量子力学的基本属性，例如量子相干、量子纠缠、量子统计等特性，可以实现突破经典散粒噪声极限限制的高精度测量。

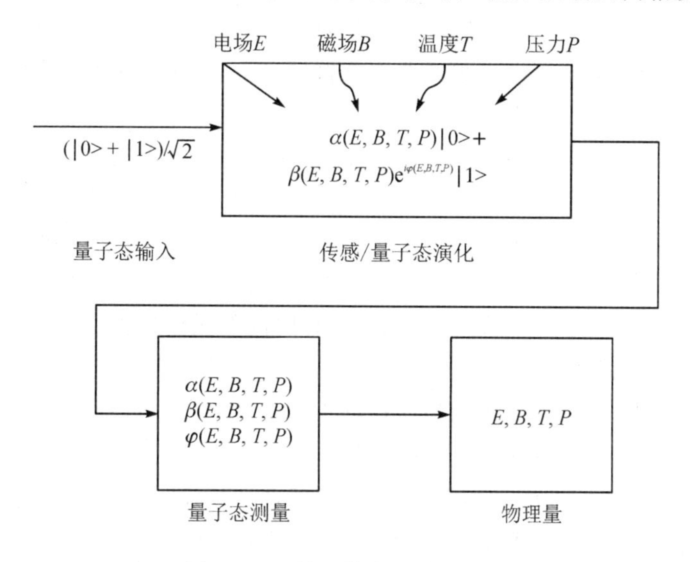

图 6.1.1　量子传感原理示意图

在过去的半个世纪里，处于气相或被限俘于阱中的原子(它们与环境的相互作用很微弱)已经成为精确测量的有力工具。由于对这些系统的测量非常成功，1967 年，时间“秒”的定义被订正为对应于铯原子基态的两个超精细分裂能级之间跃迁对应的 9 192 631 770 个辐射周期的持续时间。1983 年，“米”的定义被订正为光在真空中于 1/299 792 458 秒内行进的距离。米的实现从根本上变成了光辐射频率相对国际单位秒的测量。

孤立原子系统是简单的、定义明确的量子系统。每个铯或铷的孤立原子都有完全相同的动力学，这些动力学只依赖于基本的自然常数，例如，氢原子的超精细哈密顿量由下式给出：

$$H=\frac{4}{3}\frac{m_{e}c^{2}\alpha^{2}g_{I}}{n^{3}}\left(1+\frac{m_{e}}{m_{p}}\right)-3\boldsymbol{I}\cdot\boldsymbol{J} \tag{6.1.1}$$

其中，$\boldsymbol{I}$ 和 $\boldsymbol{J}$ 分别是与原子核和电子有关的(量子力学)角动量算符；m_e 和 m_p 分别是电子和质子的静止质量；c 是光速，α 为精细结构常数；g_I 是质子的朗德因子；n 是能量量子数。

假设式(6.1.1)中的原子常数不变，则氢原子的能级结构在空间和时间上是不变的，并且对每个氢原子都是一样的。原子中其他能级之间的跃迁(例如塞曼跃迁或光学跃迁)具有类似的性质。正是这些因素导致了基于原子跃迁的量子测量是最为精确的测量。

量子传感物理体系大致分为三类：① 利用能够成像的特点做传感器的光子体系，具有空间分辨率高的优点；② 利用磁场、时间(频率) 和成像等来检测的原子体系，优点是测量精度高；③ 利用电磁场、力、温度等物理量检测环境的固态体系，优点是测量精度高，系统稳定[1]。

一般原子传感器的工作原理可归结为三步：① 制备原子处于特定能态，该能态可能对外磁场有特定的自旋指向，也可能与原子的特定内部结构相关(如超精细能级等)；② 原子态在待测场中演化；③ 测量原子的能态改变以推测待测场的特定参数。原子态的检测一般利用外磁场检测(如斯特恩-盖拉赫效应、拉莫尔进动等)或利用光抽运两种方法。

芯片级量子传感器件结合了精密原子光谱、硅微加工和先进的激光技术，研制成功的紧凑、低功耗、可重复使用的仪器，具有高精度和稳定性的特点。其中，微加工碱金属气室、测量方法和技术、系统微加工与微装配是实现芯片级原子器件与系统的核心。

作为新兴的研究领域，量子传感是量子信息技术中除了量子计算、量子通信以外的重要组成部分。量子传感除了可以突破经典力学极限的超高测量精度之外，还可以利用量子关联来抵抗一些特定噪声的干扰。当前，利用电子、光子、声子等量子体系已经可以实现对时间(频率)、电磁场、温度、压力、惯性等物理量的高精度量子测量，实验上已经成功研制出了量子超分辨显微镜、量子磁力计、量子陀螺等仪器或器件，并应用在化学材料、生物医学等相关学科研究中。随着相关技术的逐渐成熟，未来几年即将实用化的量子传感技术将在国计民生方面得到广泛应用。小应用程序中的量子传感器(健康监测、地质调查、安防设备中的重力和磁传感器等)、高频金融交易中进行时间戳操作的更加精准的原子钟有望在5年内看到；针对更大量应用(汽车、建筑工程)的量子传感器和量子导航手持设备在5～10年内也可能会面世；制造出基于引力传感器的重力成像设备以及将量子传感器集成到移动客户端应用中的愿望估计要10年以后会达成。

本章首先介绍芯片级原子器件的基本概念，其次讨论了微机械碱金属气室制造以及相关微组装关键技术，介绍了典型量子器件及系统，如原子钟、原子磁强计和原子陀螺仪等，最后对芯片级固态原子器件的未来发展作了预测。

6.2　量子传感器件与系统基本原理

6.2.1　原子磁强计

原子磁强计采用了基于原子的自旋磁矩操纵实现微弱磁场精密探测的技术，该技术是集量子技术、精密光学技术、仪器科学前沿技术、原子物理技术等于一体的综合性多学科交叉前沿技术。原子磁强计具有精度高，可在室温下工作，可采用全光学手段，系统轻便，结构简单，便于微组装和集成化等优点，已经成为当前微弱磁场精密探测领域的一个热门研究方向。

目前各种类型的原子磁强计广泛运用在磁场测量领域，按照工作原理可以大致分为以下几类：磁共振磁强计、SERF磁强计、超导量子干涉磁强计(SQUID)、磁光效应磁强计以及基于固态自旋的金刚石氮-空位磁强计等。原子磁强计探测精度较高，可达皮特斯拉甚至飞特斯拉水平。

1. 磁共振原子磁强计

碱金属原子(钾、铷、铯)蒸气处于微弱磁场时会产生Zeeman分裂，由Breit-Rabi方程中与磁场相关的线性项可知，磁矩为零的两相邻Zeeman子能级间的跃迁频率大小与外磁场大小呈线性关系。因此，对外界磁场的测量可转换为对原子相邻Zeeman能级跃迁频率的测量，这就是碱金属磁共振原子磁强计的基本原理。

碱金属磁共振原子磁强计的总体设计如图6.2.1所示。主要由激光光源(放电灯)、碱金属原子气室、光学镜片(如1/4玻片)、亥姆霍兹线圈及相关电子线路组成。该原子磁强计依赖于原子能级的塞曼分裂而不是超精细分裂，光抽运是相对于自旋自由度而不是能量自由度。因此，泵浦光必须是偏振光，但不需要光谱过滤。原子围绕磁场的旋进可以由一对亥姆霍兹线圈驱动，并测量拉莫尔频率大小，从这个频率可以确定磁场。光电二极管探测原子系综对外界射频场的响应并进行反馈，产生的信号用于稳定驱动振荡器到拉莫尔频率。

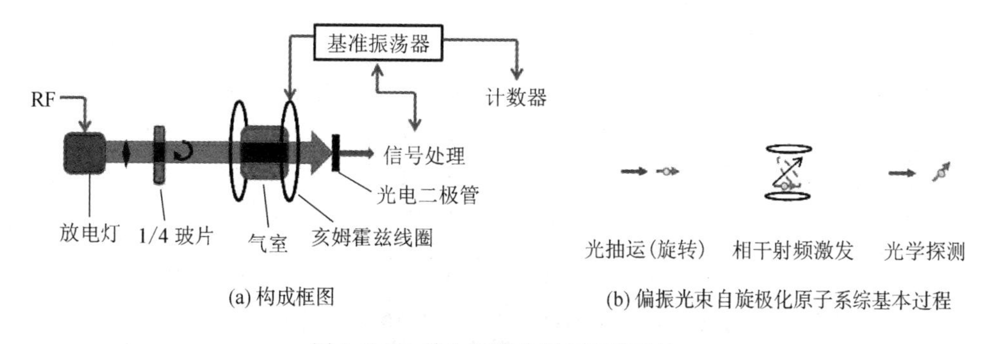

图 6.2.1　碱金属磁共振原子磁强计

该类型磁强计可使用激光的交流(M_x)模式和直流(M_z)模式。在M_x模式下，激光在驱动频率处的相位与驱动频率本身的相位比较，当这个频率与磁共振频率对应时，会产生一个色散误差信号。在M_z模式下，用激光信号测量自旋进动在磁场轴上的投影大小。这个信号关于磁共振是对称的，使用驱动频率调制和锁定检测技术将磁共振转换为色散信号。M_x模式具有更好的灵敏度和带宽，M_z模式对传感器在磁场中的方向较不敏感(具有较低的航向误差)。由于自旋进动频率仅取决于环境磁场的大小，因此，该类传感器被称为标量传感器。

碱金属磁强计是在1949年Biter提出的磁共振光探测技术和1950年Alfred Kastler提出的光泵浦技术的基础上发展起来的，1957年，Demelt发现了基于磁致进动对光调制原理实现磁场测量的方法，同年，Bell和Bloom在实验中实现了全光型磁强计，证实通过偏振光的吸收可对原子极化进行测量。

2. SERF 原子磁强计

SERF(无自旋交换弛豫)态是指原子自旋交换弛豫被大幅压缩的一种状态。当原子气室工作在微磁环境下，同时通过加热增大原子自旋交换碰撞频率，此时原子自旋交换碰撞频率远大于拉莫尔进动频率，即原子进入了 SERF 态。采用 SERF 态原子进行磁场探测的磁强计称为 SERF 原子磁强计。当原子处在微弱磁场下，进动频率很慢，而原子自旋交换频率又很快时，在相对进动周期而言很短的时间内，原子发生多次自旋交换碰撞，导致所有的原子进动都被锁定在一个频率和方向，形成新的极化状态，在此状态下的进动频率与磁场和极化率有关，如下式所示：

$$\omega_{\mathrm{serf}} = \frac{\gamma}{q(p)}B \tag{6.2.1}$$

其中，γ 为电子的旋磁比；$q(p)$ 为减缓因子；B 为外磁场的标量值。

在没有实现 SERF 态之前，量子噪声主要由自旋交换弛豫截面决定，与实现 SERF 态之前相比，自旋碰撞弛豫截面要小 2～4 个数量级，因此实现 SERF 态可大幅降低器件的量子噪声。

经典 SERF 原子磁强计基本装置构成如图 6.2.2 所示。SERF 原子磁强计采用一束圆偏振泵浦光使原子沿着泵浦光方向极化，在与泵浦光垂直的方向用一束线偏振光来检测极化矢量在检测光方向的投影。碱金属原子置于气室中，并填充氮气惰性气体分别作为缓冲和淬灭气体。气室以无磁形式加热至 80～190℃并保证磁强计正常工作，气室放置于 3 轴亥姆霍兹线圈磁场主动补偿装置内。透射光由光探测器转化为反馈电信号，通过调节亥姆霍兹线圈电流控制线圈内剩磁强度在 10 nT 以内。y 轴方向的被测磁场宏观磁矩 P 绕 y 轴在

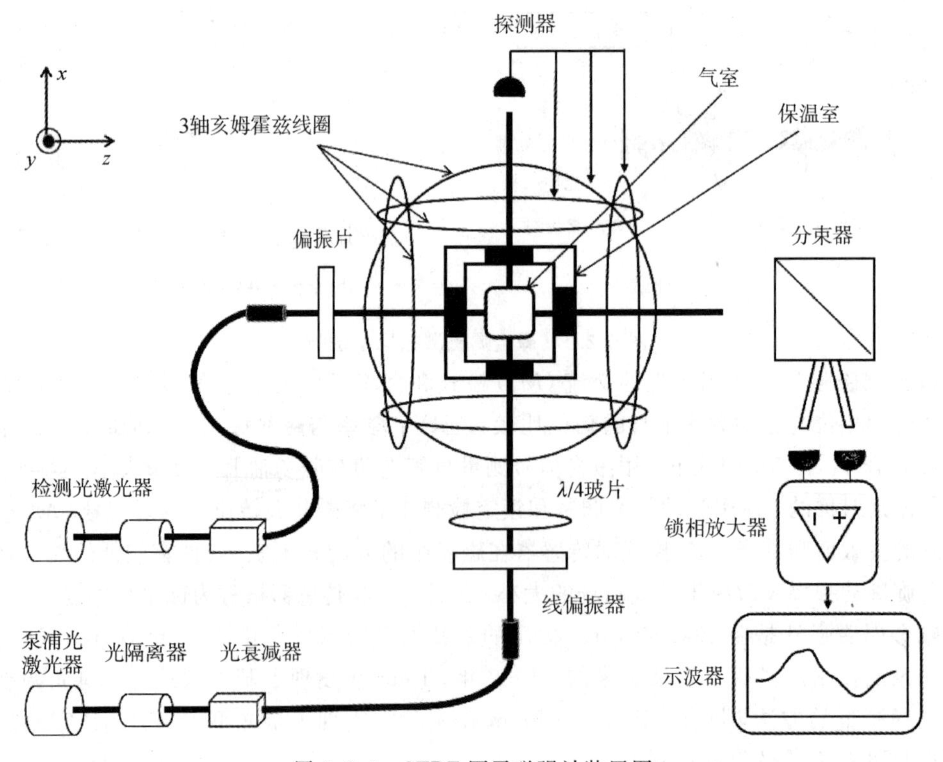

图 6.2.2　SERF 原子磁强计装置图

xOy 平面作拉莫尔进动。检测光经过气室后由分束器分为两个偏振态正交的偏振光，差分后由锁相放大器记录信号。

SERF 原子磁强计依靠高浓度碱金属原子和低磁场强度工作环境，将自旋交换的共振展宽窄化了 2～3 个数量级，在灵敏度上极具竞争优势。普林斯顿大学 Romalis 研究小组研制的 SERF 原子磁强计的灵敏度超过了超导量子干涉磁力仪（0.16 fT/$\sqrt{\text{Hz}}$），成为目前世界上最灵敏的磁强计。因此，SERF 磁强计具有高性能、小型化、低功耗和低成本等优势，在多种磁探测场合具有广泛的应用价值。

3. 金刚石氮-空位(NV)色心原子磁强计

固态原子磁强计是近年来兴起的，主要利用一些固体中的自旋共振特性（以金刚石 NV（Nitrogen-Vacancy）色心为主），在外部磁场作用下产生能级分裂，结合了量子操控、量子材料、半导体激光-物质相互作用以及微纳集成技术等新型原子微弱磁场测量技术。该类磁强计的主要特点是将传统原子磁强计的敏感单元——密闭气室替换为固态自旋体系，启动时间短；同时相同自旋浓度的金刚石体积比密闭气室体积小 3～4 个数量级，因此系统更易于进行微型化和集成化。有研究表明，应用该原理的磁强计最高可检测灵敏度达到 10^{-18} T/$\sqrt{\text{Hz}}$，比现有原子磁强计的灵敏度提高了 3～4 个数量级。

NV 色心基于塞曼效应和光探测磁共振（ODMR）方法来进行磁测量。两者的区别是其物理载体，固态体系自旋浓度比气态体系要高，其自旋环境更为复杂，使得其相干时间通常也较短，但自旋浓度高带来的另外一个好处是可以实现较大的探测带宽。

1）晶体结构

在理想状态下，金刚石具有严格的面心立方体结构，在晶胞的晶格点上存在着一个碳原子。如果其中的一个碳原子被氮原子取代，并且结合附近的一个空穴，就会组成一个稳定的缺陷结构，称为氮-空位（NV）色心，其晶格结构示意图如图 6.2.3 所示。从图中可以看出，氮原子和空位之间的连接轴（NV 轴）是 NV 色心的对称轴，NV 轴和其他碳原子连接轴的夹角为 109.47°，具有 C_{3V} 对称性。

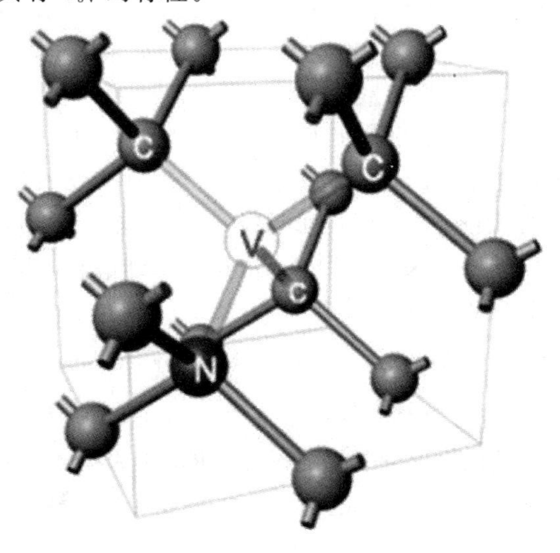

图 6.2.3　金刚石 NV 色心晶格结构示意图

金刚晶体中存在四个不同的 NV 方向，如图 6.2.4 所示。NV 色心有两种常见的电荷态：呈电中性的 NV^0 色心和带一个单位负电荷的 NV^- 色心。其中 NV^0 色心的零声子线(ZPL)为 575 nm，NV^- 色心的 ZPL 为 637 nm。下文的 NV 色心均指 NV^- 色心。

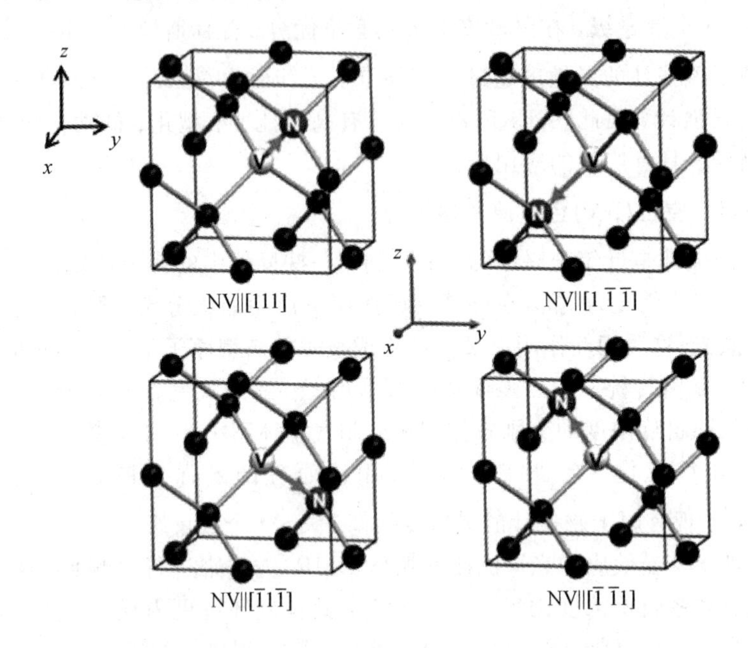

图 6.2.4　金刚石 NV 中心的四个不同方向

2) NV 色心自旋性质及其跃迁机理

NV 色心具有自旋量子数 $S=1$ 的三重态体系（$m_s=0$ 态、$m_s=+1$ 态和 $m_s=-1$ 态），其能级结构如图 6.2.5 所示。在无外界磁场作用时，基态 $m_s=\pm 1$ 能级处于简并状态，与 $m_s=0$ 能级间存在 $D=2.87$ GHz 的零场劈裂。在 NV 色心基态 $^3A_2$ 与激发态 ^3E 之间存在两个自旋单重亚稳态 $^1A_1$ 态和 ^1E 态。当沿着 NV 轴方向施加一个外部磁场 B_Z 作用时，$m_s=\pm 1$ 态间的能级就会发生 $\pm\hbar\cdot\gamma_{NV}\cdot B_Z$ 的劈裂，其中，$\hbar$ 是约化普尔克常量，$\gamma_{NV}=2\pi\times 2.8$ MHz/G 是 NV 色心电子自旋旋磁比。当 532 nm 波长的激光照射 NV 色心时，NV 色心处于基态 $m_s=0$ 的电子接收能量后会跃迁到激发态 $m_s=0$ 上，并“按原路”自发回到基态，多余的能量以荧光形式发出。处于基态 $m_s=\pm 1$ 的电子吸收能量跃迁到激发态 $m_s=\pm 1$ 上，回落时一部分辐射跃迁回到基态 $m_s=\pm 1$ 上，发出荧光信号，一部分电子先弛豫到亚稳单态 $^1A_1$，然后经无辐射跃迁回跃到 $m_s=0$ 态，这个过程不发荧光。因此，可以通过测量跃迁发出的荧光变化来反映 NV 色心电子跃迁情况，从而实现磁场测量。

NV 色心的基态哈密顿量表示为

$$H=DS_Z^2+E\cdot(S_X^2-S_Y^2)-\gamma_{NV}\cdot B\cdot S+S\cdot\sum_i A_i\cdot I_i \tag{6.2.2}$$

其中 D 为 NV 色心轴向零场分裂值，室温下为 2.87 GHz；B 为外部磁场；S 为自旋量子数，为 1；E 为电场；I 为其他物理量引起的自旋微扰；A 为耦合张量。因此，从哈密顿量上看，我们可以利用 NV 色心探测磁场、电场、应力场、温度场等物理量。

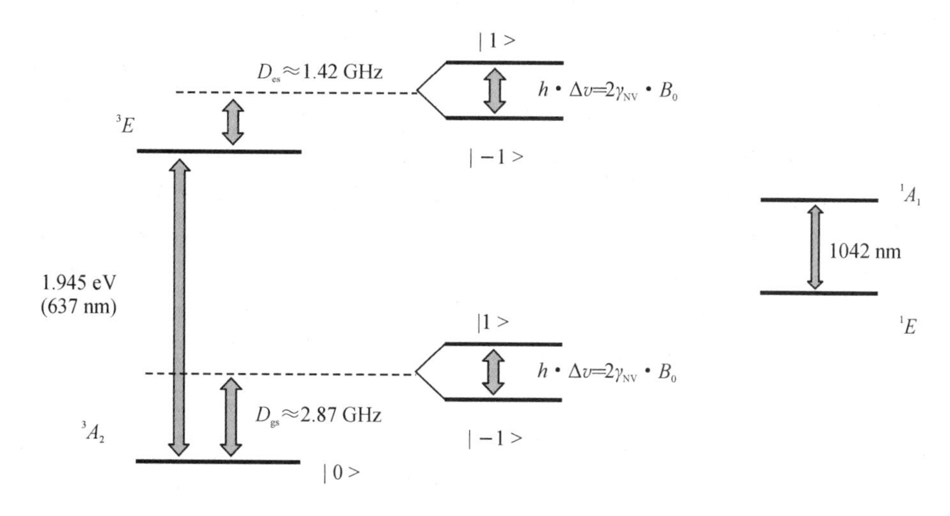

图 6.2.5　NV 色心的能级结构

NV 色心磁强计检测原理与关键部件如图 6.2.6 所示，由 532 nm 抽运激光、荧光探测单光子计数器、微波线(20 μm 铜丝)、金刚石和后续时序控制电路组成，结构简单。首先，利用 532 nm 泵浦光将 NV^- 色心初始化到 $m_s=0$ 态，然后对 $m_s=0$ 态的自旋施加 $\pi/2$ 微波脉冲，当自旋自由旋进时间 t 后，再施加第二个 $\pi/2$ 脉冲，此时相干态在脉冲的作用下重新进行布居。当第二个脉冲结束后，532 nm 泵浦光序列接着照射样品，此时 NV 色心的自旋态可以通过检测发射的荧光读出。对 NV 色心进行了成像操作，其分辨率达到了 170 nm，通过测量 NV 色心的自旋共振信息实现了外部微弱磁场信号的检测，整个系统的磁测量灵敏度约为 30 nT/$\sqrt{\text{Hz}}$。

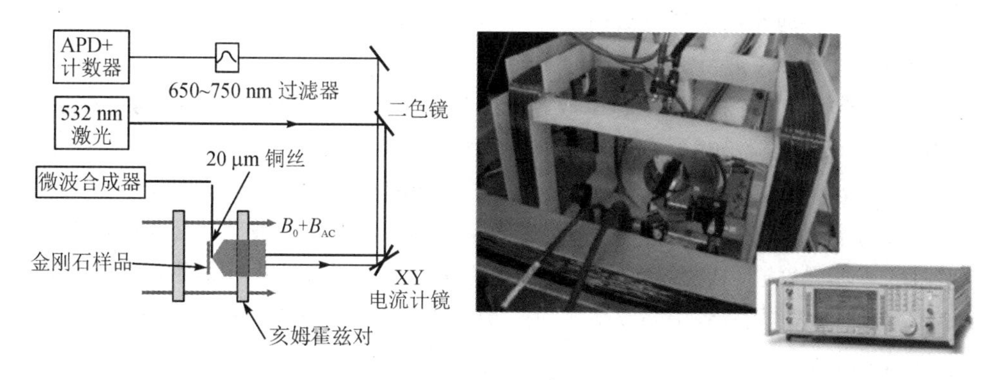

图 6.2.6　NV 色心磁强计检测原理及关键部件

NV 色心的连续波谱实验用于测量 NV 色心的共振频率，可以通过连续波方法和脉冲方法实现。连续波方法为对 NV 色心施加连续的激光和微波进行操控。脉冲方法如下：先通过脉冲激光将 NV 色心极化到 $m_s=0$ 态上，再施加微波 π 脉冲，最后读出不同微波频率上的 NV 色心荧光强度。实验中为了先获取 NV 色心共振频率通常无法严格将微波长度设置为 π 脉冲，可以先用估计值进行实验。无论是连续波还是脉冲方法，实验中都需要通过扫描微波频率的方式获得布居数随微波频率的变化，从而得到连续波谱。

3）NV 磁强计检测方法

在系综氮-空位色心的磁测量中，针对不同类型信号的测量，通常采用的测量方法包括连续波、拉姆齐(Ramsey)干涉、自旋回波(Spin-Echo)以及动力学去耦方法等。其中，用于低频磁测量的方法主要是连续波与拉姆齐干涉方法，而用于高频磁测量的方法主要是自旋回波与动力学去耦方法。也可根据直流(DC)与交流(AC)磁场的分类进行测量，其中 DC 磁场主要利用连续波光探测磁共振(CW-ODMR)或者 Ramsey 微波脉冲检测，AC 磁场主要利用 Hahn Echo、Spin-Echo 微波脉冲序列或 CPMG、XY、UDD 等动力学去耦序列进行磁噪声检测，如表 6-2-1 所示。

表 6-2-1　NV 色心 AC、DC 磁场测量方法

	DC 磁场测量	AC 磁场测量
关键技术	Ramsey 序列、CW-ODMR、脉冲 ODMR	Hahn Echo、Spin-Echo、动力学去耦序列
限制因素	横向弛豫时间(T_2^*)、线宽、对比度	横向弛豫时间(T_2)、纵向弛豫时间(T_1)
测量频率范围	0～100 kHz(脉冲 ODMR)、0～10 kHz (CW-ODMR)	中心频率：1 kHz～10 MHz；带宽：≤100 kHz

DC 与 AC 磁场测量可检测的最小磁场的理论计算方法如下：

$$\delta B_{\mathrm{DC}} \approx \frac{\hbar}{g\mu_{\mathrm{B}}C\sqrt{T_2^*}} \tag{6.2.3}$$

$$\delta B_{\mathrm{AC}} \approx \frac{\pi\hbar}{2g\mu_{\mathrm{B}}C\sqrt{T_2}} \tag{6.2.4}$$

其中：$\hbar$ 为约化普朗克常量；g 为朗德因子；μ_{B} 为玻尔磁子；C 为 ODMR 对比度；T_2 为总的横向弛豫时间；T_2^* 为非均匀展宽横向弛豫时间。

(1) 用 CW-ODMR 进行 DC 磁场测量。

在一定时间内扫描电子自旋共振微波频率(约为 2.7～3.1 GHz)，可以在每个扫描时间间隔内获得磁场的值。若微波信号发生器扫描周期为 τ_{scan}，则 DC 磁强计带宽为 $1/\tau_{\mathrm{scan}}$；如果扫描周期大于 10 ms，则磁强计带宽小于 100 Hz。扫描周期越长，磁测量受低频噪声和仪器漂移参数(如光电探测器的电噪声、微波功率波动或频率偏移、激光功率波动、温度漂移等)影响越大。检测 DC 磁场强度通常采用微波场调制或交流磁场调制两种手段，检测原理如图 6.2.7 所示。调制微波频率 f_{mod} 加载到中心频率 f_{c} 上，与中心频率的最大频率偏移为 f_{dev}。

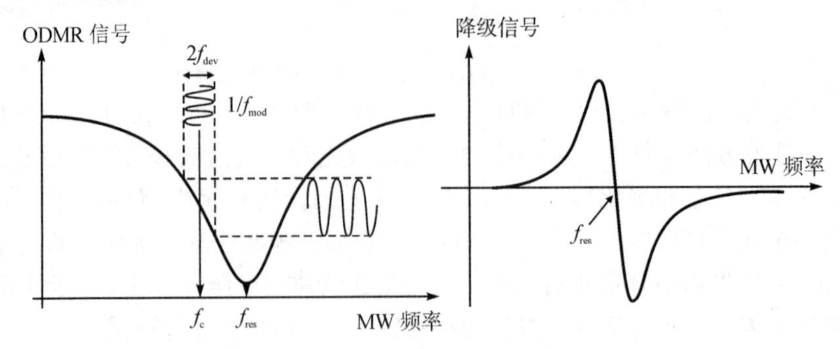

图 6.2.7　CW-ODMR 调制解调的 DC 磁场测量

假定电子自旋选择 $m_s=0$ 到 $m_s=-1$ 能级，检测的荧光信号经解调后的信号 S_{LI} 具有色散线型，当 $f_c=f_{res}$ 时，$S_{LI}=\alpha(f_c-f_{res})$，其中 α 为比例系数。当 f_c-f_{res} 小于磁共振线宽 $\Delta\nu$ 时，缓慢变化的磁场 $B(t)=B_0+\delta B(t)$ 可由解调信号测量跟踪。其中，B_0 由 $f_c=D-\frac{\gamma B_0}{2\pi}$ 给定，$\delta B(t)=-\frac{2\pi S_{LI}(t)}{\alpha\gamma}$。磁强计带宽取决于光泵功率和微波功率。

CW-ODMR 测磁在技术上比 Ramsey 等脉冲磁测方法更易于实现。当以相同激光功率对大量系综 NV 色心传感器进行激发时，CW-ODMR 技术可能会达到 Ramsey 方法的磁噪声灵敏度。但同时，CW-ODMR 存在微波和光功率展宽的问题，这会导致在功率增加到一定程度后，ODMR 线宽 $\Delta\nu$ 和对比度 C_{CW} 会减小，需要找到两者达到最优的实验条件。

(2) 脉冲 ODMR 磁场测量。

与连续波方法不同，脉冲方法需要采用脉冲激光和微波对 NV 色心进行控制，这使得系综 NV 色心的响应更为复杂。由于引入脉冲控制方法，系综 NV 色心可以进行更加复杂的操控，因此人们发展了许多不同类型的方法来进行磁测量，主要包括拉姆齐(Ramsey)干涉、自旋回波(Spin-Echo)以及动力学去耦(Dynamic Decoupling，DD)方法。脉冲实验序列示意图如图 6.2.8 所示。

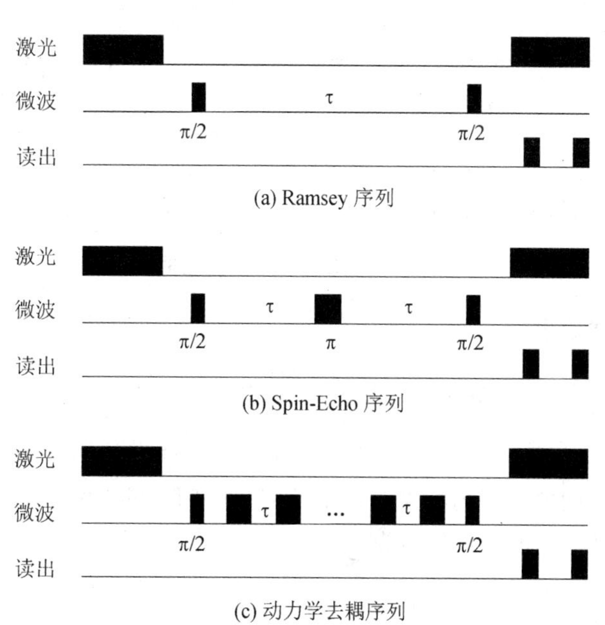

图 6.2.8 脉冲实验序列示意图

微波 π 脉冲持续时间 t_π 和非均匀展宽横向弛豫时间 T_2^* 对 ODMR 信号线宽有影响。π 脉冲越长，傅里叶线宽越窄，ODMR 信号对比度变小。当 $t_\pi=T_2^*$ 时得到最佳磁噪声灵敏度。使用脉冲 ODMR 技术可以有效避免因为激光功率导致 ODMR 线宽展宽，但是，脉冲 ODMR 对拉比频率改变导致的时空变化线性非常敏感。当这种变化最小时，脉冲 ODMR 灵敏度可能会接近 Ramsey 磁力计的灵敏度。假设初始化时间为 t_I，读取时间为 t_R，感应时间 $t_\pi=T_2^*$，通过减小占空比 $t_R/(t_I+T_2^*+t_R)$，从而减小单位时间平均光子收集效率，

$N = R \cdot t_R$ 定义为每个光读出周期收集的平均光子数，则该方法可检测的最小磁场即磁灵敏度表示为

$$\eta_{\text{pulsed}} \approx \frac{8}{3\sqrt{3}} \frac{h}{g_e \mu_B} \frac{1}{C_{\text{pulsed}} \sqrt{N}} \frac{\sqrt{t_1 + T_2^* + t_R}}{T_2^*} \tag{6.2.5}$$

(3) Ramsey 序列磁场测量。

拉姆齐干涉方法是一种常用于量子精密测量的方法，它基于拉姆齐序列实现低频磁场信号的测量。通过激光极化以及 $\pi/2$ 脉冲后将大部分 NV 色心初始化至 $|m_s = 0>$ 和 $|m_s = 1>$ 的叠加态。经自由演化时间 t 内系综 NV 色心进行相位积累，这个相位反映了待测磁场的信息。经第 2 个 $\pi/2$ 脉冲作用后，先前积累的相位信息将转移到系统布居度上，最后通过激光读出实现对系统布居度的测量，从而得到待测磁场的信息，如图 6.2.9 所示。

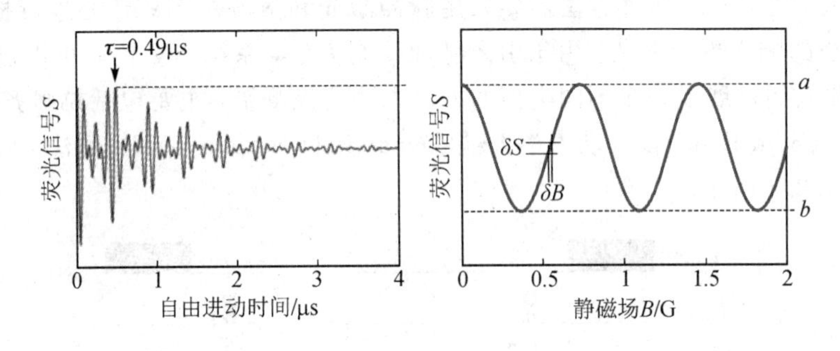

图 6.2.9 利用拉姆齐序列检测磁场

假定单位时间内检测到的光子数为 S，定义已知磁场 B_0 和未知磁场 B，定义单位时间内检测到的光子数平均值 $\beta = \frac{a+b}{2}$，拉姆齐曲线对比度 $\alpha = \frac{a-b}{a+b}$，拉姆齐序列检测磁场的 η_{Ramsey} 可以由下式给出：

$$\eta_{\text{Ramsey}} = \delta B_{\min} \sqrt{t_m} \approx \frac{h}{g\mu_B} \frac{1}{\sqrt{\tau}} \frac{1}{a\sqrt{\beta}} \tag{6.2.6}$$

取测量时间 $t_m \approx$ 自由演化时间 τ，因此使用拉姆齐时序检测磁场灵敏取决于自旋共振信号对比度、单位时间内检测到的光子数以及测量时间。当自由演化时间 τ 近似于退相位时间 T_2^* 时，磁场噪声也可以近似写为

$$\eta_{\text{Ramsey}} \approx \frac{h}{g\mu_B} \frac{1}{\alpha\sqrt{\beta T_2^*}} \tag{6.2.7}$$

(4) 动力学去耦方法。

动力学去耦通过不断施加微波脉冲翻转电子自旋，平均掉电子自旋与环境之间的耦合，达到抑制退相干的目的。发展成熟的动力学去耦序列包括 CPMG 和 XY 系列序列等。动力学去耦序列通过施加多个脉冲，在频域上会产生等效的滤波通带，使之仅对一定频率范围内的交流信号产生响应。通过设计序列，我们能利用动力学去耦序列测量某一特定频率的交流磁场并滤除频率通带外的交流磁场干扰，使得自旋体系的退相干时间得到延长。严格来说，自旋回波序列属于动力学去耦序列中的一种。实际实验中，由于 π 脉冲等微波

脉冲也并不完美，人们还可以通过动力学去耦序列来消除不完美微波脉冲的负面效应。在NV色心的磁场测量应用中，利用这类序列进行测量的应用已经有很多，尤其是在生物大分子的微观磁共振谱测量中。

4) 磁场测量的主要影响因素

(1) 退相干时间 T_2。

使用 $\pi/2-\pi-\pi/2$ 自旋回波脉冲序列可以缓解静态和缓慢变化磁场的不均匀性对NV自旋相移时间的影响。相较于 $\pi/2-\pi/2$ 的 Ramsey 序列，附加的 π 脉冲使电子自旋方向发生翻转。在第一个自由进动间隔内，由于静磁场导致的相位积累与第二次自由进动间隔相互抵消，因此，利用自旋回波序列测量的退相干时间 T_2 要比利用 Ramsey 序列测量的退相位时间 T_2^* 长得多。经过优化设计，Hahn 回波序列及其众多扩展功能将检测范围限制在窄范围的 AC 信号，限制了它们在 DC 磁场检测实验中的应用。

(2) 磁场测量灵敏度相关参数。

磁场测量灵敏度是指一定时间内探测器能测到的最小磁场，表示为 $\eta \equiv \delta B\sqrt{T}$，其中 T 为测量时间，δB 为最小可检测磁场。由此，基于连续波的散粒噪声极限灵敏度表示如下：

$$\eta_{\mathrm{SN}} = A_{\eta}\frac{h}{g_{\mathrm{e}}\mu_{\mathrm{B}}}\frac{\Delta\nu}{C_{\mathrm{CW}}\sqrt{R}} \tag{6.2.8}$$

其中，A_{η} 是线宽修正系数，该值与谱线线型有关，对于洛伦兹线型的谱线，$A_{\eta}=\frac{4}{3\sqrt{3}}$；$\Delta\nu$ 为连续波谱线线宽；C_{CW} 为谱线对比度；R 为实验装置探测到的光子计数率。

因此，连续波测磁方法的灵敏度决定于以下几个参数：

① 谱线最大斜率 S_{ν}。谱线最大斜率是连续波测磁方法中最重要的参数，通常可以直接用于估计灵敏度的大小。该参数又与谱线线宽 S_{ν} 以及谱线对比度 C_{CW} 直接相关，即 $S_{\nu}\propto C_{\mathrm{CW}}/\Delta\nu$。实验中，$S_{\nu}$ 受到激光泵浦速率、微波操控场强度、激光偏振角、有效传感自旋数、荧光收集效率、非均匀自旋弛豫时间等多个具体参数的影响。当使用微波频率调制方案时，调制频率 f_{m} 与调制幅度 A_{m} 也会影响 S_{ν}。因此，S_{ν} 通常是系综 NV 磁测量中需要优化的主要参数。

② 系统噪声 δN。系统噪声主要由电子学器件的本底噪声、激光的噪声以及荧光的散粒噪声组成。对于采用微波频率调制方案且进行激光噪声相消的系统来说，优化的比较好时系统噪声通常是荧光散粒噪声的 2～3 倍。

③ 夹角系数 α。夹角系数通常是人为易于控制的参数，通过控制金刚石样品的切割及装配，可以将该系数控制在接近 1 左右。例如，对于[110]晶向的样品，$\alpha\approx0.82$。

④ 激光泵浦速率与微波操控场强度。激光泵浦速率直接决定 NV 色心极化以及荧光光子产生的速率。微波操控场强度直接决定自旋在基态 $|m_s=\pm1>$ 与 $|m_s=\pm0>$ 之间翻转的速度。泵浦速率与激光功率成正比，与光斑大小成反比。实验中，一般通过控制激光功率来控制泵浦速率。

⑤ 调制频率与调制幅度。为了避开系统中的 $1/f$ 噪声的影响，通常连续波磁测量方法会采用微波频率调制来将荧光信号调制到高频。调制方案中最重要的是系统的调制频率和

调制幅度。由于采用微波频率调制，因此调制幅度是与微波的调制深度成正比的。一般来说，改变调制频率会带来两方面的变化，一是会降低来自电子学等系统的噪声，二是由于NV色心有限的带宽，谱线最大斜率同时也会降低。激光泵浦速率的增加会提升NV色心的带宽，从而能够选择更高的调制频率来尽可能地避开系统的$1/f$噪声。

调制幅度一般根据谱线线型线宽的不同，可以计算出最优值。例如对于缺少功率展宽的洛伦兹线型，合理地设置调制幅度使得微波调制深度达到线宽的$1/(2\sqrt{3})$，可以让微分谱斜率最大。实验中，由于样品的线型受许多因素影响会有不同且可能存在畸变，最为直接的方法是根据谱线最大斜率来优化两个参数。

⑥ 有效传感自旋数(激发效率)N。基于自旋体系的磁测量，有效传感自旋数会影响传感器灵敏度的理论上限。对于系综NV色心，要增加参与传感的自旋数，首先需要激光极化尽可能多地自旋，然后需要微波操控极化后的自旋系综，最后被激光读出自旋系综所积累的关于外磁场变化的信息。这个过程中，最重要的还是激光的施加。要让激光极化尽可能多地自旋需要提升激光激发样品的体积。

⑦ 荧光收集效率。荧光收集效率是描述光电探测器收集到的荧光信号与金刚石样品中产生的荧光信号的比值。荧光收集效率主要取决于荧光收集装置的配置与设计。目前针对系综NV色心有多种针对该参数提升的方法，包括抛物面透镜收集、全反射边带收集、荧光波导收集、镀膜等。高浓度样品的荧光收集效率通常要更低，因为荧光在穿透金刚石内部到达金刚石表面时会被吸收。因此，高浓度样品需要让激光光斑尽可能地靠近荧光收集面。为了进一步提升收集效率，保证荧光光子在荧光收集面不发生全反射，利用高于空气折射率的材料填充金刚石样品与抛物面收集透镜之间的气隙也是重要的方法[2]。

6.2.2 原子钟

1. 原子钟的基本原理

原子钟是利用原子的能量跃迁来工作的。根据原子物理学的基本原理，原子是按照不同电子排列顺序的能量差，也就是围绕在原子核周围不同电子层的能量差，来吸收或释放电磁能量的。这里电磁能量是不连续的。当原子从一个“能量态”跃迁至低的“能量态”时，它便会释放电磁波。这种电磁波的特征频率是不连续的，这也就是人们所说的共振频率。原子所释放的电磁波的特征频率不会受到外界环境的任何影响，也就是说特征频率一定是精确的、固定的。

2. 原子钟的分类

迄今为止，典型的原子钟种类为铯原子钟、铷原子钟、氢原子钟、光钟，此外还有离子微波钟、CPT钟等新型原子钟。尽管原子钟的种类与日俱增，但其基本的原理均为原子能级的跃迁。

1）铯原子钟

秒的最新定义是铯133原子基态的超精细能级之间的跃迁所对应的辐射的9192631770个周期所持续的时间。所以，铯133被普遍选用作精细原子钟敏感介质。世界上第一台铯原子钟如图6.2.10所示。

图 6.2.10　世界上第一台铯原子钟

铯原子钟内部结构如图 6.2.11 所示。为了制造原子钟，铯会被加热至气化，并通过一个真空管。在这一过程中，首先铯原子气要通过一个用来选择合适的能量状态原子的磁场，然后通过一个强烈的微波场。微波能量的频率在一个很窄的频率范围内震荡，以使得在每一个循环中一些频率点可以达到 9 192 631 770 Hz。精确的晶体振荡器所产生的微波的频率范围已经接近于这一精确频率。当一个铯原子接收到正确频率的微波能量时，能量状态将会发生相应改变。

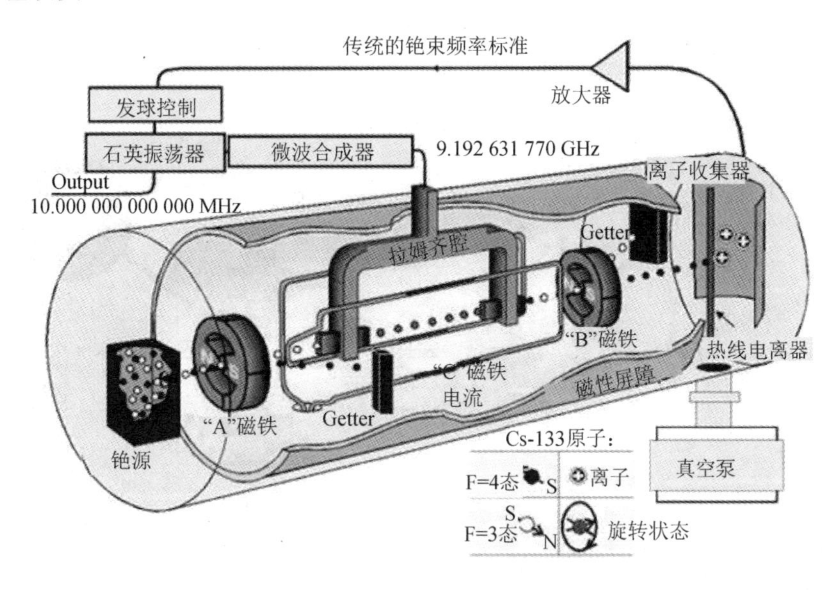

图 6.2.11　铯原子钟内部结构

在真空管另一头，用另一个磁场将微波场在特定频率上改变能量状态的铯原子分离出来。真空管一头的探测器将打击在它上面的铯原子呈比例地显示出来，该特定频率处微波场呈现峰值。这一峰值被用来对产生的晶体振荡器作微小的修正，并使得微波场正好处在该频率。用 9 192 631 770 除以这一锁定的频率，得到常见的现实世界中需要的每秒对应的一个脉冲。

铯原子钟又被人们形象地称作“喷泉钟”，因为铯原子钟的工作过程是铯原子像喷泉一样“升降”。这一运动使得频率的计算更加精确。图 6.2.12 详细描绘了铯原子钟工作的整个过程并给出了该钟的结构组成。这个过程可以分为四个阶段：

第一阶段：由铯原子组成的气体被引入到时钟的真空室中，用 6 束相互垂直的红外线激光照射铯原子气，使之相互靠近而呈球状，同时激光减慢了原子的运动速度并将其冷却到接近绝对零度。此时的铯原子气呈现圆球状气体云。

第二阶段：两束垂直的激光轻轻地将这个铯原子气球向上举起，形成“喷泉”式的运动，然后关闭所有的激光器。这个很小的推力将使铯原子气球向上举起约 1 m 高，穿过一个充满微波的微波腔，这时铯原子从微波中吸收了足够能量。

第三阶段：在地心引力的作用下，铯原子气球开始向下落，再次穿过微波腔，并将所吸收的能量全部释放出来。同时微波部分地改变了铯原子的原子状态。

第四阶段：在微波腔的出口处，另一束激光射向铯原子气，探测器将对辐射出的荧光的强度进行测量。当在微波腔中发生状态改变的铯原子与激光束再次发生作用时就会放射出光能。同时，一个探测器对这一荧光柱进行测量。整个过程被多次重复，直到出现最大数目的铯原子荧光柱。这一点定义了用来确定秒的铯原子的天然共振频率。

上述过程将多次重复进行，而每一次微波腔中的频率都不相同。由此可以得到一个确定频率的微波，使大部分铯原子的能量状态发生相应改变。这个频率就是铯原子的天然共振频率或确定秒长的频率。

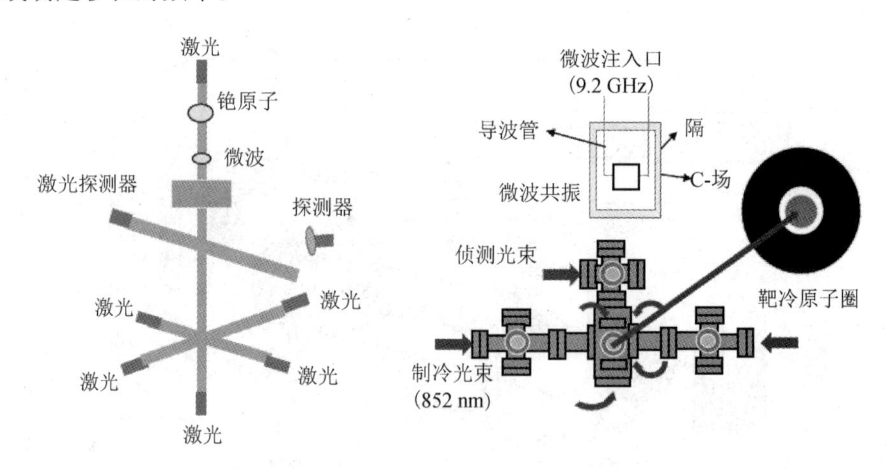

图 6.2.12　铯原子钟工作过程及结构组成

2）铷原子钟

铷原子钟是将高稳定性铷振荡器与 GPS 高精度授时、测频及时间同步技术有机地结合在一起，使铷振荡器输出频率同步于 GPS 卫星铯原子钟信号，提高了频率信号的长期稳定性和准确度，能够提供铯钟量级的高精度时间频率标准。

铷钟采用铷(^{87}Rb)气泡型原子频标，结构如图 6.2.13 所示。

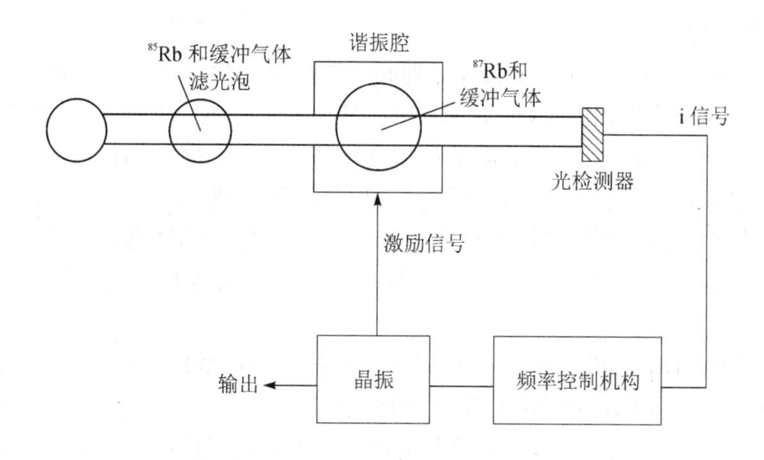

图 6.2.13　铷原子钟原理图

将^{87}Rb原子激发到激态上去，就可以作为发射 7946.6 埃(相应^{87}Rb的第一个激态 $5P_{1/2}$ →基态 $5S_{1/2}$ 跃迁)和 7800 埃(第二个激态 $5P_{3/2}$→$5S_{1/2}$ 跃迁)两种波长光的灯，通过滤光泡滤光，得到所需要的谱线。在铷气泡中，超精细磁能级($F=2$，$m_F=0$)和($F=1$，$m_F=0$)之间的粒子数分布反转靠光抽运作用获得。^{87}Rb 灯发射的两条光线 7800 埃和 7946.6 埃经过滤光泡后，只有 7800 埃线通过滤光泡到达共振铷泡，它激励铷泡中低超精细能态 $F=1$ 的原子到达激态 $5P_{1/2}$ 或 $5P_{3/2}$。$5P_{1/2}$ 的原子由于自发辐射而等概率地回到高超精细能态 $F=2$和低超精细能态 $F=1$ 上。经过几次循环，最后 $F=1$ 的原子全部抽运到 $F=2$ 能态上，而共振铷泡此时对抽运光成为透明的，完成了能态粒子数分布反转。铷泡位于谐振腔中，谐振腔调谐在超精细跃迁频率上。受激辐射 ($F=2$，$m_F=0$) → ($F=1$，$m_F=0$) 可以通过外加同样频率的信号激励谐振腔而产生。激励谐振腔的微波信号由石英振荡器输出信号倍频得到，当微波激励信号频率准确等于原子跃迁频率时，产生最大感应跃迁，足够量的原子回到 $F=1$ 能态，又开始吸收射到铷泡上的光而被抽运到激态。所以感应辐射数愈大，铷泡中吸收的光就愈多，到达光检测器的光量就愈小，光检测器输出电流就愈小。这种电流的变化是微波激励信号频率是否等于跃迁频率的指示，可用来进行频率控制。通过伺服控制机构，可把石英振荡器的频率维持在^{87}Rb原子跃迁线上，从而提高晶振频率稳定度，使微波频率完全同步于原子振荡。

3) 氢原子钟

氢钟的工作原理与铯钟、铷钟基本相似，区别在于元素的使用及能量变化的观测手段。氢原子钟利用原子内部的量子跃迁(能级跃迁)产生极规则的电磁波辐射，并通过计数这种电磁波进行计时。氢原子频率标准短期稳定度很好，但是环境温度变化及微波谐振腔老化会引起原子钟输出频率的变化，从而导致氢原子钟长期性能变差。为了减小这些影响，可借助一种自动调谐器来确保谐振腔的频率始终在所需的频率上，并采用新的温度控制系统来改善氢原子钟的长期性能。针对氢钟出现的有关问题，上海天文台在借鉴国外氢钟实验室经验的基础之上，对原有氢钟进行了技术改造，并为国家授时中心研制了 SOHM－4 型氢原子钟。

4) CPT 原子钟

CPT(Coherent Population Trapping)即相干布居数囚禁。CPT 原子钟是一种基于相干双色光与原子的相互作用产生 CPT 共振现象而实现的原子钟。基于 CPT 现象可以开发出两种不同的原子钟，即被动型 CPT 原子钟和主动型原子钟，前者结构简单，是可以实现微型化的原子钟之一，后者结构复杂，但稳定度和准确度较高。CPT 原子钟的体积、功耗比目前的铷原子钟小得多，因此得到了迅速发展。目前最小的 CPT 原子钟与手表尺寸相近，采用纽扣电池供电，在全球卫星定位系统、水下导航、无人驾驶器等领域越来越受到人们的青睐。

CPT 原子钟的基本构成如图 6.2.14 所示，主要由物理系统、光学系统、信号检测及电路伺服系统构成。物理系统主要由封装有缓冲气体和碱金属蒸气的原子气室(也叫原子蒸气泡)、温度控制和磁屏蔽等构成。光学系统用来提供激励三能级原子跃迁的激光场，一般采用垂直腔面发射激光器(Vertical Cavity Surface Emitting Laser，VCSEL)实现。其中用于控制物理系统温度的温控系统是 CPT 原子钟的关键部件，物理系统中原子蒸气泡和 VCSEL 温度控制得越稳定，物理系统越稳定，原子钟的工作性能越好，特别是将温度长期控制在尽量稳定的范围是获得被动型 CPT 原子钟中长期频率稳定度指标的重要条件，目前主要采用 PID(比例-积分-微分)调节控制。图 6.2.14 中原子样品为^{87}Rb，包含被动型 CPT 钟和主动型 CPT 钟两种配置。

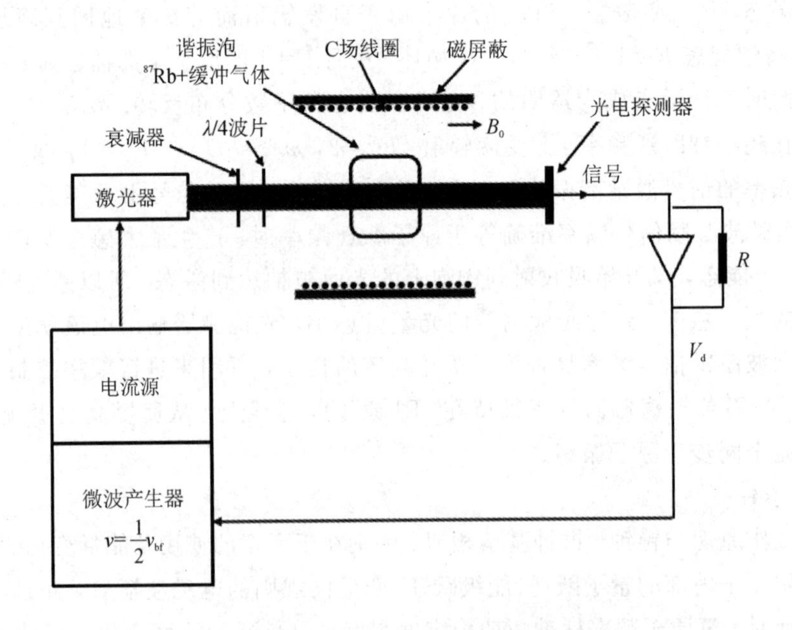

图 6.2.14　CPT 原子钟的基本构成

图 6.2.14 中，相干光场由微波产生器对激光器的注入电流调制产生。原子钟工作时，由光电管(光电探测器)检测到的光信号经放大处理后，对微波产生器进行伺服控制，最后由该微波产生器及其频率链给出标准频率输出。工作于被动型模式时，不需要微波腔，原子谐振信号含于光信号中。工作于主动型模式时，相干光场的产生方法与工作于被动型模式时相同，但需要引入微波腔代替光电管检测，原子基态与相干光场频率差形成相应的交

变磁场，使微波腔内产生振荡信号，该振荡信号即为原子标准频率信号，通过外差接收方法对微波产生器及其频率链进行伺服控制。

5）光钟

美国《科学》杂志于2001年7月12日公布的一项研究结果表明，美国科学家已经将先进的激光技术和单一的汞原子相结合而研制出了世界上最精确的时钟。这种新型的以高频不可见光波和非微波辐射为基础的原子钟主要依靠激光技术，因而被命名为“全光学原子钟”。

美国科学家在研究新型的全光学原子钟时使用的不是铯原子，而是单个冷却的液态汞离子(即失去一个电子的汞原子)，并把它与功能相当于钟摆的飞秒(一千万亿分之一秒)激光振荡器相连，时钟内部配备了光纤，光纤可将光学频率分解成计数器可以记录的微波频率脉冲。这种时钟可能比目前的微波铯原子钟精确100～1000倍，它可计算有史以来最短的时间间隔。这种时钟有望提高航空技术、通信技术(如移动电话)和光纤通信技术等的应用水平，同时可用于调节卫星的精确轨道、外层空间的航空器和连接太空船等。

6.2.3 原子陀螺

1. 基本概念

原子陀螺是原子传感器的一种，是利用原子光谱感受外部转动的高性能传感器。作为一种新型角度传感器，原子陀螺肩负着对未来陀螺仪所寄予的精度更高、体积更小、可靠性更强、动态性能更卓越的殷切希望，在惯性导航、姿态控制、科学研究等军民领域已表现出巨大的发展潜力和应用价值，并引起了国内外研究机构的巨大兴趣。

微小化是原子陀螺重要的发展方向，其中芯片原子自旋陀螺的研究进展尤为突出。零漂优于0.01(°)/h的芯片原子自旋陀螺的研究近年来获得了美国国防部的大力支持，相关研究工作已经展开。2006年，Draper实验室在*Nature Physics*杂志上撰文指出芯片原子自旋陀螺具有广泛的应用前景；2006年，Honeywell公司申请了芯片原子自旋陀螺专利；2007年，加州大学设计了一种芯片原子自旋陀螺；2008年，美国标准化研究院(NIST)搭建了研究平台，拟实现导航级芯片原子自旋陀螺；2010年，Northrop公司开展了芯片原子自旋陀螺的研究工作。

芯片原子自旋陀螺同时具备了精度高和微型化的特点。有关分析表明，芯片原子自旋陀螺精度将优于10^{-3}(°)/h，比现有光学陀螺和MEMS陀螺精度具有数量级的提升。由于采用芯片加工工艺，芯片原子自旋陀螺还具有微型化和批量化生产的潜力，具有体积小、耐冲击和成本低等优点。

2. 主要分类

随着激光冷原子技术的发展，实验室下原子陀螺的性能已经超越了目前最好的陀螺，国外对2020年前后新型陀螺的发展与应用趋势的预测如图6.2.15所示。从工作原理上，原子陀螺可分为两类，即基于原子干涉的冷原子陀螺和基于原子自旋的核磁共振陀螺，其发展方向主要针对高精度和小体积。

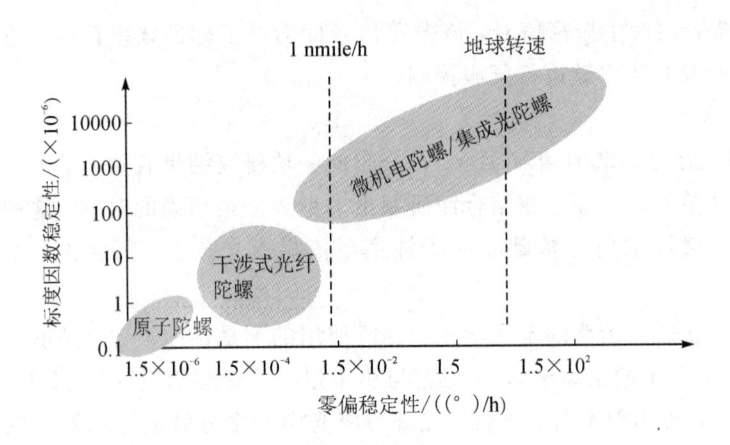

图 6.2.15 原子陀螺发展趋势预测

1) 冷原子陀螺(原子干涉陀螺(AIG))

图 6.2.16 是陀螺干涉示意图。原子束中的原子被泵浦到|1>态，然后依次通过三对拉曼光。第一束光(π/2 光)将原子束制备在基态|1>和|2>的叠加态。由于激光作用和光子原子系统的动量守恒，2 个基态的原子将处于特定的横向动量上。在第一束光作用下，|2>态原子获得横向动量，原子波包被分成两束；在第二束光(π 光)作用下，两个态的原子交换原子态和动量，从而改变两束原子的运动轨迹；在第三束光(π/2 光)作用下，两束原子合束并产生干涉。旋转将引起两束原子间的相对相位移动，干涉信号可通过测量处于|2>态的原子数进行检测。

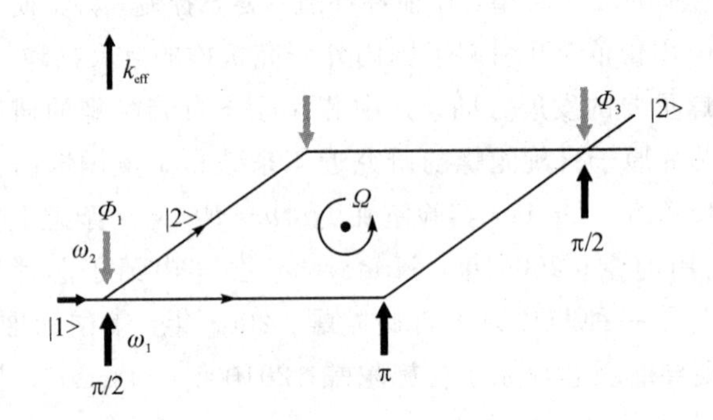

图 6.2.16 陀螺干涉示意图

旋转引起的 Sagnac 相位移动为

$$\Delta\varphi = \frac{4\pi\Omega \cdot A}{\lambda v} \tag{6.2.9}$$

式中：A 为回路包络的面积；λ 为波长；v 为速度；Ω 为转速。

如果用原子的德布罗意波长 $\lambda_{\text{dB}} = h/(mv_a)$（$m$ 为原子质量）代替 λ，用原子的群速度 v_a 代替 v，可得物质波的 Sagnac 相移公式为

$$\Delta\varphi_{\text{atom}} = \frac{4\pi\Omega \cdot A}{\lambda_{\text{dB}} v_a} = \frac{2m\Omega \cdot A}{h} \tag{6.2.10}$$

目前，国内外用于实现原子陀螺的技术方案根据干涉过程原子抛射方式的不同，大致可以分为 4 类：上抛式原子陀螺、下落式原子陀螺、平抛式原子陀螺和斜抛式原子陀螺。

（1）上抛式原子陀螺。

国际上采用上抛式方案的研究机构主要有美国 Stanford 大学和法国巴黎天文台。美国 Stanford 大学的 Kasevich 小组在小型化可移动冷原子干涉陀螺的原理样机研制方面做了大量工作。2008 年，该样机的角度随机游走为 $2.3\times10^{-2}(°)/\sqrt{h}$，零偏稳定性为 $8\times10^{-3}(°)/h$，测量带宽为 2 Hz。经过理论分析，当干涉时间为 0.7 s、单次测量的信噪比为 2000∶1 时，该冷原子陀螺的分辨率可达到 $4\times10^{-7}(°)/h$。此时，陀螺的角度随机游走小于 $1.4\times10^{-4}(°)/\sqrt{h}$，最大角速度测量值为 10(°)/s，绝对精度小于 1×10^{-4}。同时，该装置的特殊结构设计也可以使它在同一装置中进行水平方向的重力梯度测量。

2016 年，法国巴黎天文台的 Landragin 小组提出了一种可连续测量转动信息的冷原子干涉陀螺方案。该方案通过交替运行的方式，在单次原子干涉期间同时完成下一次测量所需冷原子团的制备，消除了抛射型冷原子干涉技术中存在的测量死区问题。该技术的实现对研制陀螺工程样机尤为重要，它可以保证陀螺连续获取载体的转动信息。实验方案如图 6.2.17 所示，通过时序控制方式，实时利用单个原子团的上抛和下落过程实现原子干涉，相比于下落式方案，同等体积下精度可以提高 4 倍。该方案实现的干涉面积为 11 cm^2，为已公开报道的最大值，这意味着可以带来更高的测量精度。在此基础上，陀螺角度随机游走为 $3.4\times10^{-4}(°)/\sqrt{h}$，零偏稳定性为 $2\times10^{-4}(°)/h$。2018 年，该小组通过在单次测量中交替抛射 3 个原子团，进一步提高了冷原子干涉陀螺的性能。零偏稳定性为 $6.2\times10^{-5}(°)/h$，带宽为 3.75 Hz，角度随机游走为 $1\times10^{-4}(°)/\sqrt{h}$，这一指标是所有冷原子干涉陀螺中最高的，基本达到了 2006 年美国 Stanford 大学热原子干涉陀螺样机的水平。

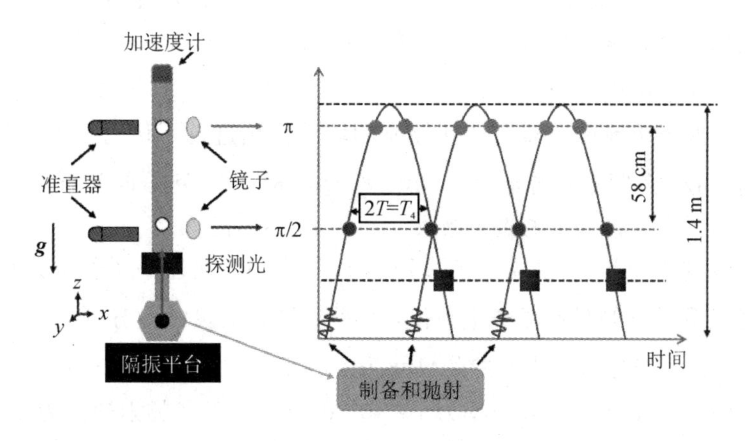

图 6.2.17　巴黎天文台的冷原子干涉陀螺方案

（2）下落式原子陀螺。

采用下落式方案的研究机构主要有美国国家标准与技术研究院（National Institute of Standards and Technology，NIST）和美国加州理工学院（California Institute of Technology，CIT）。2016 年，NIST 的 Donley 小组提出了一种利用单原子团实现双轴转动的测量方法。其测量原理为：当冷原子团经过一段时间干涉后的尺寸为初始值的若干倍时，冷原子团的最终位置和初始速度之间存在近似线性关系。转动引起的相移由跟转速相关的相位梯度来表征，该相移随原子能态的不同产生空间干涉条纹。通过分析干涉条纹的方向、频率以及相位，可以解析出加速度信息以及与加速度方向垂直平面上的两个不同转动方向的信息。2018 年，该小组通过调制底端 Raman 光反射镜的角度，模拟了点源冷原子干涉陀螺同时敏感两轴转动平面的能力，同时实现了 Raman 激光方向的加速度测量。当干涉时间 $2T=16$ ms 时，加速度的灵敏度为 $1.6\times10^{-5}g/\sqrt{\text{Hz}}$。对于 1 s 的平均时间，转动矢量的幅值灵敏度为 0.033(°)/s(5.76×10^{-4} rad/s/$\sqrt{\text{Hz}}$)，角灵敏度为 0.27°，整个系统带宽为 10 Hz。当前系统的测量灵敏度主要受限于短的 Raman 光作用时间、技术噪声、原子团的初始尺寸以及测量死区等问题，但该方案整体还处于原理研究阶段，对原子的制备、操控等要求较高，比较适合科学探究。2017 年，CIT 的 Muller 小组利用单激光器和金字塔式磁光阱结构实现了多轴原子干涉，分别进行了加速度、转动和倾斜角度的测量，灵敏度分别为 $6\times10^{-7}g/\sqrt{\text{Hz}}$、$1(°)/\sqrt{\text{h}}$和 $4\mu\text{rad}/\sqrt{\text{Hz}}$。尽管精度有限，但该系统采用单个光源，并且敏感头尺寸小，可同时实现多惯性量测量，为未来冷原子干涉陀螺的小型化研究提供了可行方向。

(3) 平抛式原子陀螺。

目前，采用平抛式方案的研究机构相对较多，国外主要有德国 Hannover 大学、美国 Sandia 国家实验室，国内主要有清华大学。2009 年，德国 Hannover 大学的 Rasel 小组首次实现了基于铷原子(Rb)的干涉陀螺。实验干涉区域最大可达 12 cm，干涉时间为 4 ms，转动灵敏度为 $0.825(°)/\sqrt{\text{h}}$。本方案的一大优点是实现了高通量的冷原子源以及长的干涉距离，可实现高精度转动测量。2012 年，该小组实现的干涉面积为 19 mm^2，通过精确对准三对 Raman 激光和原子团之间的角度以及采用较高质量的 Raman 光波，实现的转动灵敏度为 $2.1\times10^{-3}(°)/\sqrt{\text{h}}$。传感头尺寸为 13.7 cm，对应的零偏稳定性为 $4.1\times10^{-3}(°)/\text{h}$。2015 年，该小组利用组合光脉冲技术，结合了传统的 Bragg 和 Raman 构型的优点，实现了高精度的转动测量，角度随机游走为 $4.1\times10^{-4}(°)/\sqrt{\text{h}}$，零偏稳定性为 $5.36\times10^{-3}(°)/\text{h}$。2017 年，该小组对冷原子干涉传感器在惯性导航领域的应用进行了仿真。结果表明，当陀螺的工作带宽为 60 Hz、角度随机游走为 $2\times10^{-6}(°)/\sqrt{\text{h}}$时，1 h 积分时间可以实现 1.4 m 的导航精度，这表明了平抛式方案的潜力极大。

2014 年，美国 Sandia 国家实验室的 Biedermann 小组通过冷原子团交换技术实现高速率的双轴加速度和转动测量冷原子干涉仪，两种干涉仪的灵敏度分别为 $9\times10^{-7}g/\sqrt{\text{Hz}}$和 $3.78\times10^{-3}(°)/\sqrt{\text{h}}$。矩形玻璃真空腔的尺寸为 20 mm×30 mm×60 mm，壁厚为 3 mm，真空度为 2.6×10^{-5} Pa，原子装载速率为 1×10^{8} atoms/s，原子抛射速度为 2.5 m/s，干涉时间为 4 ms，原子再俘获时间为 2 ms，采样速率为 60 Hz。得益于较短的干涉时间，动态范围分别为 $10g$、20 rad/s。该方案的主要特点是小体积(0.5 m^3)、高精度、高带宽，但为了追求高速率，限制了干涉时间，故无法实现超高精度。

(4) 斜抛式原子陀螺。

目前，采用斜抛式方案实现转动测量的有法国巴黎天文台、中科院武汉物理与数学研究所(简称中科院武汉物数所)以及华中科技大学。2003 年，法国巴黎天文台报道了世界上首台冷原子干涉陀螺构型，理论精度为 $1\times10^{-4}(°)/\sqrt{\text{h}}$，工作带宽为 1 Hz。2006 年，法国巴黎天文台对实验进行了改进，可实现对转动和加速度的六轴参数测量。干涉时间 60 ms，单次测量时间 560 ms。1 s 平均时间的短期转动灵敏度为 0.45(°)/h，10 min 平均时间后，转动灵敏度为 2.88×10^{-2}(°)/h。2009 年，通过有效地从转动信号中去除加速度噪声，短期测量灵敏度达到了量子投影噪声极限，其转动灵敏度为 8.25×10^{-4}(°)/$\sqrt{\text{h}}$(1 s)，1000 s 的长期稳定性为 2.06×10^{-3}(°)/h，传感器体积为 30 cm×10 cm×50 cm。

2016 年，中科院武汉物数所进行了连续的动态转动测量，其零偏稳定性为 0.17(°)/h，角度随机游走为 0.76(°)/$\sqrt{\text{h}}$。2018 年，通过检测和校准原子轨迹以及原子轨迹与 Raman 激光的对准方向，提高了系统对重力效应和共模相位噪声的抑制能力，其测量的零偏稳定性为 1.28×10^{-2}(°)/h，角度随机游走为 4.1×10^{-3}(°)/$\sqrt{\text{h}}$，系统体积为 600 mm×600 mm×300 mm，带宽小于 1 Hz。

四种原子抛射方式下陀螺的优缺点如表 6-2-2 所示。

表 6-2-2　四种原子抛射方式下陀螺的优缺点比较

	优　点	缺　点
上抛式	高精度、无死区、小体积，多惯性量同时测量	控制难度较高，光路结构相对复杂
下落式	光路结构简单，操控难度低，易实现	干涉时间较短，转动测量精度较低
平抛式	机械结构简单，高带宽、大动态范围	一维方向惯性测量
斜抛式	灵敏度高，三轴惯性测量	机械结构复杂，操控难度极高

2) *核磁共振陀螺(NMRG)*

核磁共振陀螺(Nuclear Magnetic Resonance Gyroscope, NMRG)的工作原理与冷原子陀螺完全不同。该陀螺是一种利用核磁共振原理工作的全固态陀螺仪，通过探测原子自旋在外磁场中的拉莫尔进动的频率移动来确定转速。它没有运动部件，性能由原子材料决定，理论上动态测量范围无限，综合运用了量子物理、光、电磁和微电子等领域技术，是未来陀螺仪发展的新方向。

沿 z 轴施加静磁场的磁感应强度 B_0，转矩将迫使核磁矩沿磁力线排列，约一半的原子平行于磁力线，另一半反平行于磁力线。使用光抽运技术使原子移动到特定的塞曼子能级，此时单个原子的磁矩 μ_F 在磁力线上的投影完全相同，然后通过自旋交换碰撞使惰性气体原子沿着磁力线形成非零宏观磁矩 M，如图 6.2.18 所示。

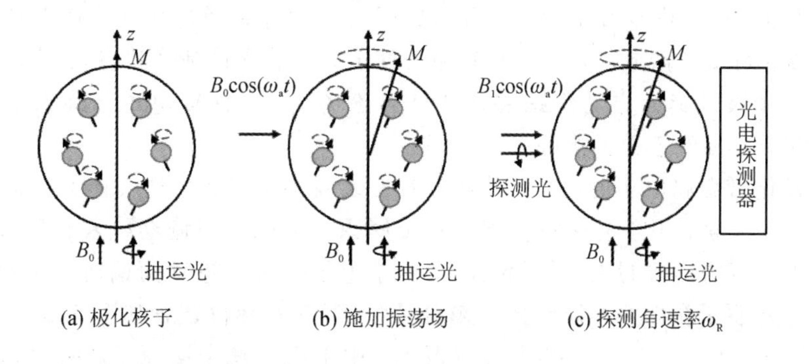

图 6.2.18　核磁共振陀螺工作原理

在图 6.2.18(b)中沿 x 轴施加一个振荡磁场 $B_1\cos(\omega_a t)$，其频率 ω_a 约等于惰性气体核

磁矩的拉莫尔频率，使 M 从 z 轴倾斜并在 $x-y$ 平面内进动。此时 M 出现了 $x-y$ 平面中的分量 M_{xy}，并以拉莫尔频率绕 z 轴进动。此时有

$$\frac{\mathrm{d}M}{\mathrm{d}t}=\gamma M\times B_0 \tag{6.2.11}$$

式中 γ 为原子的旋磁比。

沿 x 轴施加的磁场类似于2个绕 z 轴在 $x-y$ 平面上反向旋转的静磁场。2个磁场的 x 分量总指向同一方向，其和为 $B_1\cos(\omega_a t)$；2个磁场的 y 分量指向相反，相互抵消。

如图 6.2.18(c)所示，如果包围进动磁化矢量的参考系开始旋转，观察到的频率变为

$$\omega_{\mathrm{obs}}=\omega_{\mathrm{L}}-\omega_{\mathrm{R}}=\gamma B_0-\omega_{\mathrm{R}} \tag{6.2.12}$$

式中：ω_{L} 为介质的拉莫尔频率；ω_{R} 为参考系的角速率，正向旋转定义为与 M 的进动方向相同。通过监视这个频率，如果知道旋磁比和施加的磁场，就可确定参考系的角速率。

3) SERF 陀螺仪

SERF 陀螺仪利用电子自旋磁矩在零磁空间中的定轴性来敏感载体转动信息，如图 6.2.19 所示。当载体静止时，原子核自旋磁场与外界磁场相互抵消，电子自旋处于无干扰惯性空间中，电子自旋方向一定，当载体有角速度输入时，固定在载体上的测量系统与电子自旋方向就会存在一个夹角，通过测量该角度，就可以得到载体的转动角速度信息。相比核磁共振陀螺采用的原子核自旋，SERF 陀螺电子自旋磁矩比较大，其测量精度更高，具有体积小和精度超高等特点。

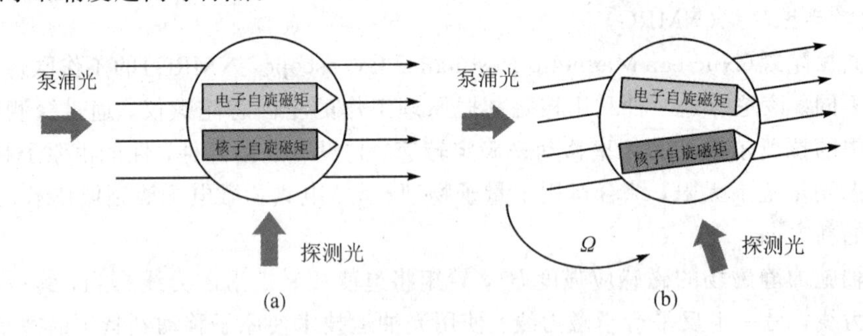

图 6.2.19　SERF 陀螺仪工作原理

在高压、高密度、弱磁场条件下，碱金属原子之间的碰撞会很频繁，当碰撞频率远高于碱金属原子的 Larmor 进动频率时，碱金属原子自旋的分布通过相互碰撞保持在稳定的状态，碰撞导致的自旋弛豫效应消失，此时原子处于无自旋交换弛豫状态(SERF 状态)。电子自旋和惰性气体核自旋会自动跟踪并补偿外界磁场变化，使得电子自旋感受不到外界磁场，保证了电子自旋处于无干扰的惯性空间。

泵浦光极化碱金属原子的电子，并使其具有宏观指向性。惰性气体原子通过与碱金属原子间的自旋交换被极化。外磁场作用下碱金属原子的电子自旋会绕着磁场进动。线偏振光从垂直于外磁场方向经过时，其偏振面会由于电子自旋的进动而偏转一个角度，这个角度正比于碱金属原子在探测光防线的投影分量。SERF 陀螺仪装置如图 6.2.20 所示，泵浦激光经透镜准直，有 λ/4 波片转换为圆偏振光，用于极化碱金属原子。探测激光经透镜准直，通过 λ/2 波片调节偏振面方向，经反射镜进入原子气室，出射后由偏振分数棱镜分成 s 光和 p 光，分别由探测器接收，并通过差分电路检测出探测光偏振面的偏转角度。无磁场

加热片用于加热原子气室。磁屏蔽用于屏蔽地磁场对原子自旋的影响。三维磁场线圈用于产生核自旋补偿磁场，并抵消外界剩余磁场。

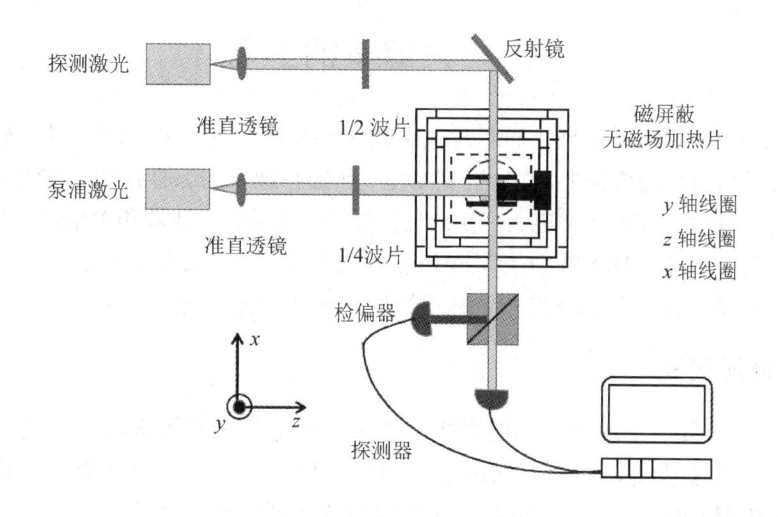

图 6.2.20 SERF 陀螺仪装置示意图

原子气室中补偿磁场与泵浦光方向平行。惰性气体原子核自旋由于极化而产生宏观磁矩 M_n，该磁矩产生的等效磁场为 $B_n=\lambda M_n$。其中，λ 是磁场系数。补偿磁场大小合适时，惰性气体核自旋磁矩产生的磁场和补偿磁场相互抵消，即有 $B_0+\lambda M_n=0$，并且核自旋磁场会随着外界磁场的变化而绝热变化，使得碱金属原子极化方向保持不变。在垂直于碱金属原子极化方向施加探测光，即可探测载体的转动信息。

21 世纪初期，美国普林斯顿大学率先开展了 SERF 陀螺仪技术研究，2005 年实现了陀螺效应，实验装置如图 6.2.21 所示，其零偏稳定性达到了 0.04(°)/h。2009 年后美国的 Twinleaf 公司连续两年获得 DARPA 资助，旨在研制高精度小体积 SERF 陀螺仪工程样机。美国霍尼韦尔公司也开展了芯片级原子自旋陀螺仪的相关研究，设计了相应的结构和工艺实现方法。

图 6.2.21 普林斯顿大学的第一代和第二代 SERF 陀螺仪研究平台

国内 SERF 原子自旋陀螺仪的研究起步较晚。北京航空航天大学于 2008 年开始搭建 SERF 陀螺仪实验装置，并于 2012 实现了 SERF 陀螺效应，2017 年零偏稳定性达到

0.05(°)/h。北京航天控制器研究所于2015年开展SERF陀螺仪研究，2016年实现了SERF陀螺效应，2017年实现陀螺仪样机电路集成，零偏稳定性优于10(°)/h。

6.3 关键微纳工艺

量子传感器的集成化、微型化和芯片化是其主要发展方向，也是该类型传感器产业化的前提。由于量子传感器通常需要利用光、磁、电、热等物理场的综合作用，目前这些系统通常基于昂贵的光学组件，因而非常庞大、复杂且仍处于实验阶段。随着相关组件的集成化、芯片化和产品化，与微米纳米技术特别是MEMS技术的结合，下一代量子传感器件及系统尺寸将进一步缩小。在整个量子传感系统中，利用微纳工艺实现芯片化的主要部件简述如下。

6.3.1 碱金属气室

碱金属气室及其内部缓冲气体的主要功能为：将碱金属原子限制在空间特定区域，容易被激光场激发和探测；防止反应性污染物(如氧和水)进入气室将碱金属氧化；防止非反应性污染物(如He和N_2)进入或离开气室导致碱原子跃迁频率变化。

碱金属反应性强，因此必须在惰性环境中处理、保存。纯碱金属可以通过购买的方式获得，也可以由稳定的含碱化合物与还原剂反应，或通过热或光使其解离而得到。例如，碱性氯化物(盐)可以与叠氮化钡反应，叠氮化钡在150℃～250℃时分解，生成碱金属、氯碱和氮气，反应方程式如下：

$$MeCl + BaN_6 \rightarrow BaCl + 3N_2 + Me@150℃ - 250℃ \tag{6.3.1}$$

这里Me指的是碱金属。碱性铬酸盐(或钼酸盐)可以与锆、钛、铝或硅在更高的温度(高于350℃)下反应，产生单质碱性金属，反应如下：

$$2Me_2CrO_4 + Zr_3Al_2 \rightarrow Cr_2O_3 + Al_2O_3 + 3ZrO_2 + 4Me@500℃ \tag{6.3.2}$$

上述反应需要更高的温度驱动，优点是没有残留气体产生，使整个反应保持真空状态。这种反应通常用于在真空管内沉积碱金属作为吸气剂。碱金属也可以用Ca或Mg还原MeCl得到：

$$2Me_2Cl + Ca \rightarrow CaCl_2 + 2Me@450℃ \tag{6.3.3}$$

最后，碱叠氮化物在高温或紫外光照下分解，释放出氮气：

$$2MeN_3 + UV \rightarrow 2Me + 3N_2 \tag{6.3.4}$$

$$2MeN_3 \rightarrow 2Me + 3N_2@390℃ \tag{6.3.5}$$

碱金属也可以从碱离子中提取，注入到玻璃或陶瓷等材料中，其机制类似于锂离子气室。放置在材料周围的电极产生一个电场，使碱金属离子扩散到阴极表面，在那里它们与电子重新结合，形成碱金属。

1. 气室制造

大多数原子气室是用玻璃吹制技术制成的，如图6.3.1(a)所示，这种气室应用于大多数原子钟和磁强计中，制造的基本程序是用高温火焰使耐热玻璃或硼硅酸盐玻璃熔化并对其塑形。如果需要提高紫外线的透过率，也可以使用熔融二氧化硅。典型的气室制造过程如下：将玻璃气室吹制成球形或中空圆柱体，融合部分在两端，填充管将气室连接到真空泵和含有高纯碱金属的密封辅助室。气室被真空抽空并充分烘烤，用等离子放电进一步清洗。然后打开辅助室，碱金属被蒸发到气室，用配比适当的缓冲气体进行回填。然后用火焰枪熔断填充管将气室密闭。该方法制得的气室，其体积可以从几立方米到约 10 mm^3。小于几个立方毫米的气室，用该方法制备会比较困难。该加工方法的缺点是：首先，气室的形状不利于与其他光学元件的集成；其次，由于工艺限制，设计完全相同的气室加工后在大小、形状和内部缓冲气体压力等方面都会有差异；最后，该工艺难以实现批量化制造，只能采取逐个加工的方法。因此，更复杂的气室制造通常采用硅基微机械加工方法。

微加工方法制得的气室典型结构如图 6.3.1(b)所示。碱金属原子被密封在硅蚀刻的腔内，在硅的上、下表面键合玻璃形成密封腔。上、下表面的玻璃窗允许光线从气室顶部或底部进出气室。与玻璃吹制气室相比，该设计有以下几个优点。首先，通过设计刻蚀版图、选择合适的硅片，很容易制作亚毫米尺寸的微加工气室，同时，只要改变相关参数即可方便地改变其尺寸；其次，在同一晶圆上通过蚀刻多个腔体来批量制造气室，可以形成规模制造；最后，平坦的上下表面和确定的气室尺寸便于与其他光学元件集成。该方法制得的气室结构的缺点是它只允许光线从上下两边进入，因此很难与水平方向传播的光束进行集成。

(a) 传统的玻璃吹制碱金属气室

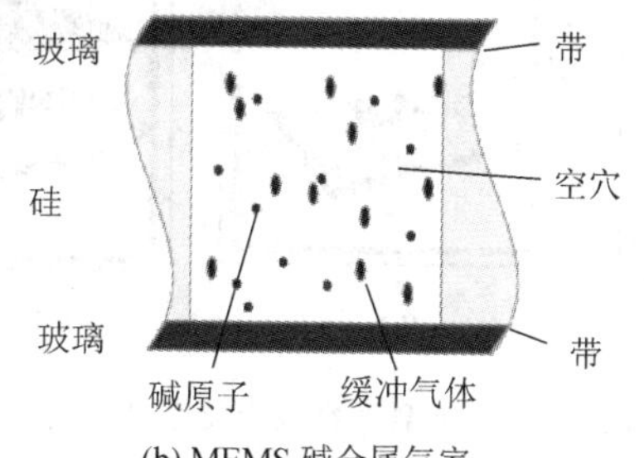

(b) MEMS 碱金属气室

(c) 硅/玻璃气室

图 6.3.1　气室制造

图 6.3.1(c)是 NIST 在 2003 年制作的微加工气室照片。玻璃、硅键合采用阳极键合的方式，该技术广泛应用于 MEMS 领域玻璃与导电材料的键合方面。键合步骤是：首先将玻璃和硅片进行抛光和清洁，相互接触后将硅片加热至接近 300℃，在此温度下，玻璃中的杂质离子变得可移动。然后在两者之间施加几百伏的电压，使得玻璃中的碱土金属离子向阴极扩散并远离玻璃-硅界面。带负电荷的氧离子在产生的空间电荷场中向界面漂移，与界面上的硅反应形成 SiO_2，并牢固地结合在一起。

与碱金属气室相比，该技术的好处是除了硅和玻璃没有使用其他材料，这意味着几乎不引入其他气体杂质。另一方面，形成化学键所需的高温限制了该技术的使用，高温要求所需玻璃的热膨胀系数与硅匹配，如果不匹配，玻璃在冷却时容易因机械应力而开裂。此外，碱金属原子在高温下有可能扩散到玻璃中，导致腔内碱金属浓度减小。最后，由于蜡的熔点较低，将石蜡作为气室涂层在该工艺过程中会很具有挑战性。硅基 MEMS 气室制备工艺如下：抛光的硅片利用光刻进行图形化，然后利用湿化学刻蚀或深反应离子刻蚀技术在硅片上刻蚀所需尺寸的空腔。刻蚀后清洗硅片，玻璃被阳极键合到硅片的下表面形成“预成型件”。接着，碱金属原子按照要求沉积到空腔中，并按比例向腔室中冲入缓冲气体。最后，在硅的上表面键合玻璃进行密封。

2. 冲制碱金属原子

气室制造中最具挑战性的步骤是冲制碱金属及其气室封装。传统气室使用玻璃吹制槽的传统充制工艺，即充制管末端不在玻璃槽中，而是在硅/玻璃槽的玻璃窗口上，如图 6.3.1(c)所示。该过程会在气室上留下长柄不利于集成，逐个充制与封装使得气室工艺既昂贵又耗时。

典型气室碱金属充制与封装的 MEMS 工艺如图 6.3.2 所示，整个过程在充满干燥、惰性组分(如 N_2)的厌氧室中完成。首先，将一端键合玻璃的气室放入厌氧室中，在腔内打碎含有碱金属的安瓿，使用移液管或移液针将一定量的碱金属转移到气室中，如图 6.3.2(a)所示；然后将上部的玻璃放在气室上，将气室整体转移到厌氧室内的钟罩中，钟罩被抽空并填满所需的缓冲气体，如图 6.3.2(b)所示；然后在气室上部放置玻璃片，如图 6.3.2(c)所示；最后，在钟罩内进行阳极键合，密封气室，如图 6.3.2(d)所示。

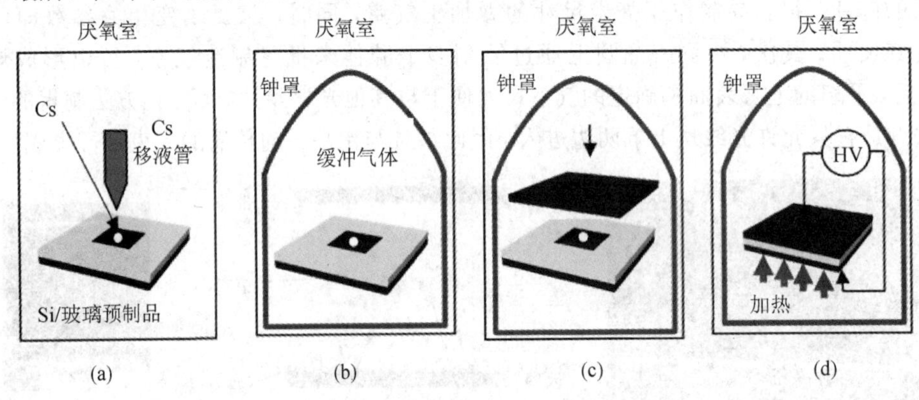

图 6.3.2　典型气室碱金属充制与封装的 MEMS 工艺

碱金属也可以通过其他方式充制到密闭气室中。比如，通过加热含碱金属的微小管道将碱金属转移到气室阵列中；然后利用流入填充通道的蜡封住气室，蜡还可以用于将碱金属溶液包裹成“微包”，在空气中处理；然后将之转移到密闭气室内，用激光加热释放碱金属，基本过程如图 6.3.3 所示(采用 NIST 标准工艺)。图 6.3.3(a)为在高真空室内，碱金属通过悬浮在气室上方安瓿中的化学反应产生；图 6.3.3(b)为碱金属以原子束的形式沉积到气室中；图 6.3.3(c)为添加缓冲气体，并将玻璃盖子置于硅顶面；图 6.3.3(d)为真空室阳极键合。

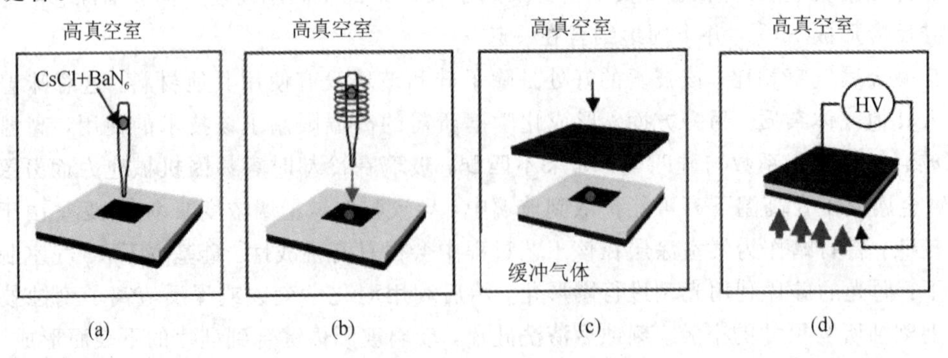

图 6.3.3　气室外化学反应进行气室制造

将溶解有氯化铯或氯化硼的六氯化银溶液滴入一端开口为 0.5 ms 的小玻璃安瓿中。安瓿放置在气室上方，气室安瓿整体放置在真空度优于 10^{-5} Pa 并加热的腔室内。碱金属离开安瓿开口，沉积在气室的底部。反应过程中产生的氮气被抽走，残余 BaCl 和 Ba 留在安瓿中。然后将缓冲气体充制到腔室中，最后进行阳极键合。

另一种方法是在真空中，将 $Cs_2MoO_4/Zr/Al$ 或者 $Cs_2CrO_4/Zr/Al$ 小球放入气室，冲入缓冲气体后将气室键合密封。将气室从真空腔中取出，利用大功率激光照射气室中含碱金属的小球并加热至反应温度，释放出碱金属，完成碱金属原子的充制和气室工艺。图 6.3.4 所示为用该方法制作气室的工艺流程及实物照片。该方法避免了其他方法复杂的碱金属沉积过程，可以很方便地对含碱金属的化合物小球在空气中操作。图 6.3.4(a)～(i)为填充方法，右侧为气室照片。

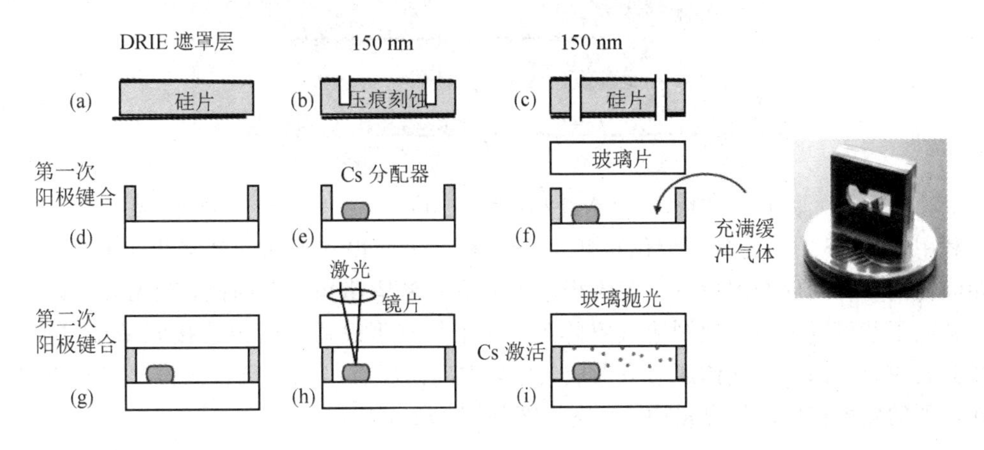

图 6.3.4 使用 $Cs_2MoO_4/Ti/Al$ 的化合物制造微型碱金属气室

3. 其他气室几何结构

在以光正交传播的电磁测量中，MEMS 气室中常见的上下玻璃键合形式使用不方便。因此，开发了一种新型的球形 MEMS 几何结构。该结构通过吹制键合在硅微腔上部的玻璃而成，如图 6.3.5 所示。利用图 6.3.4 所示的沉积法刻蚀硅背面，以便碱金属和缓冲气体进入气室内部。这类气室特别适用于 MEMS 核磁共振陀螺。

图 6.3.5 微玻璃吹制碱金属气室

此外，还开发了腔内带角度的气室，这样做的好处是可以将垂直入射到气室窗口表面的光经反射后变为水平光。使用标准化学蚀刻工艺，利用硅的自然腐蚀角度 54.74°，可以直接刻蚀出背腔角度 54.74°的气室，如图 6.3.6 所示。同时，可以在输入窗口上加入光栅结构，光以衍射角度衍射进入气室，经硅侧壁反射后实现光水平传播。

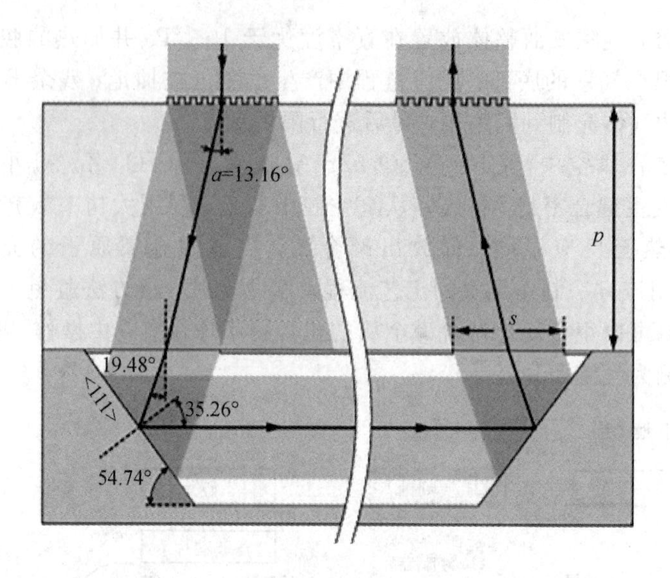

图 6.3.6　利用窗口上的衍射光栅在 MEMS 气室中产生水平传播的光束

利用 MEMS 中的光刻图形化和刻蚀能够在 Si 表面得到不同的气室几何形状，平行工艺能够在同一时间内利用单一工艺流程加工大量的单晶 Si 气室。因此，利用开发好的球形气室制造工艺可以很方便地制造气室阵列。多个气室可以通过管道连接到碱金属存储室，这样就能在统一的缓冲气体压力下形成气室阵列。已经有研究人员将该类型气室应用于磁强计阵列的磁场梯度成像测量中。气室工艺如图 6.3.7 所示。

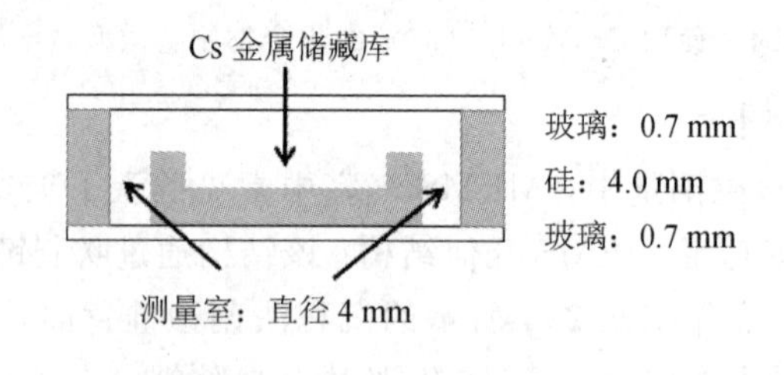

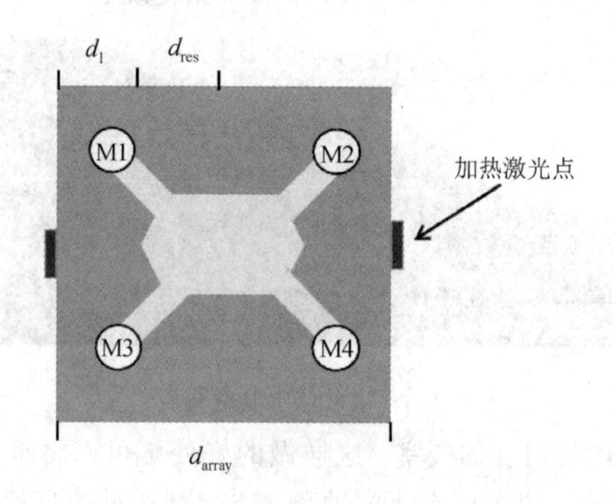

图 6.3.7　多个碱金属气室可以通过管道连接到同一个碱金属存储室形成单元阵列

此外，在无法进行阳极键合的场合(比如应用石蜡抗弛豫涂层的气室)，抗弛豫涂层无法承受明显高于100℃的温度，因此，替代阳极键合的低温键合技术得到发展。低温键合通常采用微米尺度的锂-铌酸盐-磷酸盐玻璃层实现，该玻璃层具有很高的离子导电性，并可被沉积在玻璃基片上。也可以使用 Cu－Cu 热压键合制造气室，使用不同的衬底材料。图 6.3.8 为采用铟密封的硅/玻璃碱金属气室微加工工艺示意图。

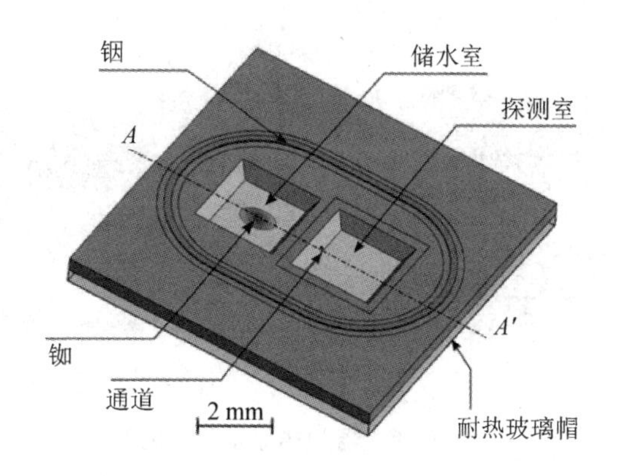

图 6.3.8　铟密封的硅/玻璃碱金属气室微加工工艺示意图

6.3.2　MEMS 无磁加热温控技术

1. 气室无磁加热温控技术

原子传感器的原子气室是敏感单元，其正常工作需要合适的工作温度。提高原子气室温度，增加原子数密度，是提高灵敏度的有效方式。原子气室加热一般有以下几种方式：热气流加热、光加热、直流间断电加热以及交流电加热。

热气流加热方式将原子气室置于双层结构的加热室中，将缓冲区的气体在外部用通电电阻加热后再通入双层结构的加热室的内层和外层中间，使处于内层的气室受热。这种加热方式的最大优点是不会引入附加干扰磁场；缺点是加热速度慢，同时加热所用的热气流的波动会影响光路，而且需要使用一个气泵使气体进行循环，所以整个加热系统较复杂，不利于小型、集成化。2005 年，普林斯顿大学的 Thomas Whitemore Komact 所设计的磁力仪中采用了热气流加热方式，将原子气室加热至 180℃[3]。

光加热方式利用加热光被材料吸收后转化为热能的原理，使用近红外波段(波长 780～3000 nm)的激光直接照射气室外侧壁进行加热。虽然这种方式不会引入磁噪声，易于控制，但整个系统造价昂贵，并且可能会引入散射光进而影响系统光路。2009 年，Jan Preusser 等人采用波长为 915 nm 的二极管激光器将原子气室加热至 90℃。2012 年，NIST 利用某一颜色滤光片吸收某一特定波长的特性，使用波长为 1550 nm 的激光作为光源，将原子气室加热至 150℃。图 6.3.9 为利用二极管激光器加热原子气室的结构与实物图。

直流间断电加热方式采用直流电作为电源，驱动加热电阻进行工作，在加热电阻工作时，原子磁力仪系统呈关闭状态，当加热电阻使原子气室的温度达到目标温度后停止加热，之后原子磁强计系统才开始工作。使用这种加热方式加热速度快、易于控制，并且不会引

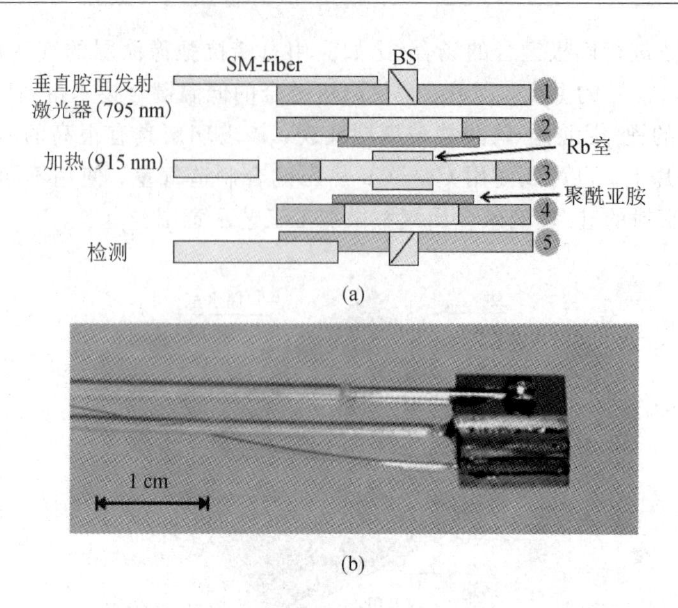

图 6.3.9　二极管激光器加热原子气室的结构与实物图

入磁噪声，但由于间断加热，温度的稳定性相对较差，会产生温度梯度影响实验结果。2009年，普林斯顿大学的 Romails 教授团队所研制的 SERF 磁强计使用此种直流间断电加热方式，使用高阻值钛合金的氮化硼烤箱对原子气室进行电加热，将 5 mm×5 mm×5 mm 的 Rb 原子气室加热至 200℃，如图 6.3.10 所示。

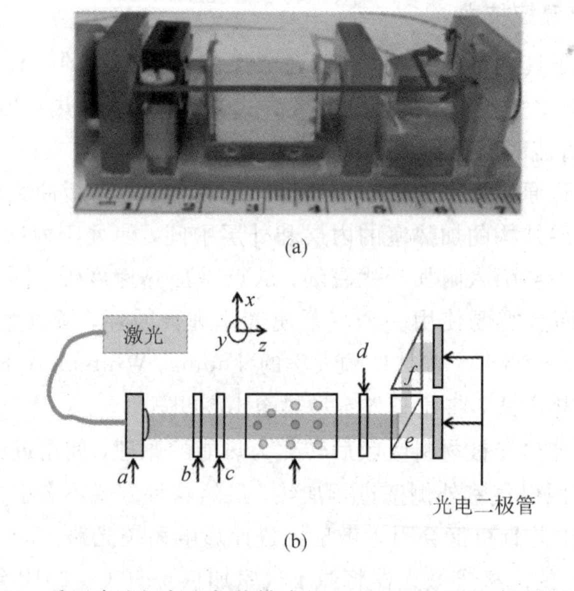

图 6.3.10　采用直流间断电加热模式的 SERF 原子磁强计照片及结构图

交流电加热方式是在加热电阻中通入一定频率的交流电，通过加热电阻产生的热量对原子气室进行加热。交流电频率需要远离原子磁强计的工作带宽，通常选用几十千赫兹。这种加热方式加热速度快，温度稳定性高，容易控制，虽然会在一定程度上引入磁场噪声，但是通过合理控制参数，可以实现极弱磁电加热。美国 Sandia 国家实验室和新墨西哥州精神研究组织合作研制的 SERF 原子磁强计使用 20 kHz 的交流电将铷原子气室加热至 190℃，灵敏度为 5 fT/$\sqrt{\text{Hz}}$。2007 年，Schwindt P D D 教授通过将有铟锡氧化物(ITO)薄膜电阻的镜像图案的两个玻璃基板与非导电环氧树脂胶合在一起制成具有抵消磁场作用的 ITO 加热器，加热器被放置在体积为 1 mm×2 mm×1 mm 的^{87}Rb 原子气室上方和下方，其交流加热功率为 175 mW。可将气室加热至 110℃而在气室处产生的磁场估计为 3.5 nT。同时，在 ITO 表面刻画出电流路径，使用两个电流路径互为镜像的 ITO 组成一个整体来对磁场进行抵消，如图 6.3.11 所示。2010 年，该小组继续优化交流电加热方式，利用 20 kHz 的交流电，将 Rb 原子气室加热至 190℃，Rb 原子粒子数密度达到 $6\times10^{14}/\text{cm}^3$，如图 6.3.12 所示。

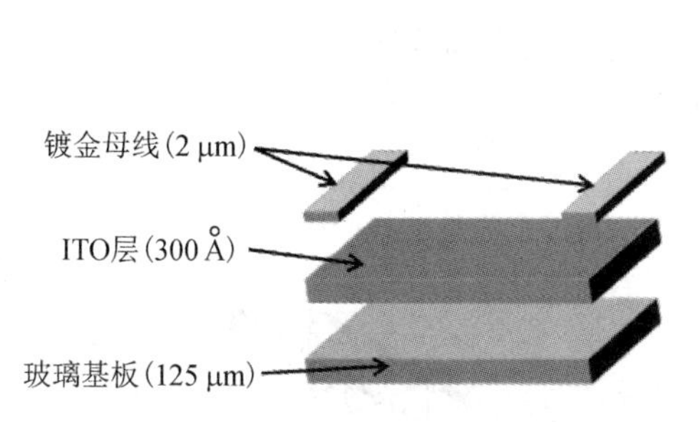

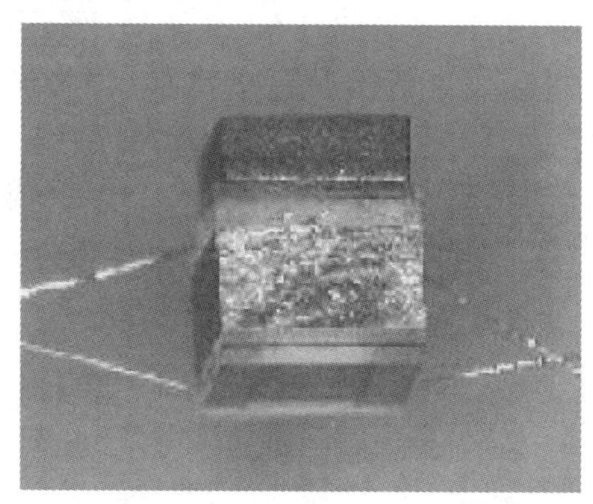

图 6.3.11　ITO 加热器以及与气室的组装结构示意图

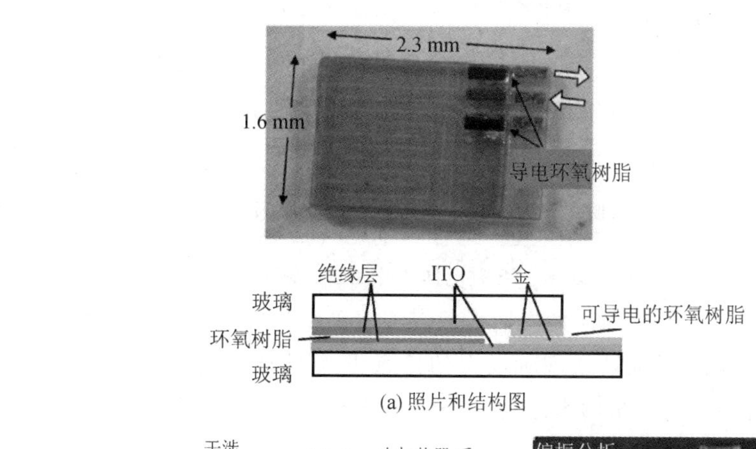

(a) 照片和结构图

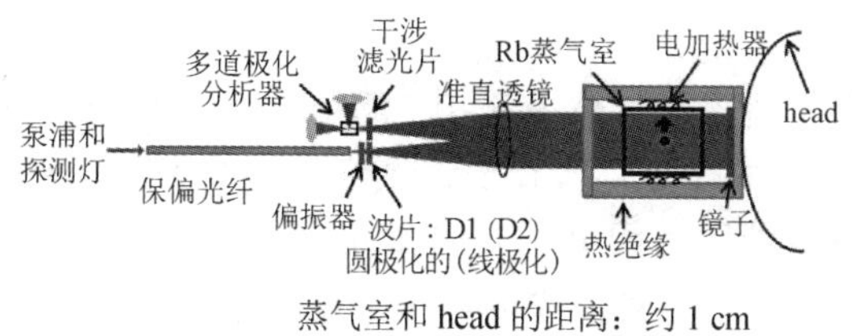

(b) 包含有 ITO 加热部分的原子磁强计结构及实物图

图 6.3.12　采用交流电加热 ITO

在上述 4 种主流原子气室加热方案中，交流电加热温度稳定性高、容易控制，是近年来原子磁强计常常选用的加热方案。同时，考虑到系统小型化和无磁要求，设计基于 MEMS 技术的无磁电加热芯片是提高量子传感器性能的重要一环。

2. 无磁电加热芯片设计实例[4]

1）无磁电加热芯片工作原理

如图 6.3.13(a)所示，若将两个方形线圈回形放置，外部线圈边长 $2a_1$，内部线圈边长 $2a_2$，且通入大小同为 I、方向相反的电流，根据毕奥萨伐尔定理和高斯定理，这两个方形线圈在轴线上距离两线圈中心 x 的 P 点产生的磁感应强度大小为

$$B_P = \frac{2\mu_{0I}a_{12}}{\pi(a_{12}+x_2)\sqrt{2a_{12}+x_2}} - \frac{2\mu_{0I}a_{22}}{\pi(a_{22}+x_2)\sqrt{2a_{22}+x_2}} \tag{6.3.6}$$

如图 6.3.13(b)所示，若将两个方形线圈平行放置，两线圈边长均为 $2a$，下层线圈中心距离 P 点 x_1，上层线圈中心距离 P 点 x_2，且通入大小同为 I、方向相反的电流，则这两个方形线圈在轴线上的 P 点产生的磁感应强度大小为

$$B_P = \frac{2\mu_{0I}a_2}{\pi(a_2+x_{12})\sqrt{2a_2+x_{12}}} - \frac{2\mu_{0I}a_2}{\pi(a_2+x_{22})\sqrt{2a_2+x_{22}}} \tag{6.3.7}$$

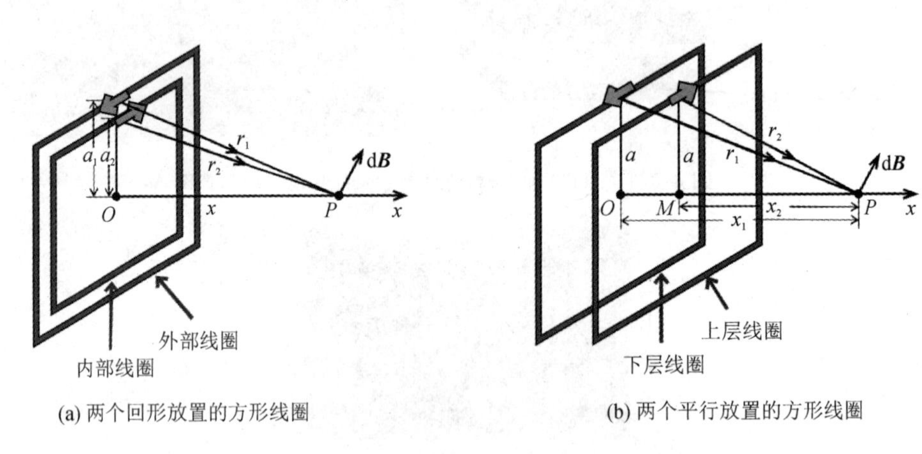

(a) 两个回形放置的方形线圈　　(b) 两个平行放置的方形线圈

图 6.3.13　无磁电加热芯片设计原理

由式(6.3.6)与(6.3.7)可知，两个回形放置或者平行放置的方形线圈若同时通入大小相等、方向相反的电流，将在两线圈轴线上的任意 P 点处产生比单一方形线圈更小的磁场。故可采用回形结构、双层结构来进行电加热芯片的结构设计，以此达到产生微弱磁场的设计目的。

回形放置或者平行放置的线圈结构都对磁场具有抵消作用，故结合以上两种结构设计两种加热芯片：单层弱磁电加热芯片与双层弱磁电加热芯片。两种芯片的平面结构相同，如图 6.3.14 所示，采用四组回折线圈，临近线圈之间电流方向相反，在产生足够热量的同时，对所产生磁噪声进行抵消。单层芯片仅是一层回折线圈结构，双层芯片在轴向上为两层回折线圈结构，即在基底上先沉积下层加热电阻，之后在其上层镀绝缘介质膜并开孔，最后沉积与下层加热电阻结构相同的上层加热电阻。双层芯片上下两层结构所通入电流大小相同，方向相反，不仅利用水平方向上的回折结构对磁场进行抵消，同时在轴向上对磁场进行抵消。

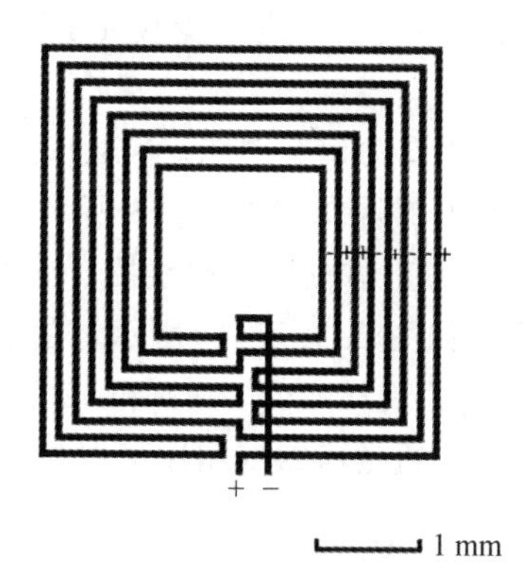

图 6.3.14　电加热芯片平面结构示意图

2）弱磁电加热芯片的仿真

利用 COMSOL Multiphysics 软件对上述设计的加热芯片进行建模与仿真，创建只有一组回形双层线圈的几何实体模型，如图 6.3.15 所示。在几何参数上，先设置外部线圈边长为 1 mm，两线圈平面间距为 50 μm，线圈线宽为 50 μm，厚度为 500 nm，两线圈空间间距为 1 μm，在接下来的仿真过程中将根据所需指标对各个参数进行参数化扫描，从而确定最佳几何参数。同样，在材料参数上，先设置基底材料为 SiO_2，加热电阻材料为 Cu，在接下来的仿真过程中对不同材料进行带入，确定最优材料。

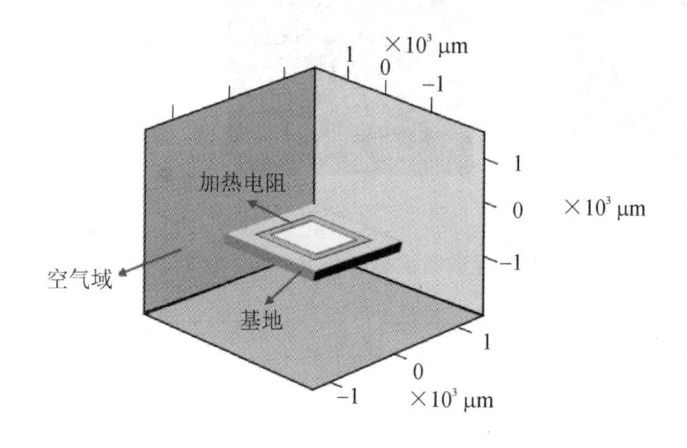

图 6.3.15　一组回形双层线圈结构几何模型

以图 6.3.13(a)中的双层线圈结构为研究对象，当通以大小为 50 mA、方向相反的电流时，两个回形放置的线圈的磁场仿真结果如图 6.3.16 所示，其中箭头为磁场方向，可以看出两个线圈回形放置会产生比单一线圈更小的磁场。图 6.3.16(a)为单一线圈的表面磁通密度；图 6.3.16(b)为单一线圈的垂直截面磁通密度及磁场方向；图 6.3.16(c)为回形放置的两线圈的表面磁通密度；图 6.3.16(d)为回形放置的两线圈的垂直截面磁通密度及磁场方向。

为更好地量化磁场关系，以向右为正方向，建立内部线圈、外部线圈以及全部线圈在轴向上0～1.5 mm范围内产生的剩磁曲线，如图 6.3.17(a)所示。在距线圈中心 $x=1.5$ mm 处，内部线圈与外部线圈产生的剩磁分别约为−610.79 nT 和 919.07 nT，全部线圈产生的总剩磁约为 62.05 nT，为单个线圈剩磁的 1/10，进一步验证了回形放置的线圈结构对于磁场的抵消作用。

同样，以图 6.3.13(b)所示的线圈为研究对象。当通以大小为 50 mA、方向相反的电流时，两个平行放置的线圈的磁场仿真结果如图 6.3.18 所示，从中看出当两个线圈平行时，单层线圈产生更小的磁场。以向右为正方向，上层线圈、下层线圈以及全部线圈在轴向上 0～1.5 mm范围内产生的剩磁曲线如图 6.3.17(b)所示。在距线圈中心 $x=1.5$ mm 处，下层线圈与上层线圈产生的剩磁分别约为－919.07 nT 和 920.06 nT，全部线圈产生的总剩磁约为 1.12 nT，结果与单层线圈产生的磁通密度相比可以忽略不计。可见，平行放置的线圈结构对磁场有很大的抵消作用。

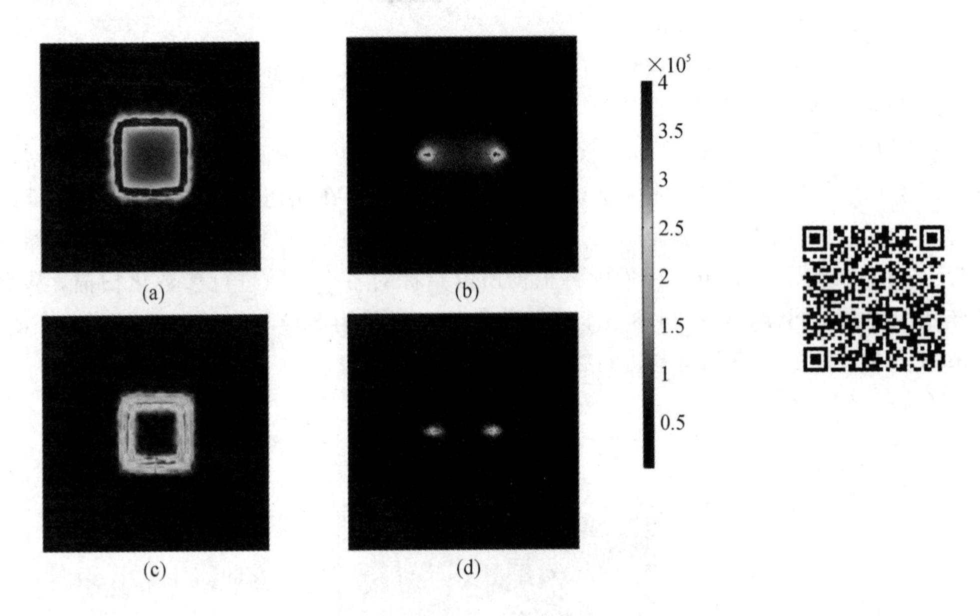

图 6.3.16　两个回形放置线圈的磁场仿真(单位：nT)

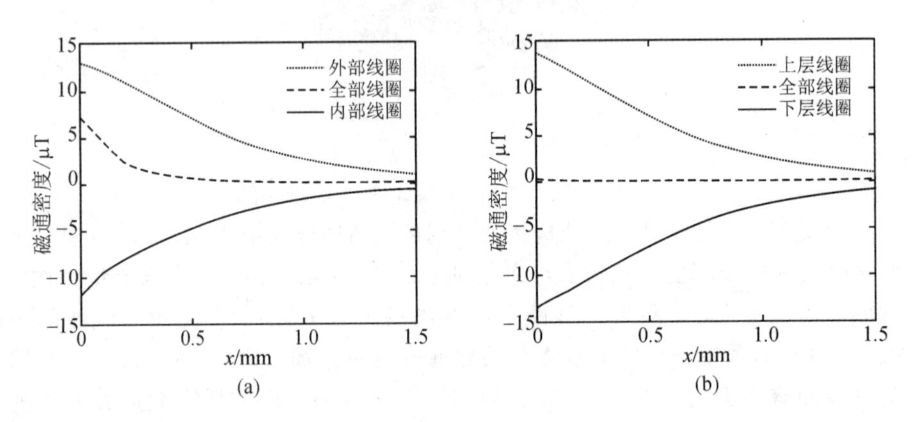

图 6.3.17　剩磁曲线

图 6.3.18(a)为单层线圈的垂直截面磁通密度及磁场方向；图 6.3.18(b)为双层线圈的垂直截面磁通密度及磁场方向。

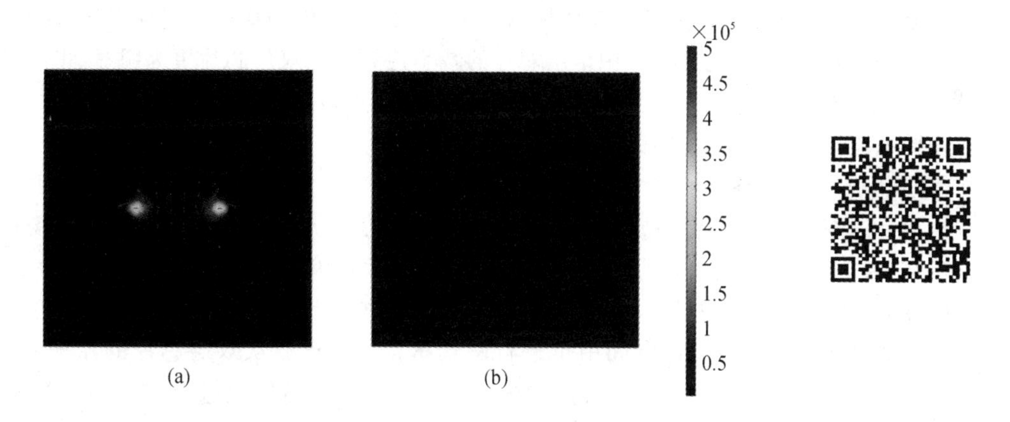

图 6.3.18　两个平行放置线圈的磁场仿真(单位：nT)

选用金属 Au 作为加热电阻材料，SiO_2 作为基底材料，线宽 70 μm，水平间距 50 μm，空间间距 500 nm 后，整体仿真结果如图 6.3.19 所示。图 6.3.19(a)是距离单、双层弱磁电加热芯片中心 5 mm 处的磁场随电流变化的曲线，可以看出随电流增大，磁通密度线性增大，其中单层芯片距中心 5 mm 处的磁场变化率为 0.4874 nT/mA，双层芯片为 0.0681 nT/mA，是单层芯片的 6/7，说明双层弱磁电加热芯片具有更明显的磁通密度抑制作用。图 6.3.19(b)

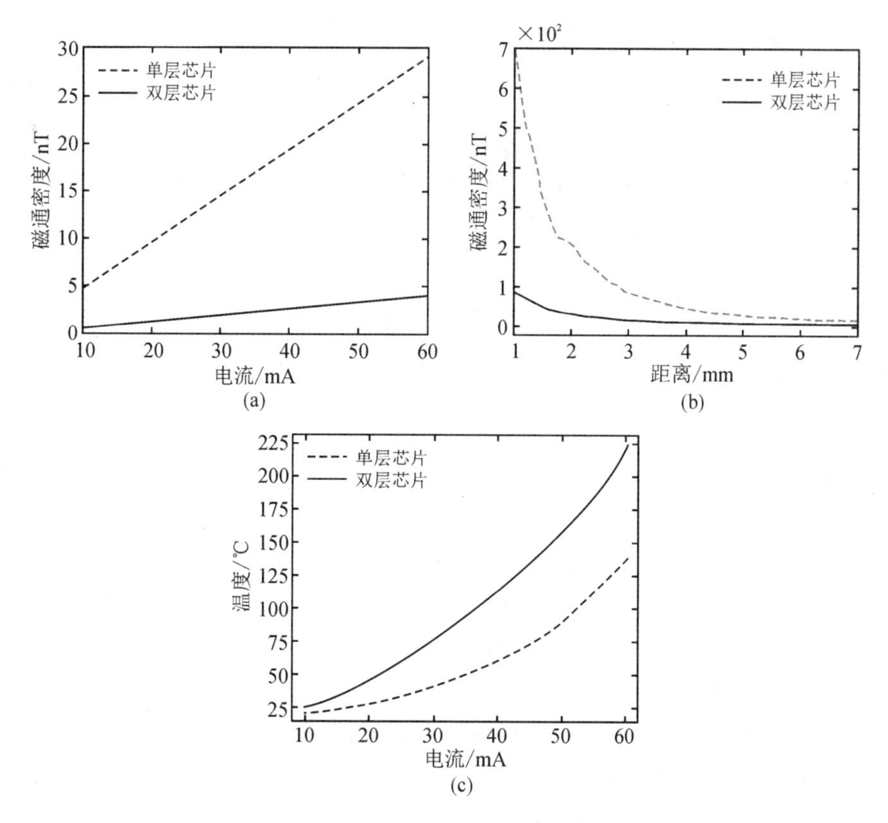

图 6.3.19　单、双层芯片仿真结果

是电流为 50 mA 时单、双层弱磁电加热芯片所产生的磁场随距离变化的曲线，可以看出随距离变大，磁通密度逐渐减小，其中单层芯片的减小趋势相比双层芯片更为明显。图 6.3.19(c)是单、双层弱磁电加热芯片温度随电流变化的曲线，可以看出，与单层芯片相比，双层芯片在相同电流下产生更高的温度。

3) 加热芯片制备与测试

设计的双层芯片制造工艺如图 6.3.20 所示，单层芯片只在水平方向进行磁场抵消，若电流从芯片的左引脚流入，则电流沿图形流过一圈后从右引脚流出，所以直接在衬底上沉积厚度为 500 nm 的金属 Au。双层芯片不仅在水平方向上进行磁场抵消，而且还由于垂直方向上的电流方向相反，在空间中也进行磁场抵消，若电流从双层芯片的左侧引脚流入，将沿图形先流过芯片的下层，然后从连接孔流入上层，沿图形流过上层一圈后从芯片右侧的引脚流出。所以在制备中，首先在衬底上沉积 500 nm 金属 Au 的下层，然后在其表面上沉积 500 nm 的氧化硅，并光刻连接孔，最后沉积 500 nm 金属 Au 的上层。

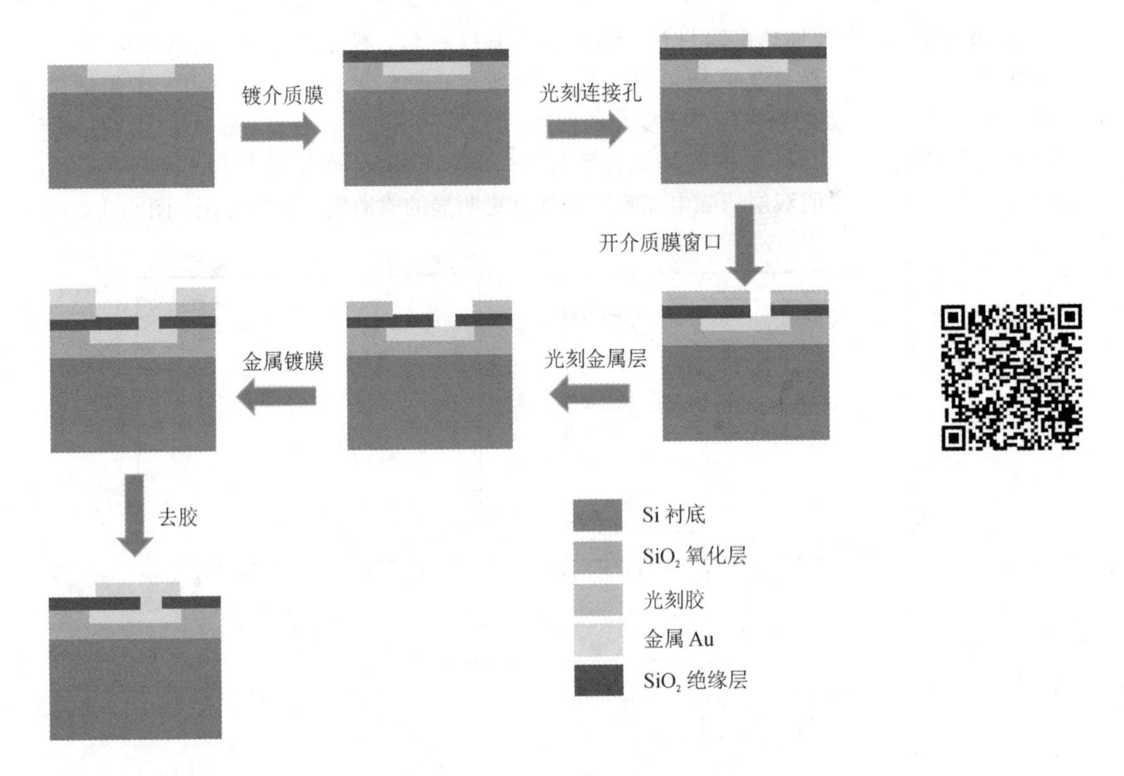

图 6.3.20　双层芯片制备流程图

以双层芯片为例，其制备流程为：

(1) 镀介质膜：双层芯片中间绝缘层的工艺制造，我们采用等离子体增强化学气相沉积(PECVD)法进行制作，所使用的是 Oxford100 等离子刻蚀与沉积设备，该设备在保持一定压力的原料气体中，利用高功率、高频率的电磁波使薄膜材料的原子气体产生游离的电子，在一定区域内形成电浆。在该电浆中存在大量不同速度运行的粒子，它们之间会发生许多碰撞，产生大量的正负离子和活性基，使得材料的化学性能得到了很大的提升。依靠这种化学活性，即使在温度不高的情况下，依旧可以生成理想的薄膜材料。此时所沉积的

SiO_2 介质薄膜厚度为 500 nm。

(2) 光刻连接孔：如单层芯片制备流程中的步骤(3)。

(3) 开介质膜窗口：使用反应离子刻蚀(RIE)法开介质膜窗口，所使用的是 Tagle 903e 反应离子刻蚀机。该设备在平板电极间施加射频电压，通过产生的等离子体对 SiO_2 介质薄膜进行物理刻蚀。

(4) 光刻金属层：使用双面对准光刻机按照所需图案进行光刻，该光刻机紫外光波长为 350～450 nm，分辨率为 0.8 μm，正面套准精度为 0.5 μm，背面套准精度为 1 μm。

(5) 金属镀膜：对上层金属 Au 进行沉积，如单层芯片制备流程中的步骤(4)。

(6) 去胶：如步骤(5)，并完成双层芯片的工艺。

最终制备的单、双层芯片的实物图如图 6.3.21 所示，其右下角为光学显微镜下的芯片表面结构。

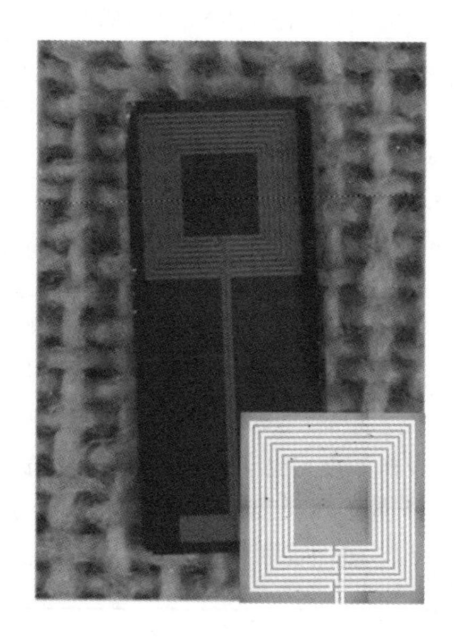

图 6.3.21　光学显微镜下的芯片表面结构

不同距离与电流下单层和双层弱磁电加热芯片的测试结果如图 6.3.22 所示。所使用的测试值为在每个电流与距离下 10 个数据点的平均值。可以看出，在距离固定时，随着电流增大，芯片剩磁随电流增加而线性增大，同时，随着磁探头距芯片表面的距离变大，磁场变化率逐渐减小。以单层芯片为例，在距结构表面 3 mm 处剩磁随电流增加的变化率最大，为 1.79 nT/mA；在距该结构表面 7 mm 处，剩磁变化率减小至 0.22 nT/mA，同时当电流输入为 60 mA 时，距该结构 3 mm 位置处剩磁为 143.48 nT，而距该结构 7 mm 位置处剩磁仅为 19.55 nT。以上结果表明可以通过增加工作距离减小剩磁变化，并获得更低的剩磁，降低磁噪声引入。

对于单层和双层弱磁电加热芯片的磁场抑制效果，选择距离芯片 5 mm 的磁通密度进行比较测试。单层芯片在距芯片表面 5 mm 处的磁场变化率为 0.4978 nT/mA，双层芯片为 0.0722 nT/mA。与单层芯片相比，双层芯片产生的磁通密度可以降低为原来的 1/7，接近第三章的仿真结果，但具有一定的误差，此误差来自磁强计探头的精度。

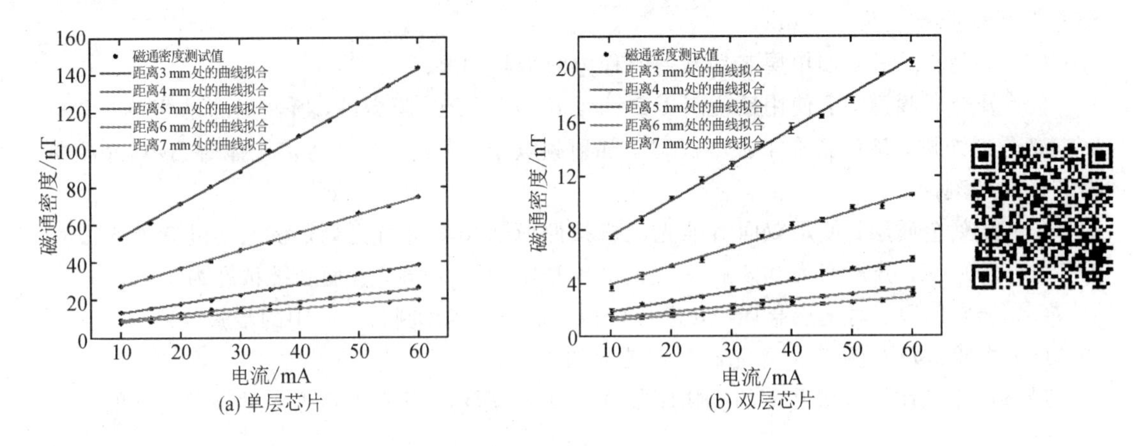

(a) 单层芯片　　(b) 双层芯片

图 6.3.22　不同距离与电流下芯片的磁场噪声

以上测试结果表明，双层弱磁电加热芯片具有更好的磁场抑制效果，并且可以根据量子传感器件精密单元的体积大小将结构放置于最合适的位置，选择合适的电流条件，可以使结构表面剩磁作用降至最低。

使用 Pt1000 温度传感器对弱磁电加热芯片的温度响应特性进行系统测试。将贴片式 Pt1000 温度传感器粘贴于不同芯片表面，并将其放置于小型保温盒中，通过精密电流源改变芯片的输入电流，并记录芯片表面温度随电流变化的趋势。为了保证测量数据的可靠性，在改变电流 1 min 后，温度示数趋于稳定时进行温度示数读取。所设计单层和双层弱磁电加热芯片的温度响应曲线如图 6.3.23 所示，可以看出，随着芯片输入电流的增加，其表面温度以二次函数快速上升。在输入电流为 60 mA 的条件下，通电 1 min 后单层芯片表面温度可达 130℃左右，双层芯片表面温度可达 220℃左右。测试表明，双层芯片相比单层芯片具有更快的温度响应，更适用于量子传感器件精密单元温度的快速提升。同时，以上测试结果与第三章仿真结果基本一致，进一步表明了所设计弱磁电加热芯片的有效性。

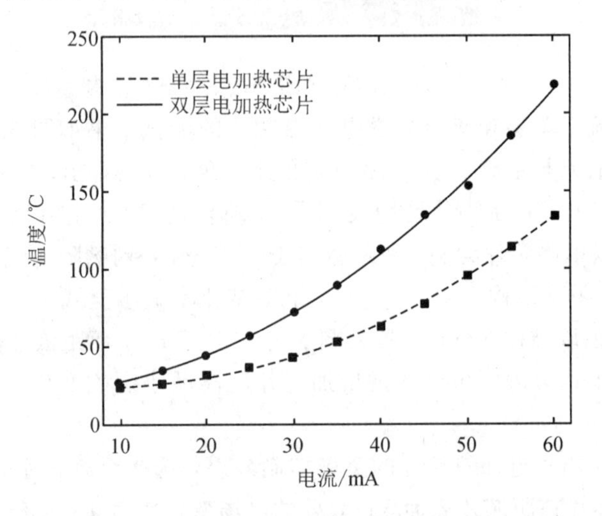

图 6.3.23　弱磁电加热芯片的温度响应

6.3.3 微小型激光技术

传统上，所有的商业原子钟和磁强计都使用碱性放电灯来产生用于光泵浦和状态检测的光。放电灯在与碱原子中相关的光跃迁共振时产生低噪声光场，但需要相当大的功率来启动和维持放电，通常在 1 W 左右。自 1980 年以来，功率更低、效率更高、光谱纯度更高的半导体激光器已经成为 Cs 束时钟和 Rb 蒸气室时钟的一个有吸引力的替代方案。因为从激光器发出的光具有特定频率，在光泵浦实验中不需要光谱滤波。光的强度和频率也很容易快速调制，这是用放电灯很难做到的。

为了用于精密测量原子光谱，激光器必须满足一些条件。首先，它们必须能够调谐到 750～900 nm 范围内的碱原子相关光学跃迁。激光器也必须工作在单一光频率，这通常意味着激光在单一的纵向和横向模式产生。窄线宽在以下条件才能实现：缓冲气室压力展宽小于 100 MHz，真空气室小于 1 MHz。较低的相对强度噪声是可取的；放电灯通常工作在光子散粒噪声附近，因此使用激光通常会增加仪器中的噪声。最后，激光老化和跳模特性应足以支持激光波长长期锁定到固定的光学跃迁频率。因此，满足此类性质的光源成本相对较高，且存在体积较大，难以制造成半导体阵列等缺点。

垂直腔面发射激光器(VCSEL)是一种独特的半导体激光器，其出光方向垂直于谐振腔表面，如图 6.3.24(a)所示。图中水平红色区域表示量子阱增益区域，蓝色/白色区域表示形成激光腔的两个 DBR 镜，两者构成激光腔。

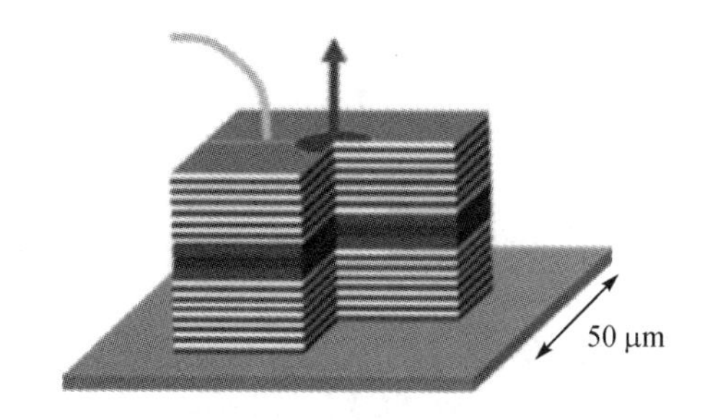

(a) 垂直腔面发射激光器示意图

(b) 安装在基板上并进行引线键合的商用 VCSEL 芯片照片

图 6.3.24　VCSEL 示意图和实物照片

VCSEL 的阈值电流通常低于 1 mA。激光器由生长在两个高反射率分布的布拉格反射镜之间的量子阱增益区形成。通过对活性区周围的材料进行适当的改动，将电流限制在活性区的一小块区域内。由于直径非常小(低至几微米)，这种类型的激光器的阈值电流很低，对于商业设备通常在 1 mA 左右。这种低阈值电流意味着，与边缘发射激光器不同，VCSEL 可以在仅有几毫瓦电力输入的情况下产生相干光。小的腔尺寸(只有几微米)意味着激光可以有非常高的调制效率，有时可接近10 GHz。商用 VCSEL 的线宽通常在 50 MHz 左右，适合于低压缓冲气体气室中的光泵浦实验。用于原子光谱和原子频标测量的 VCSEL 的优势是在 20 世纪 90 年代确立的，顺应了低阈值电流和低功耗的仪器设计发展趋势。此外，VCSEL 可以在制造过程中直接在芯片上进行品质的测试，并根据测试结果及时进行故障排除，从而大幅度降低了批量生产的成本。VCSEL 具有较大的激光出射孔径，且输出光束具有一个较低的发散角，因此易于与各类光纤(单模、多模、塑料)进行耦合。VCSEL 可以制造成一维或二维的激光器阵列组，从而提供快速、高效的光纤并联传输。

面发射激光器的概念是由日本的伊贺健一等人于 1977 年提出的，1986 年，该团队研制成功嵌入式阈值为 6 mA 的脉冲 GaAs 面发射激光器；1988 年，伊贺健一采用金属有机化学气相淀积法的 GaAs 面发射激光器第一次成功实现了室温下连续运行，从而使该技术真正实现了在光器件方面的应用。此后，全球研究人员在 VCSEL 的工艺、工作波长、集成化等方面做了大量的工作，降低了 VCSEL 的阈值电流，提升了布拉格反射镜折射与反射性能，真正使得 VCSEL 实现了商业化。

VCSEL 适用于各种类型的非线性光谱学，包括相干布居数限俘(Coherent Population Trapping，CPT)。高对比度 CPT 的关键要求是两个激发场的振幅相等，并且有足够的强度将原子光泵浦到相干的“暗”态。如图 6.3.25 所示，激励场可以是载流子和一阶边带(用于原子超精细频率调制)，也可以是两个一阶边带(用于一次谐波调制)。由于至少需要一个调制边带，因此在 GHz 频率获得接近一致的调制参数是很重要的。大多数商用 VCSEL 可以调制出足够的幅值，仅用大约 1 mW 的射频功率在光载波上产生一阶边带。

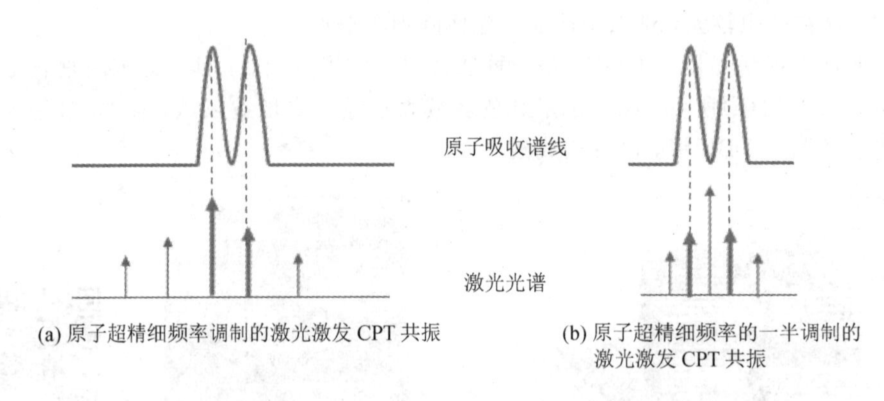

(a) 原子超精细频率调制的激光激发 CPT 共振　　(b) 原子超精细频率的一半调制的激光激发 CPT 共振

图 6.3.25　原子超精细频率调制 CPT

各波段 VCSEL 的应用如下：

850 nm 波段：目前，850 nm 短波段 VCSEL 的相关技术非常成熟，已经进入大规模实用化阶段。此波段 VCSEL 也是目前市场上应用最多的产品。由于波长较短且输出功率不高，850 nm VCSEL 更多地应用在短距离光纤通信以及无线光通信系统中。利用该器件制造的 VCSEL 阵列也被广泛地应用在光纤局域网以及光信号储存等领域。

980 nm 波段：该波段 VCSEL 的有源区所选取的材料一般为 InGaAs，而衬底的材料多为 GaAs，应用选择氧化法限制阈值电流。980 nm 波段的难题是该波段应用于高速传输时，器件将产生较大的热阻抗，从而限制了带宽的进一步增加。A. N. AL-Omari 等人利用镀铜热沉方法将顶部发射 980 nm VCSEL 的热阻抗降低到 1.0 ℃/mW，带宽增加了近 40%。该波段 VCSEL 可广泛应用于高速光传输和半导体电子元器件的光检测中。

1310 nm 波段：1310 nm 是光纤通信的两个长波长、低损耗窗口之一，该波段 VCSEL 采用的有源区/衬底材料多为 GaInNAs/GaAs 以及 GaInAsP/InP。研究人员在该波段遇到的难点是，P 型材料在 1310 nm 处会吸收比短波长处更多的光，造成了激光出射较为困难。1310 nm VCSEL 处于光纤的低损耗和低色散窗口，可应用于高速长距离光通信和高速光互连等领域。随着该波段激光器的改进以及成本的降低，1310 nm VCSEL 将有可能取代目前应用较多的 850 nm VCSEL，在光通信系统中起到与 F－P 激光器、DFB 激光器同等重要的作用。

1550 nm 波段：该波段 VCSEL 通常选用 InGaAsP/InP 作为制造材料。但 InGaAsP/InP 半导体价带间吸收和俄歇吸收一般较大，折射率差较小，导带上的势垒较小，在载流子密度增大时温度特性欠佳，因此并非制造半导体布拉格反射镜的最佳材料。基于上述原因，研究人员将 AlGaInAs 镀于 InP 衬底上，采用 AlAs 选择氧化法等方式，在条形激光器上进行了测试。测试结果表明，与 InGaAsP/InP 材料相比，AlGaInAs 和 InP 能够进行更好的晶片匹配，它们之间的折射率差较大，很适合作为半导体布拉格反射镜的制造材料。1550 nm 波段的激光器将在长距离、超宽带高速光纤通信系统中成为骨干网和城域网中不可或缺的器件。

VCSEL 基于芯片级原子传感仪器制造技术，目前商用波长集中在 Rb(780 nm、795 nm)和 Cs(852 nm、894 nm)相关波长，具有足够小的电流孔径产生单横向、偏振和纵向等模式的光。VCSEL 的阈值电流通常低于 1 mA(低至 200 μA)，谱线宽度为 50～100 MHz，调制带宽为 5 GHz，可以产生高达 1 mW 的光输出功率。它们的光频率调谐电流约为300 GHz/mA，大约比边缘发射激光器大 100 倍。

芯片级原子器件的开发可利用专门 VCSEL，在有的设计中，将集成好的光电探测器与 VCSEL 微组装到一起，以收集从反射镜表面反射回 VCSEL 的光。芯片级原子钟通常用高温(110℃)阈值电流为 0.32 mA、894 nm 的 VCSEL，这些激光器能够产生超过 1 mW 的输出功率，而输入电流仅为 3 mA，其基底、VCSEL 与光学组件组装结构与实物图如图 6.3.26 所示。

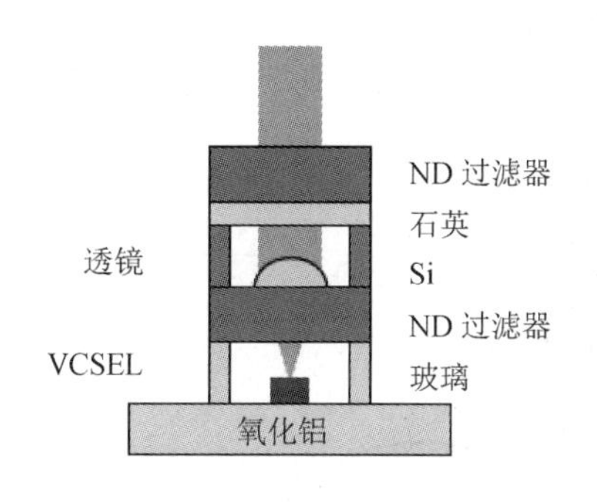

图 6.3.26 芯片级原子钟基底、VCSEL 与光学组件组装结构与实物图

在许多芯片级原子器件中，激光器与碱蒸气室紧密地热接触。因为气室必须在较高的温度(通常在 80℃～150℃)下工作以气化碱金属，因此，VCSEL 也必须面临这样的环境温度。如果 VCSEL 设定为在较低温度下工作，由于半导体腔谐振和最高增益波长之间的不匹配，阈值电流通常会随着温度的升高而增加。为了解决这一问题，研究人员专门设计了 895 nm 的 VCSEL，在室温下使光腔与增益峰失谐，从而使两者在高温下的一致性更好。将该商用 895 nm 激光器应用于空间探测磁强计，对其进行高温和电流下的寿命测试，结果发现该环境下 VCSEL 及磁强计可以工作长达 17 年而不出现故障。当然，随着工作时间增加，波长调谐和跳模的概率增加，给仪器工作带来问题。

微加工外镜和短(25 μm)外腔的 850 nm 波长 VCSEL 也已研制成功，不但体现了 VCSEL 的制造和尺寸优势，同时实现了更高的光输出功率和更窄的线宽。该激光器阈值电流接近 2 mA，差分量子效率 41%，最大输出功率为 2.1 mW。

6.3.4 MEMS 微波天线技术

氮-空位(NV)色心是金刚石中的固有缺陷。基于金刚石 NV 色心能级跃迁与外界磁场的关系，可以实现高灵敏度与高空间分辨率的微弱磁检测，通过金刚石 NV 色心扫描探针的磁测量可以达到纳米尺度空间分辨率。利用金刚石 NV 色心具有的电场、磁场、温度、旋转、应力和微波场矢量等特性，可以制作温度计、磁强计等量子传感器。

NV 色心量子传感器主要由绿色光源、金刚石、微波源、天线及光电探测器等构成。理论上其启动时间极短，不需加热，易于微型化、集成化，是原子传感器芯片化发展的重要方向。相较其他类型的原子传感器，在极限灵敏度、集成难易度等方面有巨大的优势。其初始化和自旋读出的实现相对简单，不需要专门的窄线宽激光器，利用低成本的硅光电探测器就可以实现读出。但在芯片化过程中，要实现 NV 色心量子传感器灵敏度的最优化，还需要进行大量的工程设计。

具体到芯片化微波天线，NV 色心实现敏感的过程，需要使用特定微波辐射结构对金刚石施加微波场以对其电子自旋态进行调控。利用天线的微波辐射可以实现对 NV 色心光探测磁共振、拉比振荡、拉姆齐干涉、自旋回波、退相干时间等信号的测量及优化，因此天线的功能决定了整个 NV 量子传感器系统电子自旋态调控的性能。

1. NV 色心微波场辐射原理

金刚石 NV 色心具有自旋 $S=1$ 的三重态体系($m_s=-1$、0、$+1$ 态)，其能级结构如图 6.3.27 所示。

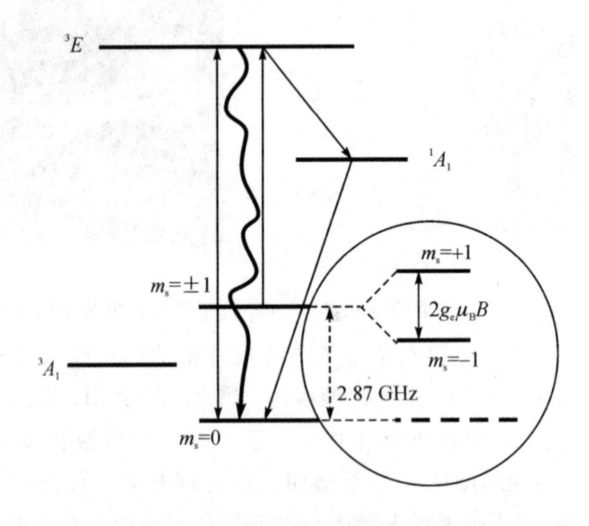

图 6.3.27 NV 色心的能级结构

无外界磁场作用时，基态 $m_s=\pm1$ 能级处于简并状态，有外界磁场作用时，磁场使得 $m_s=\pm1$ 能级发生赛曼分裂，能级差为 $2g_e\mu_B B$。

在敏感磁场等外界物理量的过程中，通过激光、微波的自旋综合操控，自旋实现极化。此时，极化 NV 色心与外界物理量耦合，色心电子一核自旋产生扰动，扰动信息由外界光探测元件探测，实现包含物理量信息的自旋扰动测量。该过程中，NV 色心系综哈密顿量与磁场存在对应关系；通过激光、微波的共同作用，依靠精密自旋调控，完成外界磁场的微扰叠加到自旋态，自旋扰动过程中，NV 色心多电子态能级结构使得外界磁场作用的电子自旋叠加态，经动力学演化后实现量子相位变化，被检测荧光信号与反映外界磁场的量子相位关联对应。反映到技术手段上，NV 磁强计的测量主要依靠连续波光探测磁共振(CW - ODMR)技术、Ramsey 微波脉冲、Hahn Echo、Spin-Echo 或 CPMG、XY、UDD 等动力学去耦序列手段。

在上述测量过程中，微波的作用是驱动 NV 色心能级间电子在(0，+1)或(0，−1)间产生跃迁和布居，反映到荧光上是对应±1 的能级共振频率或者光子数的变化，从而实现 NV 色心自旋的控制。因此，作为电磁波能量转换的装置，微波天线在芯片级 NV 量子传感器研制过程中的作用非常重要。微波天线辐射电磁波，其空间分布规律满足麦克斯韦方程组，通过求空间某点的磁矢位或磁标位得到。在实际设计过程中，还需要考虑天线的阻抗匹配、电阻损耗、S 参量等。其中，小型化微波源、芯片化微波天线、毫瓦到瓦级的微波源芯片化需要结合 CMOS 技术进行专门设计；适用于自旋调控的近场微波天线芯片化需要在原来铜丝、PCB 天线的基础上使用微纳工艺进一步缩小体积，满足微波源、天线的芯片化要求。

2. NV 量子传感器微波天线

微带和共面波导天线是我们经常使用的两款经典天线。微带天线是在一块厚度远小于工作波长的介质基片的一面敷以金属辐射片、一面全部敷以金属薄层作为接地板而成。金属辐射片与导体接地板在一个平面内的又叫共面微带传输线，即共面波导。共面波导传播的是 TEM 波，没有截止频率，是在介质基片的一个面上制作出中心导体带，并在紧邻中心导体带的两侧制作出导体平面制作而成。

在 NV 量子传感器中，由于印制电路板(PCB)具有可高密度化、高可靠性、可设计性、可生产性、可测试性、可组装性、可维护性等一系列优点，常常被用于微带天线加工。将不同形状不同性能的天线刻蚀在 PCB 上是我们经常使用的一种天线加工工艺。尤其 PCB 可以使系统小型化、轻量化以及微波信号传输高速化，具有易操作、成本低且性能较好等优点，此方法也可以用于共面波导辐射结构制作。

1) 微带天线

微带天线的金属辐射片可以根据不同的要求设计成不同的形状。铜丝天线相对比之前的细金属丝天线、微波腔和带状线具有一定的优势，但主要问题是磁场随着金属线的离开而迅速减小至消失，仅仅当 NV 色心位于金属线附近时，才会引发自旋共振。此外，由于金刚石表面附近存在物镜或者是待检测的样本，如果金属线直接与金刚石表面接触，金属线阻碍了光的传播，就会导致无法观察到被金属线遮挡的部分。

2014 年，哈佛大学 Khadijeh Bayat 等人设计了一款双环双开口天线[5]，如图 6.3.28(a)所示，这款天线可以将微波场均匀有效地耦合到 1 mm^2 区域内。通过 Rabi 实验将 Rabi 频率映射到磁场(图 6.3.28(b)、(c))，在具有系综 NV 色心的金刚石纳米线阵列中进行 Rabi

实验验证该天线所传递微波场的均匀性和强度，对于 0.5 W 的输入微波功率，在 0.95 mm×1.2 mm 的面积上测得的平均 Rabi 频率为 15.65 MHz，对比常规的铜线和环形天线，Rabi 实验结果显示微波场与 NV 色心耦合增强了 8 倍以上，且在上述区域上具有归一化标准偏差小于 5%的高度均匀的微波磁场分布。使用裂环结构的微波天线可将微波信号传递到金刚石的 NV 色心，它在相当大的面积上提供了均匀而强大的磁场。此外，由于该方法能将大部分输入功率耦合到天线中心，因此此结构可应用在基于 NV 色心的室温精密磁力计和生物成像中。

(a) 实物图

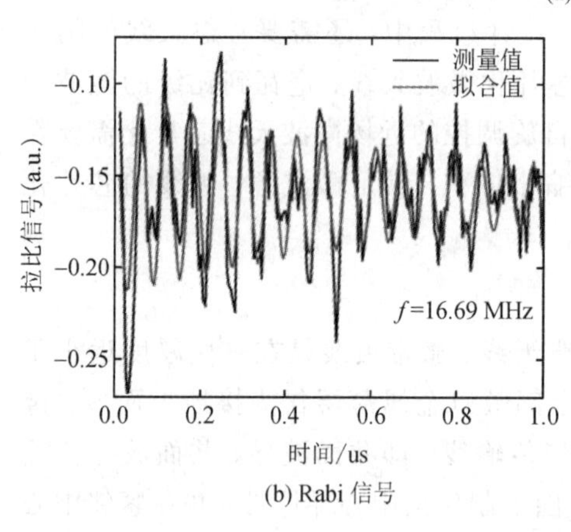

(b) Rabi 信号

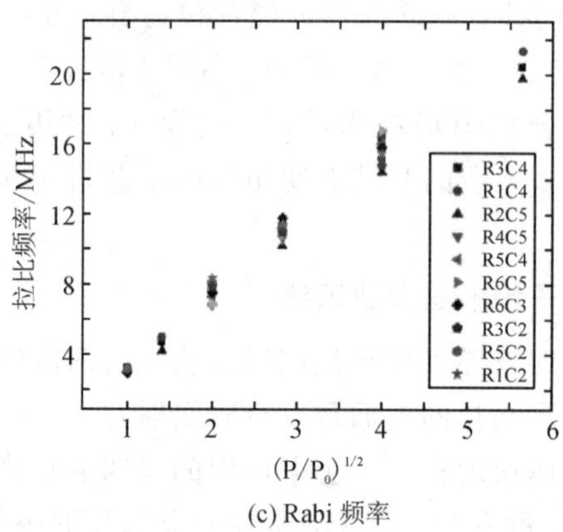

(c) Rabi 频率

图 6.3.28 双环双开口天线

四端口环形微带线天线（Annular Microstrip Line Antenna，AMLR）示意图如图 6.3.29(a)所示，目的是为操纵 NV 色心自旋提供圆极化和均匀的微波场，以实现宽磁场检测范围和大面积微波小型磁感测设备中的同步操作。当输入回波损耗为－10 dB 时，设计的 AMLR 的带宽为 410 MHz，在此带宽条件下磁场的检测范围能达到 2.92×10^{-2} T。AMLR 与平行微带线天线(Parallel Microstrip Line Antenna，PMLR)和相交的微带线天线(Intersect Microstrip Line Antenna，IMLR)的对比如图 6.3.29(b)、(c)所示，图(b)绘制了三个谐振器的带宽和 S_{11} 值，左 y 轴和右 y 轴分别显示天线的带宽和 S_{11} 值，AMLR 的最低 S_{11} 值和最宽的带宽表明 AMLR 在微带天线和微波源之间显示出最高的耦合效率，并且在磁场测量实验中可以达到大约 2.92×10^{-2} T 的磁场检测范围。图 6.3.29(c)显示了 3 mm^2×3 mm^2 磁场分布区域中三个不同天线沿 x 和 y 方向的磁场强度，结果显示 AMLR 中的微波磁场强度均匀性高于 PMLR 和 IMLR 中的均匀性，这表明基于 NV 色心集成，AMLR 可以实现大面积微波同步操控。此外 AMLR 在磁场检测、温度和压力检测方面均具有巨大的潜力，在金刚石系综 NV 色心的量子应用方面很有前景。

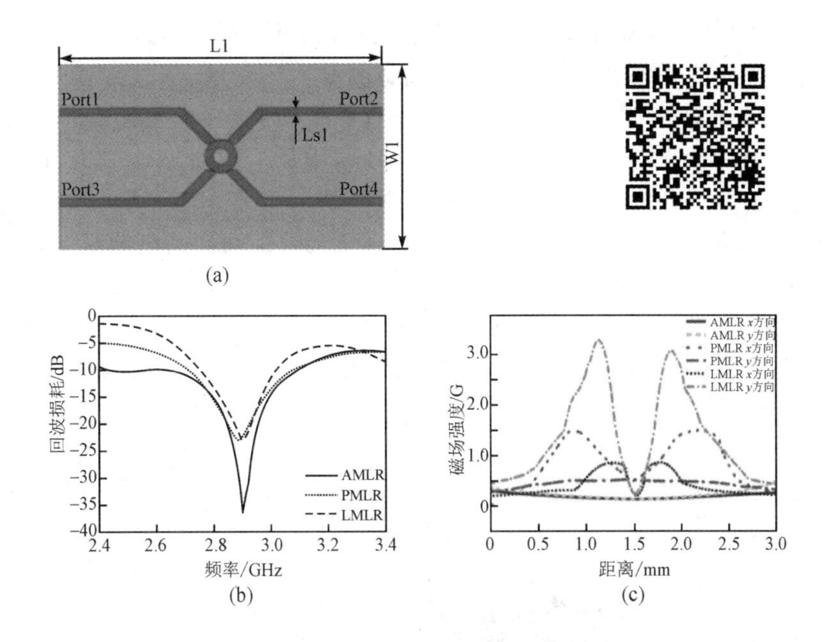

图 6.3.29　AMLR 及其与 PMLR、IMLR 的对比

2) 共面波导天线

由于共面波导的中心导体与导体平板位于同一平面内，因此，在共面波导上并联安装元器件很方便，用它可制成传输线及元件都在同一侧的单片微波集成电路。

2012 年，加州大学物理系的 Viva R. Horowitz 等人设计了一款 Ω 形天线，如图 6.3.30(a)所示，将 10 nm 的钛和 1000 nm 的金蒸发到尺寸 35 mm×50 mm、厚 150 μm 的玻璃盖板上，然后用金属线连接到印刷电路板(PCB)的共面波导上，再将电路板固定连接到微波信号发生器和放大器进行测量。图 6.3.30(b)展示的是光学检测捕获的纳米金刚石在校准低场强的电子自旋共振(Electron Spin Resonance，ESR)光谱。将光阱和基于 NV 色心的传感技术相结合，可以在解决方案中对磁场进行三维映射，并满足探测复杂环境(例如微流体通道内部)的需求。可以通过使用光学捕获的纳米金刚石对细胞进行感测，以及对细胞周围热梯度的映射或对神经元进行映射。这项技术可以实现对光学捕获的纳米金刚石的三维位置控制，以及对 NV 色心进行纳米级精确放置，例如单个生物细胞的受控标记。

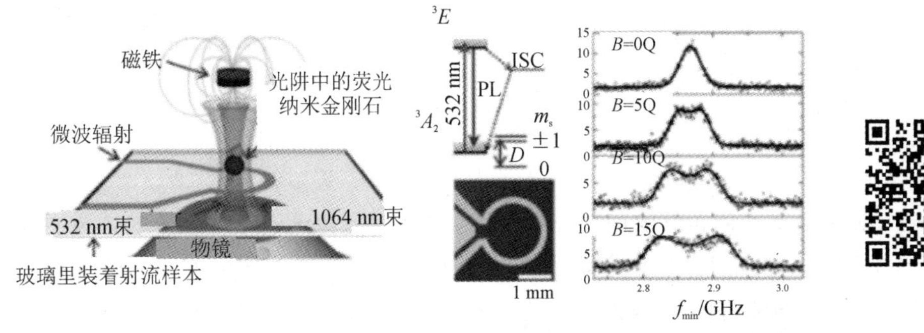

(a) 蒸发在玻璃盖板上的 Ω 形天线

(b) 光学检测捕获的纳米金刚石在校准低场强的 ESR 光谱

图 6.3.30　共面波导天线及测量结果

2019 年，中北大学在双环双开口微带天线的基础上设计了图 6.3.31(a)所示的共面波导，这款微波天线可以有效地将微波场耦合到金刚石 NV 色心，天线带宽 820 MHz，谐振频率大约为 2.87 GHz。与直径为 20 μm 的单条直铜线拉伸产生的磁场相比，使用此共面波导天线时，在没有外界磁场(图 6.3.31(b))和有外部磁场(图 6.3.31(c))条件下所测量的归一化的 ODMR 信号对比度提高了 1.75 倍，ODMR 信号的带宽低了 12.5%，且在高达6×10^{-3} T的外部磁场下，可以清晰地观察到光学检测磁共振(ODMR)的八次倾角特征。图 6.3.31(d)展示的使用 lock-in 是对 ODMR 信号的调制，单铜丝天线的解调器信号的幅度达到1.45 mV的峰值，相比之下双环天线的解调器信号达到 1.68 mV 的峰值，大约是单铜丝天线的 1.16 倍，采用此共面波导天线系统的灵敏度能达到 14 nT/$\sqrt{\text{Hz}}$。

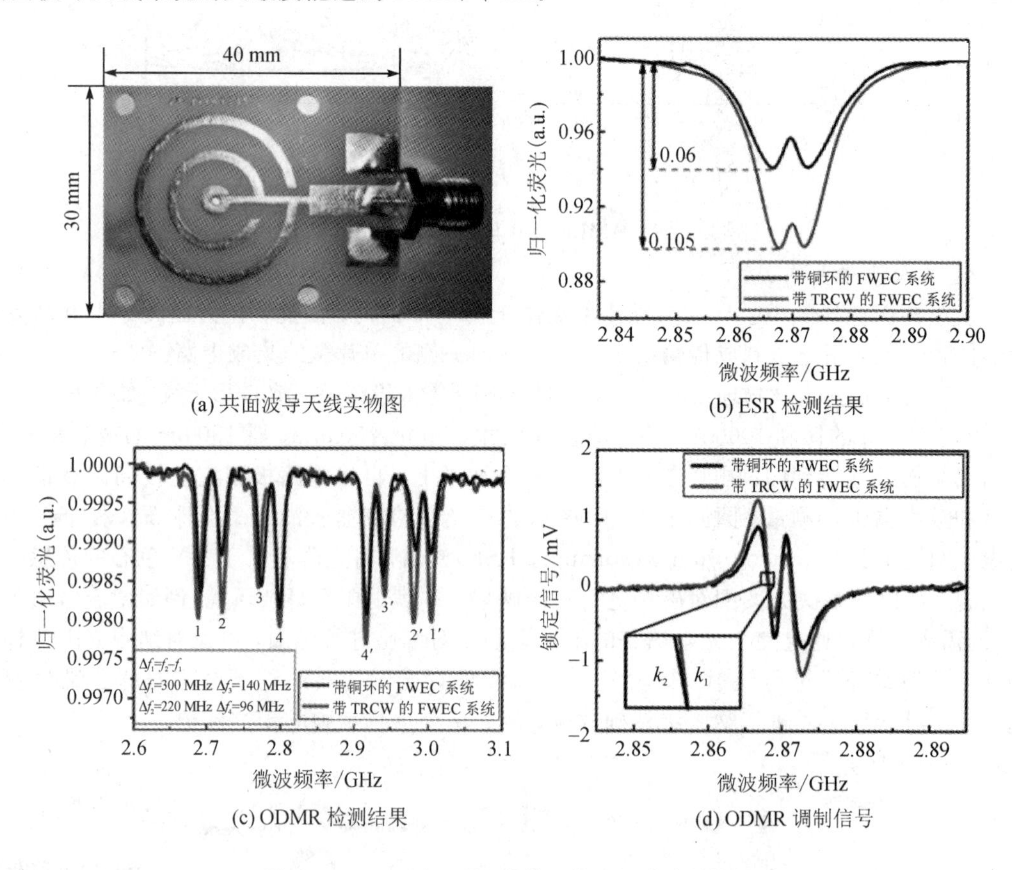

(a) 共面波导天线实物图

(b) ESR 检测结果

(c) ODMR 检测结果

(d) ODMR 调制信号

图 6.3.31 双环双开口微带天线及相关检测结果

3) 微纳天线

结合 MEMS 微纳工艺和电感耦合等离子体(ICP)刻蚀技术，可以设计 NV 色心与低损耗波导耦合结构，以实现对 NV 色心荧光高效激发与收集。基于光刻工艺的微纳加工技术主要包含以下过程：掩模制备、涂胶、曝光、显影、薄膜沉积、刻蚀、外延生长、氧化和掺杂等。微纳工艺相较于印制电路板(PCB)而言，进一步缩小了微波天线的尺寸，使实验系统朝着集成化，小型化发展。

2015 年，K. Arai 等人在 Ω 形共面波导天线的基础上将 Ω 形天线与金刚石相结合做了傅里叶磁成像实验，结构如图 6.3.32(a)所示。通过仿真计算和实验测量产生了具有纳米级分辨率、宽视场和压缩感应速度的真实空间图像，如图 6.3.32(b)所示。其中 NV 色心磁传感器位于金刚石芯片表面，附近 NV 自旋状态被初始化并用 532 nm 激光器读出，使用微波环路通过谐振脉冲进行相干操作。用于 NV 自旋相位编码的受控磁场梯度是电流通过 Ω 形金线圈发送电流而生成的，外场导线用于产生不均匀的直流电或交流磁场。

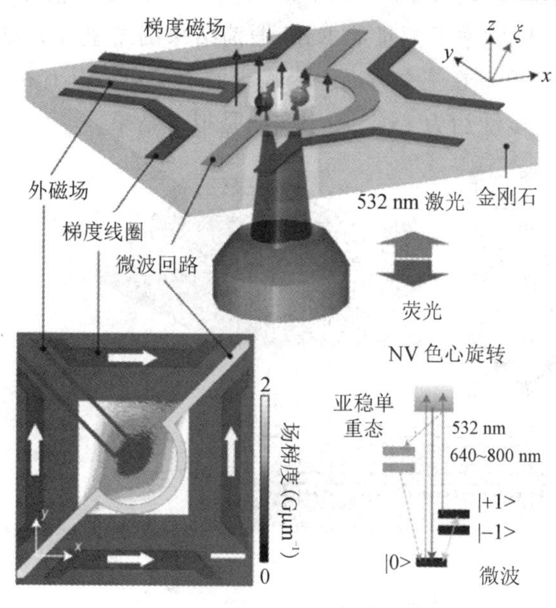

(a) 金刚石 Ω 形天线

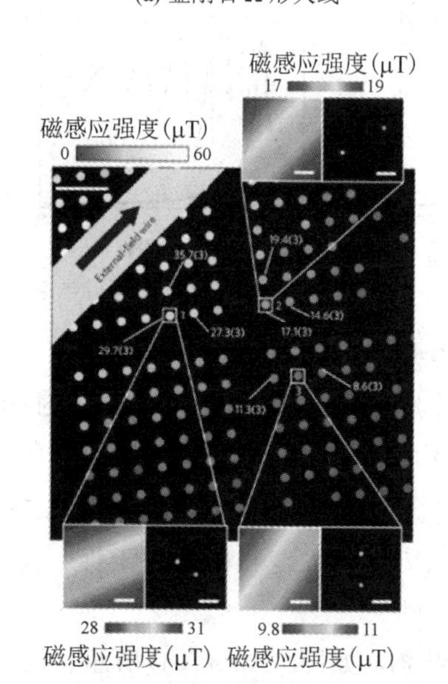

(b) 具有宽视野和纳米级分辨率的傅里叶磁成像

图 6.3.32　Ω 形微纳天线及其测量效果

2017 年，为了克服 T_2 测量中信噪比低的问题，研究人员设计了一款偶数模式波导，如图 6.3.33(a)所示，在金刚石上制造了两条宽 20 μm，间隙为 20 μm 的金带状线。使用耦合的带状线波导沿三个方向同步操纵 NV 色心，以改善荧光信号的对比度。CSL 波导在两条带状线之间的间隙中均匀地产生磁场，并且可以通过在金刚石表面上添加更多带状线来进一步扩大具有均匀磁场的间隙区域。根据图 6.3.33(b)测量的 ODMR 信号，被操纵的 NV 色心的荧光对比度接近 10%，并且在 T_2 的测量中所获取 ODMR 信号的信噪比显著提高。图 6.3.33(c)展示的是在 2.87 GHz 频率下测量的 Rabi 振荡结果的傅里叶光谱，振荡包含三个方向的 NV 色心信号。频谱显示，在三个方向上受操纵的 NV 色心具有相似的 Rabi 频率，约为 10 MHz，Rabi 振荡的异步性约为 1%，图中实线是拟合结果。

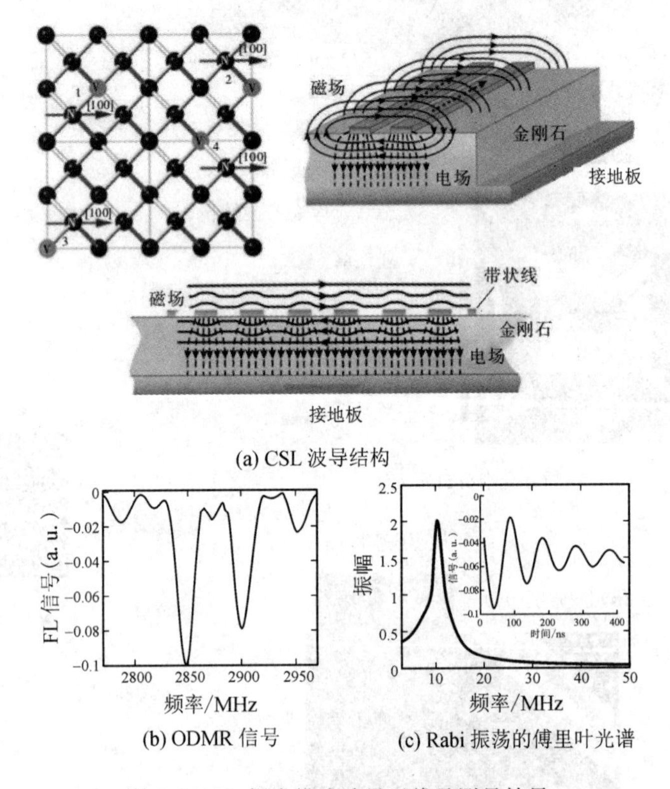

图 6.3.33　耦合模式波导天线及测量结果

通过 $1\times10^{18}\,e^{-}\,cm^{-2}$ 的辐照剂量，使用 Ib 型金刚石制备了退火时间为 2 h、浓度约为 $1\times10^{15}\,mm^{-3}$ 且 T_2 超过 10 μs 的系综 NV 色心，金刚石上面的多耦合带状线波导用以改善信噪比和有效体积，使得系统的灵敏度能达到 $0.5\,pT/\sqrt{Hz}$。此外，基于 NV 色心自旋共振测量的其他类型传感器具有相同的依赖 NV 色心浓度和横向相干性，这为将来的高灵敏度小型化金刚石量子传感器的设计提供了基础。

改进优化了四个带状线 mCSL 波导结构，如图 6.3.34(a)所示，在金刚石上制造金带状线，电极黏合到 PCB 上并由紫外线固化的胶粘剂保护。mCSL 波导的外侧带状线比内侧更宽，从而改善了对应于三个线间隙的场均匀性。在实验中，mCSL 波导与双频微波操纵方法相结合，可以大批量同步操纵所有轴的 NV 色心。图 6.3.34(b)是在所有晶体方向上同步控制NV色心的实验装置。NV色心自旋由荧光显微镜系统探测，在将两个不同的微波信号组合之后，通过单个微波开关调制施加微波场，应用调制方法来监测由多轴NV色心的信号组成的谐振线的斜率变化，通过NV轴跟踪外部磁场的方向。与单方向操控NV色心的实验相比，在所有方向上操控NV色心使得ODMR信号对比度提高了四倍、磁灵敏度提高了两倍。该技术和测量方案还可以应用于其他物理量的测量，例如微波场、电场和旋转等，以提高系统测量的灵敏度和准确性。

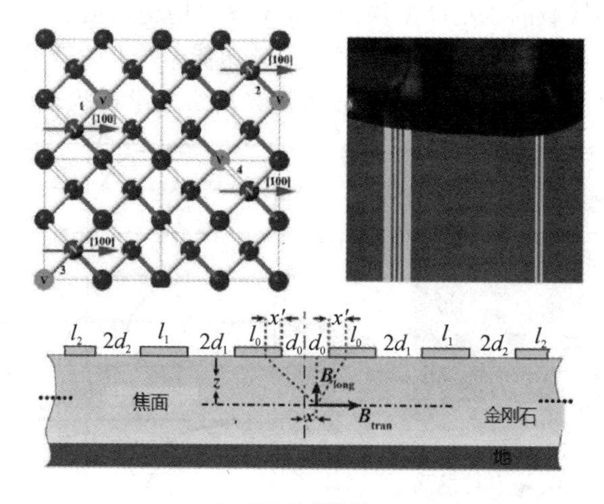

(a) mCSL 波导结构

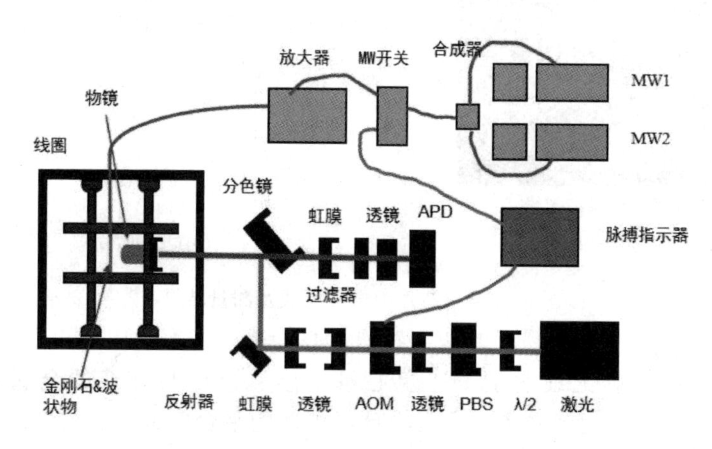

(b) 所有晶体方向上同步控制NV色心的实验装置

图 6.3.34 mCSL 波导天线结构及测量实验装置

4）芯片级微波一体化天线

当代集成电路设计中，高集成度的含义已经不再局限于单位芯片面积上能够集成多少晶体管，而是一个芯片上能够集成多大的系统。这个系统中可以包含不同波段、不同功能的模块。将CMOS集成电路技术与金刚石氮-空位(NV)色心结合在一起制成的片上传感器，既能生成强大的微波并有效传输以实现量子状态控制，还能光学检测自旋相关荧光以实现量子状态读出。

集成化电路芯片是未来的主要发展方向，将微型结构的传感器和周围的接口电路集成在同一块芯片之上，在降低成本的同时还可以实现更好的性能及更多的功能。2018 年，麻省理工学院(MIT)首次将紧凑型多功能 CMOS 集成电路技术与金刚石氮-空位(NV)色心结合在一起，制成了片上量子传感器，如图 6.3.35(a)所示，并首次通过实验测得图 6.3.35(b)所示的片上光学可检测磁共振(ODMR)信号。NV 色心通过片上环形 VCO 和驱动器提供的电流水平驱动片上多环线圈来实现实验中所需要的磁场强度。同时插入一组断开的寄生环路使得跨线圈封闭区域的磁场高度均匀，整体微波场均匀度达到了 95%。此系统应用于具有 NV 色心的量子磁力测量实验中的两个关键功能：强大的微波生成和有效传输以实现量子状态控制，以及光学过滤/检测自旋相关荧光以实现量子状态读出。

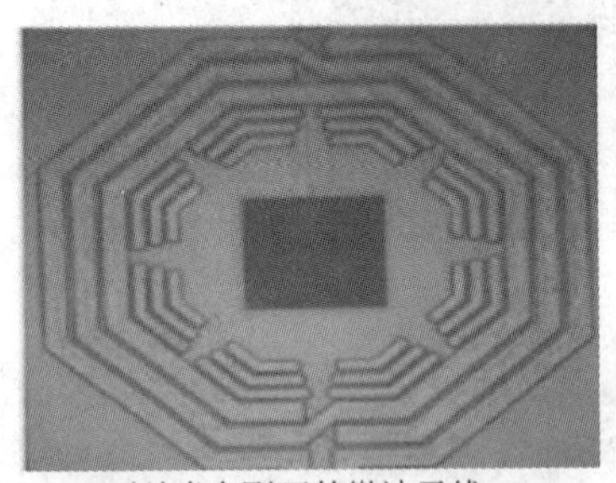

无纳米金刚石的微波天线

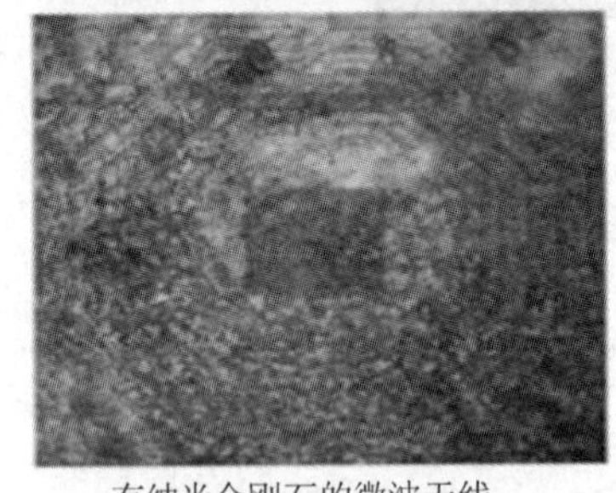

有纳米金刚石的微波天线

(a) 片上量子传感器

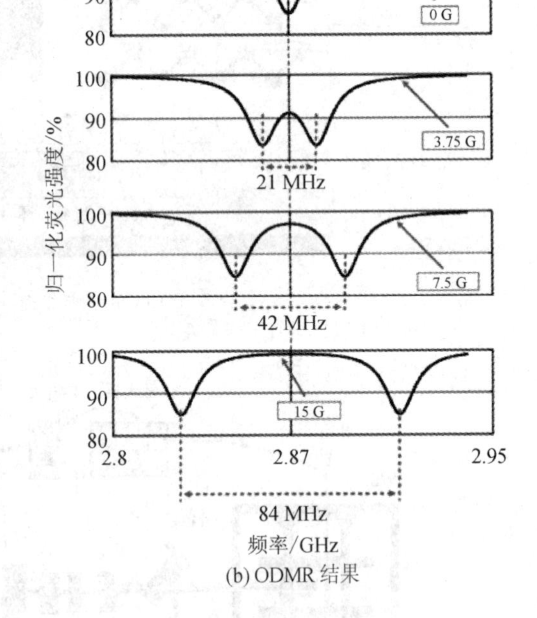

(b) ODMR 结果

图 6.3.35　芯片级微纳天线及测量结果

为了实现实际应用，替代现有的基于 NV 色心传感技术实验中笨重且分立的仪器，该实验室 2019 年在此基础上证明了 NV 色心量子感测可以与互补的金属氧化物半导体(CMOS)集成在一起，从而建立了一个紧凑且可扩展的平台。如图 6.3.36 所示，该方案使用标准的 CMOS 技术，集成了用于 NV-ODMR 控制和测量实验的微波发生器、光学滤波器和光电检测器等基本组件，制成了印制电路板(PCB)，尺寸为 200 μm×200 μm。

为了有效地传递微波场，环路电感器和一对并联电容器形成电流驱动器的谐振负载。图 6.3.37 为此电路板对 ODMR 信号和 NV 量子磁强计的片上检测。图 6.3.37(a)表示在零外部磁场(没有消除地磁场，约 50～60 μT)的 NV 自旋相关荧光的 FM 锁定信号；图 6.3.37(b)表示的是带有永久磁铁的 FM 锁定信号(B=6.27 mT)，此时 ODMR 的线宽为 7 MHz；图 6.3.37(c)表示片上磁强计(下部曲线)和温度效应(上部曲线)分离；图 6.3.37(d)表示噪声频谱密度。此集成电路板的成功检测表明了毫米级外形尺寸对于未来的量子传感系统的可行性。

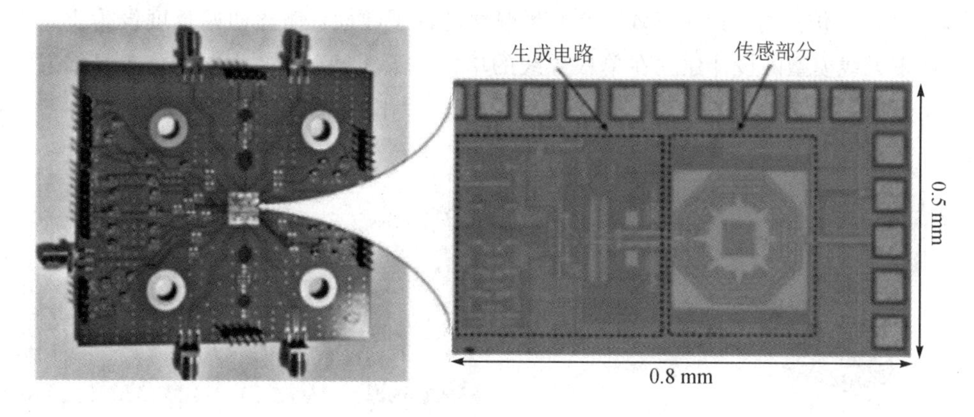

图 6.3.36　CMOS 芯片的光学显微照片(右)和用于测试的印刷电路板(左)

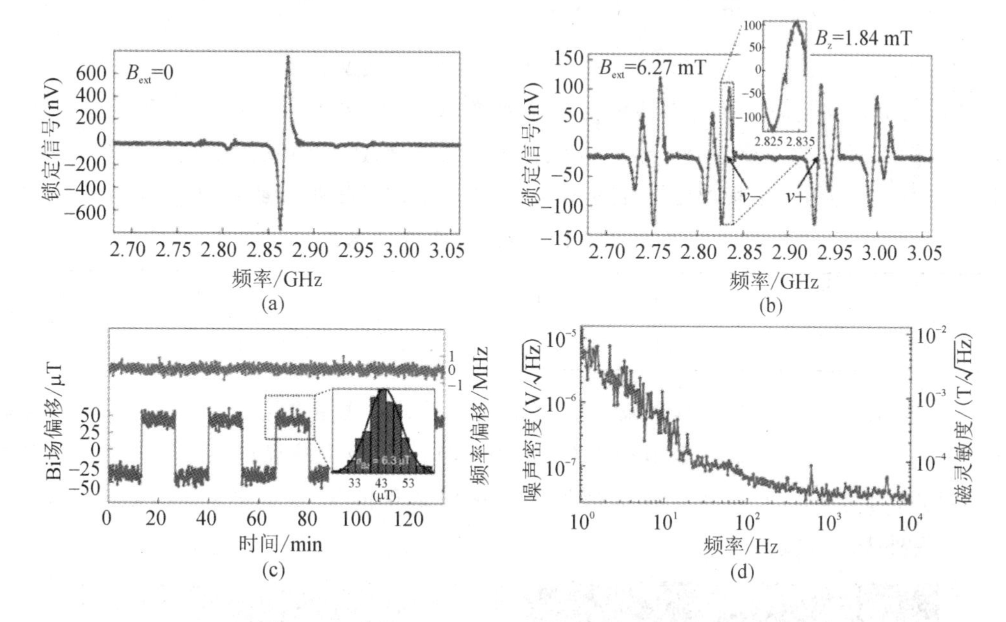

图 6.3.37　ODMR 和 NV 量子磁强计的片上检测

除了芯片级量子感测功能外，基于 CMOS 的自旋控制和读出方案还可以为实现自旋量子位控制提供独特的可扩展解决方案。这对于开发大规模量子系统至关重要，它将使量子增强的传感和量子信息处理成为可能。

3. 微波天线设计实例[6]

1）天线结构设计及参数仿真

本实例设计的天线以单极子天线为基础。单极子天线是一种结构简单的基本线天线，也是一种经典的、迄今为止使用较广的天线。单极子天线由一根长度约为 1/4 工作波长的直导线组成，当在单根导线上通有交变电流时，就可以形成最简单的单极子天线，并向周围辐射电磁波。辐射强度与导线长短和形状有关。

图 6.3.38 是在 HFSS 中建立的铜丝天线和微带天线模型。金属材料会对微波信号产生反射，而有机玻璃不会影响微波辐射，实验中我们选用有机玻璃作为铜丝天线载体，因此在对传

统铜丝天线进行仿真时，只对 SMA 接头和铜丝进行了建模，铜丝初始长度设为 1/4 工作波长；对微带天线模型的设计建立在单根导线的单极子天线基础上，主要为将单导线发射端进行弯曲，形成一个带有圆环的辐射机构，整个辐射贴片长度约为 1/4 工作波长。

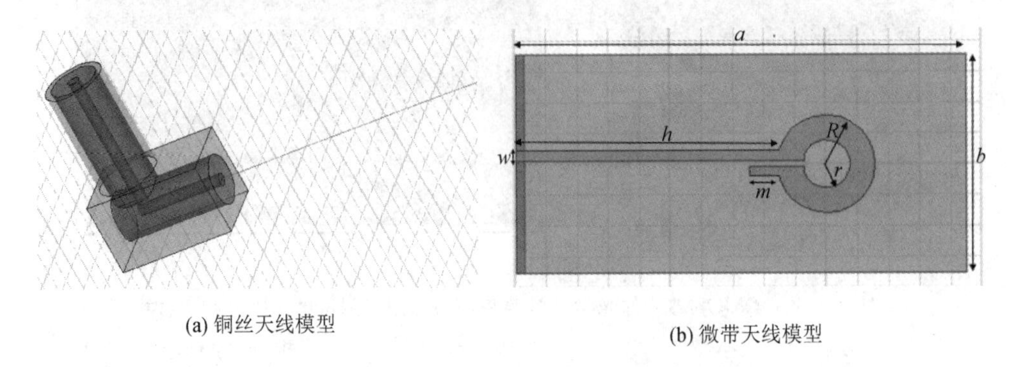

(a) 铜丝天线模型　　(b) 微带天线模型

图 6.3.38　铜丝天线和微带天线模型

经过仿真优化后，得到的最佳铜丝长度为 27.3 mm。表 6-3-1 所示是经过仿真优化后得到的微带天线的主要参数，微带天线的介质层材料选用环氧树脂玻璃纤维板(FR4)，其相对介电常数为 4.4，板厚度为 1.6 mm，介质层下层是微带天线的参考地。

表 6-3-1　微带天线设计参数

	a	b	R	r	h	m	w
长度/mm	28.9	14.2	3.156	1.535	18.5	3.487	0.702

图 6.3.39 所示是铜丝天线和微带天线的实物图，天线主要通过 SMA 接头进行馈电。铜丝天线末端与 50 Ω 的射频电阻相连形成阻抗匹配，为减少外界材料对微波辐射的影响，整个结构选择固定在有机玻璃上。微带天线选用常见的 PCB 介质材料，天线参考地与 SMA 接头外壳相连接。

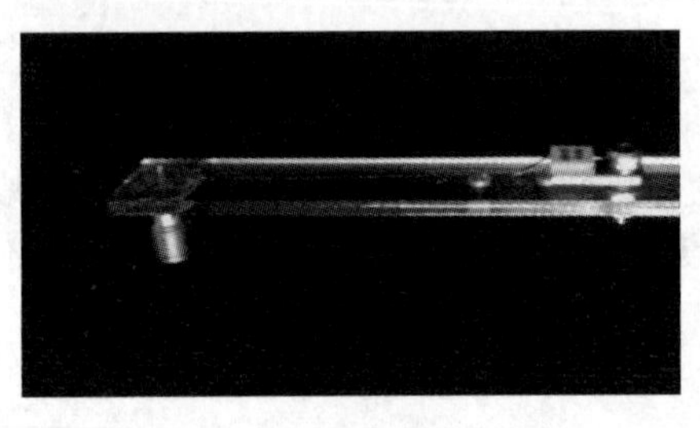

(a) 铜丝天线

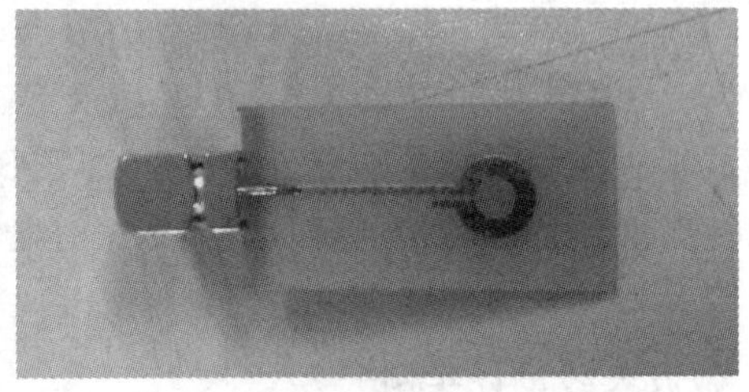

(b) 微带天线

图 6.3.39　近场辐射天线实物图

在 HFSS 里对两种天线的 S_{11} 参数和 Z 参数进行仿真，并通过网络分析仪对两种天线进行实际测试，图 6.3.40 是仿真结果与实际测试的对比，其中红色曲线是实际测试结果，黑色曲线是仿真结果(可用手机扫描图片旁二维码观看彩色图片)。在金刚石 NV 色心的 ESR 实验中，我们主要关注 2.87 GHz 附近的频率范围。从结果可以看出，铜丝天线的中心频率为 2.85 GHz，$S_{11}<-10$ dBm 的频率范围为 2.75～2.97 GHz，而微带天线

的中心频率为 2.84 GHz，S_{11} < −10 dBm 的频率范围2.59～3 GHz，微带天线在 2.87 GHz 附近有更宽的频带，有利于 ESR 扫频实验；在2.87 GHz 处，铜丝天线的 Z 参数虚部约为 0，实部为 53 Ω，微带天线 Z 参数虚部约为 0，实部为51 Ω，在允许误差范围内，实现了较好的阻抗匹配。

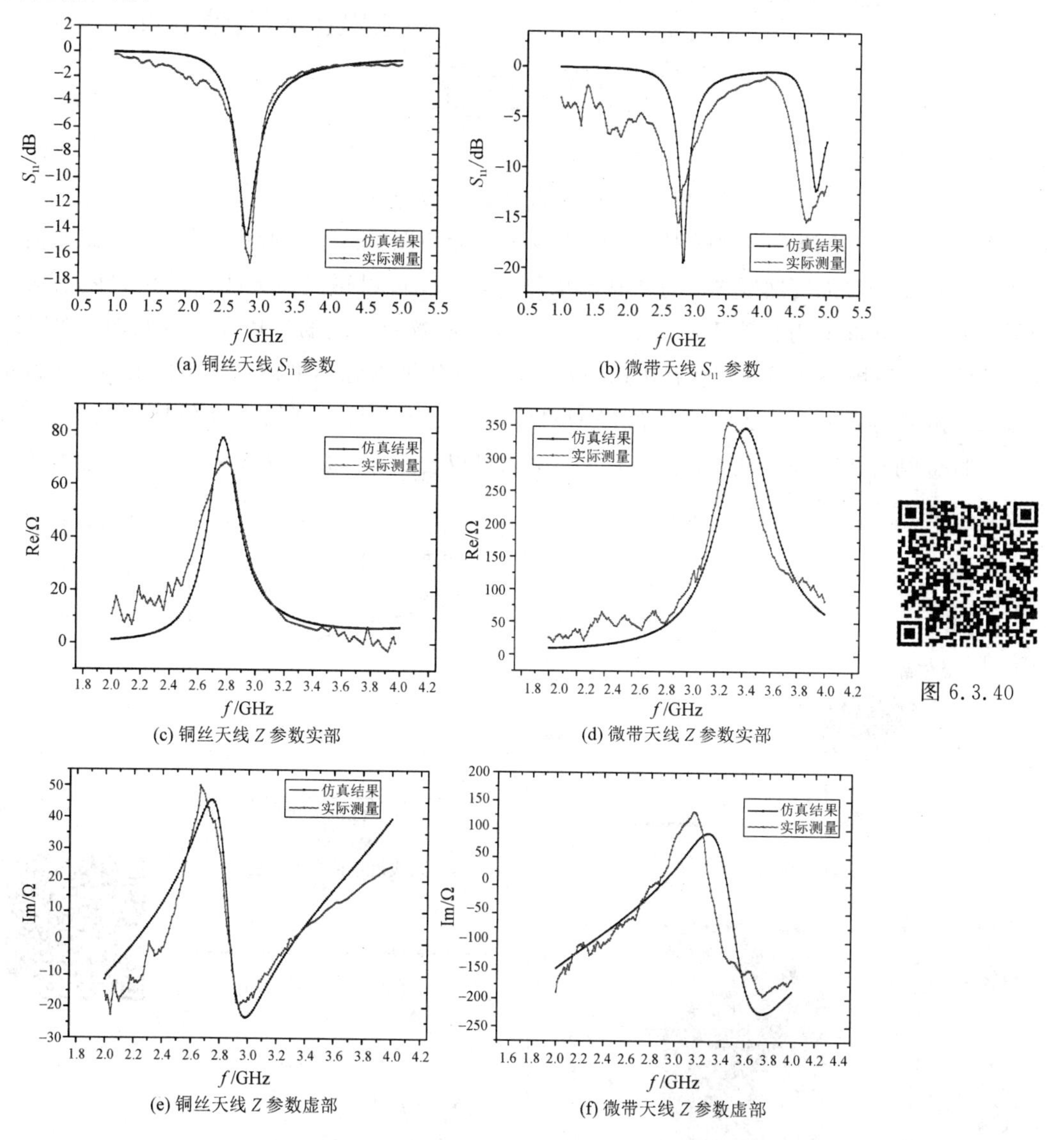

(a) 铜丝天线 S_{11} 参数　(b) 微带天线 S_{11} 参数

(c) 铜丝天线 Z 参数实部　(d) 微带天线 Z 参数实部

(e) 铜丝天线 Z 参数虚部　(f) 微带天线 Z 参数虚部

图 6.3.40 天线仿真与实际测试对比

由以上对比结果可以发现，实际测量结果与仿真结果的变化趋势基本是可以比拟的。

2）天线近场辐射测试

为了对比传统铜丝天线与微带天线近场辐射性能，用高频磁场探头对两种天线的近场辐射强度进行测量，如图 6.3.41 所示。微波源为天线提供辐射信号，高频磁场探头与频谱分析仪相连，利用位移台移动高频磁场探头探测天线附近的辐射场。

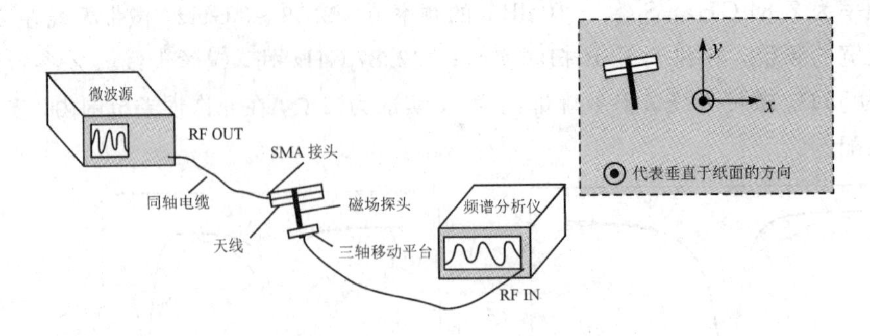

图 6.3.41　天线近场测试示意图

图 6.3.42(a)是仿真得到的铜丝天线近场强度分布图；图 6.3.42(b)是测量得到的铜丝天线近场磁场相对强度曲线图，与仿真结果吻合，由此可以得出在天线末端位置磁场强度较强，实验时可将金刚石放于此处。图 6.3.42(c)是微带天线的近场强度分布图，在圆环处，天线近场磁场强度最强，然后快速减弱，随后又逐渐增强到平稳；图 6.3.42(d)是高频磁场探头测试得到的微带天线近场磁场相对强度曲线图，与仿真结果变化趋势基本相符，实验时将金刚石放在圆环处。对比(b)、(d)两图可以看出，微波源功率一定时，微带天线的近场辐射最大值要强于铜丝天线。

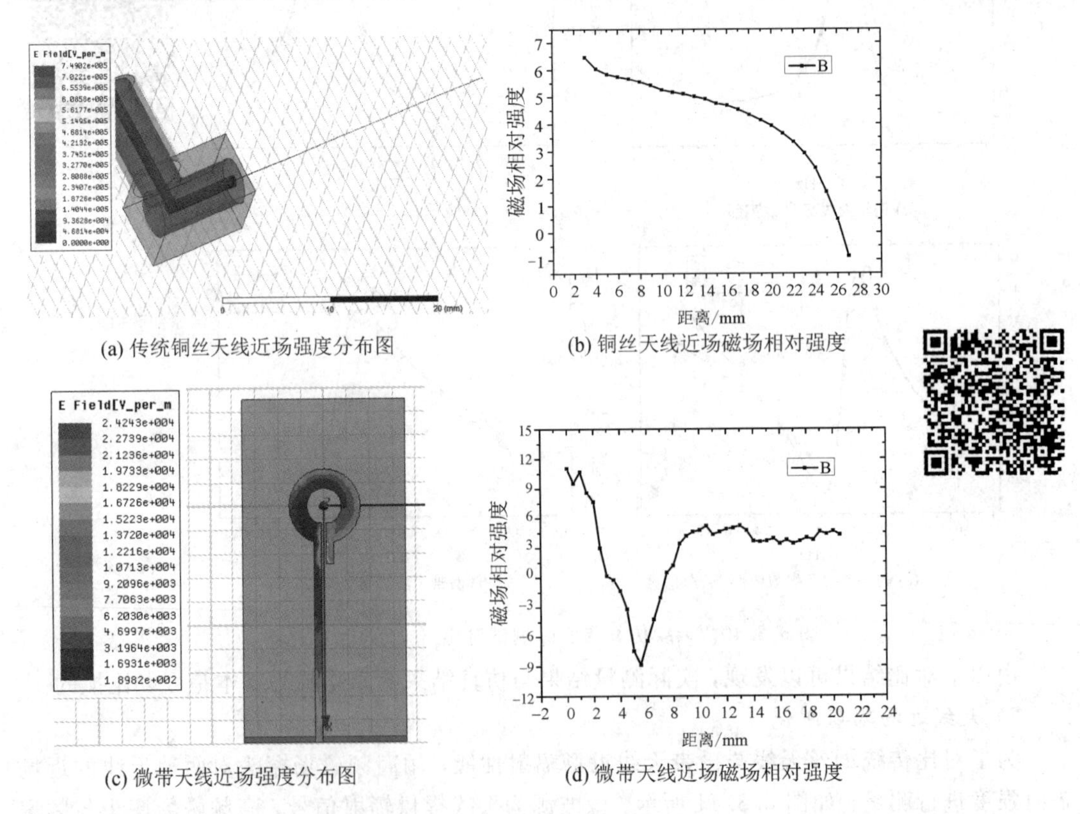

(a) 传统铜丝天线近场强度分布图　　(b) 铜丝天线近场磁场相对强度

(c) 微带天线近场强度分布图　　(d) 微带天线近场磁场相对强度

图 6.3.42　天线近场测试结果

3）ESR 测试

图 6.3.43 所示是用两种天线测得的无外磁场作用时 ESR 信号对比度曲线，虚线所示的谱线是用微带天线测得的 ESR 信号谱，对比度约为 0.1，实线所示的谱线是用传统单极子天线测得的 ESR 信号谱，对比度为 0.02，微带天线的荧光对比度是传统单极子天线的 5 倍。微波功率相同的条件下，对比度越强，说明天线辐射性能越好，微波对信号的调制能力越高，有利于信号观测。同时，使用微带天线得到的共振信号的全半高宽（Full Width at Half Maximum，FWHM）更窄，有助于提高检测灵敏度。

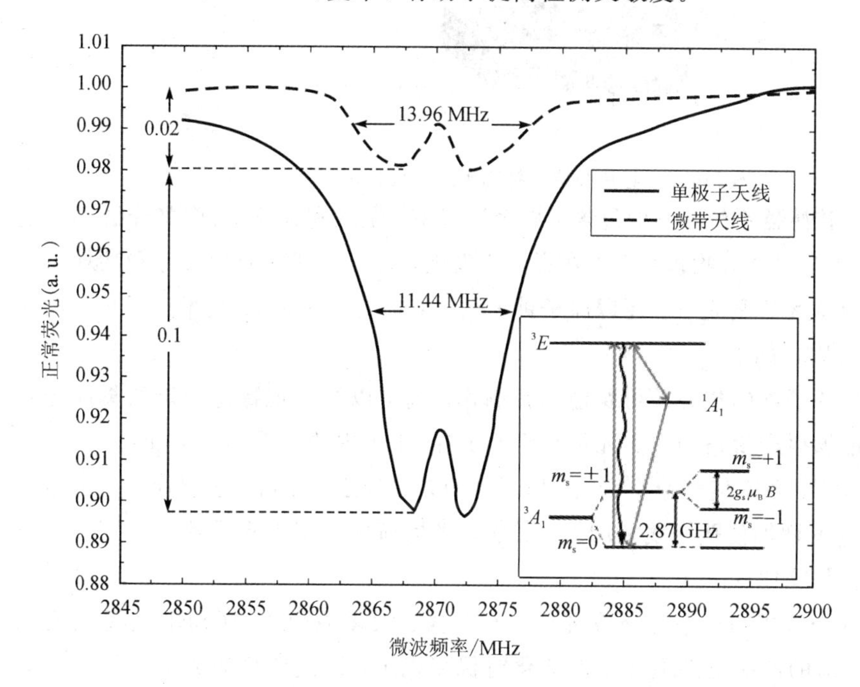

图 6.3.43 ESR 信号对比度

6.4 系统微装配技术[6]

实现量子传感器的小型化和芯片化的主要技术途径之一是光源、控制电子线路、低功率射频模块、核心敏感单元（气室或含系综 NV 色心的金刚石等）的小型化与集成。以原子钟为例，在整个 20 世纪 90 年代，各国公司都花费了大量的精力开发小型原子钟，主要的研究动力来自移动电话行业，该行业要求在手机基站安装原子钟，以便在 GPS 系统出现故障时提供准确授时。手机网络同步基线授时要求一天内的误差不超过 10 μs，时钟体积约 100 cm^3，功耗为 10 W。虽然以前的时钟为手机行业提供了良好的服务，但它们消耗了太多的电力，无法集成到便携式、电池供电的手机终端。随着移动电话和军用 GPS 接收器的激增，从技术上实现了电池供电的原子频标集成到该类型接收机内，极大地促进了卫星基导航的发展，并与无线通信应用一道，构成了研制低功耗气室原子钟的强大动力。

20 世纪 90 年代，西屋公司（Westinghouse，现在的诺斯拉普-格鲁曼（Northrup-Grumman）公司）开始将 VCSEL 应用于原子钟，他们的目标是使用激光技术代替放电灯来减少气室时钟的功耗和体积。通过在小型微波腔中使用微型玻璃吹制蒸汽气室，他们完成了体积为 16 cm^3、耗电量几百毫瓦的原子钟物理封装，实现了小于 $2\times10^{-11}/\sqrt{\tau}$ 的短期稳定性和 10^4 秒内 3×10^{-12} 的长期漂移，其结构设计如图 6.4.1 所示。

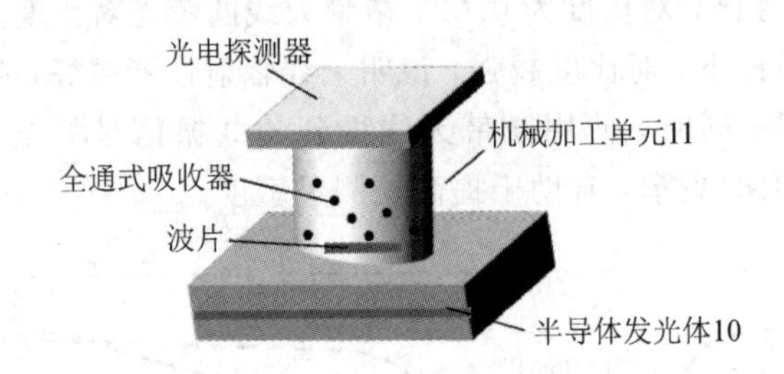

图 6.4.1 芯片级原子钟物理封装设计图

因此，一个量子传感器系统，至少包含了碱金属气室、激发和检测组件(如光源和光电探测器)，以及所有光学组件等物理部分。在很大程度上，系统物理部分的尺寸和功耗决定了系统的短期和长期频率不稳定性。还以原子钟为例，影响基于 MEMS 技术量子传感器的物理部分设计的关键因素如下。

(1) 批量化制造原子钟的核心是可腐蚀陶瓷制作气室，以及实现特定功能的集成控制电子电路，目标是能够生产价格 100 美元的小型原子钟，1 天内的误差小于 10 ns。

(2) 随着尺寸减小，系统信号噪声变大，原子钟的频率稳定性下降。主要原因是气室壁与缓冲气体的碰撞速率增加使跃迁线宽增加。其次，光场横截面积下降导致检测到的光子通量较小，从而降低信噪比。

(3) 运行物理部分所需的功率应该按部件进行分类。大多数商用 VCSEL 光源需要约 5 mW 的功率，激光器的性能也必须在温度变化时保持稳定，以能够将激光波长锁定在原子光学跃迁上，同时避免输出功率的大变化。到目前为止，所有可行的 CSAC 设计都避免了在热设计中使用主动冷却(例如热电冷却器)，因为这一过程效率低下。激光器功率和寿命随工作温度升高而降低，加上气室加热部分，需要折中考虑芯片级原子钟与工作温度的关系。

(4) 气室温度需稳定，目的是减少气室内碰撞过程引起的与温度有关的频率位移。在一定温度下补偿的气压为几个帕斯卡的混合缓冲气体，温度稳定性需要保持在 0.1 K 左右，频率稳定性为 10^{-12}。这就要求气室的热隔离和加热设计必须满足要求。气室和激光器的工作温度相对较高，这两个部件的热隔离是实现低功耗的关键。在相关设计中，气室和激光器是独立控制的，而有些设计中两者被同时控制从而保持相同的温度。系统的最大热源来自激光器驱动，因此系统物理部分的热阻不能过高。大多数 VCSEL 有效能量利用率仅在 20%左右，其余能量转化为热量。如果激光和封装壁之间的热阻太高，仅仅由于这部分内部热源系统就会过热，因此，如何设计合适的散热机构也是需要深入考虑的。

(5) 系统可制造性和成本。由于潜在的晶圆级加工和集成的可能性，微加工技术在芯片级量子传感器设计过程中具有很大的优势。理想情况下，系统的物理封装应设计简单，以便于在单个晶圆上设计整个系统，或者将单个部件集成、加工到同一个原片上。这两种情况都可以利用相似的加工工艺加工，实现大规模制造。

6.4.1 芯片级原子钟微组装

2004 年，NIST(美国国家标准与技术研究所)首先研制了基于 MEMS 的原子钟微组装样机，如图 6.4.2 所示。该样机是垂直集成的，即光束垂直于衬底表面的方向传播，并且通过堆叠层集成组件。样机底端是垂直腔表面发射激光器(VCSEL)，它被固定在商用金定制基板上，基板安装在刚性绝缘材料上。多种光学组件被固定在激光器上面合适位置上，并通过双带隔离器与基面保持一定距离。光学部分包括两个中性密度滤光器，可以使光束功率减弱到大约 10 μW，一个微透镜，将光束直径聚焦到约 250 μm；四分之一玻片将光从直线偏振转换为圆偏振。气室和加热器组件被安装在光学组件的顶部。气室加热器是薄玻璃片，表面沉积一薄层氧化铟锡(Indium Tin Oxide，ITO)。ITO 是一种常用透明导电材料，它在这里允许光通过气室，同时允许沿着气室玻璃窗表面进行电阻加热。

图 6.4.2 微加工的原子钟物理部分

图 6.4.2 中 A 为装配示意图。从下到上的层分别是：a—玻璃(500 μm)、b—垫片(375 μm)、c—ND 过滤器(500 μm)、d—玻璃(125 μm，未表示)、e—石英(70 μm)、f—500 μm)、g—玻璃/ITO(125 μm/30 nm)、h—玻璃(200 μm)、i—Si(1000 μm)、j—玻璃(200 μm)、k—玻璃/ITO(125 μm/30 nm)、l—Si(375 μm)；m—玻璃(125 μm)。装配总高 4.5 mm，宽度和深度为 1.5 mm。图 6.4.2 中 B 为光电二极管组件，C 为气室组件，D 为光学组件，E 为激光组件，F 为芯片级原子钟微组装部分照片。

气室本身采用 $MeCl/BaN_6$ 材料原位技术制造而成，尺寸为 1.5 mm×1.5 mm×1.4 mm。加热器用直径为 25 μm 的金线键合到基板上的连接线上。结构顶部固定光电探测器检测气室传输的光。整个结构高 4.2 mm，横截面长 1.5 mm，样机总体积小于 10 mm^3。

第一个芯片级原子钟样机基于 D_2 线上 Cs 原子激发，共振线宽 7 kHz，测量的短期频率不稳定性为 $3\times10^{-10}/\sqrt{\tau}$。与体积较大的碱金属气室 1.6×10^{-8}/d 的频率稳定性相比，该器件的长期频率漂移相当大。共振线宽、频率与时间关系以及相应的 Allan 方差如图 6.4.3

所示。整个器件 46℃时的功耗为 75 mW。图 6.4.3(a)为 CPT 共振对比度，指由 CPT 效应引起的吸收变化与总吸收的比；图 6.4.3(b)为锁定到 CSAC 的振荡器输出频率与时间的关系；图 6.4.3(c)为根据(b)得到的 Allan 偏差。

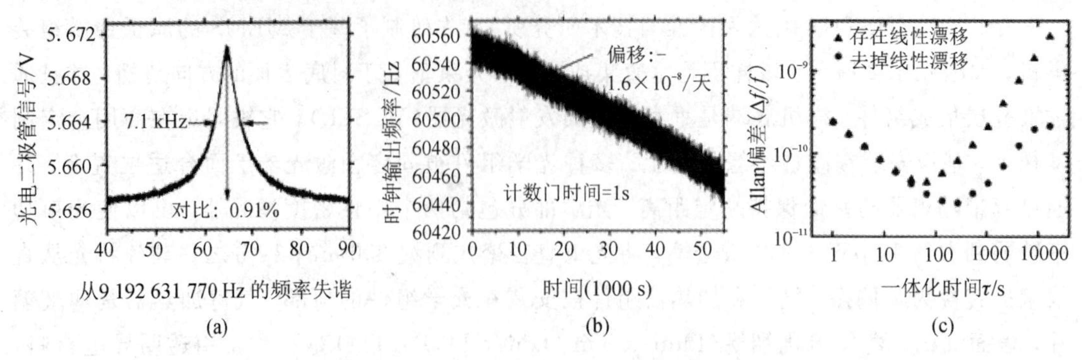

图 6.4.3 芯片级原子钟性能

针对第一代芯片原子钟的缺点，研究人员对上述设计进行了改进。首先，将激发能级变更为 D_1 线激发，提高了器件短期频率稳定性。其次，针对原来器件气室内部化学反应引起的大频率漂移，首先将 $CsCl/BaN_6$ 原料填充到气室中，利用键合工艺启动化学反应产生 Cs 原子，以此保证当气室密封后反应物仍留在气室内，再通过原子束沉积技术将漂移减小到 10^{-10}/天。

针对 CSAC 功耗大的问题，后续的研究将原子钟整体结构放置于薄聚酰亚胺结构上，并沉积形成金属线，将结构与系统控制进行电连接，如图 6.4.4 所示。该材料的热导只有 0.14 mW/K，同时允许在 100℃情况下真空封装。通过结构改进，该原子钟 25℃下的功耗小于 10 mW，短期频率不稳定性接近 $2\times10^{-11}/\sqrt{\tau}$。其他的改进还包括可折叠光学几何结构，其中激光发射的发散光通过气室从反射镜反射，然后被与激光在同一平面的光电探测器检测到。这使得光与碱金属相互作用长度增加了一倍，增强了信号。

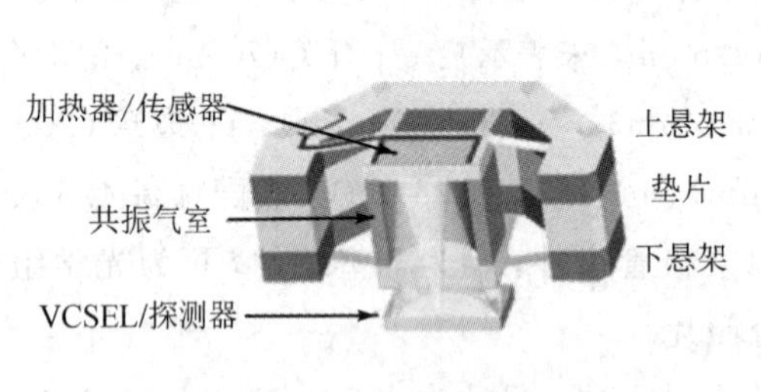

(a) 安装在聚酰亚胺热隔离结构上的硬件和折叠光学设计

(b) 聚酰亚胺悬浮系统包装的完整硬件结构照片

图 6.4.4 功耗低于 10 mW 的 CSAC 设计

此外，其他垂直集成设计改进了系统光程和结构尺寸，如图 6.4.5 所示。该设计将激光束以空间往复的形式进行扩展，进一步减小了系统尺寸。设计时，首先固定激光器，与气室保持一定的距离，结合双聚焦光路，将横向光束与气室充分作用，大大减小了系统的纵向尺寸。

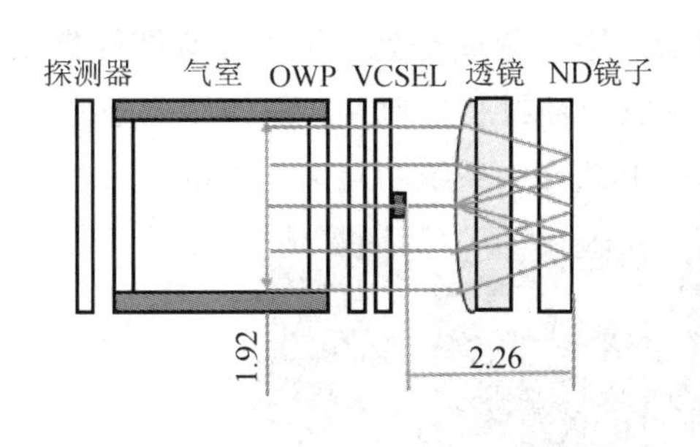

(a) 具有折叠几何形状的结构部分设计

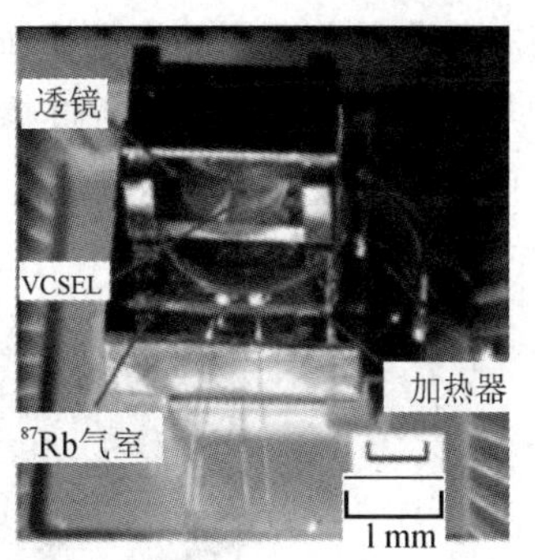

(b) 组装的结构照片，未含磁屏蔽部分

图 6.4.5　垂直集成的 CSAC 硬件部分

随着 MEMS 工艺水平的提高，芯片级原子钟的结构又有了很大的改进，如图 6.4.6 所示。在该设计中，在 Si 片上直接刻蚀反射镜，从 VCSEL 发出的光经反射镜改变方向重新变成水平方向的光。光束再经一系列光学组件进入原子气室与碱金属发生作用。气室被固定在真空中的热隔离部件上进行热隔离。出射光经反射镜后进入光电探测器。该设计中的气室由深反应离子蚀刻(DRIE)工艺完成，填充碱金属后进行密封。该设计的优点是所有的组件都由硅晶片刻蚀工艺完成，经黏合后完成系统组装。

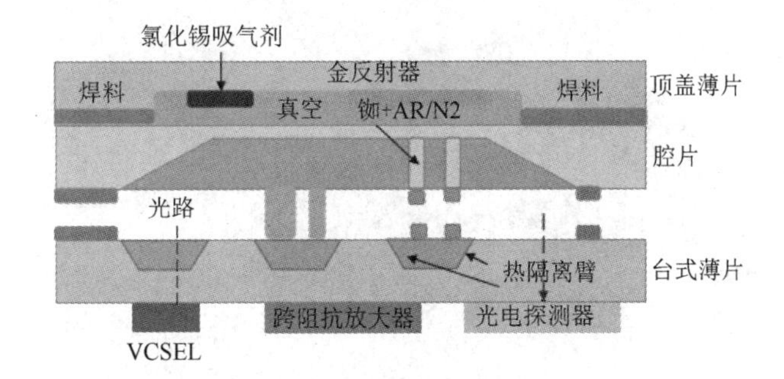

(a) 硬件部分设计示意图

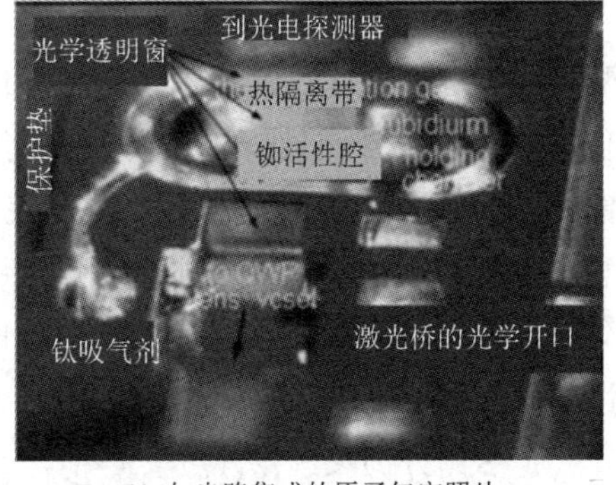

(b) 与光路集成的原子气室照片

图 6.4.6　芯片级原子钟水平集成设计

热隔离材料除了前面用的聚酰亚胺外，还可以采用玻璃。气室通过基底表面上的金属导向进行加热，加热部件也可以通过掺杂硅进行刻蚀得到，并于气室进行集成，整体设计如图 6.4.7 所示。图 6.4.8 所示为芯片级原子钟封装后照片，整体结构被真空封装在聚四氟乙烯(PTFE)柱上进行热隔离，在 100℃情况下，系统功耗为 150 mW。

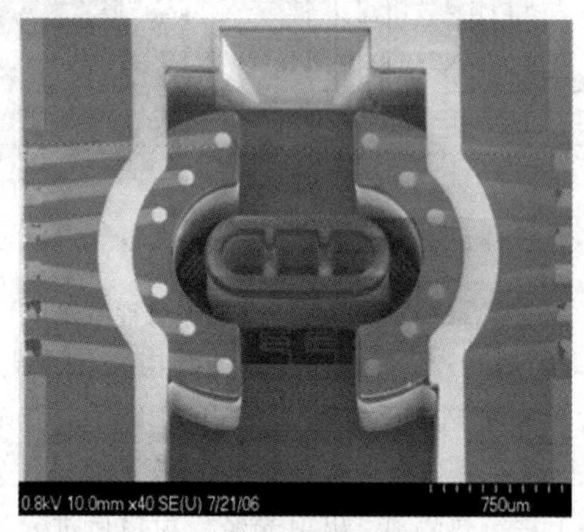

^{87}Rb腔：正面

图 6.4.7　碱金属气室固定在玻璃基底，通过周围墙壁将气室进行热隔离

图 6.4.8　芯片级原子钟，整体结构固定在 PTFE 柱上，用于热隔离

1. 小型、低功耗本振器

在无源原子频标中，本振器的频率稳定性非常重要。这是基于以下三个原因。首先，振荡器的整体稳定性必须足够低，以便伺服系统可以将振荡器锁定到原子跃迁。例如，非锁定振荡器频率的突然跳转可能超出伺服回路的锁定范围，从而使振荡器失锁。其次，振荡器在大于伺服带宽的频率下相位噪声必须与原子钟预期应用相一致。最后，由于混叠，晶振在伺服调制频率的所有均匀谐波下的相位噪声会在较长的积分时间内造成锁频的不稳定性。此时，二次谐波噪声占主导地位，白噪声可表示为

$$S_y(2f_m) < 4\tau\sigma_y(\tau)^2 \tag{6.4.1}$$

其中，$S_y(2f_m)$ 是两倍调制频率时频率波动的功率谱密度；$\sigma_y(\tau)$ 是期望的 Allan 偏差；τ 是积分时间。

芯片级原子钟晶振必须满足以下几点。首先，它必须可调谐到被作用原子超精细频率

的亚谐波。通常选用一次亚谐波(^{133}Cs 为 4.596 GHz，^{87}Rb 为 3.405 GHz)是综合考虑了性能与可操作性后的平衡。此外，驱动 VCSEL 需约 0.1～1 mW 的射频功率，晶振必须提供足够功率或考虑使用功放。最后，大多数应用需要 5 MHz 或 10 MHz 时钟输出用以与现有信号通道连接。

一般来说，气室原子钟的本振器基于 5 MHz 或 12.5 MHz 的石英晶体振荡器，可通过阶跃恢复二极管将频率倍频到碱金属跃迁频率(6.8 GHz)，振荡器用锁频环锁定在原子共振频率上。

分数 N 分频器(或双模预分频器)是设计低功耗原子钟不错的选择，可弥补所需 5 MHz 输出和 GHz 范围的原子跃迁频率之间的频率差距。使用这样的设备，高频压控振荡器(Voltage Controlled Oscillator，VCO)的功耗仅为毫瓦级，可以与 10 MHz 的石英晶振锁相。因此，分数 N 分频器已广泛应用于芯片级原子钟。这种锁相电路的基本结构以及控制振荡器锁相环结构如图 6.4.9 所示。

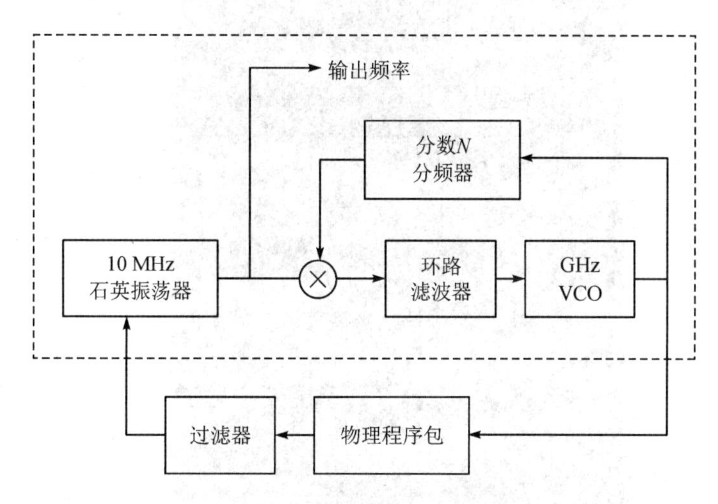

图 6.4.9　基于分数 N 分频器(虚线框内)和控制振荡器(虚线框外)的锁相环结构

针对芯片级原子钟开发了几款新型振荡器。例如，应用双极晶体管提供增益的共轴波导谐振器，尺寸为 2 mm×2 mm×3.9 mm，具有低成本、相对高的 Q 因子(约 100)和接近 3.4 GHz 的谐振频率等特点，1.2 V 直流电压下 2.1 mW 的直流功率损耗，300 Hz 下单边带相位噪声约为 55 dBc/Hz。此外，基于薄膜大体积声学谐振器(TFR 或 FBAR)的振荡器。基于 TFR 的科尔皮特振荡器在 4.6 GHz 下产生 0.25 mW 的射频功率、10 mW 的直流功率，300 Hz 时的相位噪声为－53 dBc/Hz。

为了在更低的功率下实现良好的振荡器性能，研究人员开发了专用 ASIC。在 0.18 μm CMOS 中实现了 187 个 PLL 的电路设计，同时将与光电探测器信号的交叉阻抗放大器和相敏检测元件集成在芯片上。该集成电路的运行功率为 26 mW，包括达到射频 1 mW 的输出功率所需的射频功率放大器。在 3.4 GHz 时 1 kHz 偏移的相位噪声为－86 dBc/Hz。使用了该振荡器的原子钟短期频率稳定性达到 $4\times10^{-10}/\sqrt{\tau}$。有的 ASIC 甚至达到了 12 mW 的极低功率，频率调谐分辨率达到 1×10^{-13}。该电路来自载波的 1 kHz 相位噪声为－83 dBc/Hz，而面积仅有 0.7 mm^2。集成了该电路的原子钟 1 s 时的频率稳定性为 5×10^{-11}。芯片示意图和照片如图 6.4.10 所示。

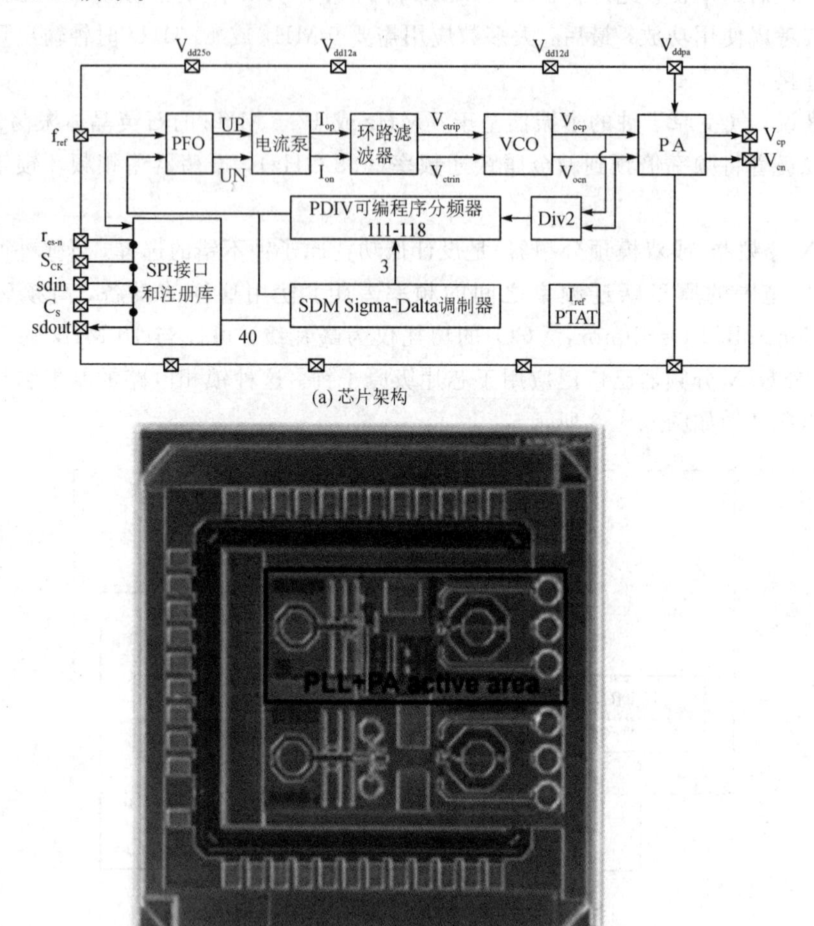

(a) 芯片架构

(b) 芯片的显微图

图 6.4.10 芯片级原子钟局部振荡器的专用集成电路实现

2. 控制电子电路

气室原子钟需要电子设备来为整个仪器提供动力，并利用控制回路实现各系统参数稳定控制。激光泵浦原子频标的主要控制回路将本征频率稳定到原子微波共振频率。由于该控制回路的质量直接影响了频率基准的短期和长期频率稳定性，因此它是控制系统中最关键的部分。二次控制回路稳定气室和激光器的温度，并将激光器的波长锁定到原子光学跃迁。

气室温度决定了信号大小和碱金属原子-缓冲气体碰撞位移的大小。通常用温度传感器(热敏电阻或 Pt 薄膜)监测气室温度，然后将该测量产生的误差信号反馈回气室加热器来稳定气室温度。采用该方法通常能实现约 10 mK 的温度稳定性。

为了实现 CPT 共振激发，必须调整激光发射的辐射波长并锁定到原子中的光学共振频率。VCSEL 的波长可以通过改变激光温度或激光电流来调谐。因此，对温度或电流的反馈可以用于稳定激光波长。通常，激光温度通过位于附近的温度传感器测量，并使用小型加热器稳定到恒定值。然后，将激光电流以数千赫兹的频率进行调制，并将光电探测器信号同步解调以产生误差信号。该误差信号用于调整激光电流，并将激光频率稳定到光吸收光谱的峰值。该锁定方案如图 6.4.11(a)所示。

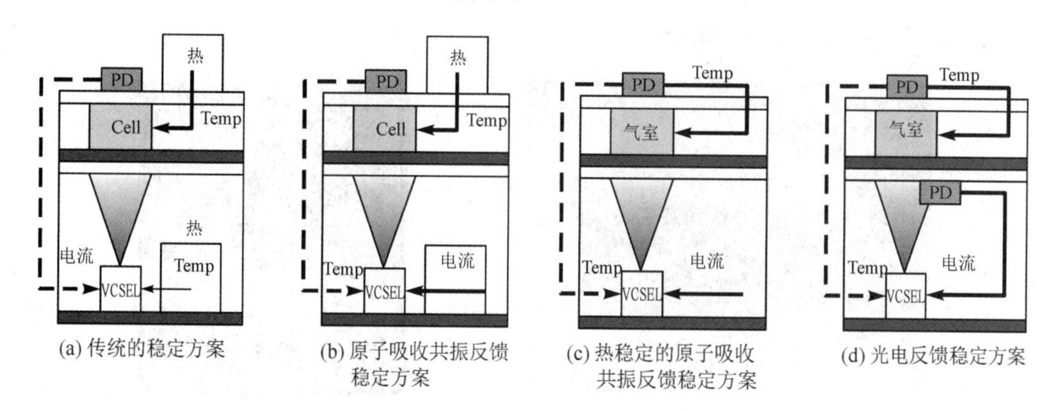

图 6.4.11　基于原子的激光稳定方案

控制电路中还包括部分三级控制模块用以提高系统长期频率稳定性，主要有激光器输出功率主动稳定控制、进入激光器的射频功率控制、施加于气室的直流磁场等。设计最初采用模拟电子电路初步实现了早期原子频标的相关控制系统开发，随着低功耗微处理器和现场可编程门阵列(Field-Programmable Gate Array，FPGA)的发展，控制系统可以以只带有模拟接口电路的固件实现。这样的实现方式不仅降低了功耗，而且只对硬件进行微小更改，就可以开发更多的功能。已经证实基于微处理器的控制电路可以在小于 30 mW 的额定功率下运行。

以激光器的控制为例，激光器的温度波动会导致激光器输出波长的变化。图 6.4.11(a)所示是传统的稳定方案，该方案的缺点是，在变化的温度下，调整电流可以保持激光恒定波长，光功率也会发生变化。光功率的变化会导致交流斯塔克位移的变化，并导致时钟输出频率的二次波动。改进方案如图 6.4.11(b)所示，用恒流电流源驱动激光电流，并将激光波长误差信号反馈至激光加热器，从而不需要在激光器附近使用热敏电阻。因此，激光温度可直接使用相关参数(波长)而非间接使用热敏电阻来稳定。气室可以使用类似的改进方案来保持温度稳定，即使用碱原子的直流吸收来测量气室温度。碱金属气压很大程度上依赖于温度(温度每变化 30 K，密度变化 10 倍)，原子对光的光学吸收改变系数约为 1%/K。因此，穿过气室后的光信号可以与预设电压和反馈回气室加热器的差分信号进行比较，见图 6.4.11(c)。这避免了使用热敏电阻监测气室温度，而是根据相关参数利用碱金属密度来稳定温度。最后一个控制部分用来监测进入气室之前的光功率水平，并基于此将误差信号反馈回激光电流，如图 6.4.11(d)所示。这个控制回路将保证诸如激光老化带来的恒温下激光强度的长期变化稳定性。

3. CSAC 样机

全集成芯片级原子钟，如图 6.4.12 所示，其硬件部分包括本振器、小型控制电子电路以及其他控制部分。该原子钟总体积 15 cm^3，功率 125 mW，精确校准输出频率 10.0 MHz，各部件功率分配情况见表 6-4-1。该原子钟包含四个主伺服回路，通过 PLL 调制 VCO 频率，使用锁定检测使微波频率稳定到 CPT 共振，激光频率稳定到原子光学跃迁；监测气室传出的直流光功率并与设定电压比较稳定系统温度；使用微波衰减器调制发射光功率使进入 VCSEL 的发射调制光功率最小。

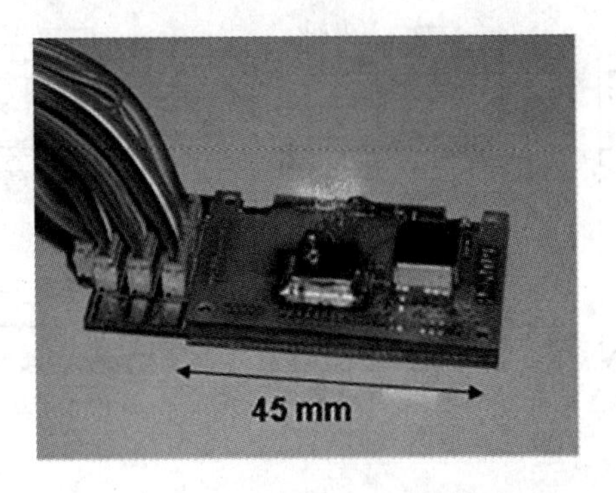

(a) 2006 年 NIST 研制的芯片级原子钟

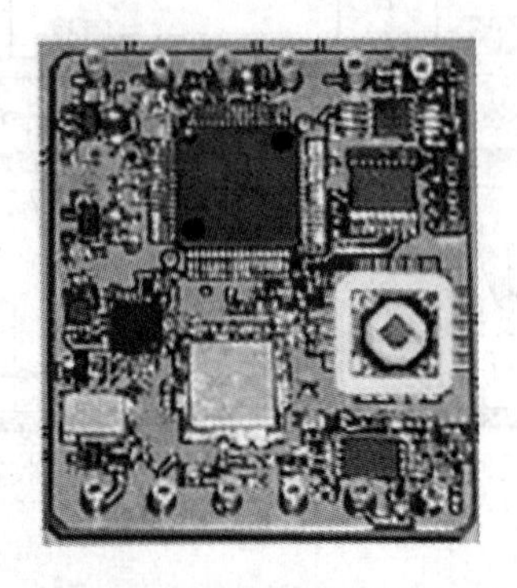

(b) Lutwak 研制的芯片级原子钟样机

(c) W.Youngner 研制的芯片级原子钟样机

图 6.4.12　三种全集成芯片级原子钟照片

表 6-4-1　图 6.4.12 所示原子钟各部件功率分配

系统组成	组成部分	功率/mW
信号处理	微控制器	20
	16 位 DAC	13
	模拟信号部分	8
物理部分	加热器	7
	VCSEL	3
	其他场	1
微波/RF	4.6 GHz VCO	32
	PLL	20
	MHz TCXO	7
	输出缓冲	1
功率调节和无源损耗		13
		合计：125

集成原子钟 1 s 时的短期不稳定性为 3×10^{-10}，老化率为 3×10^{-12}/天，长期不稳定性低于 10^{-11}/天，如图 6.4.13 所示。图 6.4.12(c)所示原子钟总体积为 1.7 cm^3，运行功率为 57 mW，具有与上述原子钟相近的稳定性。

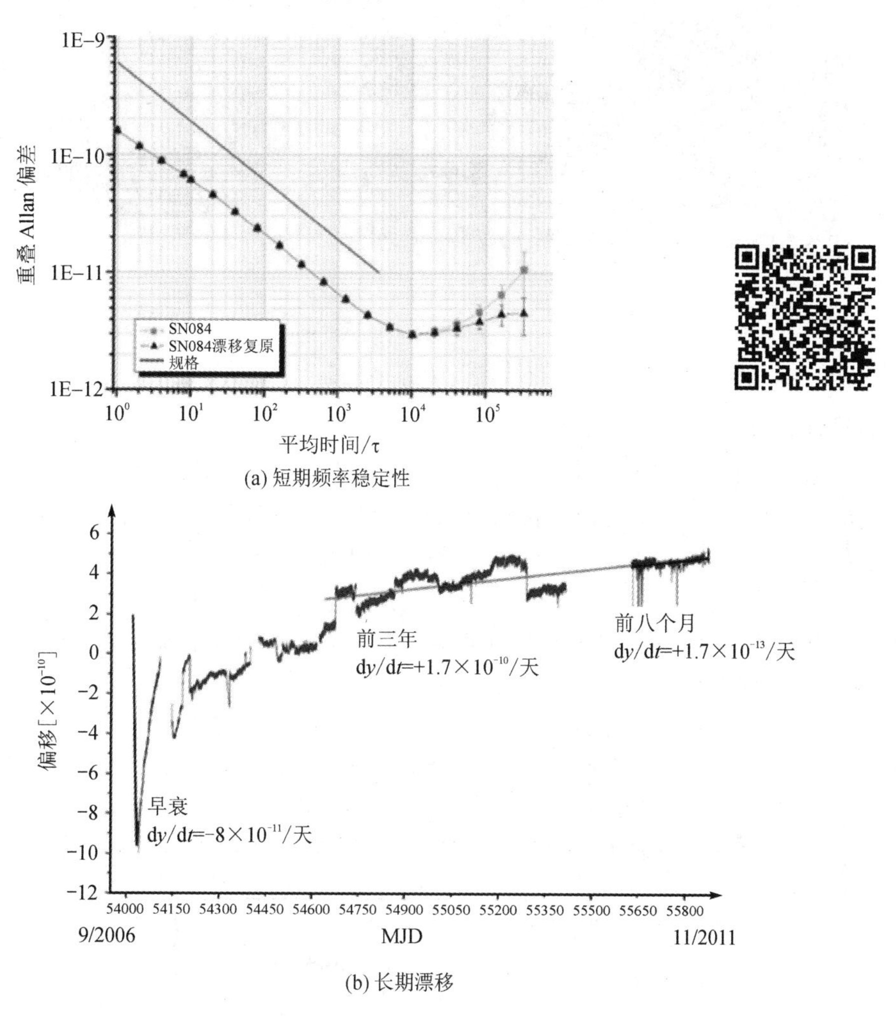

(a) 短期频率稳定性

(b) 长期漂移

图 6.4.13 原子钟相关性能指标

比上述原子钟更小、功耗更低的器件也已经开发出来，但器件变小的同时也增加了使用的难度，图 6.4.14(a)所示为一款体积只有 1 cm^3，功耗低于 30 mW 的芯片级原子钟。集成后 1 小时的不稳定性为 10^{-11}。在该设计中，为了实现低功耗，用 4.6 GHz 基于薄膜的 VCO 谐振器代替频率合成器和 10 MHz 石英晶体振荡器，因此，原子钟的输出频率为 4.6 GHz。但该原子钟没有功率调节或磁屏蔽，难以实用化。图 6.4.14(b)为另一款体积小于1 cm^3、功耗小于 30 mW 的原子钟，它使用带有 569 MHz 电压控制晶体振荡器的 3.4 GHz 直接注入锁定振荡器，实现了与图 6.4.14(a)中原子钟同等的性能。通过调整控制系统的时钟速度，该振荡器功耗达到 7 mW，其余的控制电子电路功耗低至 9 mW 以下，原子钟整体功耗小于 15 mW，主要集中于加热气室。

(a) 包含后续处理电路

(b) 敏感头

图 6.4.14　体积小于 1 cm^3、功耗小于 30 mW 的芯片级原子钟

4. 原子钟性能

相比于以前的气室原子钟，商用芯片级原子钟在小型化和低功耗方面取得了相当显著的进步。商用芯片级原子钟功耗随年份的变化如图 6.4.15 所示。1970 年至 2010 年，原子钟的功耗从大约 40 W 降低到 5 W。2011 年发布的商用芯片级原子钟功耗仅仅 120 mW，是以往原子钟的 1/30。原子钟性能的改进主要是使用了 VCSEL 作为光源，同时使用了热隔离微加工碱金属气室，使得系统仅用 10 mW 的功率就可以将碱金属加热到工作温度。芯片级原子钟的低功耗使得它用电池供电就能工作。一般来说，10 cm^3 锂电池供电的芯片级原子钟可以不间断工作 2 天。商用芯片级原子钟的分数频率稳定性与积分时间的关系如图 6.4.16所示。图 6.4.16 中粗实线为商用芯片原子钟的 Allan 偏差；虚线为商用低功耗烘箱加热的晶振(250 mW)；斜线区域是其他为电信应用开发的小型商用原子钟的 Allan 偏差。芯片级原子钟的短期和长期频率稳定性较大型原子钟性能相差一个数量级。

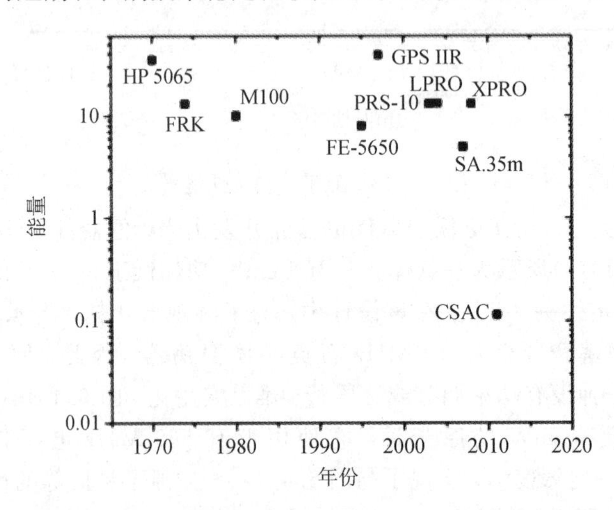

图 6.4.15　各种商用芯片级原子钟功耗随年份的变化

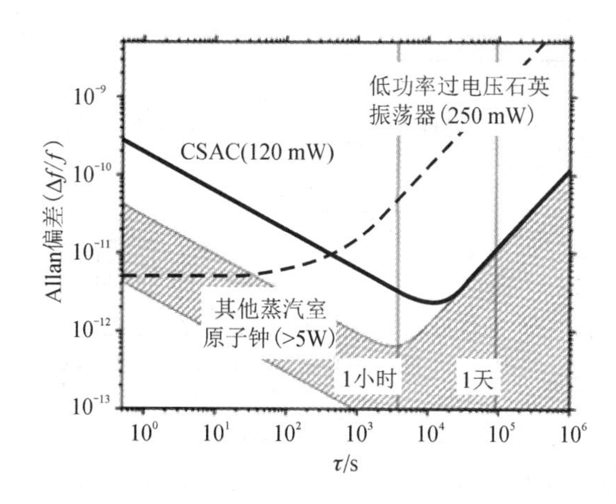

图 6.4.16　芯片级原子钟的频率不稳定性与时间的关系

表 6-4-2 列出了四种微波原子基准频率的系统尺寸、功耗和性能。随着大小、功耗和成本的下降，原子钟频率的稳定性、回溯性和精度也在下降。

表 6-4-2　几款商用基准频率性能比较

性能参数	氢原子钟	电信等级		
		光束钟	气室钟	CSAC
体积/cm^3	4×10^5	30 000	124	16
电源/W	75	50	15	0.12
1 s 内稳定性	2×10^{-13}	1.2×10^{-11}	3×10^{-11}	3×10^{-10}
漂移/天	2×10^{-16}	3×10^{-14}	10^{-11}	1×10^{-11}
漂移/月	3×10^{-15}		5×10^{-11}	3×10^{-10}
回溯性	10^{-13}	10^{-13}	2×10^{-11}	5×10^{-11}
5 年内频率不确定度		10^{-12}	$>10^{-9}$	$>10^{-9}$

5. 芯片级原子钟的应用

一直以来人们就认识到，如果原子钟能作为全球导航卫星系统(GNSS)接收机的时间基准，那么原子钟良好的中长期稳定性对卫星导航很有价值。军用 GNSS 接收机性能提升的方向是信号的抗干扰性。由于军用 P(Y)代码 10 MHz 的码速率比民用(C/A)代码 1 MHz 频率高，因此军用代码更难干扰。然而，军用代码近似随机代码，重复率以周计。因此，要在不了解时间基准的情况下通过交叉关系测量获得军事代码，需要相当强的计算能力：相关器必须通过长度大于 10^{12} 位的序列进行搜索，如图 6.4.17 所示。大多数军用 GNSS 接收机首先获得民用代码(每毫秒重复一次，因此非常容易获得)，从这个过程中确定时间基准，然后利用这些已知时间缩小对军用代码的搜索窗口范围。在这种情况下，直接快速获取 P(Y)代码需要大约 1 ms 的计时精度。由于其更好的中长期频率稳定性，原子钟可以在同步后的几天内满足 1 ms 的计时要求。

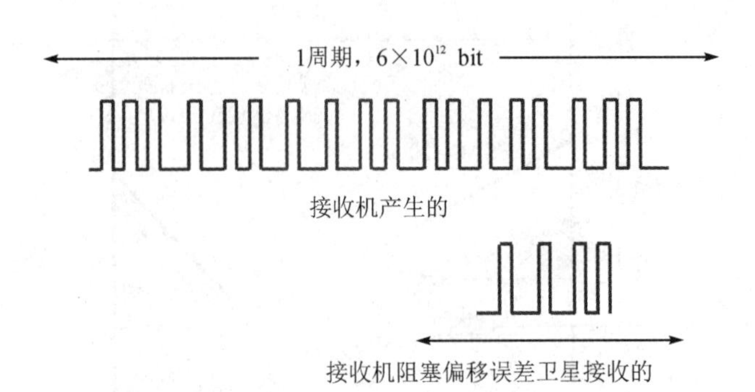

图 6.4.17　军用 P(Y)代码获取示意图

实验表明，商用芯片级原子钟作为 GPS 接收机的时间基准是成功的。此外，具有良好中长期稳定性的时间基准可以在只有两到三颗卫星的情况下完成卫星导航。当接收机时间未知时，一个完整的导航解决方案(x，y，z，t)通常需要四颗或更多的卫星，而具有足够低的时间不稳定性的接收时间基准可将所需卫星数量减少到 3 颗。在图 6.4.18 所示实验中使用 CSAC，发现仅使用两颗卫星导航 3 小时后的绝对位置误差可以从石英振荡器时间基准的 300 m提高到 CSAC 时间基准的小于 50 m。同时，卫星导航的垂直和水平精度也有所改善。

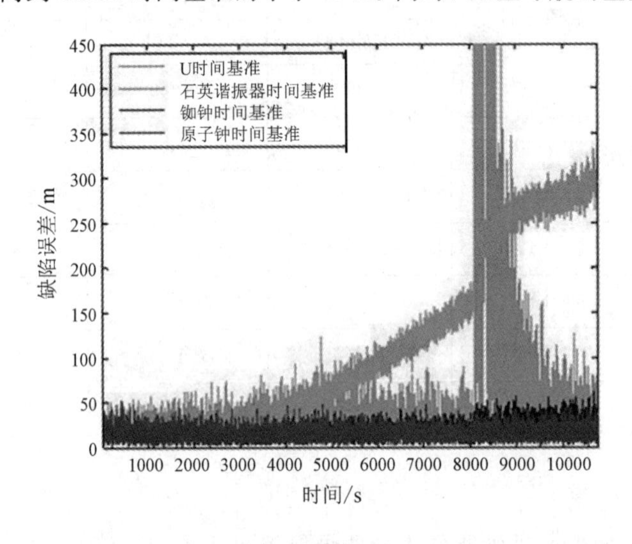

图 6.4.18　四个时间基准的定位误差

低功耗的精确计时对于海底地震测量与地震探测、声学探测和石油勘探等相关测量巨大的应用价值。在微地震监测的海底地震仪中部署了 13 个商业芯片级原子钟，6 个月内的定时精度达到 1 ms。芯片原子钟也被用于低地轨道空间探测，通过改进封装，商用芯片原子钟已经能够承受高达 43 krad(Si)的电离辐射剂量(TID)，这个剂量大约等于在低地轨道上 1 年内积累的剂量。

6.4.2　芯片级原子磁强计

1. 器件设计、制造和性能

原子钟和原子磁强计的物理学基础和器件设计有相似之处，通常可以互相借鉴，微型化设计也不例外。在芯片原子钟面世不久，芯片原子磁强计也有了报道，如图 6.4.19 所示。该磁强计基于碱原子 $m_F \neq 0$ 能级之间的磁敏感跃迁 CPT 光谱，因此，可以简单地通过原子钟跃迁的本振器频率失谐大约等于拉莫尔频率的量来实现操作。在 10 Hz 频率，该磁强计灵敏度为 50 pT/$\sqrt{\text{Hz}}$，带宽约为 100 Hz。

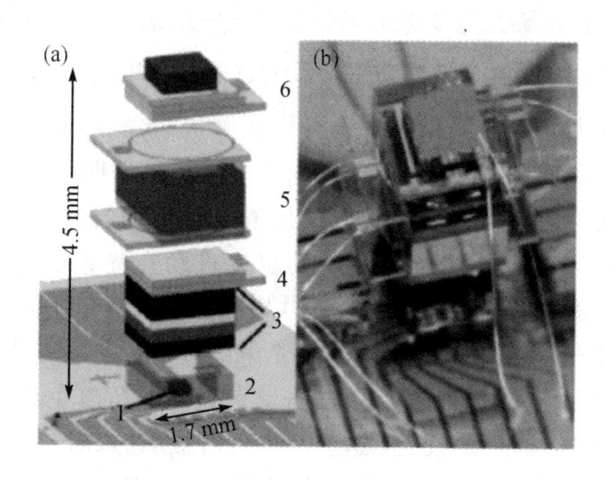

图 6.4.19　一种芯片级的 M_x 原子磁强计

更传统的基于微加工的碱金属气室 M_x 磁强计的磁灵敏度如图 6.4.20 所示。该磁强计包含了一对放置在气室两侧通过光刻技术实现的线圈，通过线圈的振荡电流产生了时变磁场，驱动原子进行自旋进动。为了避免来自加热气室所需的 10 mA 电流的磁场，用于加热气室的 ITO 加热器采用激光加工，并使用两层电流，使电流行进路径加倍。该器件在 1～100 Hz 的频段实现了 5 pT/$\sqrt{\text{Hz}}$ 的灵敏度，如图 6.4.20 的曲线 B 所示。

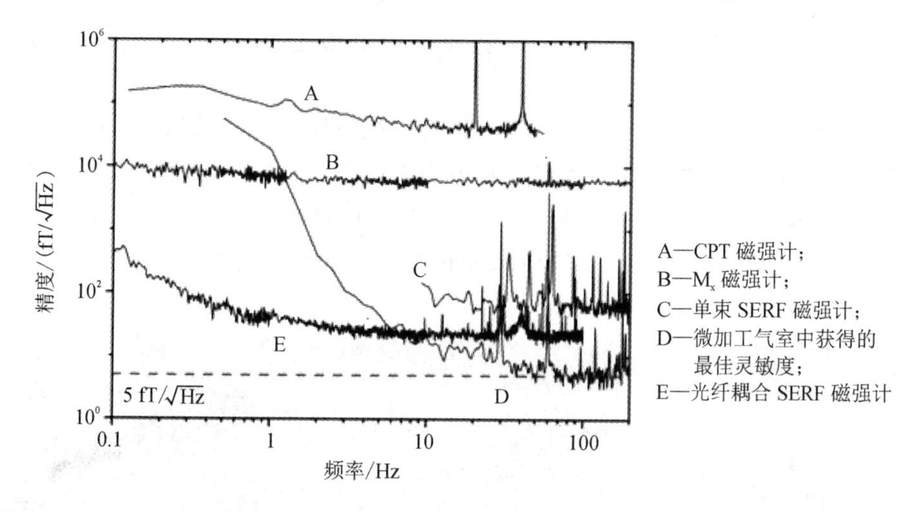

图 6.4.20　芯片级原子磁强计磁灵敏度

另外，也开发了零场芯片级磁强计，它主要通过抑制高浓度碱金属下自旋交换碰撞而实现测量。通过零场技术提供更强的信号和较小的跃迁线宽，零场芯片级磁强计实现了相当大的灵敏度增强。大多数 SERF 磁强计使用两条正交光束泵浦和探测原子，但也可以使用单条光束同时完成泵浦和探测的功能。使用微工艺气室的桌面级平台实验的初步结果显示，在单光束模式下，磁场检测灵敏度为 70 fT/$\sqrt{\text{Hz}}$，同等情况下的双光束检测灵敏度可以达到 5 fT/$\sqrt{\text{Hz}}$。在这一灵敏度水平上，原子气室周边的导电元件产生的热噪声成了总噪声的重要来源。

可以采用线宽压窄技术提高基于微加工碱金属气室的磁强计灵敏度。为了实现线宽压窄下所需的高原子极化率，需要增强激光功率，系统磁检测灵敏度从无压窄情况下的 pT/$\sqrt{\text{Hz}}$ 提高到 fT/$\sqrt{\text{Hz}}$。利用两正交传播的光束也可以显著提高信噪比，但这种光学设计在微加工气室中比较困难，主要原因是 MEMS 气室只有上下面是透明的，因此，大多数芯片级原子磁强计仍然使用单光束泵浦与探测。可以使用激光输出的自然衍射光束散度，实现了非共线性光传播向量。该方法使得沿光束主轴的自旋进动在光束的不同部分产生不同的吸收。使用象限探测器检测光束，可以抑制一些共模噪声，如激光强度噪声。另外，开发新的微加工工艺实现半球形气室设计可以实现多轴光束的进出，只是测量指标有待提高。

对于具有 fT 量级灵敏度的磁强计而言，需重点关注的是电主动器件(如气室电阻加热器和激光的电流源)与气室的距离很近，这些部件可对被测磁场产生干扰。因此，利用光纤或自由空间光将气室放置在远离激光和其他电子元件的位置，并将光与气室中的原子进行耦合是一个有竞争力的选项。通过在 Larmor 频率调制光场用以激发原子自旋进动也可以避免使用驱动线圈。与传统的线圈基激励方法相比，该方法可以实现水平相当的灵敏度。

已经研制成功光纤耦合芯片原子磁强计，该器件采用了新技术来加热气室。气室安装在一个热隔离的密闭结构中，小块具有波长选择功能的玻璃粘在每个气室的玻璃窗口上。该玻璃对探测光波长频率(795 nm)具有选择性可透过功能，但对其他波长(通常为 1.5 μm)具有吸收功能。从激光器发出的光经探测光纤透过波长可选择玻璃照射到气室上，并进行加热。基于该加热技术的磁强计 15 Hz 频率时的灵敏度低至 20 fT/$\sqrt{\text{Hz}}$，光损耗为 150 mW。

随着传感器技术的发展，通过结合 MEMS 和微组装技术，现在已经可以中等规模制造功率和灵敏度等具有高度一致性的芯片级磁传感器，图 6.4.21 所示为其中的一个典型传感器。例如，批量制造 33 个传感器，其中 30 个功耗低于 100 mW，26 个灵敏度低于 30 fT/$\sqrt{\text{Hz}}$。通过将传感器安装在直径为 20 cm 的球形支撑结构上，已经实现了对磁偶极子的简单定位。

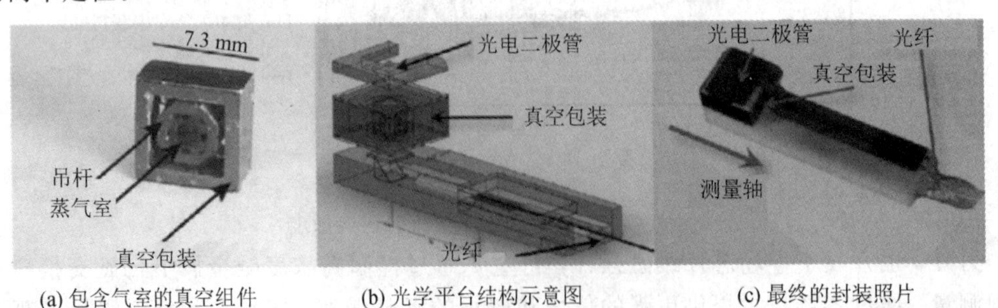

(a) 包含气室的真空组件　　(b) 光学平台结构示意图　　(c) 最终的封装照片

图 6.4.21　光纤耦合芯片级原子磁强计

2. 芯片级原子磁强计的生物磁检测

随着过去 20 年原子磁强计灵敏度的提高，用它进行生物体磁场测量成为可能。例如，测得人的心脏和大脑在距体表处产生的磁场分别为 100 pT 和 1 pT。20 世纪 70 年代以来，利用基于超导量子干涉器件(Superconducting Quantum Interference Device，SQUID)的磁传感器已经能够检测到心磁、脑磁信号，现在已经成功商业化为磁心电图(MCG)和脑磁图(MEG)系统，主要用于癫痫的诊断和治疗等临床应用。

利用新型灵敏度增强技术的原子磁强计进行生物磁信号的早期演示检测已经取得了相当大的进展。在过去的 20 年里，心脏和大脑磁场的高分辨测量已经获得了实现。原子磁强计作为低温冷却 SQUID 的重要可替代器件，已经得到了生物磁学界的认可。

芯片级原子磁强计已经用于进行心磁的实验测量，同时利用 SQUID 的测量结果进行了验证。早期芯片级原子磁强计测磁过程中，在靠近生物磁源时由于室温热影响会产生偏置，因此，与 SQUID 相比，它的灵敏度比较低。图 6.4.22(a)为利用 SQUID 和芯片磁强计检测患者胸部附近人体心磁的典型信号。由于芯片级原子磁强计的灵敏度较差，噪声较大，只能比 SQUID 更靠近磁源，因此用芯片级磁强计测得的信号较 SQUID 信号大几倍。随着系统灵敏度的改进，芯片级磁强计具备了测量大脑磁场的能力，它既可以检测到阿尔法心律也可以检测到相关诱发反应。心律是脑电图和脑磁图中一个众所周知的信号，在 10 Hz 的宽带检测信号频谱中表现为一个小峰值。当受试者闭上眼睛时，阿尔法心律会增加，因此可以确认得到的信号为真实的大脑磁场信号，而不是其他信号噪声。由芯片级原子磁强计检测到的阿尔法心律如图 6.4.22(b)所示，当受试者闭上眼睛时，10 Hz 的阿尔法心律清晰可见。

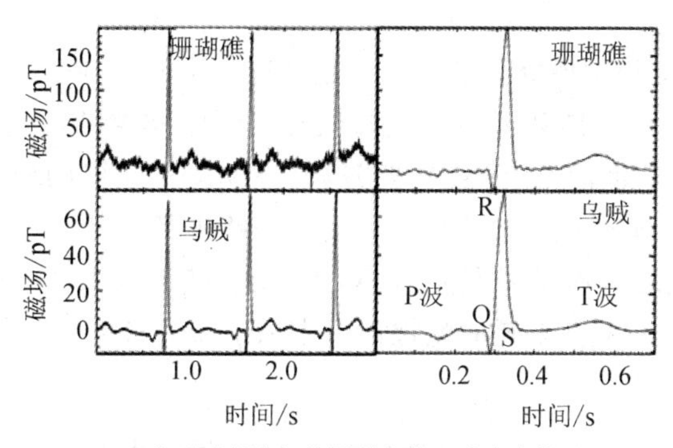

(a) 在受试者胸部外测量人体心脏产生的磁场

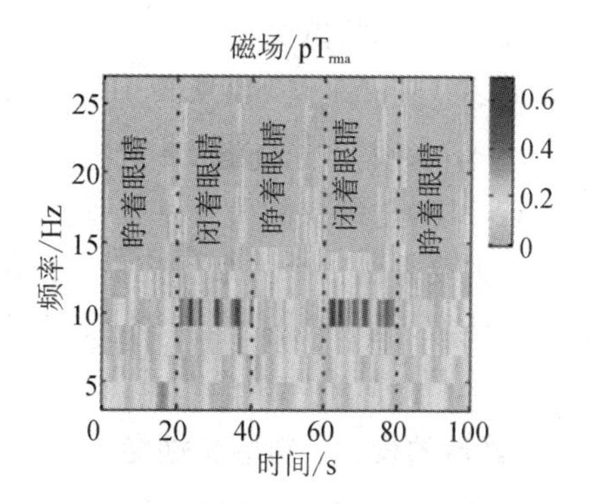

(b) 用小波变换处理的芯片级原子磁强计测量得到的脑磁场

图 6.4.22　芯片级原子磁强计测量生物磁性信号

目前脑磁图仪(MEG)的主要临床应用是癫痫的诊断和治疗，测量癫痫发作时身体生物组织电学变化是新型磁强计技术的一个重要应用领域，这种测量首先在小白鼠身上进行实验。灵活、可重构的芯片级原子磁强计阵列能够分别检测母亲与胎儿的微弱的心磁信号。典型 MEG 阵列照片如图 6.4.23 所示。

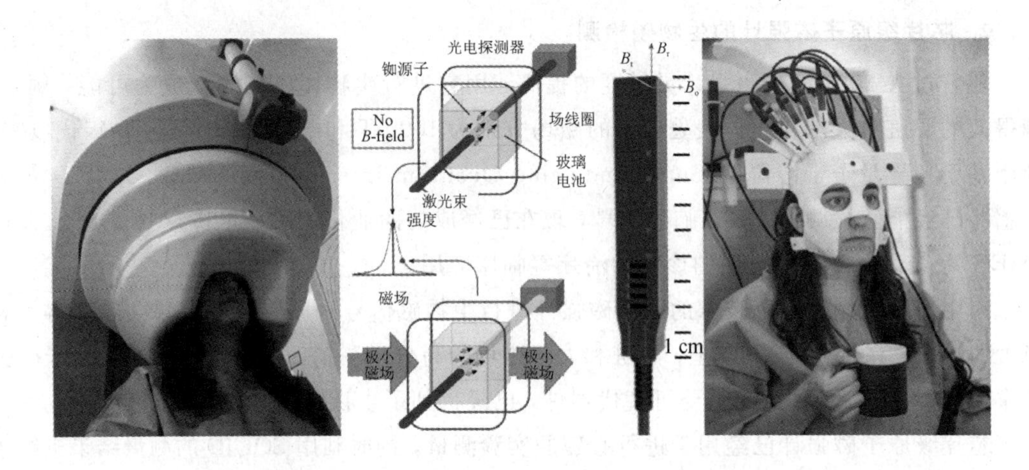

图 6.4.23　安置在头盔上的芯片级原子磁强计阵列(用于脑磁信号成像)

3. 空间应用的芯片级原子磁强计

用于空间应用的芯片级原子磁强计主要用于行星科学任务探测。该仪器基于 M_x 或 M_z 检测模式，结合新型蓝宝石-硅(SOS)CMOS 加热器芯片。SOS－COMS 芯片的特点主要为：使用蓝宝石可有效地将芯片边缘电加热器产生的热传播到气室中心；非常细(约 1 μm)的加热器线保证高电阻线路与紧邻反向导线相互作用以减少磁场；片上信号调节电路结合温度感应二极管实现温度自动调节。基于现场可编程栅阵列(FPGA)的控制电子器件可以处理磁强计输出信号，整个系统实现了 15 pT/$\sqrt{\text{Hz}}$的灵敏度。

6.4.3　芯片级原子陀螺仪

1. 核磁共振陀螺仪

在整个 20 世纪 70 年代和 80 年代初，相关研究人员花费大量的时间来开发基于磁场中核自旋进动的陀螺仪。随着 20 世纪 80 年代中期环形激光陀螺仪和光纤陀螺仪的出现，核磁共振(NMR)陀螺仪的研发基本停止。20 世纪 90 年代中期开始，NMR 陀螺仪的研究重新启动，主要是由三个因素促成的：新的电子元器件的发展，比如能够进行有效频率检测的器件；开发了新的低功率光源，如垂直腔表面发射激光器(VCSEL)；基于微工艺的碱金属气室的发展。每个因素都为开发更紧凑和更低功耗的陀螺器件带来了新的可能性。

2. 器件的设计、制造和性能

利用 MEMS 技术实现小型核磁共振陀螺仪研制的早期思路是设计面外微型光学系统，如反射镜、菲涅尔透镜、光栅偏振器和波片等，将敏感单元气室环绕，进行光的进出。气室通常设计成微型的球状结构，光可以沿任意方向垂直进出气室，方便进行光泵浦和探测。近期，更复杂的折纸折叠形状的平面微加工工艺已经开发出来，设计的 NMR 陀螺仪如图 6.4.24 所示，各组件在硅背板制造并以可折叠结构进行组装，实现了光的几何结构优化设计。

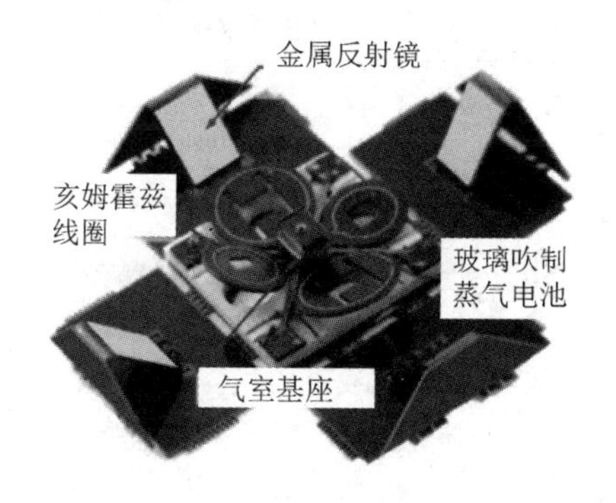

图 6.4.24　采用折叠 MEMS 结构设计实现的核磁共振陀螺仪

在 NMR 陀螺仪实验中，首先需要观测碱金属原子的自旋极化时间，如图 6.4.25 所示。145℃时，体积为 1 mm^3 的微加工原子气室里的^{129}Xe 和^{131}Xe 碱金属自旋交换光泵浦自旋极化时间为 5 s。在该气室中观测到^{131}Xe 的大核四极分裂大约为 200 mHz，这是由于气室的壁由两种不同的材料(硅和玻璃)制成。在更致密的气室中，可以观察到更长的自旋极化。

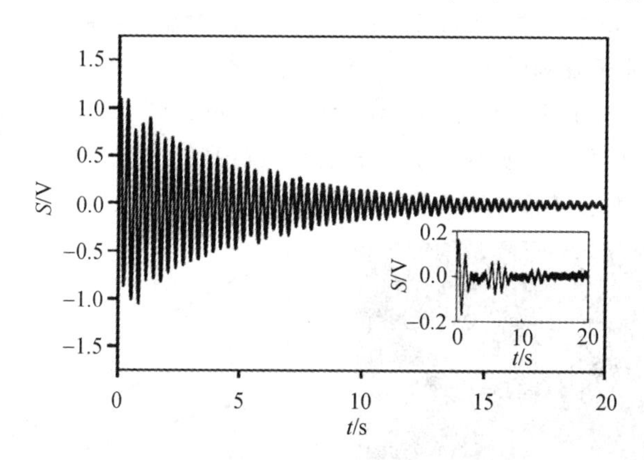

图 6.4.25　碱原子中的 Xe 气体极化衰减

图 6.4.26 所示为一种小型 NMR 陀螺仪的气室和敏感头，总体积为 10 cm^3。该陀螺仪气室基于传统玻璃吹制技术，体积为毫米级，内部混合碱/惰性气体。性能指标为：角度随机游走 0.005 (°)/h，偏置不稳定性 0.02 (°)/h，标度因子稳定性约为 4×10^{-6}，如图 6.4.27 所示。

(a) 小型玻璃气室

(b) 敏感头

图 6.4.26　小型核磁共振陀螺仪

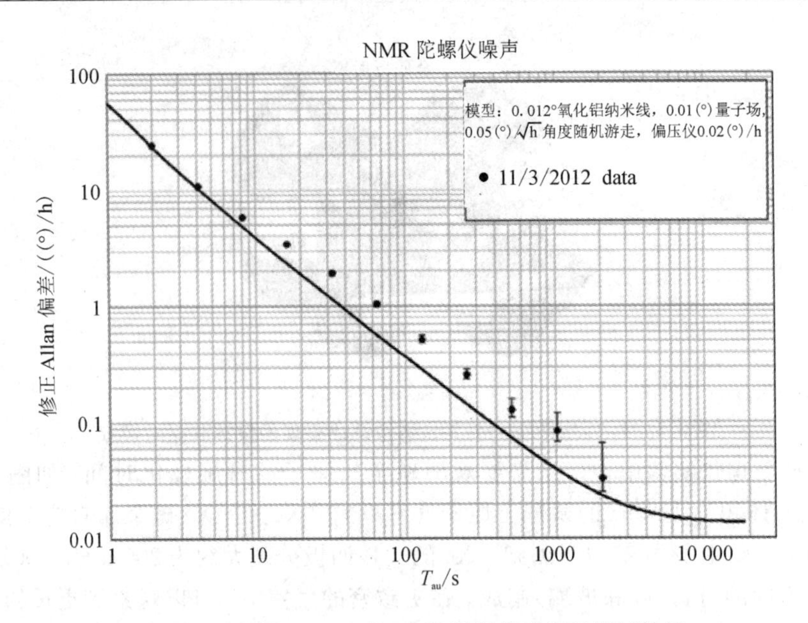

图 6.4.27　图 6.4.26 中 NMR 陀螺仪稳定性测试结果

NMR 陀螺仪需要开发高性能、小型化磁屏蔽结构，以满足核磁共振陀螺仪严格的磁屏蔽要求。图 6.4.28(a)所示为一组嵌套的体积从 2.5 cm^3 到 0.01 cm^3 的五层磁屏蔽结构，第三层的屏蔽系数为 6×10^6，所有五层的屏蔽系数可高达 10^{11}，如图 6.4.28(b)所示。如此高的屏蔽系数主要取决于屏蔽厚度不变的情况下的屏蔽尺寸大小。

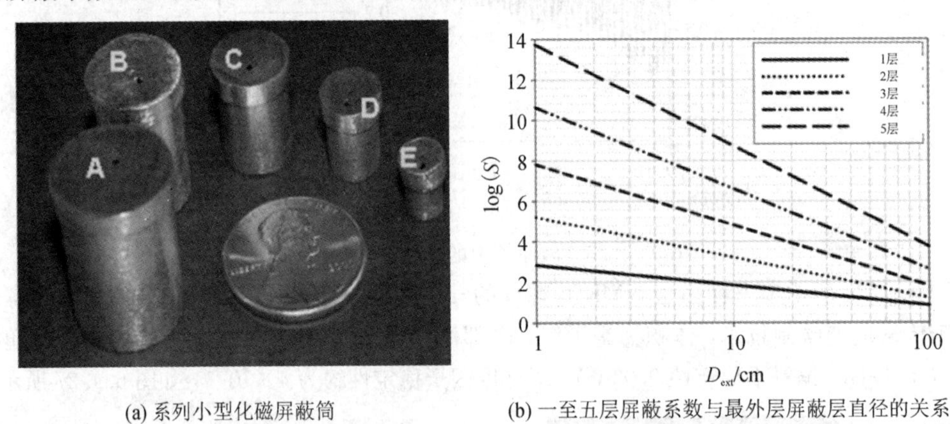

(a) 系列小型化磁屏蔽筒　　(b) 一至五层屏蔽系数与最外层屏蔽层直径的关系

图 6.4.28　小型化磁屏蔽结构

6.4.4　固态量子磁强计

固态量子磁强计是利用了金刚石 NV 色心优异的磁场高敏感特性，将微波激发结构、激光器、光学元件、金刚石等集成到一起研制的 NV 磁强计。自 2012 年后，NV 集成磁强计的关键技术、整体集成等研究取得了很大的进展。

1. 荧光收集集成技术

激光与金刚石中的 NV 色心作用后，NV 色心发出荧光。由于发射的荧光方向具有不确定性，因此对荧光的收集可有效提升信号强度，增强系统信噪比。

2012 年，麻省理工学院的 Walsworth 课题组提出了一种四边路荧光收集结构，如图 6.4.29 所示，通过分布在四周的四个光电探测器以及垂直方向的共聚焦显微荧光收集系统同时收集金刚石四周散射的荧光，可以将荧光的探测效率提升到大约 39%，首次提出了固态片状 NV 色心金刚石的高效荧光收集，并实现了交变磁场的检测。

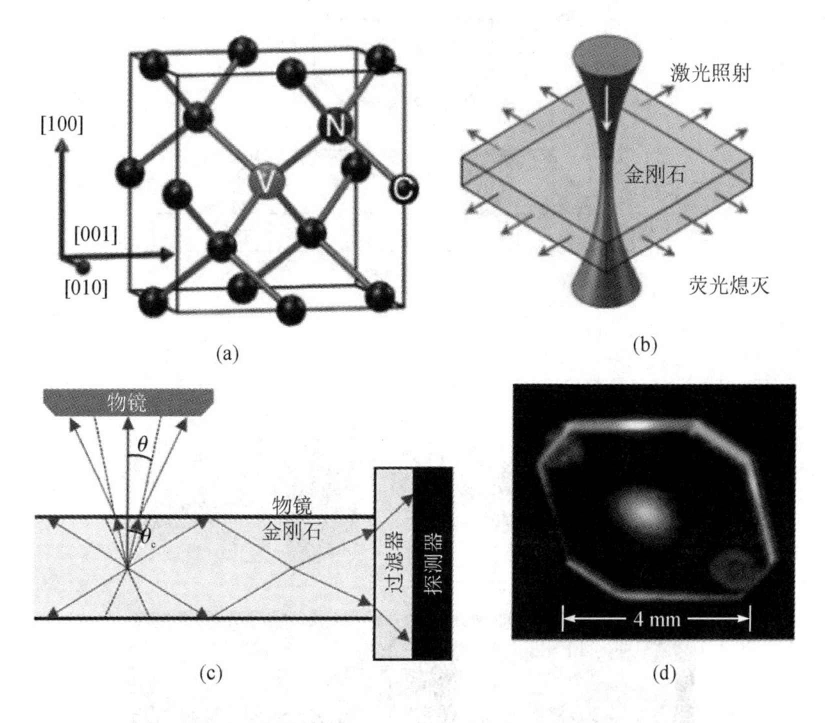

图 6.4.29　金刚石 NV 色心荧光边带收集系统

2015 年，斯图加特大学的 Thomas Wolf 等人提出了一种高收集效率的固态磁强计，通过消除噪声源并使用高质量、具有较大 NV 浓度的金刚石，理论上可以使磁强计的灵敏度达到 0.9 pT，仿真结果表明收集效率可以达到 65%，如图 6.4.30 所示。

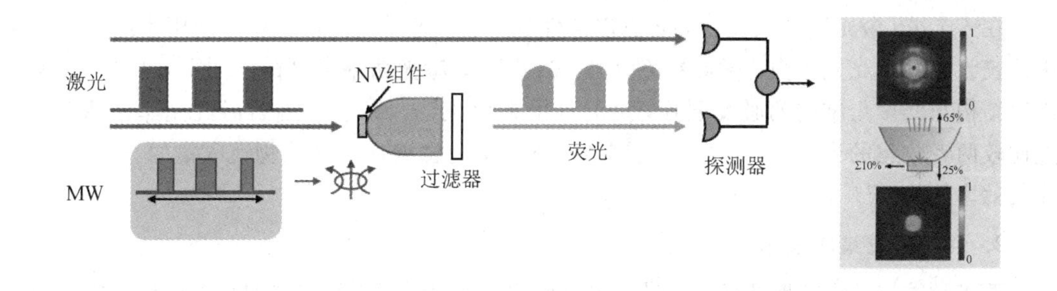

图 6.4.30　高收集效率金刚石 AC 磁强计

在前述收集方案中一般都是在金刚石激发面放置物镜，物镜同时起到激发和收集的作用，但是由于金刚石的空间光的发散性，只有很少一部分被物镜收集，大部分荧光都没有被收集。

中北大学的研究人员提出了一种能高效收集和激发荧光波导的结构(FWEC)。这种方案区别于物镜共聚焦收集的地方在于使用棱镜将 NV 荧光反射到金刚石底面方向进行收集。定制了与金刚石边长一样尺寸的内反射棱镜，将棱镜紧贴金刚石的四个侧面放置，并在金刚石下方放置一块滤波片和光电二极管，在金刚石与镜片接触的表面填充一层高折射率固化胶，用来减少荧光信号的反射。整体设计方案和结构示意图如图 6.4.31 所示。

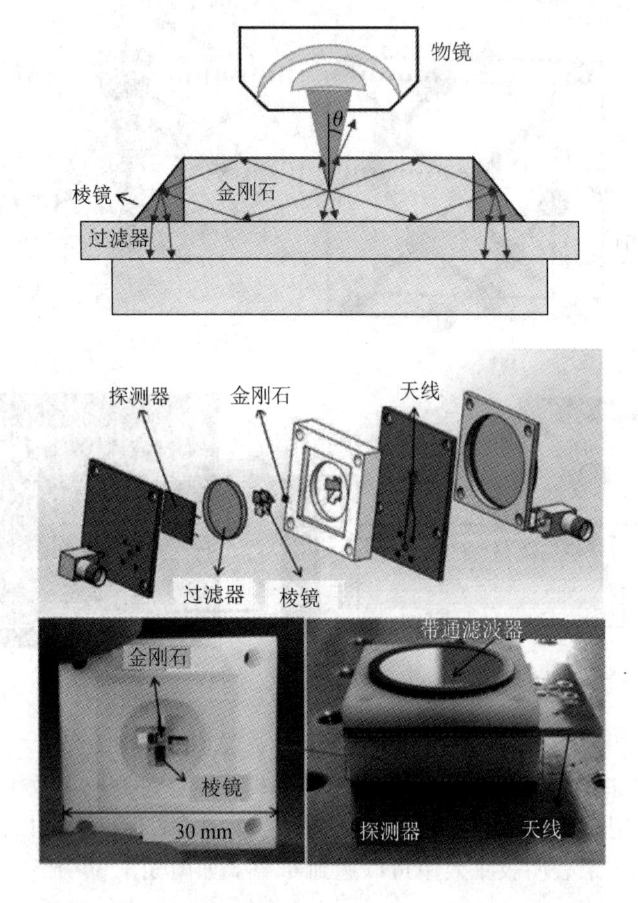

图 6.4.31　边收集模块激发收集光路示意图与装配图

在 532 nm 激光连续激发、微波恒定条件下，用单光子计数器测量了使用该结构与共聚焦系统收集的荧光光子数，微波频率为 2.865 GHz，激光功率为 2 mW。图 6.4.32(a)为使用边结构与共聚焦结构的激发照片，可以看出利用该结构激发金刚石后红光非常明显。通过比较两者收集的光子数，可以得到该结构 NV 荧光探测光子数是物镜收集的 96 倍，光子收集效率约为 45%。

2. 荧光激发集成技术

荧光激发技术的进步可有效增强传感自旋数，进而提高系统灵敏度。该过程需要激光极化尽可能多地自旋，然后需要微波操控极化后的自旋系综，最后由激光读出自旋系综所积累的关于外磁场变化的信息。要让激光极化尽可能多地自旋需要提升激光激发样品的体积。

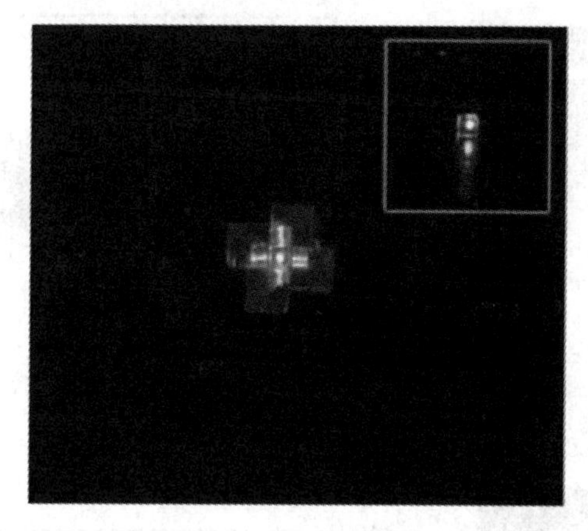

(a) 共聚焦与 FWEC 在相同激光功率下荧光收集对比图

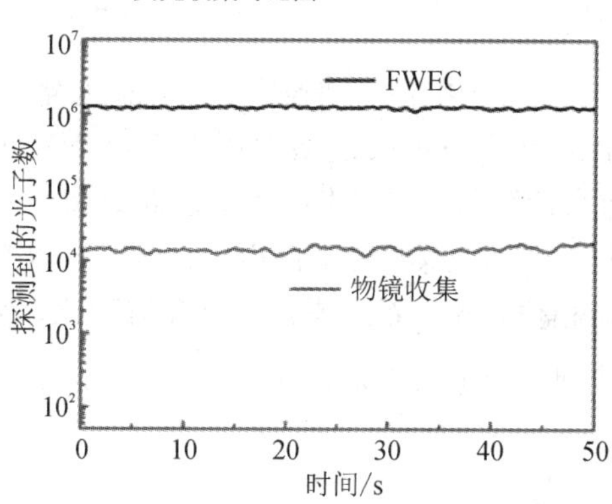

图 6.4.32　共聚焦结构与 FWEC 结构荧光收集结果

2015 年，麻省理工学院的 Hannah Clevenson 等人提出了一种金刚石波导微腔技术(LTDW)，用来延长激光激发行程，提高检测灵敏度。在该结构中，激光改为从侧面进入金刚石，在金刚石内多次反射，增加了光在金刚石内部的光程，从而将 NV 色心进行最大化激发，将激光光程由 μm 级增大到 m 级，如图 6.4.33 所示。该种类型磁强计的灵敏度可以达到 0.1 nT/$\sqrt{\text{Hz}}$。金刚石波导微腔示意图和实验结果如图 6.4.34 所示。

(a) 普通共聚焦激发示意图

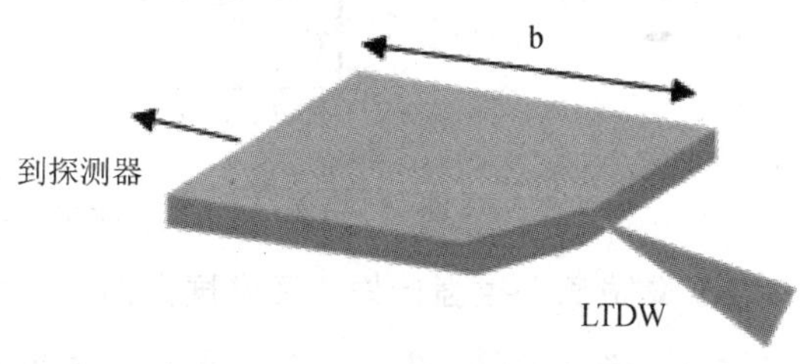

(b) LTDW激发示意图

图 6.4.33　荧光激发技术

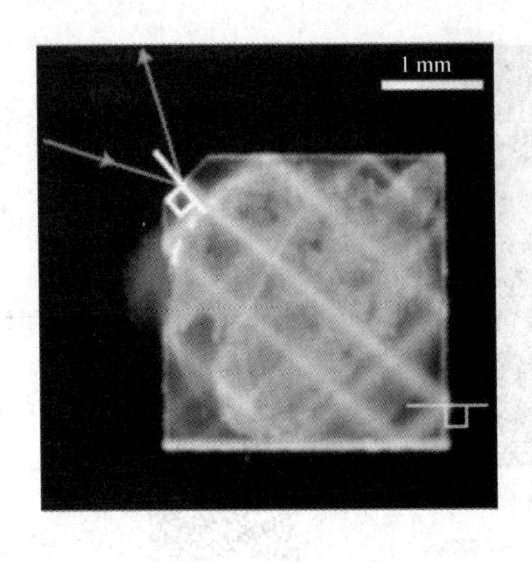

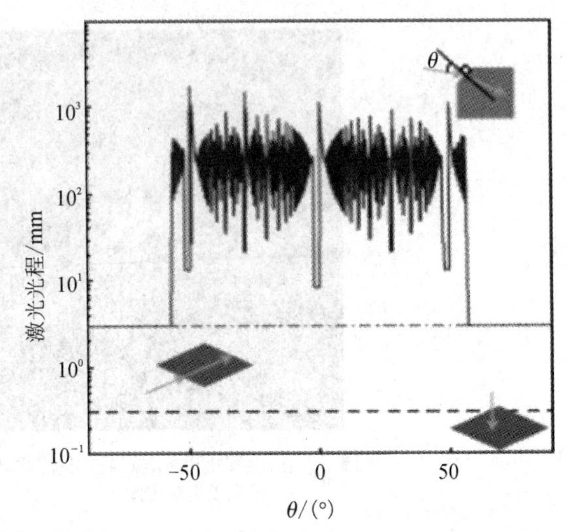

图 6.4.34 超长程激发的金刚石波导微腔结构及荧光行进路径

2017 年，Dmitry. Budker 小组提出了一种改进型的固态系综 NV 色心光学腔增强技术，可以增加有效自旋数量。该技术的主要思路是将金刚石放在光学谐振腔中以提高待检测信号的收集效率，使用这种方法可以有效地检测到金刚石 NV 色心的几何相位，降低系统噪声，提升信噪比。该磁强计的灵敏度经实验验证已经达到 28 pT/$\sqrt{\text{Hz}}$(如图 6.4.35 所示)。

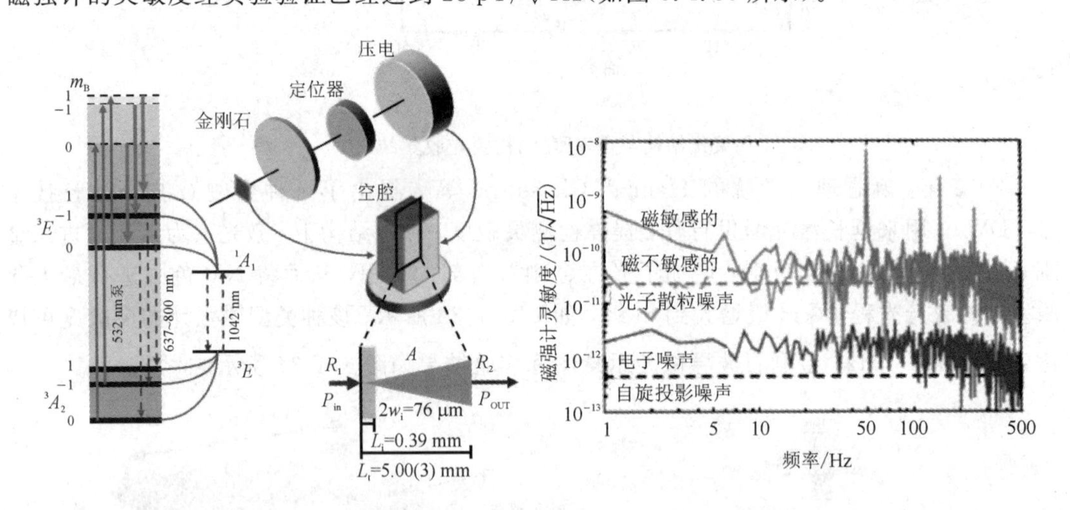

图 6.4.35 腔增强自旋激发技术原理及实验结果

3. NV 集成原子磁强计样机及发展方向

在解决了光纤激发、荧光收集、激发等关键技术以后，NV 原子磁强计的集成得到了保障。

洛克希德马丁(Lockheed Martin)公司一直致力于研发金刚石磁强计，它不依赖于外部信号。此磁强计将滤波片、微型透镜、石英波片以及其他光学组件集成在一起，利用金刚石磁强计的矢量能力来探测地球磁场的强度和方向。该款磁强计样机如图 6.4.36 所示(系统只有鞋盒大小)。

图 6.4.36　Lockheed Martin 公司为全球定位系统设计的金刚石磁强计

2019 年，J. L. Webb 等人研制出一款尺寸为 539 cm^3 的 NV 原子磁强计，如图 6.4.37 所示。他们将光纤、金刚石、微波天线、滤波片以及光电二极管进行微组装，实现了 NV 原子磁强计的初步小型化。该磁强计磁敏感噪声水平达到 7 $nT/\sqrt{Hz}$，但体积偏大，还需要从工艺、原理上进行改进，以达到便携的目的。

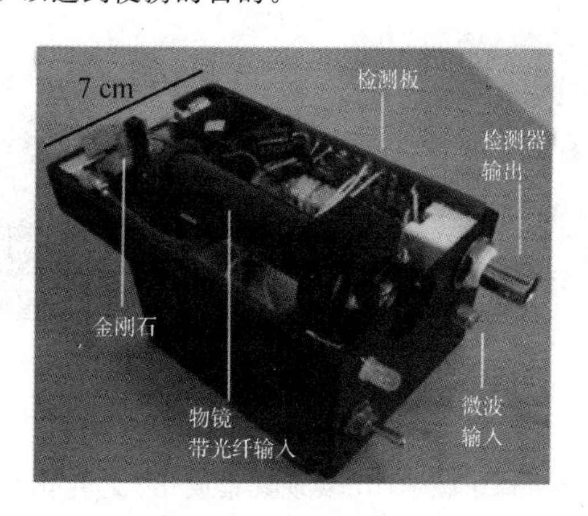

图 6.4.37　J. L. Webb 研制的 NV 磁强计实物图

2019 年，D. Kim 等人利用 CMOS 技术将自制微波发生器、微波天线、滤波片、光电二极管与金刚石集成在一块 200 μm×200 μm 的芯片上，建立了一个紧凑且可扩展的平台。其中，微波天线在 50 μm 区域内辐射均匀性高达 95%，系统灵敏度达到 32.1 $\mu T/\sqrt{Hz}$。相较之前的微组装方法，其优点是实现了 NV 原子磁强计敏感结构和 CMOS 电路的一体化芯片级集成，极大地减小了系统体积，但集成带来的噪声影响未能消除，导致系统灵敏度偏低。该技术代表了未来芯片级 NV 磁强计的发展方向，具有极大的潜力。

此外，F. M. Stürner 等人也提出了自己的集成方案并设计了一款微型集成 NV 原子磁强计，其主要特点是用绿光 LED 代替激光器，整个磁强计大小如图 6.4.38 所示，带状电缆用于连接集成电子设备的电源和光电探测器的读出。此原子磁强计系统灵敏度达到 31 $nT/\sqrt{Hz}$。

图 6.4.38　F. M. Stürner 等人研制的 NV 磁强计实物照片

2018 年，中北大学利用“边带收集”结合微波调制解调技术，通过微组装工艺实现了 NV 原子磁强计系统初步集成，该样机体积小于 10 cm^3。目前存在的问题是微装配引起的多物理场串扰与噪声导致系统噪声高达 30 $nT/\sqrt{Hz}$，如图 6.4.39 所示。

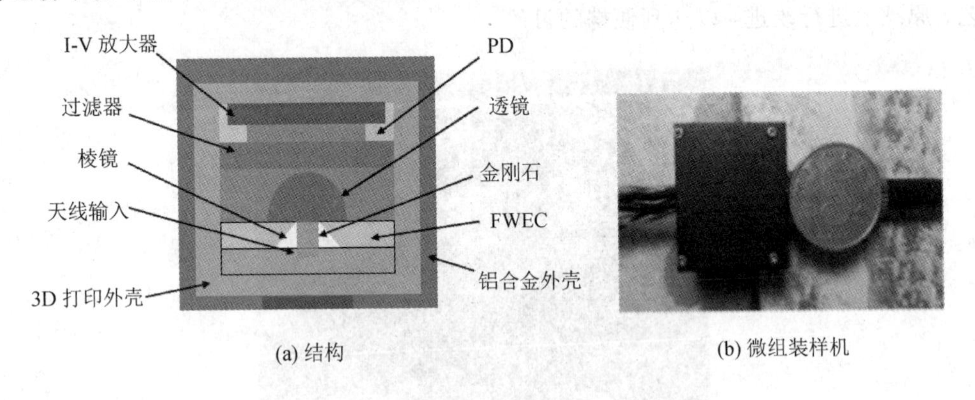

图 6.4.39　中北大学研制的集成 NV 磁强计

比较以上几款集成 NV 原子磁强计，实现其集成化、芯片化发展还需要在以下几个方面加强研究：

(1) 光源小型化。由于波长特点，532 nm 激光器不能采用垂直腔面发射激光器(VCSEL)结构。532 nm 波长商用激光器体积庞大，不适用于 NV 原子磁强计小型化设计。绿色 LED 光源体积很小，但在功率、聚光性、稳定性等方面还需进行专门设计。

(2) 小型化微波源和芯片化微波天线技术。毫瓦到瓦级的微波源小型化需要结合 CMOS 技术进行专门设计。适用于自旋调控的近场微波天线需要在原来使用铜丝、印制电路板(PCB)的基础上结合微纳工艺进行小型化、集成化和芯片化设计。

(3) 检测技术有待提高。对于 NV 磁检测中的连续波激发、调制解调、动力学解耦等自旋磁检测技术需要进行针对性设计，以满足系统小型化要求。

(4) 集成与芯片化引起的多物理场信号串扰严重影响系统噪声水平，需要进行系统级优化设计与布局，提升系统灵敏度。

参考文献

[1] 郭光灿，张昊，王琴. 量子信息技术发展概况[J]. 南京邮电大学学报(自然科学版)，2017，37(03)：1-14.

[2] 谢一进. 基于金刚石氮-空位色心系综的磁测量方法研究[D]. 合肥：中国科学技术大学，2020.

[3] 吴国龙. 微结构磁传感器无磁加热控温技术研究[D]. 哈尔滨：哈尔滨工程大学，2014.

[4] 郭琦. 量子传感精密单元弱磁加热系统研究[D]. 太原：中北大学，2021.

[5] BAYAT K，CHOY J，FARROKH BAROUGHI M，et al. Efficient，uniform，and large area microwave magnetic coupling to NV centers in diamond using double split-ring resonators [J]. Nano Letters，2014，14(3)：1208-1213.

[6] 赵敏. 微波场作用的固态自旋系综操控关键技术研究[D]. 太原：中北大学，2017.

[7] KITCHING J. Chip-scale atomic devices[J]. Applied Physics Reviews，2018，5(3)：031-302.

第七章　柔性传感器件及系统

7.1　柔性传感器功能材料

自1962年首次实现晶体管制备开始，微(纳)电子技术在电子工业领域的主宰地位持续了50多年。微电子技术发展的主要目标是不断缩小元器件特征尺寸并提高单位面积集成度，进而增强运行速度、计算能力并降低功耗。然而，传统微电子多以硅基制造为主要方式，其器件物理形态为刚性，严重制约了器件延展性、柔韧性以及应用范围。

自白川英树、艾伦·黑格和马克迪尔米德因在导电聚合领域的开创性工作而获得2000年诺贝尔化学奖起，柔性电子技术便得到广泛重视与研究。柔性电子是在物理、化学、材料、电子、信息等多个学科交叉基础上形成的新学科，是一种颠覆性创新技术。柔性电子器件具有可弯曲、折叠、扭曲、压缩、拉伸等物理特性，在民用领域，可应用到智慧医疗、"人联网"等方面；在国防领域，可用于航空航天、深海探测、单兵通信与隐身等方面。迄今为止，柔性电子涵盖了柔性传感、柔性能源、柔性显示、柔性通信等多个发展方向。其中，柔性传感技术又可分为柔性压力传感技术、柔性温湿度传感技术、柔性气体传感技术及柔性光传感技术。

柔性传感器作为崭新的研究方向，既具有重要的理论和技术研究意义，又有广泛的实际应用。目前，柔性传感器研究的关键问题在于工艺、结构、材料的创新，其重大意义在于：推动制造、信息、材料等相关学科发展，并可与一批新兴学科交叉融合形成新的研究方向，例如纳米技术等；推动我国柔性电子技术发展，包括材料合成与创新、柔性电路、柔性电子结构创新、纳米材料创新及相关仪器设备的研发等，对器件研究、制造、应用等相关环节(产业)带来颠覆性改变，最终将对未来的生产生活方式产生根本影响。

7.1.1　柔性传感器对材料的要求

柔性传感器是指将有机/无机敏感单元制作在具有柔韧性/延展性的基底上，要求柔性传感器在弯曲/延展等复杂物理环境下仍可正常运行(见图7.1.1)[1-2]。特殊的机械特性对柔性传感器功能材料提出了更高的要求，包括良好的机械柔顺性、优异的电学特性以及低成本高兼容制备工艺等。

柔性传感器常为异质多层结构，存在显著界面效应，包括不同有机材料相互渗透、有机—无机材料间的黏弹性效应、功能材料—柔性基底间的界面滑移及断裂等。其中，多层膜结构失效多为应力作用下裂纹扩展造成。

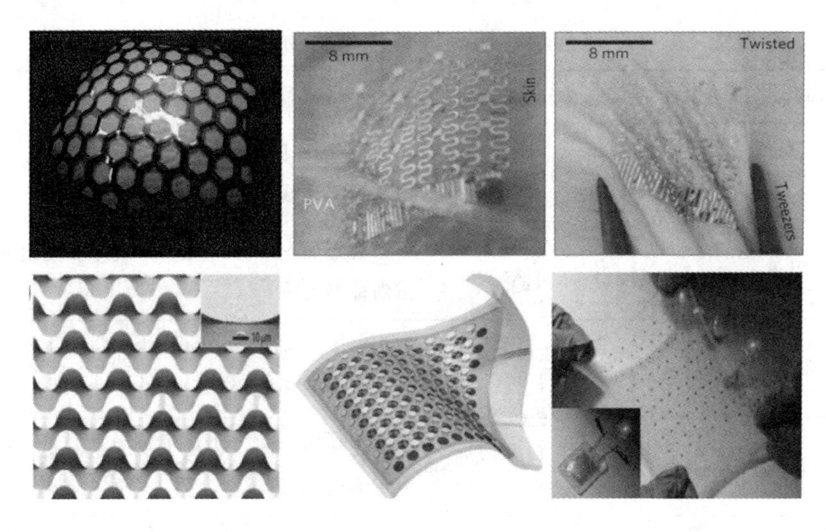

图 7.1.1　实现柔性可拉伸的不同策略

柔性传感器的可延展性是设计难点之一，要求器件在承受大于 50%应变(形变)的同时保证电学特性变化尽可能小，避免发生机械和电学失效，以应用于电子皮肤、人造假肢、穿戴式医疗器件等方面。柔性传感器可充分利用屈曲失效、薄膜裂纹扩展、平面蜿蜒结构或基体材料自身特性来提升器件延展性。目前，已从力学设计、制造工艺等方面进行了大量研究，以在保证柔性基础上大幅提升柔性传感器的可延展性。

7.1.2　柔性绝缘材料

具有良好绝缘性能的薄膜材料在柔性传感器中应用十分广泛，例如封装材料和摩擦起电式柔性压力传感器摩擦层等，如图 7.1.2 所示[3]。无机绝缘材料需在高温条件下进行加工，以避免出现小沟道效应和真空。但是，无机绝缘材料应变量较小，限制了柔性传感器的实际应用。相比而言，有机绝缘材料具有成膜性好、介电常数高、易与基底材料兼容的特性。依据聚合物的电导率和体电阻率，可以将其划分为绝缘体、半导体、导体。其中，绝缘体的电导率小于 10^{-9} S/cm，体电阻率大于 10^{12} Ω·cm；半导体的电导率为 2～10^{-9} S/cm，体电阻率为 10^{6}～10^{12} Ω·cm；导体电导率大于 2 S/cm，体电阻率小于 10^{6} Ω·cm。表 7-1-1 列出了聚合物材料导电特性相关物理量及其定义公式。

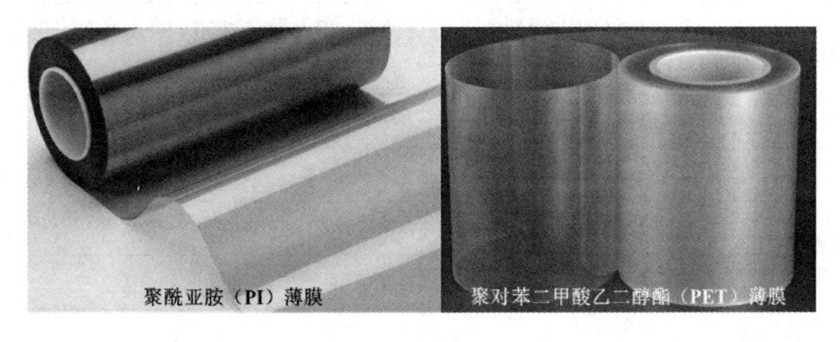

图 7.1.2　常见柔性绝缘材料薄膜

表 7-1-1 聚合物材料导电特性相关物理量及其定义公式

物理量	定义公式	备 注
电导率 s	$s=n_0q_0v$	n_0 为单位体积载流子数；q_0 为载流子电荷量；v 为载流子迁移率
体积电阻 R_V	$R_V=\dfrac{U}{I_V}$	U 为施加电压；I_V 为体积电流(流过聚合物电介质内部的电流)
体积电阻率 r_V	$r_V=\dfrac{RS}{L}$	R 为样品电阻；S 为样品截面积；L 为样品中电流流动方向的长度
表面电阻 R_S	$R_S=\dfrac{U}{I_S}$	U 为施加在同一表面上两个电极之间的电压；I_S 为表面电流(流过电介质表面的电流)
表面电阻率(平行电极)r_S	$r_S=R_S\cdot\dfrac{L}{b}$	L 为平行电极的长度；b 为平行电极的间距
表面电阻率(环形)r_S	$r_S=R_S\cdot 2\pi/\ln\left(\dfrac{D_2}{D_1}\right)$	D_1 为内环电极外径；D_2 为外环电极内径和

注：表面电阻率与表面电阻同量纲。

1. 绝缘性

多数高分子材料体电阻率高达 $10^{10}\sim10^{20}\ \Omega\cdot\text{cm}$，是良好的绝缘材料。体积电流包括瞬时充电电流 I_d(由外加电场瞬间的电子和原子极化引起)、吸收电流 I_a(可能由偶极取向极化、界面极化和空间电荷效应引起)和漏电电流 I_b(通过聚合物材料的恒稳电流)，其中漏电电流决定了高分子材料的绝缘性能。常见的有机绝缘材料有聚甲基丙烯酸甲酯(polymethylmethacrylate，PMMA)、聚苯乙烯(polystyrene，PS)、聚乙烯苯酚(poly4-vinylphenol，PVP)、聚四氟乙烯(polytetrafluoroethylene，PTFE)、聚乙烯醇(polyvinylalcohol，PVA)、聚酰亚胺(polyimide，PI)，如表 7-1-2 所示。

表 7-1-2 常见绝缘材料特性

材 料	特 性
PMMA	易受有机溶剂影响，不利于溶液化加工
PS	具有良好的光学性能及电气性能，容易加工成型，吸水性低，但熔点不明显，受温度和压力影响较大
PVP	易与有机半导体材料发生反应
PTFE	几乎不溶于常用溶剂，不适宜溶液加工
PVA	成膜致密性差
PI	与柔性塑料基底不兼容，且在常用溶剂中溶解度低

2. 介电性

在电场作用下聚合物储存和损耗电能的性质称为介电性，常用介电常数 ε(F/m)和介电损耗 tanδ(δ 为介电损耗角)来表征。介电损耗的物理意义是：在每个交变电压周期中介质的损耗能量与储存能量之比，tanδ 越小表示能量损耗越小。介质在外加电场时会产生感应电荷而削弱电场，原外加电场(真空中)与最终介质中电场比值即为介电常数 ε。

介电损耗主要包括电导损耗和极化损耗两部分。电导损耗是指电介质的微量导电载流子在电场作用下运动时克服电阻而消耗的电能，由于聚合物导电性很差，因此电导损耗也很小。极化损耗是由分子偶极子取向极化造成的，取向极化是一个弛豫过程，偶极子转向速度滞后于电场变化速率，使得一部分电能损耗在克服介质的内黏滞阻力上。

非极性聚合物的电导损耗为其介电损耗的主要部分，而极性聚合物的介电损耗的主要部分为极化损耗。极性电介质在地坪交变电场中极化时，其偶极子转向能够跟得上电场的变化，如图 7.1.3(a)所示，介电损耗很小；当提高交变电场的频率时，极性电介质偶极子转向将滞后于电场的变化，如图 7.1.3(b)所示，偶极子转向时需克服介质的内黏滞作用引起的摩擦阻力，损耗部分能量，不会发生取向变化，这时介质损耗也很小。只有当电场变化速度与微观运动单元的本征极化速度相当时，介电损耗才较大。

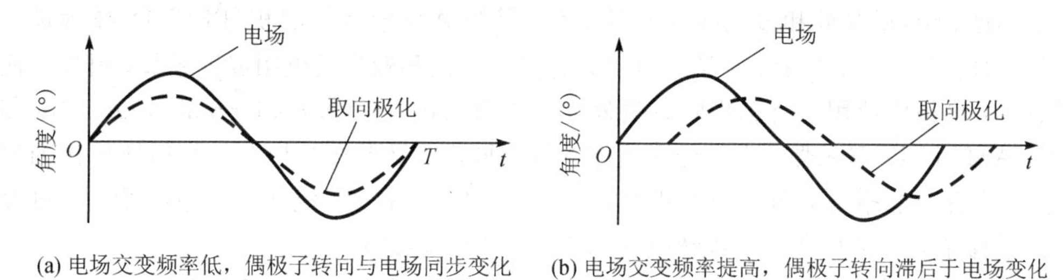

(a) 电场交变频率低，偶极子转向与电场同步变化　(b) 电场交变频率提高，偶极子转向滞后于电场变化

图 7.1.3　偶极子取向随电场变化图

3. 电击穿特性

聚合物电导性服从欧姆定律，但强电场中电流增加速度大于电压增加速度，当电压增加值趋近临界值 U 时，聚合物内部会突然形成局部电导，失去绝缘性或原本导电性，这种现象称为电击穿。电击穿破坏了材料化学结构，形态上表现为材料焦化、烧毁。假设击穿电场强度为 E，则 $E=U/d$。击穿电场强度可用于表征材料的耐电压性能，且击穿电场强度和击穿电压是绝缘材料的重要指标。这两个指标会随材料自身缺陷、杂质、加工成型过程、几何形状、测试环境及条件的变化而变化。

4. 电场极化

在外电场作用下电介质分子中电荷分布发生变化，产生附加分子偶极矩，使材料出现宏观偶极矩的现象被称为电介质极化。极化主要包括取向极化和感应极化(又称诱导极化或变形极化，包括电子极化和原子极化)两种。另外，还有一种产生于非均相介质界面处的界面极化，由于界面两侧组分可能具有不同极性或电导率，在电场作用下将引起电荷在两相界面处聚集所产生的极化，在共混、填充聚合物体系中较为常见。对均质聚合物，在其内部的杂质、缺陷或晶区、非晶区界面上也有可能产生界面极化。

7.1.3　柔性半导体材料

半导体材料依靠电子和空穴实现导电，电阻率介于导体和绝缘体之间。在室温条件下，无机材料电阻率一般在 $10^{-5} \sim 10^{7}\ \Omega \cdot \mathrm{cm}$ 之间，有机材料电阻率在 $10^{5} \sim 10^{12}\ \Omega \cdot \mathrm{cm}$ 之间。本征半导体(高纯度半导体)在常温条件下电阻率很高。当其掺入杂质后便成为掺杂半导体，杂质原子可提供导电载流子，使材料电阻率明显降低，依靠电子导电的称为 N 型半导体，依靠空穴导电的称为 P 型半导体。

此外，电阻率与晶向密切相关，各向异性晶体材料的电导率是二阶张量，共有 27 个分量，而硅这类具有立方对称性的晶体，电导率可简化为一个标量常数。电阻率也与温度密切相关，取决于载流子浓度和迁移率随温度的变化关系。在低温条件下，载流子浓度随温度指数增长，而迁移率也同样增大，电阻率随着温度升高而下降。在室温条件下，施主或受主杂质已经完全电离，载流子浓度不变，但晶格振动加剧，导致声子散射增强，所以电阻率将随着温度的升高而增大。在高温条件下，本征激发开始起作用，载流子浓度将指数式增长，远大于迁移率随着温度升高而降低的影响，所以总体效果是电阻率随着温度的升高而下降。

1. 硅半导体

非晶硅、纳/微晶硅和多晶硅可采用等离子体增强化学气相沉积(PECVD)技术进行低温沉积，如表 7-1-3 所示。非晶硅薄膜具有高光敏性和较高的电阻温度系数，可以大面积低温成膜，已被广泛用于有源矩阵有机发光二极管(Active Matrix Organic Light Emitting Diode，AMOLED)显示器、太阳能电池等领域。非晶硅材料在结构上没有周期性排列的约束，只是在几个晶格常数范围内短程有序，原子之间的键合形成共价网络结构。通过改变非晶硅中掺杂元素和掺杂量可连续改变电导率、禁带宽度等。

表 7-1-3　不同硅薄膜材料的晶粒尺寸和载流子迁移率

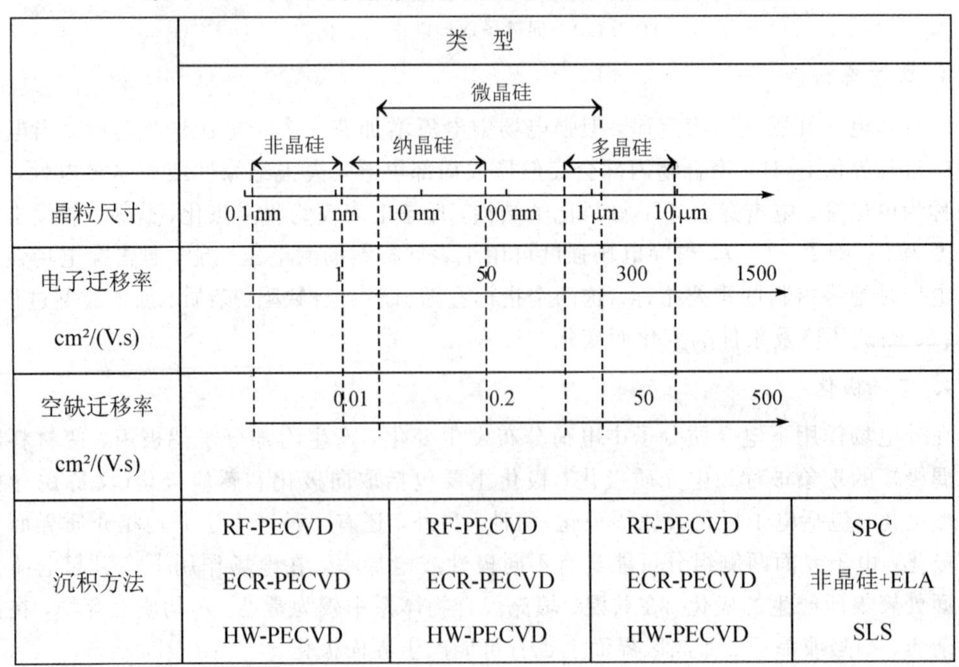

	类　型			
	非晶硅　纳晶硅　微晶硅　多晶硅			
晶粒尺寸	0.1 nm　1 nm　10 nm　100 nm　1 μm　10 μm			
电子迁移率 cm²/(V.s)	1　50　300　1500			
空缺迁移率 cm²/(V.s)	0.01　0.2　50　500			
沉积方法	RF-PECVD ECR-PECVD HW-PECVD	RF-PECVD ECR-PECVD HW-PECVD	RF-PECVD ECR-PECVD HW-PECVD	SPC 非晶硅+ELA SLS

纳晶硅薄膜是非晶态薄膜中有一定比例的纳米晶粒，其尺寸及晶态比(纳米晶粒与非晶态的比例)都会影响其能隙宽度，具有室温电导率高、电导激活能低、光热稳定性好和光吸收能力强等优良性能，在平板显示、薄膜晶体管、光电传感器和探测器等领域具有广泛的应用前景。

与纳晶硅薄膜相似，微晶硅薄膜是在非晶态薄膜基中形成一定比例微晶粒、晶粒间界、空洞的混合相材料，它具有高的吸收系数和光学稳定性，也可拓展光谱响应范围。纳/微晶硅薄膜与非晶硅材料的制备工艺基本相同。

多晶硅薄膜由许多大小不等、具有不同晶面取向的小晶粒构成，可以解决非晶硅薄膜材料的光致衰退效应导致的性能衰减问题。多晶硅薄膜在长波段具有高光敏性，对可见光能有效吸收，且具有与单晶硅类似的光照稳定性，被公认为理想的光伏器件材料。多晶硅的低温制备方法有两种。直接制备法是指通过不同反应条件来控制初始晶粒的形成，直接在基片上得到多晶硅，包括 PECVD、常压化学气相沉积、低压化学气相沉积、热丝化学气相沉积、催化化学气相沉积、液相外延技术等。间接制备法是指先在基板上制备一层非晶硅薄膜，然后通过一系列的后工艺处理得到多晶硅薄膜的方法，如固相晶化、区域熔化再结晶、金属诱导晶化和准分子激光退火等。

2. 金属氧化物半导体

兼具透明性和导电性的透明导电氧化物(Transparent Conductive Oxide，TCO)薄膜是制造透明传感器件的基础。柔性 TCO 薄膜研究已取得较大进展。TCO 薄膜主要有三大体系，即氧化铟锡(ITO，锡掺杂的 In_2O_3，又称掺锡氧化铟)、二氧化锡(SnO_2)和氧化锌(ZnO)，它们都具有半导体性质。在柔性传感器中，ITO 和 ZnO 应用最广泛，而 SnO_2 薄膜的本征电阻率较大($10^3 \sim 3\times10^{-3}\ \Omega\cdot cm$)且透射率较低，故应用较少。

ZnO 属于Ⅱ-Ⅵ族直接带隙化合物材料，无毒、无污染，而且具有较宽的禁带宽度、较大的激子束缚能(60 meV)和压电效应，在光电、压电、压敏、气敏等器件领域有广泛应用，也是显示器和太阳能电池的重要材料。单晶和多晶 ZnO 都是单极性半导体(N 型)，可以通过铝(Al)、铟(In)和镓(Ga)掺杂改变电导率，使薄膜电导率提高至 10^3 S/cm。

ITO 是铟(Ⅲ族)氧化物(In_2O_3)和锡(Ⅳ族)氧化物(SnO_2)形成的一种 N 型半导体材料，具有高电导率、高可见光透过率、高机械硬度和化学稳定性，主要用于制作显示器、触摸屏、透明导电膜等。ITO 膜的光学性质取决于 In_2O_3 结构中引入的缺陷，导电电子主要来源于氧空位和锡替代原子。宽禁带的透明绝缘材料 In_2O_3 通过掺锡，将氧空位转变为透明导电 ITO，实现材料改性。透明导电膜的透射光谱存在蓝移现象(Burstein-Moss 效应)，实际吸收光谱向短波方向移动，光学能隙加宽，因而 ITO 薄膜表现为对可见光的高透射率、对红外线的高反射率和对紫外线的高吸收率，对可见光(400～760 nm)的透过率高达85%以上，对紫外光的吸收率超过 85%，对红外光的反射率超过 80%，对微波的衰减率超过 85%[4]。影响 ITO 薄膜导电性能的因素有面电阻 R、膜厚 h 和电阻率 ρ，这三者之间相互关联：$R=\rho/h$。多晶 ITO 透明导电薄膜存在散射，包括电离杂质、中性杂质、晶格和晶粒间界散射等散射机制。

对于柔性 TCO 薄膜而言，其电导率的提高会降低光学性能。目前柔性 TCO 薄膜的载流子浓度已经接近上限，继续利用提高载流子浓度来提高电导率的效果非常有限。如果采用引入金属膜层的多层膜系结构来提高电导率，则由于金属的可见光区透射率较小，在保证透明性的前提下提高电导率就成了难题。因此，摸索合适的制备参数来设计膜系结构对柔性 TCO 薄膜的制备具有实际意义。

3. 有机聚合物半导体

常见有机聚合物半导体材料有聚丙烯腈（polyacrylonitrile，PAN）、聚对苯撑（polyparaphenylene，PPP）、聚对苯撑乙炔（polypara-phenylene vinylene，PPV）、聚烷基芬（poly-fluorene，PF）和聚噻吩（polythiophen，PTH）等，其主要性能和应用如表 7-1-4 所示。

有机聚合物半导体材料按分子结构可以分为三类：第一类是高分子聚合物（如 PA、PPY、烷基取代的 PT 等），其机械性能、热稳定性好，薄膜制备方法简单，成本低廉，适合制备大面积、精度要求低的器件，但高分子难于提纯、有序度低，材料的场效应迁移率也比较低；第二类是低聚物（如噻吩齐聚物），可以通过调整分子结构和长度来控制载流子的传输，或通过修饰分子来改善分子的连接形式和溶解性，广泛应用于有机薄膜晶体管；第三类是有机小分子化合物（如并苯类、富勒烯、金属酞菁化合物），易于提纯，且可用多种方法制备成膜，成膜后各分子层互相平行并且垂直于绝缘层的表面形成有序的分子薄膜。

表 7-1-4　常见有机聚合物半导体材料

材　料	属　性
PAN	因受氧化和质子化程度不同，存在着多种化学结构，可通过控制质子化程度来改变电导率。聚苯胺在不同的氧化还原状态下具有不同的结构、组分、颜色和电导率，其完全氧化型和还原型都为绝缘体，只有在中间氧化状态通过质子酸或三氯化铝掺杂后才能形成电的良导体，电导率可高达 $10 \sim 10^3$ S/cm。导电掺杂的聚苯胺分子链呈现高刚性，加工性差，导致聚苯胺难以应用
PPP	具有较高的导电性，可进行 N 型和 P 型掺杂，用 $AlCl_3$ 进行气相掺杂后，其电导率为 10^{-2} S/cm。早期合成的 PPP 溶解性差，随着一系列衍生物被合成出来，其溶解性得到改善
PPV	属于 $\pi-\pi$ 共轭型导电聚合物，具有较高的电导率（3×10^{-2} S/cm），以空穴传输为主，PPV 及其衍生物可形成高质量的薄膜
PF	具有极好的溶解性能，其衍生物具有很高的荧光量子产率（80%以上）和较高的电子传输能力。PF 本身是蓝光材料，可通过共聚等方式得到红光及绿光材料。但材料分子之间容易聚集、结晶，导致发光光谱往往有拖尾现象，色纯度和发光颜色稳定性差
PTH	导电性、可溶性和稳定性都很好，其加工改性品种为聚烷基噻吩，聚烷基噻吩是在噻吩引入烷基 R，以提高聚噻吩的可溶性，并且随烷基长度的增大，材料溶解性增大，但导电性下降

7.1.4　柔性导体材料

1. 金属导体

对于柔性传感器，电极是实现传感器件柔韧性的关键部分之一。通常采用金属材料(如Au、Ag、Cu、CR、Al等)作为电极，制备工艺主要为磁控溅射、丝网印刷、喷墨打印等。其中，Ag纳米粒子应用最为广泛。金属纳米颗粒尺寸小，烧结温度低，金属—有机前驱体溶液可在低温下转化为金属，可直接在高玻璃转化温度的聚合物基板上制作成电极。为了达到高颗粒致密度，提高材料的导电性，可将多种不同粒径的金属纳米材料进行级配。例如，在平均粒径为65 nm的铜溶液中假如有平均粒径为20 nm的银纳米粒子，当铜与银比例为3∶1时，颗粒致密度高达86%，可获得比纯铜金属薄膜更好的导电性[5]。金属薄膜已被尝试用于制备透明电极，研究表明，Ag薄膜厚度为10～16 nm时，其光学性能优于ITO透明电极。

2. 聚合物导体

导电聚合物按照导电本质可分为结构型导电聚合物和复合型导电聚合物，前者是通过改变高分子结构实现导电，后者是在高分子材料中加入导电填料实现导电(见图7.1.4)。

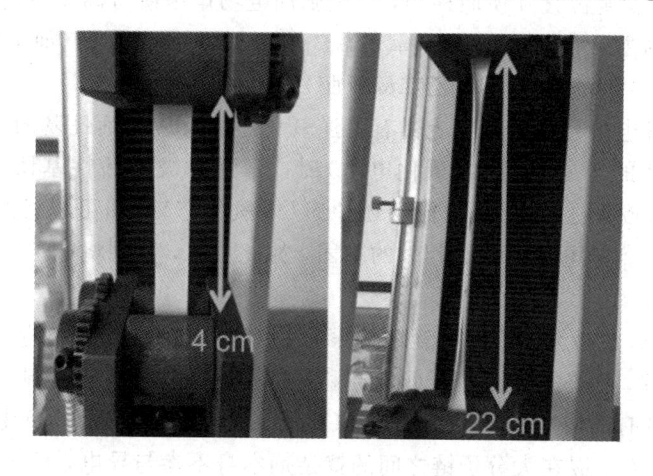

图7.1.4　掺杂镀银玻璃微球的柔性聚合物导体材料

1) 结构型导电聚合物

结构型导电聚合物也称为本征型导电聚合物，指具有共轭结构(如单键和双键或三键相间)的聚合物，如聚乙炔、聚对苯撑、聚吡咯、聚噻吩、聚苯胺等。结构型导电聚合物根据其导电机理的不同可分为电子型、离子型和氧化还原型。

共轭聚合物分子中的双键和三键由s键和π键构成，其中，s键是定域键，构成分子骨架，π键由垂直于分子平面的p轨道组合而成。室温下，本征型导电聚合物的电导率可在绝缘体－半导体－导体范围内(10^{-9}～10^{5} S/cm)变化，如图7.1.5所示。形成π键的电子称为π电子，π电子具有离域化特性，可在整个分子骨架内运动，且在共轭体系内有很高的迁移率。电子型导电聚合物π电子虽然不是自由电子，但当聚合物共轭结构足够大时，π电子体系增大后能够转变为自由电子，在电场作用下发生定向移动，从而实现导电。

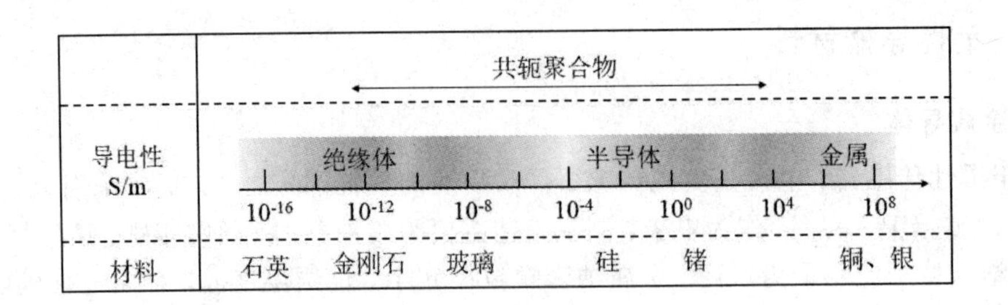

图 7.1.5　导电聚合物导电范围

离子型导电聚合物是指以正负离子为载流子的导电聚合物，具有能定向移动的离子，通过扩散运动实现导电，主要由非晶区扩散传导离子导电理论、离子导电聚合物自由体积理论和无需亚晶格离子的传输机理等解释其导电机理。非晶态的聚合物在玻璃化温度以下时类似于高黏度液体，小分子离子受到电场力作用，在聚合物内发生定向扩散运动，实现导电。随着温度升高，导电能力也相应提高。自由体积理论认为，在玻璃化转变温度以上时聚合物呈现黏弹性，聚合物分子会发生振动，当能量足够大时自由体积可能会超过离子本身体积，导致离子发生位置互换而移动，通过施加电场作用使得离子定向运动，实现导电。离子型导电聚合物主要有聚醚(如聚环氧乙烷、聚环氧丙烷)、聚酯(如聚丁二酸乙二醇酯、聚癸二酸乙二醇酯)和聚亚胺(如聚乙二醇亚胺)。

氧化还原型导电聚合物的侧链上具有可逆氧化还原反应的活性基团。当电极电位达到聚合物中活性基团的还原电位(或氧化电位)时，靠近电极的活性基团首先被还原(或氧化)，从电极得到(或失去)电子，生成的还原态(或氧化态)基团可以通过同样的还原反应(或氧化反应)将得到的电子再传给相邻的基团，如此重复，直到将电子传送到另一侧电极，完成电子的定向移动。

纯净的聚合物(包括无缺陷的共轭结构聚合物)本身并不导电，要呈现导电性，电子不仅要在分子内迁移，还必须实现分子间的迁移。掺杂是最常用的产生缺陷和激发的化学方法，通过掺杂使带有离域 π-电子的分子链氧化(失去电子)或还原(得到电子)，使分子链具有导电结构。掺杂后，嵌在大分子链之间的掺杂剂本身不参与导电，只起到离子作用。电子导电聚合物的导电性能受掺杂剂、掺杂量、温度、聚合物分子中共轭链的长度和结晶度的影响。按反应类型将掺杂分为氧化还原掺杂和质子酸掺杂两种。共轭分子链中的 π-电子有较高的离域程度，表现出足够的电子亲合力和较低的电子离解能，容易与适当的电子受体(见表 7-1-5)或电子给体(见表 7-1-6)发生电荷转移。

表 7-1-5　常用电子受体

种　类	物　质
卤素	Cl_2、Br_2、I_2、ICl、ICl_3、IBr、IF_5
路易氏酸	PF_5、As、SbF_5、BF_3、BCl_3、BBr_3、SO_3
质子酸	HF、HCl、HNO_3、H2SO4、$HClO_4$、FSO_3H、$ClSO_3H$、$CFSO_3H$
过渡金属卤化物	TaF_5、WFs、BiF_5、$TiCl_4$、$ZrCl_4$、$MoCl_5$、$FeCl_3$
过渡金属化合物	$AgClO_3$、$AgBF_4$、H_2IrCl_6、$La(NO_3)_3$、$Ce(NO_3)_3$
有机化合物	四氰基乙烯、四氯对苯醌、四氰基对二次甲基苯醌

表 7-1-6　常用电子给体

种　类	物　　质
碱金属	Li、Na、K、Rb、Cs
电化学掺杂剂	R_4N^+、R_4P^+(其中 $R=CH_3$、C_6H_5 等)

2) 复合型导电聚合物

复合型导电高分子材料(聚合物基导电复合材料)是指以高分子材料为基体，与其他导电高分子、高导电性无机或金属填料等导电性物质以均匀分散复合、层叠复合或形成表面导电膜等方式制备的导电复合材料。复合型导电高分子材料在制备方法、导电机理方面都与本征导电聚合物不同，目前制备技术已经比较成熟，具有成型简便、重量轻、可在较大范围内调节材料的电学和力学性能等优点。复合型导电高分子材料中聚合基体的作用是将导电颗粒牢固地黏结在一起，使聚合物的导电性稳定，同时它还赋予材料加工性能。理论上，任何高分子材料都可用作复合导电高分子的基体，目前常用的有热固性、热塑性树脂(如环氧树脂、酚醛树脂、不饱和聚酯、聚烯烃等)和合成橡胶(如硅橡胶、乙丙橡胶)。复合型导电高分子材料的导电机理比较复杂，涉及导电通路如何形成以及形成通路后如何导电等问题。

导电通路形成的研究是针对给定加工工艺条件下，加入基体聚合物中导电填料如何实现电接触，以达到自发形成导电通路的宏观自组织过程。聚合物基导电复合材料的体电阻率同材料中导电填料的含量存在如图 7.1.6 所示的关系[6]。体电阻率变化可分为三个阶段：

(1) 在填料密度较低时，电阻率随着体系中导电填料含量的增加而缓慢下降。

(2) 当填料密度达到临界值后，材料电阻率急剧下降，表明此时导电粒子在聚合物基体中的分散状态发生了突变，变化幅度达 10 个数量级左右，即当导电填料浓度达到渗滤阈值 V_0 时，导电填料在聚合物基体中的分布开始形成导通网络。

(3) 当填料密度继续提高时，复合材料的电阻率变化趋于平缓。很多因素对导电网络都有很大影响，如导电填料粒子的尺寸、形状及在树脂中的分布状况，基体树脂的种类、结晶性以及复合材料加工工艺、固化条件等。

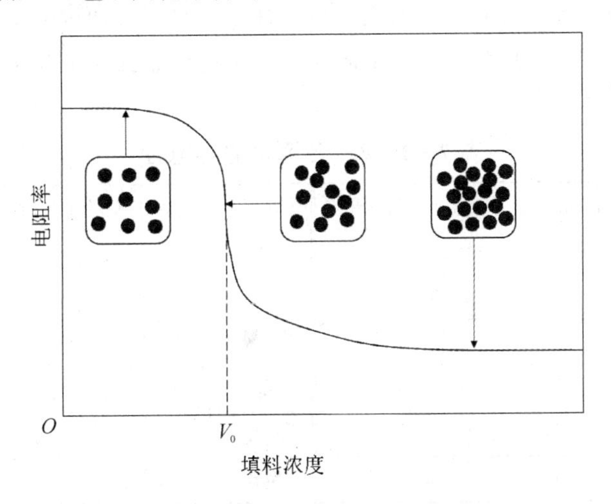

图 7.1.6　填料浓度对电阻率的影响规律示意图

导电通路形成后，载流子在导电通路或部分导电通路上进行迁移实现导电。但是，至今没有共识以解释复合聚合物中导电通路的形成。目前，通常用导电通道理论和量子力学隧道效应理论来解释上述现象。

导电通道理论(渗流理论)用于解释电阻率与填料浓度之间的关系，从宏观角度解释导电填料临界浓度的电阻率突变现象，认为体系中导电粒子连续接触，形成欧姆导电通路，相当于电流通过电阻。当导电粒子互相接触或粒子间隙很小(小于 100 nm)时形成链状网络，处于接触状态的导电粒子越多，复合材料导电率越高。可通过引入粒子平均接触数 m 对导电网络进行描述，当导电粒子为球状时 $m=0\sim12$，其中当 $m\geqslant1$ 时导电网络开始形成，$m\geqslant2$ 时全部粒子加入导电链中，并传导电流。目前渗流模型只能描述部分体系的规律，无法解释填充型复合材料电导率与导电相材料的掺量依赖性、电导率与频率的依赖性、温敏特性、$U-I$ 特性、压阻特性等。

电子隧道效应理论是应用量子力学来研究材料的电阻率与导电粒子间隙的关系。部分导电颗粒不完全接触，但由于隧道效应仍可形成电流通路，相当于电阻和电容并联后再与电阻串联的效果。复合材料导电网络形成不仅只是导电粒子的直接接触形成导电通道，热振动能也可使电子跨越粒子间势垒而导电。隧道效应理论能合理地解释聚合物基体与导电填料呈海岛结构复合体系的导电行为，并与许多导电复合体系的实验数据相符，但隧道导电机理只适合于研究某一浓度范围内导电填料的导电行为。

根据在聚合物基体中所加入导电物质的种类不同，聚合物基导电材料又分为填充复合型导电高分子材料和共混复合型导电高分子材料。前者通常是在基体聚合物中加入导电填料复合而成，导电填料主要有碳系材料(炭黑、石墨、碳纤维、碳化钨、碳化镍等)、金属氧化物系材料(氧化铝、氧化锡、氧化铅、氧化锌、二氧化钛等)、金属系材料(银、金、镍、铜、铝、钴等)、各种导电金属盐以及复合填料(银-铜、银-玻璃、银-碳、镍-云母等)等。各填料的电导率如表 7-1-7 所示。共混复合型导电高分子材料是在基体聚合物中加入结构型导电聚合物粉末或颗粒复合而成。填充型导电高分子材料中研究和应用最多的是碳系填充型及金属填充型。但是向高分子材料中混入一定量的碳系或金属填充物会影响材料的力学性能和加工性能。

表 7-1-7　各填料的导电性

材料名称	电导率/(S/m)	相对于 Hg 电导率的倍数	材料名称	电导率/(S/m)	相对于 Hg 电导率的倍数
银	6.17×10^5	59	锡	8.77×10^5	8.4
铜	5.92×10^5	56.9	铅	4.88×10^5	4.7
金	4.17×10^5	40.1	汞	1.04×10^5	1.0
铝	3.82×10^5	36.7	铋	9.43×10^5	0.9
锌	1.69×10^5	16.2	石墨	$1\sim10^3$	$9.5\times10^{-5}\sim9.5\times10^{-2}$
镍	1.38×10^5	13.3	炭黑	$1\sim10^3$	$9.5\times10^{-4}\sim9.5\times10^{-3}$

3. 纳米材料导体

随着纳米科技的发展，纳米材料逐渐被人们所熟知。其中，碳纳米管以优异的电学、力学、热学、光学以及化学特性吸引了全世界众多科研学者的关注。碳纳米管的电学性质与它本身的结构密切相关，随网格构型(螺旋角)和直径的不同，其导电性可呈现金属、半金属或半导体性[7]。根据碳纳米管的直径和螺旋角度，大约有 1/3 碳纳米管是金属导电性的，而 2/3 是半导体性的。通过改变碳纳米管的网络结构和直径可以改变其导电性，当管径大于 6 nm 时，导电性能下降；当管径小于 6 nm 时，碳纳米管可以被看成具有良好导电性的一维量子导线。此外，还可通过掺杂改变其导电特性，使之形成具有金属特征的电子态密度。用碱或卤素掺杂单壁碳纳米管，如同在管束间插层，由于碳纳米管和掺杂物之间的电荷传输，其导电性能增加一个数量级[8]。用单根单壁碳纳米管和三个电极可制备出在室温下工作的场效应三极管，当施加合适的栅极电压时，碳纳米管便由导体变为绝缘体，从而实现了 0/1 状态的转换[9]。

7.1.5 柔性基底材料

柔性基底材料除了具有传统刚性基底材料的绝缘性、高强度、廉价性等特点外，还需要具有质轻、柔软、透明等特性。柔性传感器在实际使用过程中，需经得起反复弯折、扭曲、拉伸等，对所用材料的机械性能(柔韧性、延展性、稳定性)提出了更高的要求。目前，常见柔性基底材料有玻璃、金属(不锈钢、铝、铜和镍等)、聚合物(PET、PEN、PI)。典型基底材料的参数如表 7-1-8 所示[10]。

表 7-1-8 典型基底材料的参数

参 数	材料类型		
	玻璃(1737)	聚合物	不锈钢(430)
厚度/μm	100	100	100
面密度/(g/m²)	250	120	800
安全曲率半径/cm	40	4	4
是否透光	透光	部分透光	不透光
最高适用温度/℃	600	180/300	1000
弹性系数/GPa	70	5	200
电导性	无	无	高

当玻璃薄片厚度小于数百微米时，其具有良好的柔韧性；当厚度减小至 30 μm 时，其透光率大于 90%。玻璃的表面光滑(均方根粗糙度小于 1 nm)，可承受温度高达 600℃，尺寸稳定性好，热膨胀系数低。柔性玻璃箔较脆，为了避免使用过程中发生断裂，可以通过层压塑料箔、加涂薄硬涂层和加涂厚聚合物层等方法抵抗裂纹扩展。

金属箔厚度减小到大约 100 μm 时表现出较好的变形性，可用作不透光的柔性基板，但金属箔具有导电性。不锈钢具有耐腐蚀和化学处理、可耐高达 1000℃的高温、良好的尺寸稳定性、良好的防潮防氧化性、散热性好和电磁屏蔽作用较好等优点，比塑料基板和玻璃基板更耐用。不锈钢基板粗糙度高(约 100 nm)，需要通过抛光或表面涂层(有机聚合物或硅酸盐)来改善粗糙度。

柔性聚合物基底在柔性传感器中应用最为广泛，每种材料的属性与器件工艺和结构设计息息相关。常用聚合物基底材料 PET、PEN、PI 及其属性如表 7-1-9 所示。PET 和 PEN 是常用的基板材料，其中 PET 除具有耐热性、耐腐蚀性、强韧性、电绝缘性、安全性等优良特性，还具有无毒、质量轻、美观、密封性好、价格便宜等优点[10]。

表 7-1-9　聚合物基底材料的参数

参　数	材料类型		
	PET	PEN	PI
熔化温度/℃	260	262	＞500
透光率(400～700 nm)/%	89	87	黄色
吸湿率/%	0.14	0.14	1.8
杨氏模量/GPa	5.3	6.1	2.5
密度/(g/cm^3)	1.4	1.36	1.43
延伸率/%	150	65	75
介电常数	3.3	3.16	3.5

除柔韧性外，可延展性(可拉伸性)也是柔性传感器发展的方向，因此，橡胶类基底逐渐走进人们的视野，例如聚二甲基硅氧烷、Ecoflex 等。这类材料的弹性模量与硅、金属等材料相差约五个数量级，可用于电子皮肤、人工肌肉、人造电子眼球、智能衣服等。在预应变的橡胶基板上沉积硅、金属薄膜，释放橡胶基板的预应变之后，薄膜会出现屈曲，整个膜基结构甚至可以实现 50%以上的应变。另外一种方法是直接在无应变的橡胶基板上沉积具有特殊蜿蜒形状的薄膜带，在基板被拉伸时薄膜会出现后屈曲行为，同样可使器件的极限应变超过 50%。

7.1.6　电致发光及光伏材料

电致发光材料是在直流或交流电场作用下，依靠电流和电场激发将电能直接转换成光能的材料，其中的关键性能包括发光效率、发光寿命和发光色度等。例如，OLED 器件要求发光材料具备高量子效率的荧光特性、良好的半导体特性、成膜性、热稳定性、化学稳定性和光稳定性等。在器件发光亮度、颜色和寿命等方面，小分子化合物比聚合物更具优势。

有机电致发光材料的发光是激发态分子通过电子辐射跃迁方式释放出光子的过程，这种材料按结构可分为具有刚性结构的芳香稠环化合物、具有共轭结构的分子内电荷转移化合物和金属有机络合物。发光机制可分为四个过程[11]：

(1) 载流子注入。在外加电场下，电子和空穴分别从阴极和阳极向有机层注入，主要有空间电荷限制电子注入和隧穿注入两种载流子注入机理。增加有机层与电极的有效界面接触、降低界面间的能量势垒可以提高载流子的注入效率，提高器件的亮度和效率。

(2) 载流子迁移。载流子注入使有机分子处于离子基(A^+、A^-)状态，并与相邻分子通过传递的方式使载流子向电极运动，同一有机层内载流子通过跳跃运动实现迁移，不同有机层间的载流子运动通过穿越势垒的隧道效应实现，从而使载流子进入发光层。

(3) 载流子复合。在库仑力作用下，注入电子和空穴结合产生激子 A^*，其作用能约 0.4 eV，寿命约在皮秒至纳秒数量级。根据自旋统计理论预计及实验证明，单重态激子和三重态激子的形成概率比例为 1∶3，所以利用单重态发光效率的理论上限为 25%，而利用三重态发光效率的理论上限可达 100%。

(4) 激子的迁移或辐射衰变和发光。激子形成后将能量传递给相邻的同基态分子，然后激子通过辐射跃迁和非辐射跃迁等方式回到基态，实现发光。

光伏材料是指将光转化为电能的材料，其工作机理与电致发光材料相反。有机/聚合物光伏材料依据其分子结构主要分为共轭聚合物材料、有机小分子材料和可呈液晶相的盘状分子材料。常用作光伏材料的共轭聚合物有 PPV 衍生物、PT 衍生物、PPP 衍生物等。常见的 PPV 衍生物有 MEH－PPV(poly(2－methoxy－5－(2′－ethyl-hexyloxy)－1，4－phenylene vinylene))和 MDMO－PPV(poly(2－methoxy－5－(3′，7′－dimethyloc-tyloxy)－1，4－phenylene vinylene))，其性能稳定，易于合成。典型的有机小分子光伏材料有酞菁类衍生物、富勒烯衍生物等，都具有良好的共轭体系、高的电子亲和能及离子化能、较高的光稳定性。光伏材料主要包括电子给体材料和电子受体材料，其中电子给体材料主要有聚对苯撑乙炔衍生物、聚噻吩衍生物、苯并噻二唑类聚合物、噻吩并噻二唑类聚合物、苯并吡咯类聚合物、咔唑类聚合物、共轭侧链型聚合物和超支化共轭聚合物等。用作光伏材料的有机电子受体材料主要有苝及其衍生物、碳纳米管和富勒烯及其衍生物等。

7.2　柔性传感器制造工艺

柔性传感器设计与制造涉及物理、化学、材料、电子、信息等多个学科。然而，单一依靠材料合成工艺已无法实现高性能柔性传感器制备。目前，已有多种工艺被用于柔性传感器制备，包括薄膜制备工艺、微纳图形化工艺、卷对卷制造工艺等。

7.2.1　薄膜制备工艺

20 世纪 70 年代以来，薄膜技术得到飞速发展，已成为真空技术和材料科学中最活跃的研究领域。薄膜制备方法依据所使用材料的相，可分为气相沉积和液相沉积。气相沉积依据沉积过程中是否含有化学反应，可分为物理气相沉积(Physical Vapor Deposition，PVD)和化学气相沉积(Chemical Vapor Deposition，CVD)。气相沉积技术不仅可以沉积金属薄膜、合金薄膜，还可以沉积各种化合物、非金属、半导体、陶瓷等，几乎可以在任何基底上沉积任何物质的薄膜。液相沉积包括旋涂和喷墨打印等工艺。相对于其他薄膜制备工艺，气相沉积工艺是目前唯一能制备高质量、高纯度薄膜，并能够在原子层或纳米水平进行结构化控制的薄膜制备工艺。此外，薄膜制备工艺与光刻、离子刻蚀、离子注入等微纳加工工艺相结合，可制备出各种复杂的二维/三维微纳功能结构。

1. 物理气相沉积

PVD 是在真空条件下利用物理方法将产生的原子或分子沉积到基板上形成薄膜，在较低温度下沉积出金属、玻璃、陶瓷、塑料等材料。按照沉积时物理机制可分为真空蒸镀、真空溅射、离子镀和分子束外延等。PVD 的材料主要来自固体物质源，通过加热或溅射方式使固态物质变为原子态。蒸发热源主要有电阻、电子束、高频感应、激光等加热源。PVD 的薄膜厚度从纳米级到十微米级，能够制备高纯度干薄膜。PVD 在低温等离子体条件下便可获得致密且与基体结合强度好的薄膜。

1）蒸镀工艺

蒸镀工艺是指在高真空室内加热靶材使材料发生气化或升华，以原子、分子或原子团形式离开熔体表面，并凝聚在具有一定温度的基板表面形成薄膜的工艺。蒸镀工艺中首先要保证基板表面清洁，然后加热镀膜材料，促使材料蒸发或升华，在真空室内形成饱和蒸气，最终蒸气在基板表面凝聚、沉积成膜。薄膜生长类型主要有核生长型、单层生长型、混合生长型，如图 7.2.1 所示。核生长型是蒸发原子在基板表面上形成核并生长、合并成膜过程，大多数膜沉积都属于这种类型；单层生长型是沉积原子在基板表面上均匀覆盖，以单原子层形式逐次形成；混合生长型是在最初一两个单原子层沉积后，再以形核与长大的方式进行，一般在清洁的金属表面上沉积金属时容易产生。

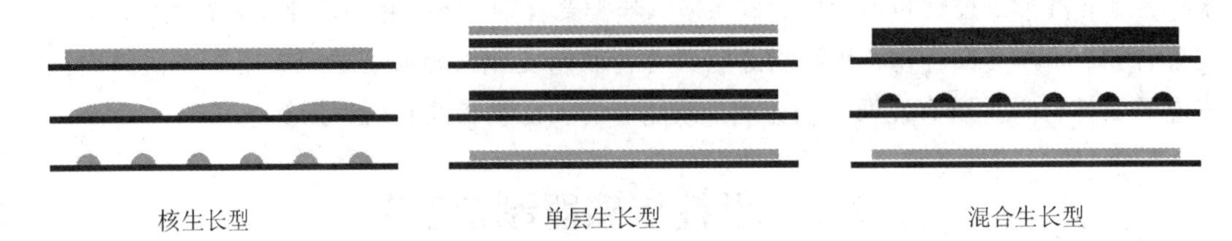

图 7.2.1　薄膜生长的三种类型

影响蒸镀过程的主要因素如下：

（1）真空度。真空度一般需达到 $10^{-4}\sim10^{-2}$ Pa 以尽量减少蒸气原子与气体分子间的碰撞，使其到达基板表面后有足够的能量进行扩散、迁移，形成致密的高纯膜。否则蒸气原子与气体分子间发生碰撞而损失能量，到达基板后易形成粗大的岛状晶核，使镀膜组织粗大、致密度下降、表面粗糙，导致成膜质量低。

（2）基板表面温度。该温度取决于蒸发源物质的熔点。当表面温度较低时，有利于膜凝聚，但不利于提高膜与基板的结合力；表面温度适当升高时，使膜与基板间形成薄的扩散层以增大膜对基板的附着力，同时也提高膜的密度。当基板为单晶体时，镀膜也会沿原晶面成长为单晶膜。

（3）蒸发温度。该温度直接影响成膜速率和质量。将蒸发物质加热，使其平衡蒸气压达到几帕以上，此时温度定义为蒸发温度。根据热力学 Clasius-Clapeyron 公式，材料蒸气压 p 与温度 T 的关系可近似为

$$\lg p = A - \frac{B}{T_{ab}} \tag{7.2.1}$$

式中，A、B 分别为蒸发膜与基板材料性质有关的常数；T_{ab} 为绝对温度；p 的单位为毫米汞柱。

（4）蒸发和凝结速率。当蒸发和凝结两个过程处于动态平衡时，即单位面积上蒸发和凝结的分子数相等时，成膜质量较好。控制蒸发速率的关键在于精确控制蒸发温度。

（5）基板表面与蒸发源的空间关系。蒸镀膜厚度分布由蒸发源与基板表面的相对位置和蒸发源的分布特性所决定。一般都应使工件旋转，并尽可能使工件表面各处与蒸发源的距离相等或相近。

2）离子镀工艺

离子镀是真空蒸发与溅射相结合的镀膜工艺，兼有蒸镀和溅射的优点，又克服了两者的缺点，具有沉积速率快、镀前清洗工序简单、对环境无污染等优点。镀料的气化方式有电阻加热、电子束加热、等离子电子束加热、高频感应加热等。气化分子或原子的离化和激发方式有电子束型、热电子型、辉光放电型、等离子电子束型以及各种类型的离子源等。离子镀膜层附着力强、绕射性好，高能量的离子能打入基板，在与基板表面原子撞击时，生成的热量可以使膜层与基板间形成显微合金层，提高结合强度，能获得表面强化的耐磨镀层、表面致密的耐蚀镀层、润滑镀层以及电子学、光学、能源科学所需要的特殊功能镀层。

直流二极型离子镀是利用直流电场引起放电，阳极兼作蒸发源，基板放在阴极板上，在 10^{-4}～10^{-3} Pa 真空室中充入氩气，使压强维持在 0.01～1 Pa，在基板和蒸发源间施加数百至数千伏的电压能够电离氩气，形成低压气体放电的等离子区。处于负高压的基板被等离子体包围，不断遭到氩离子的高速轰击，然后连接交流电，使蒸发源中的膜料加热蒸发，蒸发的粒子通过辉光放电等离子区时部分粒子被电离为正离子，通过电场与扩散作用，高速轰击基板表面。大部分仍处于激发态的中性蒸发粒子在惯性作用下到达基板表面形成薄膜。为了有利于形成膜，沉积速率必须大于溅射速率，通常通过控制蒸发速率和充氩气控制压强来实现。在成膜的同时氩离子继续轰击基板，使膜层表面始终处于清洁与活化状态，有利于膜继续沉积和生长，但会在沉积的薄膜中产生缺陷和针孔。

2. 化学气相沉积

CVD 工艺是指在热、光、等离子等激化环境中，把一种或多种含有构成薄膜元素的化合物、单质气体通入放置有基板的反应室，气态反应物发生分裂、化合反应，其反应产物沉积生成薄膜，如图 7.2.2 所示[12]。沉积过程包含了空间中各向同性气相反应和加热基板表面上/附近的各向异性化学反应。CVD 在原子或纳米尺度可控，并可用于单层、多层、复合结构、纳米结构和功能梯度涂层的制备，对尺寸具有高度可控性，在柔性传感器制备中得到广泛应用。

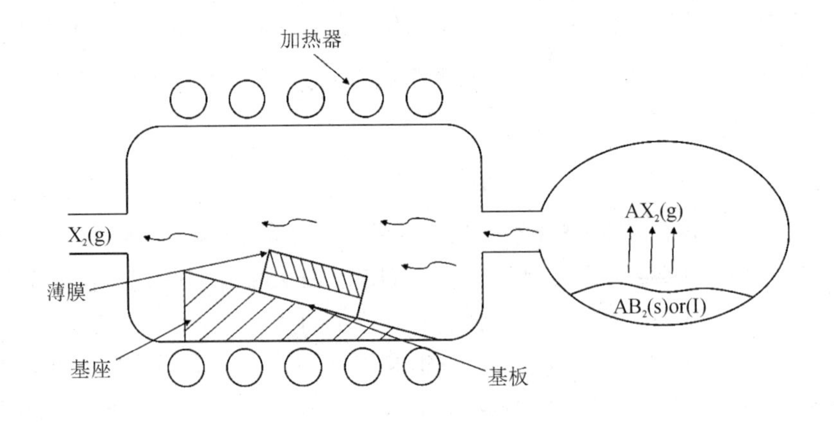

图 7.2.2　CVD涂层制备系统示意图

CVD技术依据加热方法、前驱物的不同，可分为热激活CVD(TA-CVD)、等离子增强CVD(PECVD)、光辅助CVD(PA-CVD)、原子层外延(Atomic Layer Epitaxy，ALE)、金属有机物辅助CVD(MA-CVD)以及静电喷雾辅助气相沉积(Electrostatic Spray Assisted Vapor Deposition，ESAVD)、低压化学气相沉积(Low Pressure Chemical Vapor Deposition，LPCVD)、热丝化学气相沉积(Hot-Wire-assisted Chemical Vapor Deposition，HWCVD)等。ESAVD沉积过程可在敞开的系统里进行，不需要复杂的反应设备和真空条件，前驱物雾化体在静电场作用下沉积到基板表面，沉积效率高于一般的化学沉积方法，可用于单组分、多组分薄膜和Ⅱ-Ⅳ主族半导体薄膜的制备。LPCVD利用气体SiH_4在压力p=13.3～26.6 Pa、沉积温度t_d=580℃～630℃和生长速率约为5 nm/min的条件下获得了呈V字形和具有(110)择优取向的晶粒，并且内含高密度的薄层状(111)微孪晶，具有生长速率快、成膜致密均匀和装片容量大等优点，是集成电路中多晶硅薄膜制备的主要方法之一[13]。HWCVD采用SiH_4或其他源气体，通过固定在基板附近温度高达约1800℃的钨丝时，源气体的分子键发生断裂，形成各种中性基团，通过气相输运在基板上沉积成多晶硅薄膜，沉积速率可达0.18 nm/s[14]。制备过程中基板温度低，仅为175℃～300℃，有利于采用柔性玻璃薄板作为基板，生长的多晶硅薄膜晶粒尺寸为0.3～14 μm，呈柱状结构，择优取向(111)晶向[15]。

CVD设备按沉积温度可分为高温(高于500℃)设备和低温(低于500℃)设备。高温CVD装置广泛用来沉积TiC、TiN等超硬薄膜以及Ⅲ-Ⅴ族和Ⅱ-Ⅵ族的化合物半导体。低温CVD反应室主要用于不宜在高温下进行沉积的应用，如平面硅和MOS集成电路的钝化膜。根据沉积时系统压强CVD可分为常压CVD和低压CVD，前者压强约为一个大气压，后者约为数百帕至数十帕。低压CVD与常压CVD相比，沉积的薄膜具有均匀性好、台阶覆盖及一致性好、针孔较少、结构完整性优良、反应气体利用率高等优点。

CVD主要工艺参数包括温度、压力、反应气体浓度、气流等，在整个工艺过程中需要控制和检测。温度对CVD膜的生长速度的影响很大，温度升高会使CVD化学反应速度加快，基板表面对气体分子或原子的吸附加强，故成膜速度增加。原料要选择常温下气态物质或具有高蒸气压的液体或固体，反应气体按照定组成比例通入反应器。反应器内压力(整体压力、反应物的分压)将会影响反应器内热量、质量及动量传输，从而影响CVD反应效率、膜质量及厚度均匀性。在负压反应器内，由于气体扩散增强，可获质量好、厚度大及无针孔的薄膜。反应气体传输到基板表面由反应气体偏压、整个反应器内压力、反应器几何形状和基板的结构所决定。

1）热激活化学气相沉积

热激活化学气相沉积(Thermal Activation-Chemical Vapor Deposition，TA－CVD)利用热能激活化学反应，加热方式包括 RF 加热、红外辐射加热和电阻加热，通常加热和冷却的速度缓慢。快速加热 CVD 工艺中，基板加热或冷却的速度非常快，可以通过切换和控制气流触发反应开始和结束化学反应。TA－CVD 可以根据压力范围细化为常压 CVD(大气压力)、低压 CVD(0.01～1.33 kPa)和超高真空 CVD(低于 10^{-8} kPa)。TA－CVD 具有广泛的应用，从相对低温工艺的薄膜沉积到高温工艺的涂层。TA－CVD 用于制备多晶硅时，采用 SiH_4 作为前驱物，在低压 H_2、He 或 N_2 环境中进行裂解，在温度 610℃～630℃下以 2000 Å/min 高速沉积，如果温度降低到约 550℃，沉积得到非晶硅。超高真空 CVD 最早用于 Si、SiGe 等半导体材料的外延生长[16]。

2）等离子体增强化学气相沉积

PECVD 是在沉积室内建立高压电场，反应气体在一定气压和高压电场作用下产生辉光放电。反应气体被激发成非常活泼的分子、原子、离子和原子团构成的等离子体，大大降低了沉积反应温度，加速了化学反应过程，生成的薄膜具有均匀性良好、缺陷密度较低、易实现掺杂、可大面积制备等优点。与高温 CVD 不同，PECVD 可以在 350℃～400℃低温下以 50～100 nm/min 的速率沉积薄膜。气态反应物被电离，受到电子轰击，产生化学活性粒子和原子团，会在加热基板表面上或附近发生异质化学反应，实现薄膜沉积。

PECVD 可以在相对较低工艺温度下进行大面积沉积，如沉积 TiN 膜，成膜温度仅为 500℃(传统 CVD 需要 1000℃左右)，如果使用金属有机化合物和有机金属化合物作为前驱物可进一步降低沉积温度。由于在低温状态下存在不完全解析和未反应的前驱物，沉积高纯度薄膜有一定难度。PECVD 可用于低温领域，弥补热激活 CVD 工艺的不足。等离子体激发可对难以发生反应的成膜材料进行沉积，能够对沉积过程进行相对独立的控制。低温沉积特性可以在一定程度上解决柔性电子基板的温度敏感性难题，但是需要采用真空系统来生成等离子体，需要更加复杂的反应腔体来维持等离子。

3）金属有机化合物化学气相沉积

依据前驱物的不同，沉积工艺分为金属有机化合物化学气相沉积(Metal-Organic Chemical Vapor Deposition，MOCVD)和有机金属化合物化学气相沉积(Organo Metallic Chemical Vapor Deposition，OMCVD)，都属于利用有机金属热分解反应进行气相外延生长的方法，其原理与利用硅烷热分解得到硅外延生长的技术相同，主要用于化合物半导体气相生长。MOCVD 是利用热来分解化合物，作为有机化合物半导体元素的化合物原料必须在常温下较稳定且容易处理，反应副产物不应妨碍晶体生长和污染生长层。表 7－2－1 为 b 族元素周期表，表中折线左侧元素具有强金属性，右侧元素具有强非金属性，能满足上述化合物要求的物质是周期表粗线右侧元素的氢化物。折线左侧元素不能构成无机化合物原料，但其有机化合物大多能满足作为原料的要求。金属烷基化合物和非金属烷基化合物都能用作 MOCVD 的原料。

表 7-2-1　b 族元素周期表

周期	Ⅱ族	Ⅲb 族	Ⅳb 族	Ⅴb 族	Ⅵb 族
2	/	B	C	N	O
3	/	Al	Si	P	S
4	Zn	Ca	Ge	As	Se
5	Cd	In	Sn	Sb	Te
6	Hg	/	Pb	/	/

金属有机化合物或有机金属化合物前驱物通常要经历分解或裂解，而通常情况下其分解或裂解温度要低于卤化物、氢化物等。因此，MOCVD 工艺温度要低于常规 CVD 工艺，可在大气压力或者低压(2.7～26.7 kPa)条件下进行。均匀生长温度范围是 MOCVD 工艺的必要条件。MOCVD 工艺无论在低压环境还是相对高的沉积温度下，沉积过程均动态可控。在高于 1 kPa 条件下，扩散率受限机制在生长中起主导作用。在超高真空条件下，MOCVD 工艺的沉积过程属于完全动态受限，被称为金属有机化合物分子束外延和化学束外延，通常采用氢气作为运输气体或者沉积过程的生长环境。目前基本上所有的半导体化合物都可以通过 MOCVD 方法进行生长，还可以用于硅集成电路中高密度金属互连的薄膜生长以及金属氧化物薄膜的生长，包括铁电($PbTiO_3$、$PbZrTiO_3$、$BaTiO_3$)[17]、介电(ZnO)[18]和超导薄膜($YBa_2Cu_3O_x$)[19]。

由于原料能以气体或蒸气状态进入反应室，因此容易实现导入气体量的精确控制，并可分别改变原料各组分量值，只改变原料就能容易地生长出各种成分的化合物晶体。MOCVD 对于原料纯度要求高，其稳定性较差，金属有机化合前驱物相对于卤化物和氢化物等成本较高。尽管如此，MOCVD 反应装置容易设计，适合于工业化大批量生产，已经研发用于Ⅲ-Ⅴ、Ⅱ-Ⅵ、Ⅳ-Ⅵ半导体材料的外延生长，在 LED、异质结双极型晶体管、太阳能电池等领域得到应用。

4) 光辅助化学气相沉积

光辅助化学气相沉积(Plasma Assisted Chemical Vapor Deposition，PACVD)是利用光化学反应进行沉积的 CVD 工艺，反应物吸收一定波长与能量的光子，促使原子团和离子发生反应，生成化合物。光化学反应的基本原理是当物质 M 和光子相互作用，M 吸收光子后处于激发态 M^*(新的化学粒子)，化学活性增大，即 $M+h\nu \rightarrow M^*$，式中 h 是普朗克常数，ν 是光频率，$h\nu$ 是一个光子的质量。目前可用于 PACVD 的电子材料包括半导体(硅、Ⅲ-Ⅴ、Ⅱ-Ⅵ)金属、绝缘体(SiO_2 和 Si_3N_4)、多晶 Si 膜、金属膜以及 Ga、Ge、Ti、W 等元素的氧化物，PACVD 是高性能半导体器件不可缺少的工艺。

PACVD 可以通过聚焦光束实现在特定部位发生反应，聚焦激光在局部面积或者图案的投影可以实现局部沉积、选择性沉积或图案化沉积。光化学反应在低激发能就可以促发，通常小于 5 eV，可以避免薄膜损伤，不会出现 PECVD 电磁辐射及带电粒子轰击对薄膜质量的影响。可有效减低杂质扩散、缺陷、层间扩散和高温引起的热应力，这对亚微米尺度以下的器件非常重要。由于采用光化学反应，所以沉积过程的温度较低。相对于PECVD或热激活CVD，PACVD限制了可能的反应路径，能够更好地控制所沉积的薄膜属性。

表7-2-2比较了蒸发镀膜、溅射镀膜、离子镀膜、PECVD的主要工艺参数、沉积过程和沉积膜的特点。

表7-2-2 气相沉积技术的比较

沉积特性		技术类型			
		蒸发镀膜	溅射镀膜	离子镀膜	PECVD
涂覆材料	金属	可	可	可	卤化物蒸气、H_2、金属蒸气加气体
	合金(AB)	$p_a \sim p_b$	可	可能	
	化合物	$p_a < p_b$	可	金属蒸气加气体	
质点撞击能量		≤0.4 eV	≤30 eV	≤1000 eV	≤0.1 eV
沉积速率		≤75 μm/min	≤2 μm/min	≤50 μm/min	/
与清洁基体的结合力		好	优	优	好
背面涂覆		不行	不行	稍行	可
无热扩散时基体表面和沉积物之间的界面		在SEM下清楚	AES观察到迁移	界面渐变	较清楚
工作压力/Pa		$<10^{-2}$	$10^{-2} \sim 1$	$10^{-3} \sim 1$	$10^{-2} \sim 10$
基体材料		任意	任意	任意	任意

5）分子束外延生长工艺

外延生长工艺可用于制备单晶薄膜，在单晶基板表面沿原来的结晶轴向生成一层晶格完整的新单晶层，包括气相外延（如CVD）、液相外延（如电镀）和分子束外延（Molecular Beam Epitaxy，MBE）。MBE是由真空蒸发镀膜技术发展而来的成膜技术，在超高真空环境中将薄膜组分元素的分子束流直接喷到温度适宜的基板表面，沉积所需要的外延层。若外延层与基板材料在结构和性质上相同则称为同质外延，如硅基板上外延硅层等；若两者不同则称为异质外延，如蓝宝石上外延硅层等。MBE能生长极薄的单晶膜层，并且能精确地控制膜厚和组分与掺杂，在制作集成光学和超大规模集成电路中发挥重要作用。

将沉积薄膜所需要的物质分别放入系统中多个喷射源的坩埚内，加热使物质熔化、升华后产生分子束。在MBE中，多采用孔径远小于容器内蒸气分子平均自由程的喷射源，通过选择合适的喷射源炉温和基板温度，可得到预期化学组分和按晶格位置生长的结晶薄膜。为控制外延生长，在每个喷射源和基板之间都单独装有可瞬间打开与关闭的挡板。为保证外延层的质量、减少缺陷，工作室压强不应高于 10^{-6} Pa，同时产生分子束时的压强也要达到 10^{-6} Pa，为控制分子束的种类和强度，在分子束路径上安装四级质谱仪，通过高能电子衍射仪的电子枪评价结晶性能。

分子束向基板喷射，当蒸气分子与基板表面为几个原子间距时，由于受到表面力场的作用而被吸附于基板表面，并沿表面进一步迁移，在适当位置上释放潜热，形成晶核或嫁接到晶格结点上，或由于其能量过大而重新返回到气相中。常以黏附系数来表示被化学吸附的分子数与入射到表面的分子数的比例。由于吸附通常是放热过程，因此会使基板温度增高而不利于吸附，导致黏附系数下降等。在获得Ⅲ-Ⅴ族化合物半导体外延层的过程中，一般基板温度在500℃～600℃时较易生长单晶薄膜。分子束外延掺杂是把杂质元素装入喷射源中，以便在结晶生长过程中进行掺杂，例如GaAs使用的N型杂质有Sn、Ge、Si，P型杂质有Mn、Mg、Be、Zn等。只要适当选择基板温度，通过控制分子束强度就能得到生长速率为0.1～1 μm/h、掺杂浓度为10^{13}～$10^{19}/cm^3$ 的外延层。MBE可制备微结构的分辨率比CVD和液相外延技术高约两个数量级，也是基板温度最低的单晶薄膜的技术，有利于减少自掺杂。

与CVD外延和真空蒸发镀膜相比，MBE虽然是以气体分子理论为基础的蒸发过程，但并不以蒸发温度为监控参数，而是用四级质谱仪和原子吸收光谱等现代分析仪器精密地监控分子束的种类和强度，从而严格控制生长过程和生长速率。MBE需在超高真空中进行沉积过程，既不需要考虑中间化学反应，也不受质量传输的影响，只是利用开闭挡板来实现对生长的瞬时控制，膜的组分和掺杂浓度可随着源的变化而迅速调整。

3. 原子层沉积

原子层沉积(Atomic Layer Deposition，ALD)通过化学反应得到生成物，但在反应原理、反应条件和沉积层质量上都与传统CVD不同。ALD是将气相反应前驱体以脉冲方式交替通入反应器，新一层原子膜的化学反应直接与前一层相关联，化学吸附在沉积基板上并发生反应，将物质以单原子膜形式一层一层地镀在基板表面，并不是一个连续的工艺过程。由此可知，前驱体物质能否被沉积到材料表面实现化学吸附是ALD的关键。采用序列反应方式可消除气相反应，实现更加广泛的反应物选择，如卤化物、金属有机化合物、金属等。ALD在加热反应器中连续引入至少两种气相前驱体物种，化学吸附直至表面饱和时自动终止。ALD能够在原子级别对薄膜的厚度和构成进行控制，并可沉积不同类型的薄膜，包括氧化物、金属氮化物、金属硫化物等。ALD可在大气、稀有气体及真空环境中进行。

ALD原理如图7.2.3所示[20]。ALD的优势体现在单原子层依次沉积，能够在埃米尺度或单分子层水平实现薄膜厚度的精确控制，自限性可以实现优异的阶梯覆盖和高深宽比结构的一致性沉积，目前还没有一种薄膜工艺可以达到ALD所实现的一致性。由于采用不同的气相前驱反应物，部分表面会先发生反应而首先吸附到表面，但随后又从反应完成的表面上脱离。由于采用二进制序列化表面反应，两种气相反应物不会在气相状态下发生接触。前驱体开始与其他未反应表面发生反应，而且在每个反应循环中反应都会完全完成，这使得ALD薄膜与原始基板保持极端光滑和一致性。在薄膜生长后没有遗留表面位置，所以薄膜非常连续且无针孔。ALD前驱体是气相分子，将会填满所有空间，不受基板的形状影响，不要求基板在可视范围内，仅受限于反应腔体的大小，所以ALD工艺可以用于复杂形状、大面积基板沉积，或采用并行方式对多个基板进行沉积。

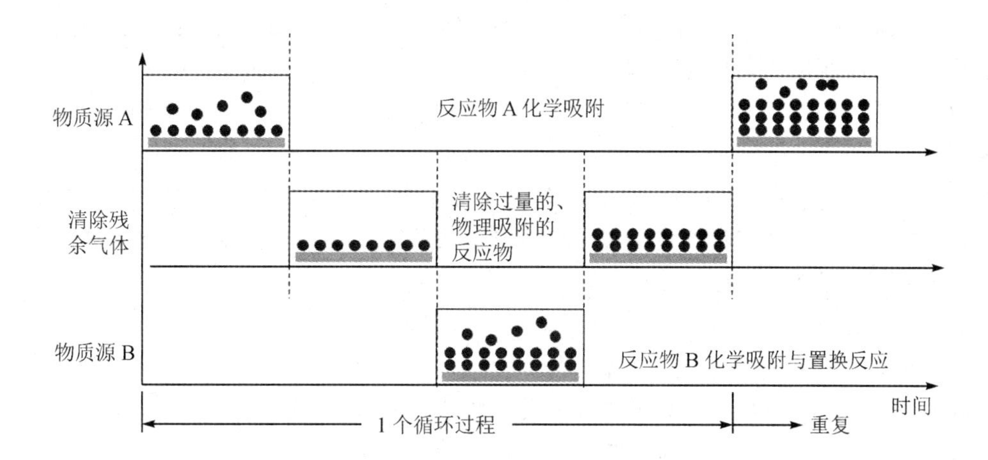

图 7.2.3　ALD 原理示意图

ALD 广泛应用在半导体领域，包括晶体管栅极电介质层、光电元件的涂层、晶体管中的扩散势垒层和互联势垒层、集成电路中嵌入电容器的电介质层、电磁记录头的涂层和金属-绝缘层-金属电容器涂层等。其他特殊应用领域包括：材料的光学常数和性能在 X 射线区随波长的变化非常显著，ALD 可沉积非常均匀的极薄薄膜，在 X 射线光学薄膜器件制备方面具有绝对优势；ALD 可以精确控制膜层，所获得的高度均匀的表面对光子禁带特性有很大影响，为获得高性能光子晶体结构提供了一条有效途径，可解决自然界中光子晶体有限的问题；ALD 是实现柔性电子薄膜的理想工艺之一。

4. 匀胶、刮涂和化学机械抛光

1) 匀胶工艺

匀胶工艺需使用匀胶机实现，如图 7.2.4 所示。利用匀胶工艺，可在柔性基底上旋涂液态预聚物，待预聚物固化后便可得到厚度均匀的柔性薄膜材料。匀胶工艺分为以下四个步骤。

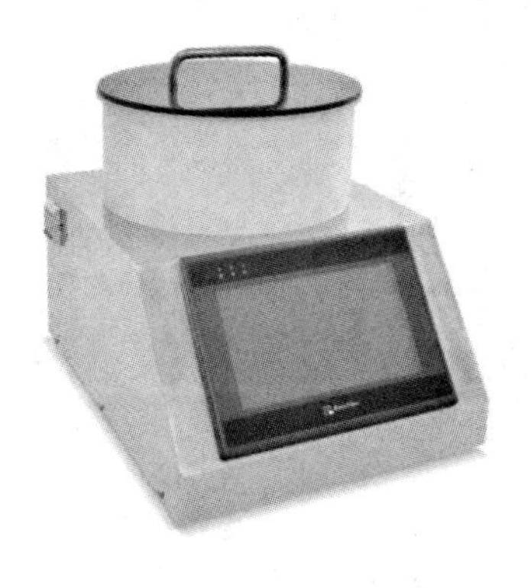

图 7.2.4　匀胶旋涂设备

(1) 预涂。预涂的目的是将预聚物在基底上匀开，其转速较低，一般在数百转/分钟(rpm)左右。

(2) 加速。通常在零点几秒的时间内加速到数千转/分钟，多余的预聚物被甩离基底，此步骤对于旋涂厚度的均匀性非常关键。

(3) 涂覆。此过程形成均匀的光刻胶薄膜，其转速约数千转/分钟，时间为数十秒，转速决定最终的胶厚。

(4) 去边。此步骤是可选的，去边的转速是涂覆时的数倍，在一定程度上可消除边珠。边珠是指黏度较大的预聚物在旋涂过程中沿基底边缘形成的厚度突然增加的一圈。边珠附近光刻胶的厚度是正常厚度的 20～30 倍。

2) 刮涂工艺

刮涂工艺是将基底固定在一定温度的加热台上，取适量的前驱体溶液滴在刮刀与基底的夹缝处，调节刮刀和基底间的狭缝宽度来调节薄膜厚度，以固定的速度移动刮刀使前驱体溶液均匀铺满基底，待加热固化后形成柔性薄膜，如图 7.2.5 所示。

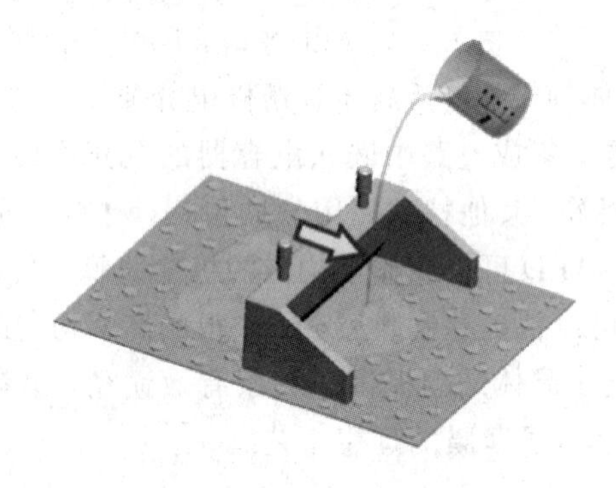

图 7.2.5　刮涂工艺示意图

3) 化学机械抛光工艺

化学机械抛光(CMP)系统组成如图 7.2.6 所示，包括固定晶元的夹持器、工作台、研磨液(或抛光液)供给装置三部分。CMP 工艺过程为：将待加工的晶元黏结背膜后固定在夹具上，并以一定的压力放置在抛光垫上，晶元和抛光垫按照各自的圆心旋转，同时将研磨液(或抛光液)以一定流量添加到抛光垫上。

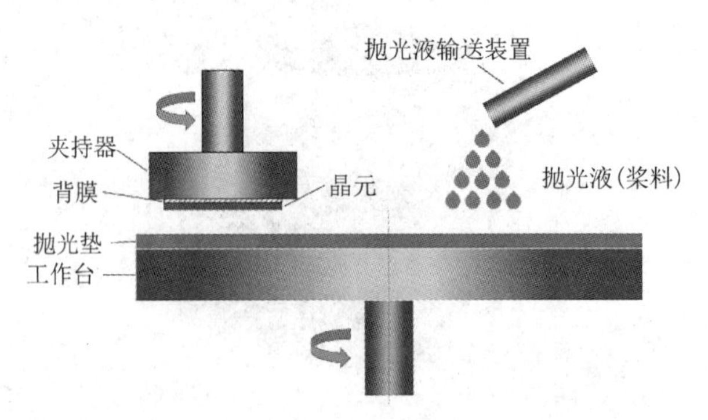

图 7.2.6　化学机械抛光设备结构示意图

在抛光过程中，抛光效率随着相对速度的提高而提高；但若相对速度过快的话，浆料会在离心力的作用下分布不均匀，进而影响抛光过程中的稳定性和加工精度，甚至引起压电单晶晶元表面的损伤和碎裂。若要达到最优表面均匀性并且应力均匀分布在接触面上，需使晶元和抛光垫转速相等。在这种情况下，晶元表面的材料去除率只取决于接触界面的压力分布状态。因此，采用分区域控制夹持器方法，将夹持器划分为若干同心环，各个区域内的压力都可以独立控制，通过调整任何一个环的压力便能够实现晶元径向均匀性控制。

7.2.2　微纳图形化工艺

薄膜图形化是柔性传感器制造的核心技术之一，遵循着制造领域自上而下去除材料或自下而上增加材料的基本思想，其关键技术是薄膜的制造、图案化、转移、复制等工艺。柔性传感器不同于传统微电子器件，需要采用大面积、低成本、低温的图案化技术，但同时又必须考虑柔性传感器的柔性基底、功能材料等特点，需要考虑材料热稳定性、兼容性、一致性和大形变特性等。柔性传感器可采用与微电子相似的制造工艺，用柔性基板代替硅、玻璃基板，但现有制造过程包括高温和化学刻蚀工序，如光刻、高温沉积、紫外光照射等，需要生产能耐高温或具有更高玻璃化温度的塑料，这仍是巨大的挑战。目前可用于柔性电子的图案化技术包括光刻、印刷、软刻蚀、纳米压印、纳米蘸笔、激光直写和喷墨打印等工艺。其中，光刻是目前最成功且应用最广泛的图案化工艺。

1. 光刻工艺

光刻工艺是利用光刻胶光敏感度不同，在光照下发生物理化学反应，从而将图案从光掩膜上转移到基板上。光刻工艺具有对准和套刻精度高、掩模制作相对简单、工艺条件容易掌握等优点，已成为微电子工业发展的基石。光刻工艺的典型过程分为硅片清洗烘干、涂底、旋涂光刻胶、前烘、对准曝光、后烘、显影、刻蚀、检测等工序[21]。光刻机如图 7.2.7 所示，光刻工艺常见分类如表 7-2-3 所示。

图 7.2.7　光刻机设备

表 7-2-3　光刻工艺常见分类

分类方式	类　别
光源	光学光刻、电子束光刻、离子束光刻
曝光系统的控制方式	基于掩膜版的光刻、直接光刻
掩膜的平行方式	接触式光刻、接近式光刻、投影光刻等
投影式曝光	扫描投影曝光、步进重复投影曝光、扫描步进投影曝光

光刻胶是一种对某些波长光源辐照敏感，利用光化学反应进行图形转移的感光材料，是决定光刻精度的决定性因素。光刻胶在光照下发生反应，材料属性发生变化，经显影后形成模压图形。光刻胶按照曝光光源或辐射源分成紫外光刻胶、电子束胶、离子束光刻胶和X射线光刻胶；按掩模图形传递方式可分为正性光刻胶(分辨率较高，感光灵敏度低)和负性光刻胶(分辨率较差，感光灵敏度高)。曝光光束经过掩模照射到光刻胶上并使其感光，其他部分光束被掩模不透光部分遮挡。通过显影使感光层受到曝光或未受到曝光的部分留在基底材料表面，即设计的图案。通过多层曝光、腐蚀或沉积，复杂的微纳米结构可以从基底材料上构筑起来。

由于光的波动性容易造成图形转移过程中特征失真，因此光学光刻系统中必须考虑光的干涉和衍射现象。分辨率和焦深是决定分步光刻机性能极为重要的两个参数。通过采用大数值孔径的光刻物镜和缩短曝光波长，并结合增强技术可以提升分辨率。当加工图形尺寸小于100 nm时，光波波长和数值孔径越来越接近其物理极限，而且考虑氧化膜、金属膜及刻蚀可能引起的掩模变形，从工艺性出发，希望通过缩小光学系统获得尽可能大的焦深。

目前，实现超微图形成像的光刻技术一直是推动集成电路工艺水平发展的核心驱动力。光刻工艺可实现高精度图案，但装备昂贵、工艺过程复杂、能耗大、需要高温和高真空度环境、会产生有毒废料，在柔性电子器件应用中受到极大的限制。此外，光刻工艺中采用了抗蚀剂、蚀刻剂与显影剂等，与有机材料化学不兼容，在抗蚀层到图案层的图案转移过程中易导致有机材料性能下降甚至破坏。

2. 印刷工艺

印刷工艺大致分为凸版、平版、凹版、孔版印刷。随着科技的发展，印刷工艺已经从传统的文字和图像领域扩展到微结构图案化领域，演化出软刻蚀、转移印刷、纳米压印、丝网印刷等方法。印刷工艺通常利用印版通过印刷机将墨液转移到基板上生成图案，包含了五个重要元素：印版、印刷机、墨液、基板和图案。

1) 凸版印刷

凸版印刷(Relief Printing)是在图像版面和文字凸出部分接受墨液，凹进去的部分不接受墨液，当图版与基板紧压时，图案周围的较低区域不发生接触，使图案上的墨液转移到基板上。印版图案通过光化学湿刻蚀方法制作，涂抹光刻胶到印版表面，通过一系列曝光和最后的显影等工艺制备而成。根据印版和滚子的形状，印刷机有平板印刷机、平底辊筒压力机、旋转式压印机三种类型，如图7.2.8所示。旋转式压印机效率最高，利用一个印版辊筒和一个压力辊筒，适用于大行程印刷，可以是单独的纸张，也可与卷到卷制造结合。通过串联多个对准的压力单元一次性实现多种功能墨液的印刷。

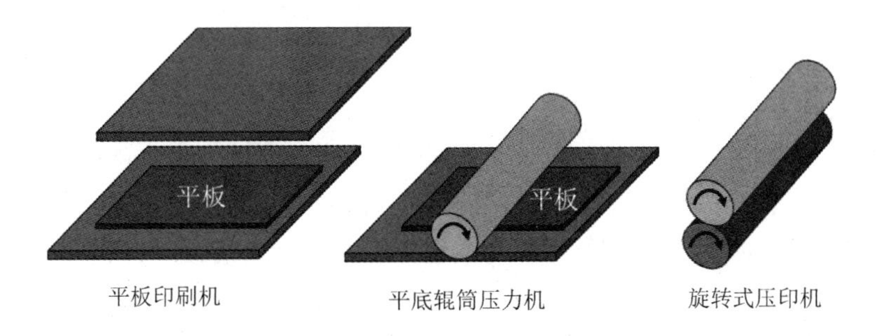

图 7.2.8 三种凸版印刷机形式

2）凹版印刷

凹版印刷[22]（Gravure Printing）与凸版印刷原理相反，图案凹于版面之下，凹区携带墨液，如图 7.2.9 所示。凹版印刷可实现低成本、高效率、大规模生产，在微型电路印刷领域受到重视。凹版印刷分为直接凹印和间接凹印，前者包括一个雕刻的辊筒，用普通刮墨刀把墨液填入凹版中；后者在雕刻印版辊筒与承印物之间增加橡皮辊筒。由于采用了雕刻图案，凹印是可以高度预测的图案化工艺，印刷浓度与凹区深浅有关，深则浓，浅则淡。常规印刷的凹版分辨率局限于 50～100 μm，其深度取决于沟槽的宽度。

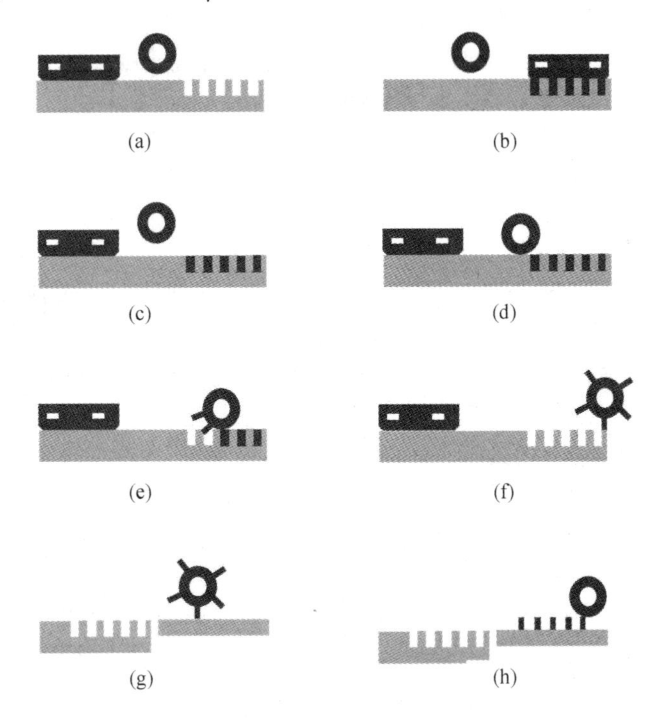

图 7.2.9 凹版印刷工作原理示意图

凹版印刷的墨液转移过程如下：

(1) 将墨液从墨斗中注入凹版的凹槽；

（2）用刮刀将多余墨液刮掉；

（3）通过橡皮辊筒将凹版凹槽中的墨液粘贴带走；

（4）硅橡胶辊筒绕着目标承印物旋转；

（5）辊筒将墨液压到基板上并不断向前滚动；

（6）墨液留在基板上。

打印图案的横截面呈半圆形，有利于电学特性的稳定。凹版胶印可用于微米级导线的印制，但墨液的转移率和印刷质量受材料表面性能和墨液性能的影响，须深入研究液体在两平行印版之间转移时出现的拉伸、分裂和反冲过程，液体的转移受到分离速度、液体黏度、表面张力、液滴大小以及重力的影响[23]。

3）平版印刷

平版印刷(Planographic Printing)不同于凸版印刷的模压表面，采用平面印版，利用油与水不相容的特性，在同一平面上刻画出图案区和非图案区，如图 7.2.10 所示。利用水与墨液的相互排斥原理，图案区接受墨液不接受水分，非图案区则相反。印版中图案区采用含墨液的疏水性物质，非图案区则采用亲水性物质。印刷过程采用间接法，先将图案印在橡皮辊筒上，图案由正变反，再将橡皮辊筒上的图案转印到纸上。根据图案的转移方式，刻蚀打印可分为直接刻蚀和胶印刻蚀。在胶印刻蚀中，图案首先转移到辊筒上的橡皮垫表面，然后再转移到基板上。

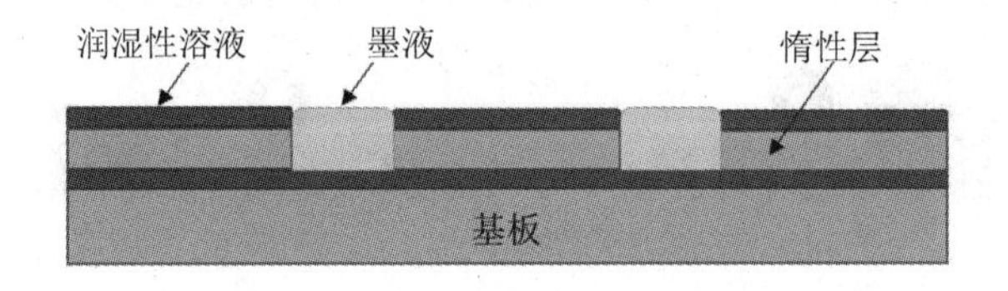

图 7.2.10　平版印刷示意图

4）丝网印刷

孔版印刷又称丝网印刷(Screen Printing)，在印刷时通过一定的压力使墨液通过孔版的图案化孔眼转移到基板上，形成图案或结构等。利用金属及合成材料制成的丝网作为印版，将图案部分镂空成细孔，非图案部位以印刷材料保护，印版紧贴基板，用刮板把墨液挤压到基板上，如图 7.2.11 所示。目前已经应用到晶体管的栅极、源极和漏极的印刷。丝网印刷技术可进行大面积、曲面印刷，速度快、成本低，通常可在几秒钟内印刷大面积图案。丝网印刷不足之处在于分辨率低，通常只能印制分辨率约为 75 μm 的图案。丝网印刷通常用于制作厚膜电极，其性能受到浆料、刮板、丝网、印刷方式、基板等综合因素的影响。

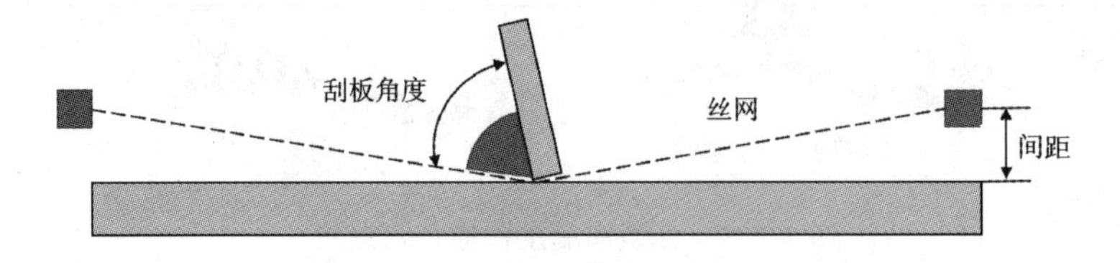

图 7.2.11　丝网印刷示意图

3. 软刻蚀工艺

软刻蚀工艺于1993年被提出，通过弹性图章、模具和适当光掩膜进行图形复制和转移，通过控制纳(微)区表面特性实现图案化。软刻蚀工艺是涉及传统光刻、有机分子自组装、电化学、聚合物科学等领域的综合性技术。软刻蚀为微纳结构的成型与制造提供了操作简单、无需复杂设备及苛刻工作环境的低成本制作方法，在制作100 nm以下精细结构时具有相当优势。

软刻蚀工艺可弥补光刻技术的不足，在微纳加工中的潜在重要性已得到体现，主要优势包括[24]：工艺快速、精确重复、操作简单、成本低廉；材料兼容性好，能够实现小分子、聚合物、生物大分子以及细胞在材料表面的选择性吸附或黏附；适合于柔性和刚性基板上非平面、大面积图案化应用；图案化方法丰富多样，包括墨液的选择、图案化工艺等；分辨率最高可达6 nm；对环境条件要求不高，适于没有光刻设备的实验室使用；分辨率取决于模塑的特征尺寸，不受光衍射的限制。目前软刻蚀技术亟待解决的问题：分子层的横向扩散导致图形模糊、模具变形和分子层缺陷导致图形的失真、湿法刻蚀金属导致边缘模糊等，需提高图案复制的精度和重复性以满足柔性电子制造的要求。

1）弹性软图章制备

软刻蚀通常采用表面具有微图案的PDMS弹性图章来实现微结构的复制，最终制造结构的好坏与图章直接关联，因而寻找合适的材料并生成微纳图案对软刻蚀技术至关重要。软刻蚀图章的制造过程如图7.2.12所示，主要步骤如下：

（1）在洁净、平整的玻璃或硅表面旋涂光刻胶；

（2）在光掩模下紫外曝光显影，制作含有精细图纹的母版；

（3）将加入交联剂的PDMS均匀混合后浇铸在母模板上；

（4）用UV光照或热处理数小时使其交联；

（5）剥离PDMS得到含有反衬图案的弹性图章。

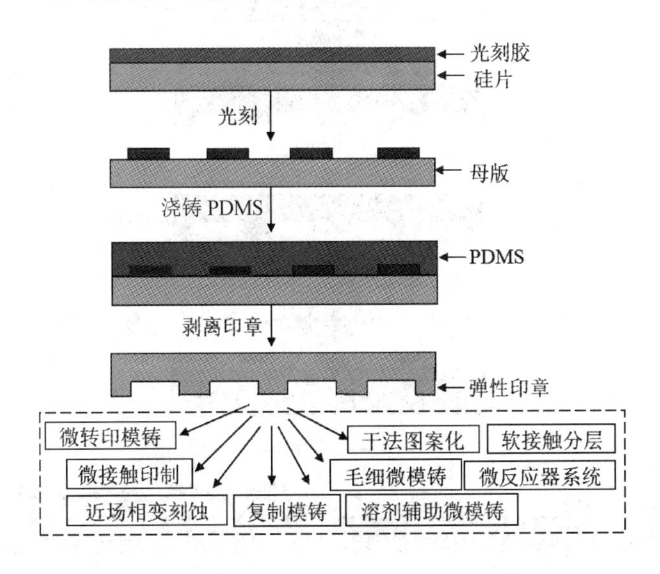

图7.2.12　软刻蚀图章制备过程及主要工艺形式

图章表面用于生成图案和结构的图案化浮雕结构的特征尺寸为 30 nm～300 μm，图章图案大小与分辨率取决于母版，深度则由光刻胶的浓度及旋涂的转速来调节。

软刻蚀工艺与纳米压印工艺过程非常相似，都包含了母版制作和利用图章复制图形，两者主要区别在于图章的机械特性和图形的成形原理，软刻蚀通常指采用柔性印模将材料转移到基板上形成图案，而纳米压印通常指采用刚性印模挤压附有材料的基板实现图案。PDMS 的弹性和低表面能使得图章或模具与复制微结构容易分离，使原始模具可多次使用。PDMS 柔软而有弹性，能够达到原子尺度的接触，可实现大面积、曲面的图形化印刷。

2）微接触印刷工艺

微接触印刷(μCP)是最具代表性的软刻蚀技术。μCP 是在高分子弹性图章表面涂敷一层自组装单分子层(Self-Assembled Monolayer，SAM)化学墨液，最后将这层 SAM 转移到目标基板上。这种工艺是基于柔性聚合物图章有选择性地将功能材料转移到基板上形成图案。SAM 墨液通常采用烷基硫醇，在镀有金箔的基板表面上盖印，与金表面无缝接触 10～20 s，墨液中的硫醇基与金反应，形成的 SAM 作为抗蚀剂掩蔽层，通过刻蚀工艺，实现抗蚀剂图形化。未被 SAM 覆盖的部分则可继续吸附含另一种末端基的烷基硫醇。μCP 是一种灵活的、非光刻类的微纳图案化方法，形成亚微米级、不同化学官能团区域的图案化 SAM。

μCP 墨液的选择不再局限于自组装分子，诸如有机质子酸、胶体溶液等多种材料都可进行微接触印制，能在金、银、硅片、陶瓷等衬底表面印刷出微纳米精细结构，印制导电高分子微电路，以及制作三维微结构。μCP 工艺过程如图 7.2.13 所示，主要工艺步骤如下：

(1) 将制作好的弹性图章与墨液垫片接触或浸在墨液中，使用自组装分子作为墨液分子(通常采用含有硫醇的试剂)。

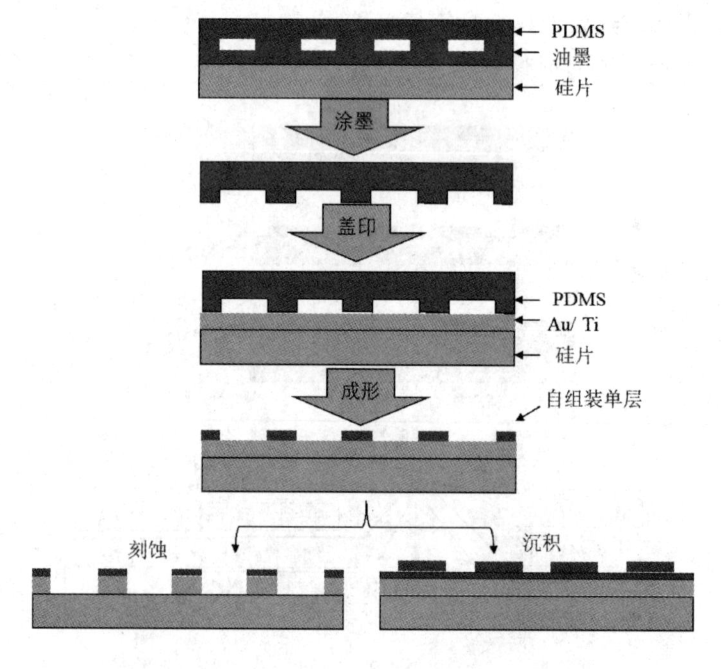

图 7.2.13 微接触印刷工艺

(2) 在图章表面形成图案化自组装单分子膜，可以对基板表面进行理化改性或化学刻蚀形成保护膜。

(3) 用浸过墨液的图章将分子转印到基板上，分子与基板表面形成共价键，精细图纹就从弹性图章传递到了金基板的表面，为了增加与基板的黏结力，先在基板镀上非常薄的钛层，然后再镀金。

(4) 墨液中的硫醇与金发生反应，形成的 SAM 作为刻蚀或者沉积的掩膜。

印刷后有两种处理工艺。一种是采用湿法刻蚀，氰化物溶液中的氰化物离子会溶解未被 SAM 层覆盖的金，就在基板上生成与原刻蚀图纹一样的精细图纹。以图案化的金为掩模，对未被金覆盖的部分进行刻蚀，实现图案转移。另一种是在金膜上通过自组装单层的硫醇分子来链接某些有机分子，使基板上没有印上单层膜的区域形成另一种 SAM。

亚微米微接触印刷技术已得到广泛研究，但用于小尺度图案制备时还存在不确定性，包括图形保真度、刻蚀工艺的各向异性以及弹性橡胶材料的形变/扭曲等。其关键因素包括以下几点：

(1) PDMS 图章表面图案须有足够的深度和垂直度，才能保证较高的移印质量。

(2) 溶液须具有合适的浓度、良好的浸润性，方可在 PDMS 表面形成均匀的单分子层。溶液在 PDMS 表面浸涂不充分或不均匀，均将导致图案失真。

(3) 压力要足以确保图章与基底接触良好，压力不足或过大都会导致所得图案不清晰。对硫醇在金表面、硅烷在玻璃表面的移印，采用压力为 10～15 kPa；对于蛋白质等软材料在 PS 表面的移印，接触压力常控制在 5～6 kPa。

(4) 接触时间对移印物从 PDMS 表面转移到基底表面很重要。硫醇在金表面反应可在几秒之内完成，接触时间过久也会导致图案失真，但对反应性 μCP 则根据界面反应活性不同，保持 10～20 min 不等。

(5) 浸涂溶液后烘干 PDMS 和移印后冲洗基底很重要，溶液一般用稀有气体缓慢吹干，基底一般使用超声波清洗或相应溶剂冲洗以去掉多余或物理吸附的移印物。

3) 转移印刷工艺

转移印刷在传统印刷领域中被称为贴花，是通过无图案的图章将图案化表面凹结构/凸结构转移到受体基板上的印刷方式，其基本原理是利用打印层相对于图章和基板两者黏性不同来实现图案的转移，如图 7.2.14 所示。转移印刷可分为直接转移印刷和间接转移印刷两种方式，前者是将凹版版面上全部涂以墨液，然后用刮刀刮去凸面部分的墨液，再用硅橡胶制作的图章粘出凹面图案部分的墨液，然后再转移到目标基板；后者是利用预先印制图案化薄膜转印到受体基板。转移印刷工艺可实现纳米尺度特征的印刷，工艺过程相对简单，与各种材料兼容。转移印刷与 μCP 的区别在于采用的图章是否进行图案化，所转移的功能层是否图案化。

转移印刷工艺中的界面黏附可通过运动控制的方式进行控制：PDMS 具有黏弹性效应，通过运动控制图章和被转移结构之间界面的黏性，可以实现图案层的转移。除了利用 PDMS 图章黏弹性特性以外，还可以利用范德华作用(如软接触层压(SCL)工艺)，而不需要外部施加压力和加热，避免损害有机薄膜化学运输特性和避免机械疲劳，可最大程度降低有机物化学、物理、形貌的变化，为柔性传感器提供了强大的加工技术。

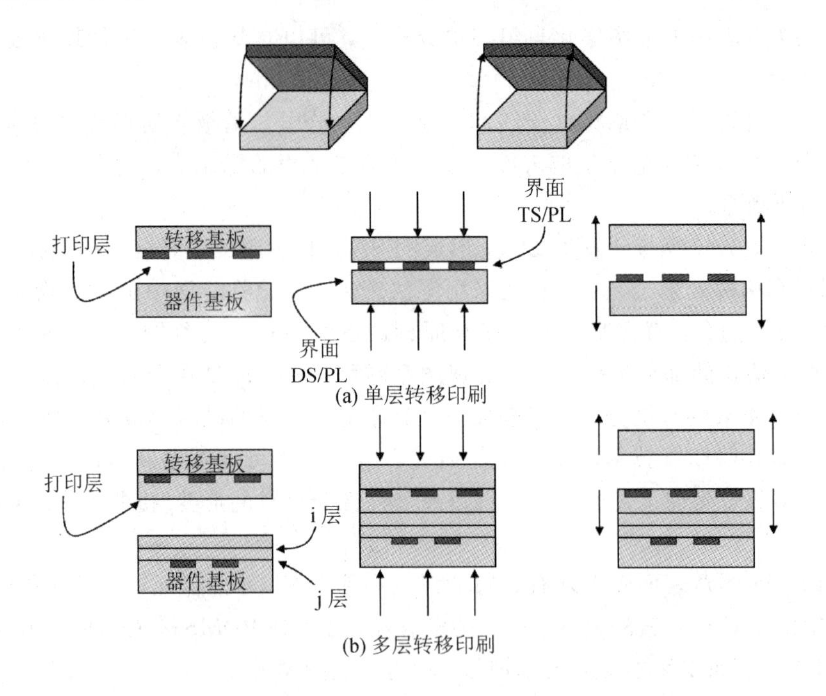

图 7.2.14　转移印刷示意图

激光转印工艺是利用激光作为辅助手段的非接触式转印工艺，能有效地转移较大面积的图案化结构，如图 7.2.15 所示。激光转印工艺基本过程为：

(1) 将 PDMS 图章与给体基板上的图案化结构接触。

(2) 图案化结构被转移到图章表面。

(3) 将图章定位到受体基板，并用脉冲激光束照射图章，加热图章界面的图案化结构域。

(4) 图案化结构被转移到指定的位置，撤回图章进入下一个转移过程。

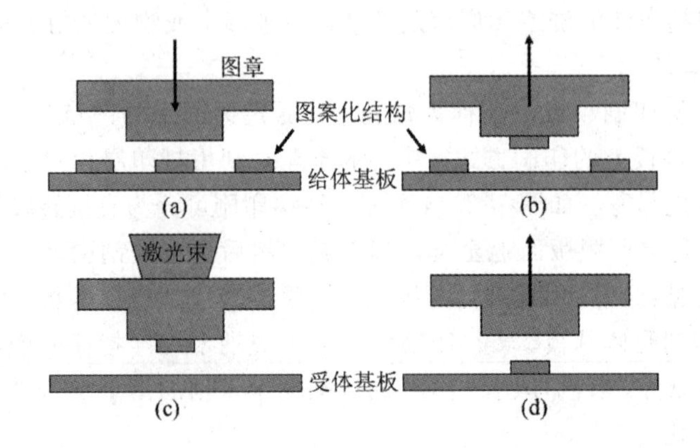

图 7.2.15　激光转印工艺过程示意图

图案化结构从图章上剥离的机理是：利用激光束照射透明图章和图案化结构，结构将吸收热量而促使温度升高；热传导使得图章产生热膨胀，促使结构与图章界面边缘产生裂纹，并不断向中心传递，实现图章与图案化结构剥离。其工艺关键是控制好激光照射的功率与时间，能够使图案化结构顺利从图章上剥离，并不至于改变图章表面特性。

4. 纳米蘸笔直写工艺

纳米蘸笔刻蚀(DPN)工艺由美国西北大学 Mirkin 课题组提出，用于构建纳米结构，具有高分辨率、定位准确、直接书写、与软物质兼容、可实现序列/并行方式直写等优点，在物理、化学、生物等领域得到了广泛应用[25]。可直接在加工过程中对基板表面纳米图案化结构进行原位测量，快速评估所生成的纳米团质量。DPN 工艺类似于自来水笔书写过程，可采用多种墨液进行图案化，包括有机小分子、聚合物、生物分子、DNA、蛋白质、缩氨酸、纳米粒子胶体、金属离子、溶胶体等，图案化基板也扩展到绝缘体、半导体和金属基板。DPN 避免活性分子受到电子光刻术和离子束光刻的电子束辐射或离子束辐射，可构建复杂功能系统，在构造柔性有机分子和生物活性的分子上具有无可比拟的优势。

DPN 已用于纳米材料单元(如纳米颗粒、纳米线、纳米管等)的直写与组装，实现多种结构(如点、环、弧等)的组装、生物纳米阵列制造，以及纳米电路构造、生物芯片化学检测、微尺度催化反应、分子马达等。可对 DPN 进行多种改进，如通过引入多功能笔尖使得 DPN 更加耐磨，可携带更多的墨液、独立驱动等，通过对笔尖进行加热、施加电场等方式促使墨液分子实现物理、化学反应，极大地扩展了 DPN 技术的应用领域。

1) 工艺原理

DPN 是基于扫描探针的直写刻蚀工艺，采用原子力显微镜(AFM)探针传送化学溶剂到目标基板，具有非常高的分辨率和定位精度。DPN 工艺利用溶液将分子传送到 AFM 尖端，溶液蒸发形成的水蒸气在探针针尖与基板表面之间形成弯月面，针尖及表面之间分子浓度梯度促使分子经过弯月面扩散至基底表面形成 SAM，SAM 与纳米颗粒之间通过静电作用、共价作用或物理和化学吸附作用，形成功能性的纳米结构。DPN 工艺示意图如图 7.2.16 所示，主要工艺步骤如下[25]：

(1) AFM 针尖在常规环境下涂覆墨液分子。

(2) 针尖与基板表面接触，在针尖和基板之间形成弯月面。

(3) 墨液分子从 AFM 针尖传输到基板表面。

(4) 墨液分子进行自组装形成基于分子的纳米图案。

DPN 涉及三个关键过程：墨液分子从 AFM 针尖到弯月面的去吸附作用、墨液分子通过弯月面的扩散作用、墨液分子在基板表面的自组装。

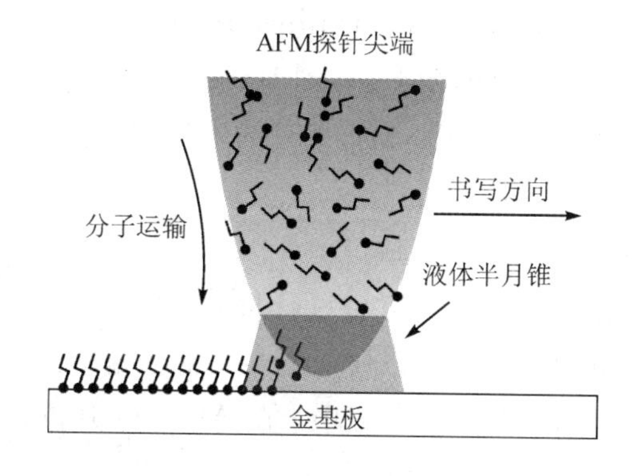

图 7.2.16 DNP 工艺示意图

工艺微环境和墨液水溶性直接影响 DPN 的沉积过程，液膜在基材表面的扩展取决于环境温度和湿度、液膜与基材的相互作用、针尖曲率半径和扫描速度等。为降低上述不确定因素的影响，可将 AFM 仪器置于温度、湿度可控的手套操作箱或环境室中。通过揭示湿度和温度对 DPN 图案化的定量影响，有望建立工艺参数与制备纳米结构的映射关系。

2）热蘸笔直写工艺

为提高纳米蘸笔直写工艺的可控性和材料适用性，热蘸笔直写（thermal Dip Pen Nanolithography，tDPN）技术被提出，如图 7.2.17 所示[26]。tDPN 工艺是在针尖表面涂覆金属铟，通过集成在悬臂梁中的加热器进行控制，在玻璃或硅表面实现厚度为 80 nm 的金属钢纳米结构的连续直接沉积。对于室温下呈固态又无法溶解在溶剂中的金属材料，tDPN 具有非常明显的优势。当覆盖了固体魔液的针尖足够热时，墨液融化并流动到基板表面形成图案。当针尖冷却后，沉积停止，可实现完全可控的沉积，并通过改变笔尖的温度调节墨液的扩散速率，从而实现固体墨液（磷酸正十八酯，熔点 100℃）在室温条件下沉积。

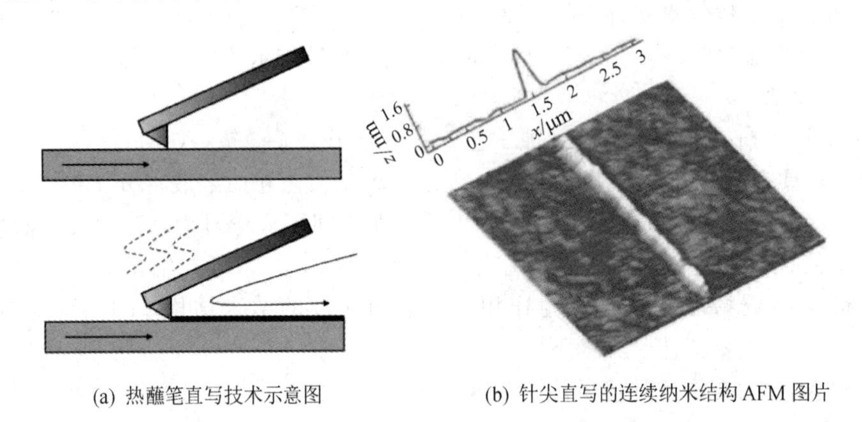

(a) 热蘸笔直写技术示意图　　(b) 针尖直写的连续纳米结构 AFM 图片

图 7.2.17　热蘸笔直写工艺

热化学纳米光刻（Thermo Chemical Nano Lithography，TCNL）是将原子力显微镜的硅探针加热，扫描高分子薄膜，导致高分子膜表面性质改变，产生图案、结构。TCNL 速度相当快，每秒钟刻写长度超过数毫米，最小线宽仅为 12 nm，而蘸笔刻写速度仅为每秒钟 0.1 μm。静电调幅光刻（Amplitude Modulated Electrostatic Lithography，AMEL）技术是在探针与薄膜所在基材上施加偏压（电场强度达到 10^8～10^9 V/m），利用针尖处焦耳热局部液化聚合物，在电场诱导下流变并突起成型，书写纳米结构宽度可达10～50 nm，高度可达 1～10 nm。

3）电镀蘸笔直写工艺

将 DPN 与电化学融合形成电镀蘸笔直写（Electroplate Pen Nanolithography，EPN），这种工艺需要对基板进行电化学改性，以便能够与墨液快速吸附，从而将笔尖的材料转移到基板上，如图 7.2.18 所示。在潮湿环境中，在 AFM 针尖和硅基板中施加电压，使得 OTS 端部的甲基团转换成带有活性羧基（OTSox）表面，墨液分子就从充满墨液的针尖转移到 OTSox 表面，通过同一次扫描，形成两层，而在甲基区域表面并没有第二层出现。这种方法可一步实现多种化学功能，而且可实现相对较快的高精度图案化和生成多层三维图案，速度可达 10 μm/s，分辨率可达 50 nm[27]。目前，已有各种改良笔尖出现，如在 AFM 尖端包裹一层 PDMS，可增加墨液的装载量。当在针尖一基板间施加负向电压时，由于电化学单体聚合作用，将在针尖一基板界面间形成多噻吩。利用静电作用作为驱动力将导电聚合物固定到基板上，带电聚合物将会转移到带电表面相反的方向，可实现 100 nm 的图案化分辨率。应用上述方法可以实现正电荷聚合物沉积到负电荷 Si/SiO_x 的基板上[28]。

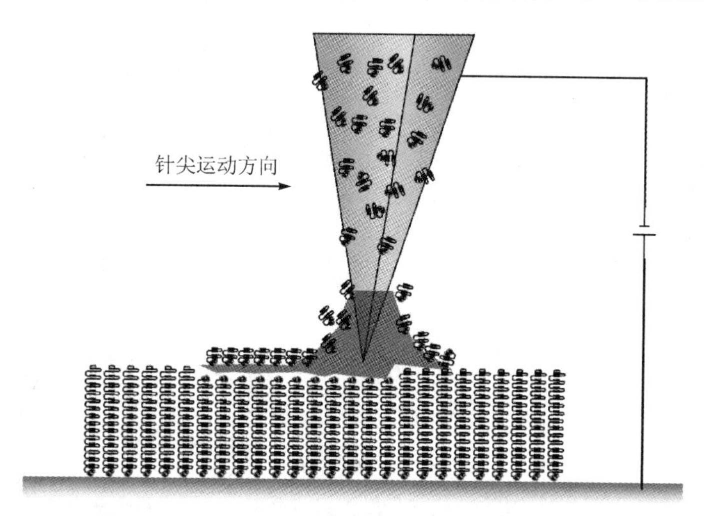

图 7.2.18　覆盖 OTS 表面实现电镀蘸笔直写工艺示意图

4) DNP 技术的阵列化

为提高 DPN 的书写效率，利用阵列针尖替代单针尖，使用阵列针尖在基板上书写，发展并行 DPN 技术将是今后发展的热点。DPN 阵列笔尖的驱动方式包括独立可控驱动和被动同步驱动，前者可通过压电、热电和静电方式实现，也可以通过热驱动，如笔尖由两种不同热膨胀系数的材料构成，结构会在受热时产生弯曲：双金属材料热驱动的稳定性高、简单、有效，但不可避免地会加热所要沉积的墨液材料；采用静电驱动的 DPN 阵列探针进行直写，可降低由于探针生热引起笔尖之间的相互干扰。

5. 纳米压印工艺

纳米压印是在平坦硬质衬底上制备纳米图案的工艺，将刚性模具直接扣压到聚合物薄膜材料上，形成凹凸的图案化结构，然后对聚合物材料进行各向异性刻蚀，彻底去除减薄区的聚合物材料。纳米压印实质上是用传统机械模实现微复型来代替包含光学、化学及光化学反应的光刻工艺，有效避免了光刻工艺对高精度聚焦系统、特殊曝光束源、极短波长透镜系统和抗蚀剂分辨率的限制。纳米压印采用聚合物衬底，与生物表面具有良好的相容性，易于加工、成本低、产量高，已广泛应用于纳米光子器件、有机电子、生物纳米结构、磁性材料、微光学、数据存储、微纳流体等领域，特别是纳电子和生物传感器中金属材料的图案化。纳米压印为有机电子器件的超精细图案(如 FET 沟道)的加工提供了有效的解决方案，可实现几微米甚至几十纳米的分辨率，并具有良好的一致性。

纳米压印工艺主要包括模塑复形(Replica Molding)、步进闪烁压印光刻(Step and Flash Imprint Lithography, S-FIL)、紫外固化压印(Ultra-Violet Nano-Imprint Lithography, UV-NIL)或热压印(Hot Embossing Lithography, HEL)等。压印技术种类繁多，工艺之间的差别主要集中在聚合物溶液的填充方式、模具的撤出方式、聚合物抗蚀剂固化方式。压印技术按照压印面积可分为步进式压印和整片压印；按照压印过程中是否需要加热抗蚀剂，可以分为热压印光刻和常温压印光刻；按照压印模具硬度的大小，可以分为软压印光刻和硬压印光刻。

目前全世界主要有五家纳米压印光刻设备提供商，分别是美国 Molecular Imprints、美国 Nanonex、奥地利 EV Group、瑞典 Obducat AB 和德国 Suss Microtec。纳米压印技术实现工业化生产的标志性进展是与 R2R 工艺结合，充分利用柔性基板的优势，集成涂层工艺、沉积工艺、封装工艺等，实现柔性电子大规模低成本制造。卷到卷纳米压印工艺示意图如图 7.2.19 所示[29]。

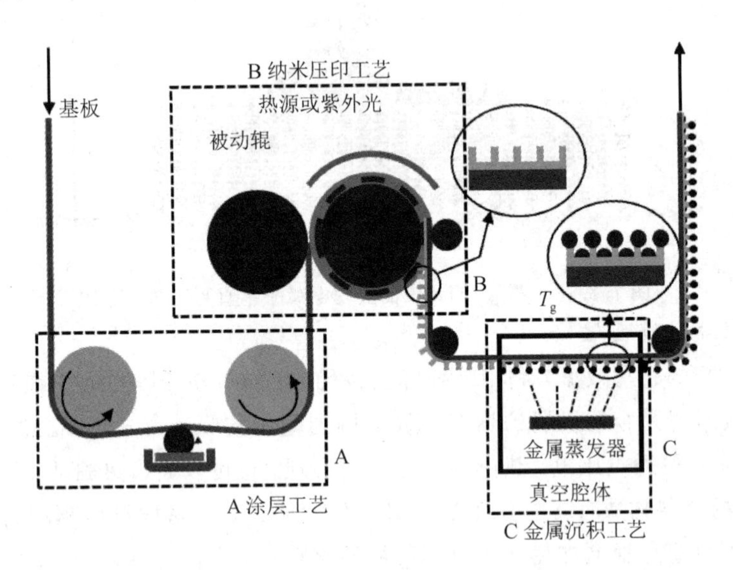

图 7.2.19 卷到卷纳米压印工艺示意图

纳米压印工艺中，模具特征结构的物理尺寸决定转移图形的最小线宽和分辨率，柔性模具保证模具和基底在很大范围内的共形接触，可采用分子材料作为用于转移的单分子层。与传统光刻工艺相比，纳米压印不是通过改变抗蚀剂的化学特性实现抗蚀剂的图形化，而是通过抗蚀剂的受力变形实现图形化。纳米压印技术需要采用光刻技术制造压印模具，然后通过模具进行图案复制。

纳米压印工艺已经被 2005 版国际半导体技术路线图收录，作为下一代光刻技术的候选者。纳米压印最终能否被电子制造行业规模化应用，取决于其产能、制造可靠性和所能达到的最小特征尺寸。纳米压印产能主要取决于模具转移面积和单次压印循环时间。目前，纳米压印还存在一系列关键技术问题，例如模具上的初始污染和压印过程中黏结在模板上的材料所引起的缺陷传播规律难以掌握和控制，能否实现大面积高精度的多层图形的套刻对准，以及能否实现大规模生产等。

1）纳米压印工艺

主流纳米压印光刻工艺过程如图 7.2.20 所示[30]。当温度高于聚合物玻璃化转变温度时，在具有纳米图案的刚性/弹性模具上施加一定的压力，纳米图案的拓扑形貌就转移到热塑性聚合物的膜层中，形成纳米图案，然后通过活性离子刻蚀等常规的刻蚀、剥离加工手段使基底露出，最终制成纳米结构和器件。纳米压印在高温条件下将模具上的结构按要求复制到大面积基板上，实现高效率、低成本地复制纳米结构。

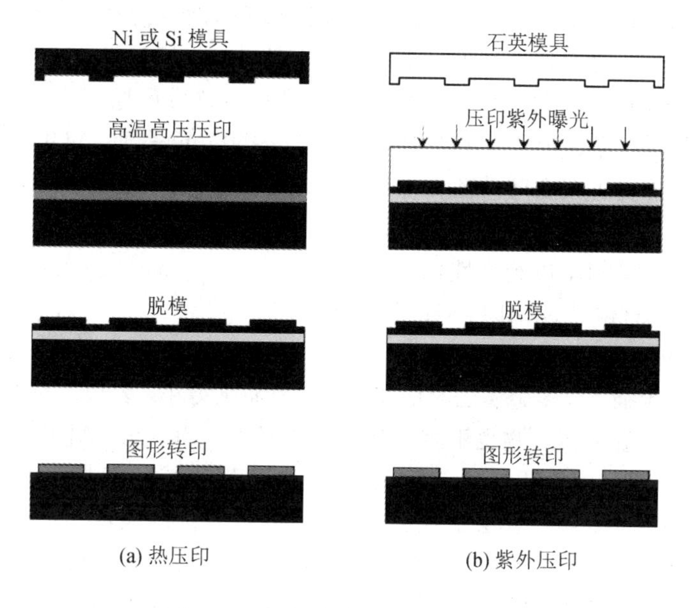

图 7.2.20　主流纳米压印光刻工艺

纳米压印的核心是图形的复制与转移，工艺过程涉及模具、墨液和压印装备三个基本要素[31]。

（1）模具。模具表面的图案质量和分辨率决定了所要生成图案的质量和分辨率，任何缺陷和畸变都会等比例转移到基板图形上。超高分辨率的纳米压印依赖于模具的最小化特征尺寸，其取决于所采用的光刻工艺。如模具特征尺寸非常小，则采用极紫外光、电子束刻蚀，干刻蚀，反应离子等高精度刻蚀方法进行加工；如需较大的特征尺寸，则采用普通光刻实现。

（2）墨液。通常在基板上旋涂一层几百纳米厚的聚合物薄膜，要求其具有合适的玻璃转化温度和分子量。压印过程中成型材料在纳米尺度空隙中的填充机理不明、过程不稳定性和欠充盈性会影响图形的几何精度。模具设计、压印压力和温度须与所应用的聚合物墨液相适应。

（3）压印装备。压印装备能够对温度、压力进行适当控制，并且能够调节基板和模具之间的平行度等工艺因素，保证生成高分辨率的图案。纳米压印技术已经可以制造尺寸特征仅有 5 nm 的三维有序结构，超过最先进的光学光刻技术。

胶层特性对纳米压印影响很大，胶层材料选择、压印模式和工艺必须有针对性。常用的胶层材料包括下面几种：

(1) PMMA。PMMA具有较好的透明性、化学稳定性和耐热性(软化点温度130℃～140℃，熔点温度70℃～190℃，流动温度170℃～190℃，分解温度高于270℃)，易加工，光学特性好(可见光透过率为92%，涂层折射率为1.49)。PMMA是无定形聚合物，收缩率及其变化范围都较小，在纳米结构压印中具有高保真度。PMMA熔体黏度较高，冷却速率又较快，制品容易产生内应力，因此压印成型时对工艺条件控制要求严格，涂层不宜太厚，通常涂层厚度0.2～3 μm。

(2) 紫外固化树脂。紫外固化树脂用于实时、快速固化的纳米压印，低温压印的衬底材料变形小，对于深沟槽结构(约50 μm)图形(如电子纸的微腔衬底、微透镜阵列增亮膜)具有良好的复制特性。不足之处为版辊、薄膜表面处理的工艺相对复杂，运行速度相对较慢，需解决UV胶层与PET薄膜之间的结合力、胶体内的气泡等问题。

(3) PE涂层。PE涂层用于涂覆在PET薄膜(6～50 μm)表面，可用于不同深度结构图形的高品质复制。低密度聚乙烯的软化温度为100℃～110℃，透明度好，加热后冷却速度慢，不溶于水，微溶于烃类、甲苯等。低密度聚乙烯能耐大多数灵敏酸的侵蚀，吸水性小，在低温时仍能保持柔软性，电绝缘性强。

目前主要有三类材料用作纳米压印模板的抗黏层：

(1) 金属薄膜。对于给定聚合物表面，另一物质表面自由能越小，两者之间的黏附功越弱，反之则黏附功越强。很多金属的表面能较低，界面张力小，表现出对聚合物的疏水性和化学惰性，即使在高温下聚合物也不容易吸附到模具上。Cr、Ni、Al是热压印中常用的抗黏层，实验证明Ni的抗黏效果最好。真空蒸镀金属薄膜的厚度在10～20 nm，为不影响模板原有图形的分辨率，金属抗黏层适合于图形特征尺寸较大的模具。

(2) 含氟聚合物薄膜。对于特定压印过程，基底和聚合物材料就已经确定，通过对模具表面进行修饰可以获得较好的分离效果。F原子的吸电子能力强，C—F键表现出很强的化学惰性，表面能较低，是理想的抗黏层材料。在模具表面旋涂全氟聚合物，在真空中除去溶剂，得到薄膜厚度通常为5～10 nm，适合于图形特征尺寸较小的模具。

(3) 长链硅烷如十八烷基三氯硅烷。在Si或SiO_2表面形成1～2 nm厚的有序单分子膜，具有抗酸碱、耐高温的特点，能有效地避免聚合物的黏附，但机械稳定性和润滑性不是很好(常采用在表面形成自由能较低的SAM克服)，适合于图形特征尺寸在10 nm以下的模具。

2) 热压印工艺

热压印主要以Si或SiO_2作为模具材料，通过加热使抗蚀剂熔化，将模具压入抗蚀剂，实现图形化，最小特征尺寸达到5 nm[32]。热压印实现图形转移的整个过程涉及时间、温度和压力的完整循环，如图7.2.21所示[33]。主要工艺步骤如下：

(1) 制作模具，采用高分辨率电子束、光刻等方法将结构复杂的纳米特征图案制作在模具衬底上。

(2) 加热旋涂在衬底上的聚合物至玻璃转化温度以上，聚合物大分子链的运动才能充分开展，使其相应处于高弹态，增加压印过程中聚合物的流动性。温度太高则会增加压印周期，对压印结构却没有明显改善，甚至会导致模具受损。

(3) 在模具上施加压力，聚合物产生流动并填充模具表面特征图案，压力太小容易造成聚合物不能完全填充腔体。

(4) 在抗蚀剂减薄过程中压力保持恒定。当聚合物减薄到设定的留膜厚度时停止模具下压，并固化聚合物。当模具上具有较大线宽尺度时，模具难以有效填充，并会产生扭曲。

(5) 压印结束后，叠层冷却到聚合物玻璃化温度以下进行固化。

(6) 进行脱模操作，需要防止用力过度而使模具损伤，此时会在聚合物中形成与模具相反的图案。

(7) 对压印的图案进行显影，用氧等离子体刻蚀工艺去除残留的聚合物薄层。图案转移可通过刻蚀和剥离两种方法实现。刻蚀技术以聚合物为掩膜，对聚合物下层结构进行选择性刻蚀，利用反应离子刻蚀技术对整个聚合物表面进行减薄，去掉薄聚合物层，衬底裸露，而厚聚合物层只是均匀降低，得到均匀图案。

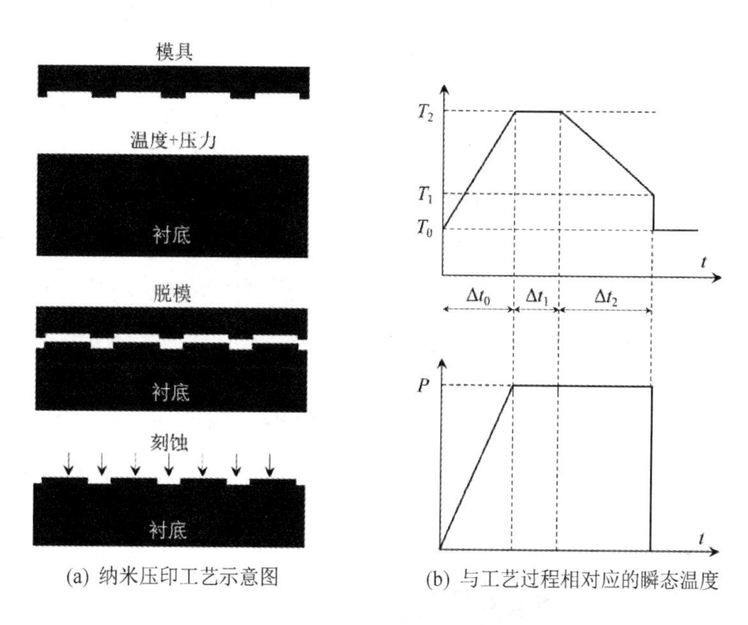

(a) 纳米压印工艺示意图　　(b) 与工艺过程相对应的瞬态温度

图 7.2.21　热压印工艺过程

热压印机理研究主要集中在高温下高聚物的流体行为，以优化压印工艺参数和提高复制精度。高聚物熔体在外力或外力矩作用下，存在典型的非牛顿流体行为，在温度变化过程中还会出现相变。聚合物与低分子化合物相比，分子运动更为复杂和多样化，其响应与诸多内外因素相关，包括高分子材料的结构、形态、组分、压力、温度、时间以及外部作用力的性质、大小及作用速率等。高分子热运动是松弛过程，与温度有关，其快慢用松弛时间来衡量，温度升高使高分子热运动的能量增加，当能量增加到足以克服热运动的位垒时，开始热运动；温度升高还会使高分子发生体积膨胀，当达到临界值后，高分子链就可自由运动。

聚合物导体难以满足高性能电子器件的要求，通常采用金属导体提高器件的电学性能。在柔性基板上直接进行金属的纳米压印还非常少，主要由于金属熔点高于聚合物基板的玻璃态转化温度。金属层的间接纳米压印工艺首先利用纳米压印将聚合物进行图案化，然后将其作为金属刻蚀和去除的掩膜。但是工艺中的化学过程对柔性基板的损伤非常大，柔性聚合物基板不耐高温，受压力时变形较大。

金属纳米粒子的熔点非常低，采用纳米压印工艺所需的压力和温度都非常低，可直接在柔性基板上实现超精细金属纳米尺度图案化。对于纳米金属粒子与有机溶剂的混合物，压印过程中可以非常灵活地调整其流体属性，在极低的压力下获得高压印质量，在柔性基板上直接实现纳米图案化。工艺过程如下：柔性基板预处理(清洗、晾干、固定于刚性基板上)→将溶液均匀分散到柔性基板表面，利用 PDMS 模具在 80℃条件下以较低压力进行压印→溶剂蒸发和冷却后对 PDMS 模具进行脱模→纳米金属粒子图案加热到 140℃大约 10 分钟，金属离子融化→从刚性基板上取下柔性基板。此工艺中采用了 PDMS 模具，而不是常规刚性模具(如硅或石英)，这与传统压印方式有所不同，主要是纳米粒子溶液黏度非常低，无需较大的压力即可生成较好的图案。PDMS 易于制作，具有较好的透气性，有利于压印过程中有机溶剂的挥发；同时易于脱模，对基板表面的污染物不敏感。

3) 紫外压印工艺

热压印工艺涉及加热、高压力，造成压印过程难以控制，而且模具图案转移到加热软化的聚合物后进行冷却，扩散效应会导致图形线条变宽。紫外压印工艺利用紫外光固化聚合物，可以在室温、低压环境下进行操作。紫外压印工艺基本流程是：将涂覆材料的衬底和透明模具装载到对准设备中进行光学对准、接触→透过透明模具进行紫外曝光，促使压印区域的聚合物发生聚合和固化成型→移开模具。在此基础上提出了步进-闪光压印，以有效降低制造成本，并提升模具寿命、产量和尺寸重现精度，如图 7.2.22 所示[34]。其过程包括：

(1) 将具有紫外固化功能的溶液滴在基板上，再用模具将其展开，用很低的压力将模具压到圆片上，使其液态分散并填充模具空腔。

(2) 紫外光透过模具照射单体，固化成型后，移开模具。

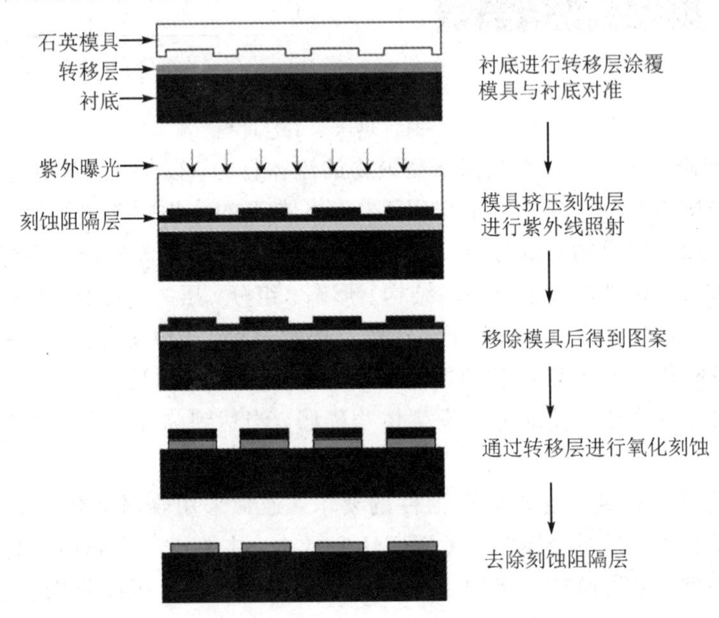

图 7.2.22　步进-闪光压印工艺示意图

(3) 通过反应离子刻蚀残留层进行图案转移，在无紫外固化胶凸起图形的地方暴露衬底，得到高深宽比的结构。

紫外固化聚合物主要关注附着力、热稳定性、机械性能等性质。紫外纳米压印技术要达到较高的图形分辨率、进度、均匀性，还需考虑紫外固化聚合物的特性、紫外光能量、固化速度、固化环境等因素。

6. 激光直写技术

激光直写技术利用计算机预先设计好图案，无需掩膜直接采用激光束烧蚀、光刻或光致化学反应等方法沉积金属、陶瓷、半导体、聚合物、复合材料和生物材料，在不同类型的材料表面形成一维、二维、三维图案或结构。激光直写技术于20世纪80年代由美国劳伦斯利弗莫尔国家实验室和AT&T贝尔实验室提出，用于制造一维和二维特征的微电子结构。20世纪90年代激光直写技术取得了较大发展，主要贡献来源于德国马普研究所和美国海军研究中心，广泛应用于光子晶体、MEMS、半导体、PCB等电子制造领域以及生物医学领域。利用激光直写技术直接在塑料基板上生成图案，有望应用于柔性电子领域。激光直写技术不用掩膜，可直接在基体材料表面完成图案转移，具有良好的空间选择性、高的直写速度和加工精度，对环境没有污染。

激光化学气相沉积(Laser Chemical Vapour Deposition，LCVD)是指在反应容器内，利用激光束的高温、高能效应诱导前驱体气体物质发生化学反应，并使反应产物沉积在激光扫描区域形成薄膜。当激光束按预定轨迹在基板上扫描时，即可沉积所需图案，可用于二维/三维结构的制备，线宽通常为激光束直径的2～3倍，沉积率受到气体传输的限制而导致处理速度较慢。利用三烷基胺三氢化铝前驱物，将铝沉积到Si、GaAs和Al_2O_3基板上，当温度超过300 K时前驱物气体开始热分解，表面成核出现在Al生长后的0.01～0.1 s内。晶体生长速率大于成核速率，这将导致随着线厚度的增加，表面粗糙度也在不断增加。目前已采用LCVD法在SiO_xN_y、TiN、GaAs、多晶硅/SiO_2/单晶硅等材料表面沉积Au、Al、Ag等金属线。光子超材料通过光产生磁力现象，采用电子束刻蚀和金属薄膜沉积技术进行制备，利用LCVD工艺可以实现真正意义上的三维光子超材料的快速制造[35]。

7. 喷墨打印工艺

喷墨打印工艺(喷印)通常用于多孔表面打印文本和图像、复杂三维结构的快速原型等领域，印版以数据形式保存在计算机中，通过编程生成虚拟印版来驱动打印头。随着技术的发展，喷印已经用于电子器件的制备，根据计算机设计的虚拟印版直接在基板上打印出电路[36]。喷印相对于其他图案化工艺具有明显的优势：

(1) 便捷性。数据非常容易传输、保存和共享，打印过程中不需要印版，直接利用CAD/CAM数据进行打印路径规划，可实现大面积动态对准和实时调整。

(2) 灵活性。通过计算机可以直接对图案进行设计，可在非平面表面进行图案化。

(3) 快速性。数字化技术让打印可以随时进行，通过交互方式随时进行修改。

(4) 低成本。数字化打印是高度自动化，不需要人工干预，可节约大量的材料，只在需要的区域打印材料。

(5) 兼容性。与有机/无机材料良好兼容。

(6) 可靠性。作为非接触式图案化技术，可有效减少瑕疵，并可利用虚拟掩膜补偿层间变形、错位等缺陷。

1) 传统喷墨打印工艺

喷印技术用于功能材料直写电子器件，面临墨液配置、驱动模式选择、基板选择和溶剂挥发性控制等挑战，喷印的图案化结构还需要经过干燥、固化、烧结等后处理。喷嘴尺寸约为 20～30 μm，液滴体积约 10～20 pL(pL=10^{-12} L)，基板上墨滴直径约为滴落过程墨滴直径的 2 倍。

喷印主要有连续喷印和按需喷印两种液滴生成方式。连续喷印方式是由液滴构成的液柱连续从喷嘴喷出，通过加载在液柱上的周期扰动产生间隔和大小均匀的液滴，通过偏转电场控制所需墨滴的位置，多余的液滴通过回收系统进行回收。连续喷印更适用于低黏度流体，滴落速度高，所需墨液量大。按需喷印中液滴按需要喷出，可避免连续喷印中复杂的墨滴加载和偏转机构，定位精度高、可控性好、节约材料，而且目前打印机设备变得越来越简单，可靠性和性能不断提高。按需喷印使用脉冲方式喷射墨滴，主要有热泡法和压电法两类原理截然不同的驱动方式。此外，还有热屈曲法、声激励法、电流体动力法等。喷印过程最重要的因素是墨液的表面张力和黏性，以及驱动的频率和幅度。

利用喷印进行图案化面临以下挑战：

(1) 溶剂兼容性。多层结构连续打印时，对溶剂和溶液的选择性有较高要求。

(2) 形貌一致性。表面张力、墨液边缘的溶质聚合和溶剂干燥，将导致厚度不均匀，即所谓的咖啡环效应。

(3) 图案分辨率。喷射液滴的大小使得打印特征尺寸很难小于 20 μm。

(4) 墨液的优化。低蒸发率的溶剂可能需要增加额外的烘烤工艺，高蒸发率的溶剂易导致打印过程中出现喷嘴堵塞。

(5) 定位精度。喷射的液滴经过飞行后沉积到基板上，其定位精度不仅取决于喷头定位精度，也取决于喷头与基板的角度、空气的扰动、喷嘴到基板的距离等。

2) 电流体动力喷印工艺

传统喷印工艺为“挤”的驱动模式，难以直接沉积较高分辨率的图案，难以适应电子器件特征尺寸日趋减小的发展需求。电流体动力喷印(Electro Hydro Dynamic Printing, EHD Printing)采用电场驱动，以“拉”的方式从液锥顶端产生极细的射流，可以采用较粗的喷嘴实现微米或亚微米级分辨率的图案，能够打印较高黏性的墨液，在柔性电子领域具有广泛的应用前景。

电流体动力喷印、热气泡法喷印和压电法喷印三种喷印技术的比较见表 7-2-4。电喷印喷嘴直径越小分辨率越高[37]，但分辨率受喷嘴的影响远低于传统喷印工艺，可采用较粗的喷嘴在避免溶液堵塞喷嘴的前提下实现亚微米甚至纳米结构的高精度喷印。根据所采用的材料属性和工艺参数的不同，可以分别形成喷雾(电喷涂，electro spraying)、纤维(电纺丝)和液滴(电点喷，E-jetting)，这三种喷印模式具有相似的电流体动力学(Electro Hydro Dynamics, EHD)机理和实验装置。电喷印非常适合于复杂和高精度图案化，如电喷涂、电纺丝、电点喷可分别用于制备柔性电子的薄膜层、互联导体、复杂电极。

表 7-2-4　喷印技术比较

工艺特点	工艺类型		
	电流体动力喷印	热气泡法喷印	压电法喷印
喷头设计	喷头设计、加工简单，需要辅助电极产生电场	喷头设计、加工复杂	喷头设计、加工复杂，难以实现高集成度
溶液兼容性	对非牛顿流体适应性强，特别是高黏性溶液	对非牛顿流体适应性弱，对溶液蒸发性敏感	对非牛顿流体适应性弱，溶液不能有气泡
分辨率	较高，300 nm～10 μm	较低，20～50 μm	较低，10～50 μm
制造方式	可实现连续、离散喷印	液滴成线或膜不可连续	液滴成线或膜不可连续
效率	取决于液体本身黏弹性	受限于气泡发生速率	效率受限于压电频率

电喷印是利用电场将液体从喷嘴口拉出形成泰勒锥，由于喷嘴具有较高电势，喷嘴处的液体会受到电致切应力的作用。当局部电荷力超过液体表面张力后，带电液体从喷嘴处喷射，然后破裂成液柱或小液滴。通过改变流速、电压、液体性质和喷嘴结构，可形成具有不同射流形状和破碎机理的电喷印模式。连续锥射流采用直流电压形成连续的线，脉冲喷印采用脉冲电压或较低的直流电压以按需打印方式形成线或一系列的点。随着脉冲电压频率的升高，液锥不断震荡或破碎成许多小液滴，无法保证在每个脉冲作用下均发生滴落。如液体从喷嘴流出时仍保持非常高的电势，在电场力作用下将生成更小的液滴。

为获得稳定的射流，实现高精度电喷印，必须对材料、工艺因素进行控制，其中，材料因素包括材料结构(分子量、分子链类型、分子链长度等)、溶液物理性质(黏度、杨氏模量、电导率和介电常数等)等；工艺因素包括控制参数(喷嘴与收集电极的距离、电压、喷嘴直径等)、环境参数(压力、湿度、温度等)等。为实现不同线宽图案的电喷印，需要对断裂过程及其机理进行研究与控制。大分子量物质溶解导致溶液黏性增加，提高黏性有利于电纺出连续的纳米纤维，但不利于电喷涂和电喷印中溶液的断裂。表面张力影响液体的比表面积，增加溶液表面张力有益于小液滴的形成，对提高电喷涂和电点喷工艺精度有利，但会导致电纺丝工艺易形成纤维-液珠结构。溶液的电导率对电喷印工艺具有较大影响，高的电导性会增加射流速度和拉力，并有可能使得电极出现电导通，烧毁喷射的材料。基板的介电常数直接影响表面电荷密度，会引起电纺丝“鞭动”行为，使得定位更难。电极间距直接影响飞行时间和电场强度，较大间距可生成细小的液滴和纤维，但增加不稳定性，降低定位精度。控制电场可减小液滴尺寸，但其作用过程十分复杂，同时影响液滴和纤维的形貌、分辨率和稳定性。沉积薄膜的厚度、结晶度、质地和沉积速度可通过调节电压、流速、溶液浓度和基板温度进行控制。

电喷涂(电雾化)用电场将液滴雾化，通常采用含有纳米粒子的溶胶/凝胶溶液，其黏度往往高于传统喷印的墨液。电喷涂可用于处理特殊溶液，如沉积 PZT 薄/厚膜、利用溶胶/凝胶溶液前驱物沉积金属等。电喷涂中，相同尺寸的粒子具有相似的热动力学状态，可得到较均匀的薄膜，减少薄膜中空隙和裂缝的数量。电喷涂已用于生产有机薄膜，也可作为图案化技术[38]。电喷涂设备毛细管口处的液体受到重力、表面张力、电场力的共同作用，处于平衡态。当电压升高到临界值时，平衡状态被打破，液体将形成一个稳定的泰勒锥，并在锥顶产生细小的射流，射流继续破裂形成带电雾滴。电喷涂通常采用直接喷涂喷嘴和萃取喷嘴两种模式，两者区别在于毛细管和基板之间增加一个环形电极，以避免由于基板电极损伤造成薄膜不均性，但是部分液滴会落在环形电极上。

电纺丝被公认为是制造亚微米乃至纳米纤维的高效技术之一，较相分离、模板法、拉丝、自组装等纳米纤维制造方法，具有极高的灵活性和易于应用等优势，电纺丝工艺示意图如图 7.2.23 所示。最近发展了无喷嘴电纺丝技术、近场电纺丝技术等新的电纺丝模式，已用于微纳米器件的制造。电纺丝工艺利用高压使聚合物溶液/熔液形成带电的射流由喷嘴喷出，在到达收集电极之前，射流会干燥或者固化，最后收集到由小纤维连成的网状物。传统电纺丝过程中射流飞抵基板时通常为固态，可通过增加动态机械装置、使用不同形状和位置的辅助电极、减小电极间的距离和电压等方式提高工艺的可控性。目前已有一百多种材料成功地被电纺成极细的纤维，其中大多数是聚合物、无机物以及掺杂纳米材料的复合材料。

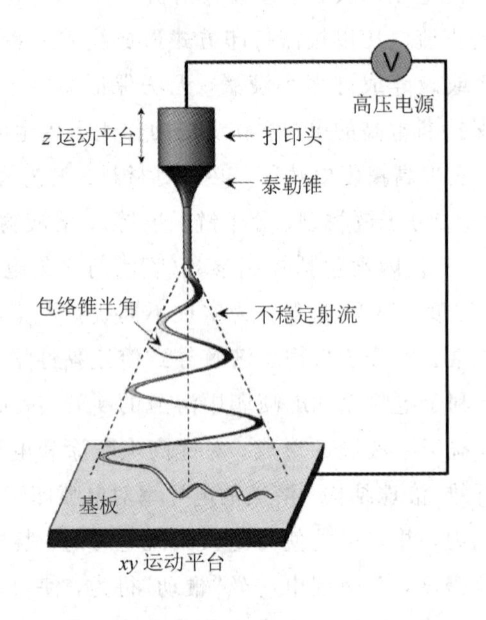

图 7.2.23　电纺丝工艺示意图

喷头结构是影响空间电场分布和喷印液滴/纤维尺寸的重要因素，对打印性能和精度有直接的影响。喷印头需要有良好的化学兼容性，以适应不同的材料；需要具有良好的墨滴生成稳定性，以提高打印质量。为确保适合聚合物打印，需要对喷嘴材料的物理化学性能进行优化，包括毛细管内/外部的润湿性、墨液喷射性等。目前喷头普遍采用的流量控制方式，集成化程度不高，制约喷头结构的微型化、集成化进程。微泵作为微流量控制系统的核心部件，是实现微量液体供给和精确控制的动力元件，广泛应用于药物输送、活细胞供给、芯片冷却等领域。静电方式驱动的微泵具有结构简单、易于控制、响应时间短、能量密度高等特点，成为微流量控制系统中的重要驱动源，与硅微加工工艺兼容性好，能够满足微喷印中微流量控制的要求。通过制造密集喷墨头阵列可实现高效打印，如几十、几百甚至几千个独立喷嘴，墨液由同一个导管供给，但是每个喷头可单独进行控制。结合当前较为成熟的 MEMS 微加工工艺，借鉴生物微流控芯片领域微流泵/微流道控制的相关研究结果，设计制造出适用于高精度微纳结构喷印的一体式微喷头结构，是实现批量化、一致性、低成本柔性电子制造的关键技术之一。

7.3　典型柔性传感器及其应用

7.3.1　柔性压力传感器

柔性压力传感器是柔性传感器的重要研究方向之一，具有柔韧性、可拉伸性等特点，可以附着在具有不规则形状的物体表面，也可以贴敷于人体皮肤甚至植入人体器官内，在工业及家庭机器、消费电子产品、柔性显示器、智慧医疗健康监测设备等领域有着潜在的应用价值[39]。柔性压力传感器可以制备成电子皮肤，用来模拟和拓展人的触觉；可以制备成柔性可穿戴健康系统，监测人的脉搏、心跳、呼吸等体征指标和健康参数；也可以制备成柔性运动监测设备，满足体育运动员、运动爱好者等监测运动状态的需求。柔性压力传感器是电子材料、器件和产品实现柔性化、便携化和智能化的关键和核心器件之一，也是众多柔性传感器中应用最为广泛的元件。国外权威结构预测，柔性压力传感器的市场将持续增长，位居所有可穿戴传感器的第一位，表明柔性压力传感器拥有巨大的发展空间。当前，柔性压力传感器的探知能力已经可以超过人类触觉探测极限，意味着未来机器手臂等可以感知更低的压力，进而拓展人类的感知能力。当然，由于柔性压力传感器由导电功能材料与高分子材料复合而成，这些传感器还普遍存在着回复性差、回滞大、精度低、可靠性差等诸多问题，解决这些问题对于推进柔性传感器的应用至关重要。

1. 电阻式柔性压力传感器

电阻式柔性压力传感器是在外力作用下电阻发生变化的一类传感器，具有结构和电路简单、容易集成、抗干扰性强等优点，是目前研究和应用最为广泛的一类压力传感器。引起电阻式压力传感器输出发生变化的因素包括如下几类[39]：电阻式传感器的几何构型变化；构成电阻式传感器的半导体能隙变化；导电或者功能材料的接触电阻发生变化；由复合功能材料构成的压力传感器中导电材料间距的变化。

一般来讲，压力传感器的电阻用公式 $R=\rho L/A$ 表示，其中，ρ 为压力传感材料的电阻率，L 和 A 分别为压力传感材料的长度和面积。压力传感材料电阻的变化一般由其几何构型参数的变化决定，压力传感器的灵敏度即应变系数，可通过公式 $\mathrm{GF}=(\mathrm{d}R/R_0)/e$ 计算，其中，R_0 为没有应力时材料的起始电阻值，e 为有应力时传感材料的变形量。

将以导电纳米颗粒、纳米纤维、纳米薄片(如炭黑颗粒、银颗粒、石墨烯、碳纳米管、银纳米线等)为代表的导电功能材料与高分子复合是制备电阻式柔性压力材料和传感器的常用方法。当导电功能材料的掺杂量很少时，复合敏感材料处于绝缘状态；随着导电功能材料掺杂量的逐步提高并达到逾渗阈值，复合材料内部会形成连通的逾渗导电通路，从而使敏感材料处于导体或半导体态。在压力的作用下，逾渗导电通路的形状和尺寸会发生变化，从而引起器件电阻发生变化。例如，在石墨烯或石墨片与高分子构成的复合导电材料中，在压力的作用下复合材料的尺寸发生改变，片状导电材料的接触、分布发生变化，逾渗导电通路的形状、尺寸以及器件电阻也随之发生相应的变化。这种复合型的电阻式柔性压力传感器结构简单，但由于导电功能材料在拉伸过程中会发生相对位置的变化，因而通常具有回复性差和回滞大等缺点。

最近，一些新的材料设计策略被深入研究，如薄膜中的裂纹扩展现象(图 7.3.1(a))、表面微纳结构设计(图 7.3.1(b))、隧道效应(图 7.3.1(c))及传感元件之间的断开连接(图 7.3.1(d))等[40-42]。值得一提的是，具有沟道裂纹或微结构的材料，无论感测材料内部(图 7.3.1(a))或感测元件与电极之间(图 7.3.1(b))是否存在横向裂纹(或间隙)，均表现出超高的灵敏度。

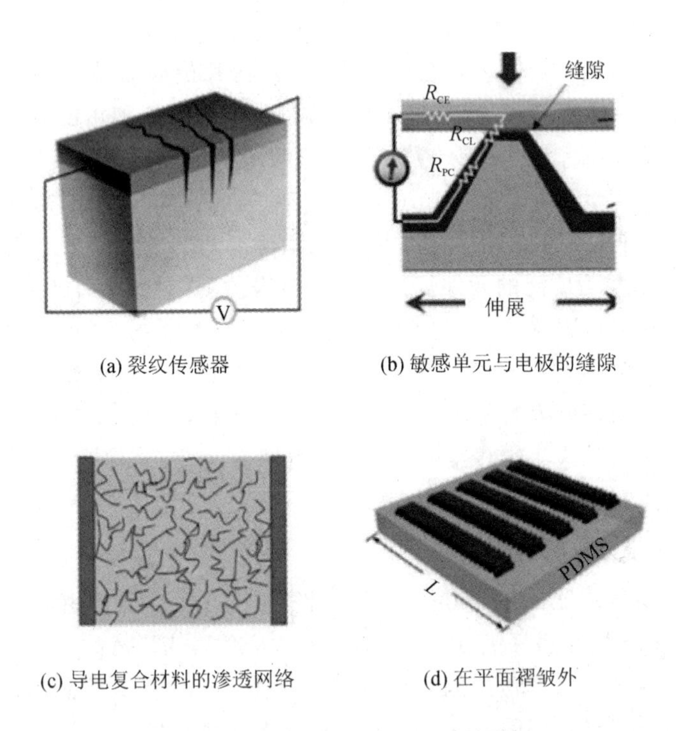

(a) 裂纹传感器　(b) 敏感单元与电极的缝隙

(c) 导电复合材料的渗透网络　(d) 在平面褶皱外

图 7.3.1　不同的材料设计策略

通过表面结构设计以在感测元件与电极之间制备间隙的方法可有效且便捷地提升电阻式柔性压力传感器的灵敏度。例如，在敏感薄膜表面制备微金字塔结构(图 7.3.2(a))、微圆顶阵列结构等。这类高灵敏度的柔性压力传感器不仅能够感知拉伸、扭曲等多种机械形变，还可以感知到呼吸等微弱压力。然而，上述表面微结构主要是基于硅片模板制作的，虽然其微结构精细、传感效果好，但是硅片模板的制作方法复杂、成本高、效率低，在大规模应用中局限性较大，因此，人们也在不断寻找更优异的制作界面微结构的方法。例如，有研究团队利用丝绸、树叶等材料为模板，实现了微结构柔性薄膜的制备(图 7.3.2(b))。

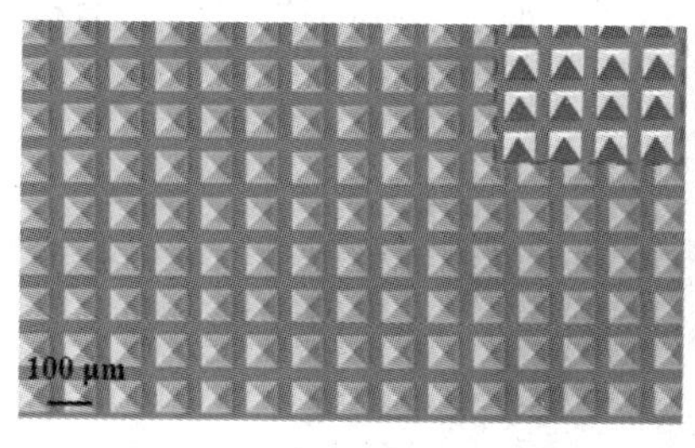

(a) 微金字塔结构

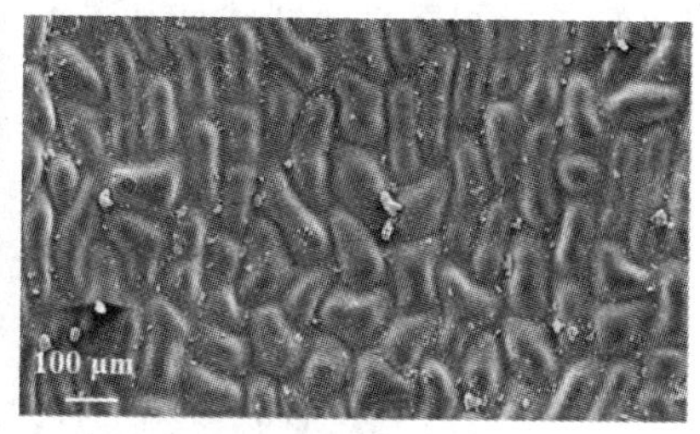

(b) 仿生叶片结构

图 7.3.2 不同微结构 PDMS 薄膜扫描电子显微镜表征图像

除了进行正压力的探测以外，还可以利用电阻式柔性压力传感器进行弯曲状态感知。由于弯曲感知过程涉及传感器的微拉伸或者压缩形变，因而基于普通固体的电阻式压力传感器(如应变片结构)的最大拉伸形变一般要小于 5%，应变传感系数 GF 仅为 2 左右，目前，研究人员也利用复合功能材料来设计柔性弯曲压力传感器，从而在不损失拉伸应变的条件下获得更高的灵敏度。例如，将生长在硅上的多壁碳纳米管(Multi-Walled Carbon Nanotube，MWCNT)转移到柔性衬底上制备了柔性压力传感器，或使用铅笔在纸上画线的方式简单制作了电阻式柔性弯曲压力传感器等，如图 7.3.3 所示[43-44]。

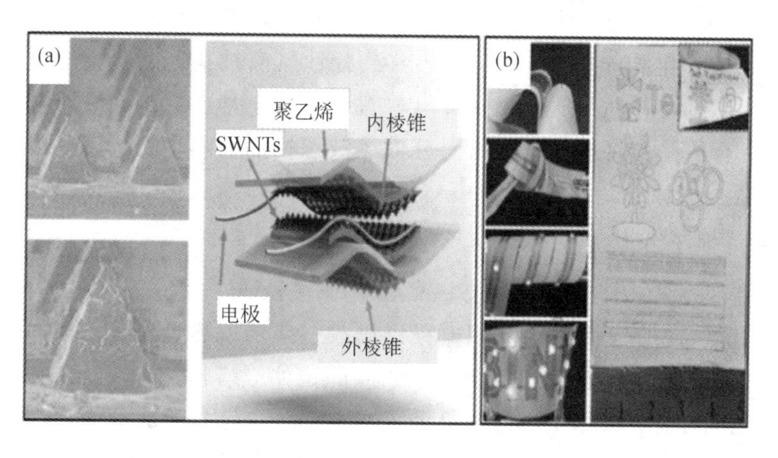

图 7.3.3 测量拉伸/压缩应变的电阻式柔性压力传感器

上述电阻式柔性压力传感器的核心目的是实现压力或弯曲状态的测量，但其拉伸性能具有很大的局限性。除了电阻式柔性压力传感器外，人们也关注电阻式可拉伸压力传感器。

在手指弯曲运动、膝关节运动以及机器手臂运动等监测过程中，通常需要进行拉伸形变下的应力探测。尤其是探测人体力学信息等实际应用中往往需要柔性压力传感器具有良好的可拉伸性，从而与人体皮肤的形变程度相匹配和兼容，以满足人体力学运动、健康参数的测量等。与电阻式柔性压力传感器相类似，电阻式可拉伸压力传感器主要通过基于导电填料一高分子复合材料的敏感单元在拉伸过程中由形变所导致的电阻变化来进行拉伸力的探测(见图 7.3.4)。所不同的是，可拉伸压力传感器需要考虑高分子材料的拉伸性能，优选弹性好的高分子材料并进行器件结构上的设计，以使器件可以容忍大拉伸形变。电阻式可拉伸压力敏感材料和传感器的制备方法主要包括过滤法、打印法、转移/微模板法、涂层法和液态混合法等。

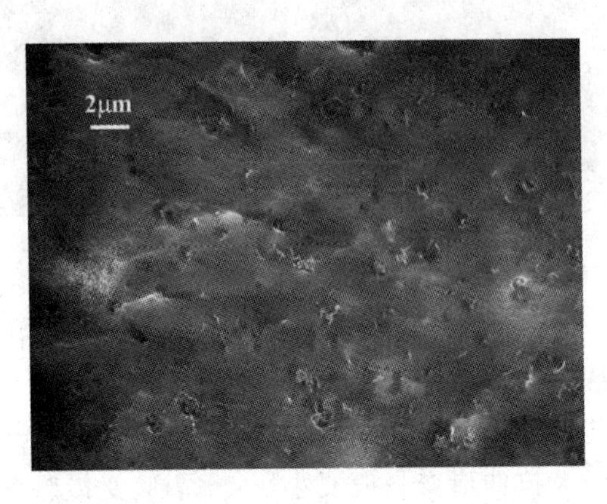

图7.3.4　具有超拉伸性的PDMS/碳纳米管复合压阻薄膜

过滤法是指将分散在溶液中的导电功能材料通过抽滤、过滤或者自然蒸发溶剂等方式沉降形成膜状导电材料，然后将其转移到弹性基底上制备电阻式可拉伸压力传感器；打印法是指通过打印设备将导电墨水或导电复合材料等直接打印在弹性基底上，或者打印在刚性基底再转移到弹性基底上，可以构建电阻式可拉伸压力传感器；转移/微模板法是指先在模板上生长所需的导电功能材料，然后再转移到弹性衬底材料上制备柔性可拉伸压力传感器；涂层法是指通过在弹性衬底上喷涂导电材料形成导电功能涂层，进而制备可拉伸压力传感器；液态混合法是指将导电功能材料分散在液态衬底材料中，从而形成复合导电体并制备出可拉伸压力传感器。

2. 电容式柔性压力传感器

电容式柔性压力传感器一般采用有机高分子(如PDMS、PI、Ecoflex等)作为弹性介质层，在弹性介质层上、下表面分别沉积电极以构成三明治电容器结构。当向电容器结构施加拉应力或者压应力时，弹性介质层会发生相应的拉伸或者压缩形变，从而引起电极间距和等效电极面积的变化。根据电容的计算公式$C=\varepsilon S/d$(其中C是器件电容，ε是弹性介质的介电常数，S是等效电极面积，d是电极间距)，电极间距和等效电极面积的变化会导致器件电容发生变化，从而实现应力的探测。柔性电容式传感器具有灵敏度高、功耗低、适于阵列探测等优点，但同时也存在读出电路复杂、抗干扰能力差等问题。通过构建特殊结构的弹性介质层，可以调节电容式压力传感器的灵敏度。通过设计电极的相对分布并采用复合材料作为绝缘介质层，可以实现宽量程、多维力的测量。除了探测压力之外，电容式传感器还可以进行触觉感知。

当用于触觉感知时，介电材料的压缩性是一个关键参数，它直接与灵敏度相关。通过引入具有超低弹性模量的材料(PDMS、Ecoflex等)或设计空气嵌入的微结构介电层(如表面具有金字塔的弹性体)可有效提升灵敏度。此外，嵌入空气的方法在一定程度上减小了柔性材料粘弹性效应，从而提高了传感器响应时间。特别地，已有学者提出利用纯空气作为介电层构建电容式柔性压力传感器，但是空气的介电常数较低，容易导致器件电容值小、抗干扰性差。中科院学者设计了基于碳纳米管(Carbon Nanotube，CNT)的可伸缩平行板状电容式压力传感器，即两层碳纳米管薄膜之间夹着有机硅弹性体的薄层，反映出了电容变化量随应力增加而增加，且能够定量地检测出应力为300%条件下的电容变化量(见图7.3.5(a))[45]。除平行板电容型传感器外，也有学者通过涂覆弹性橡胶和银纳米线复合材料制备导电纤维并在其外部涂覆PDMS的工艺方法，构建了一种高灵敏度纺织式柔性电容压力传感器，可有效集成到手套和服装中(见图7.3.5(b))[46]。

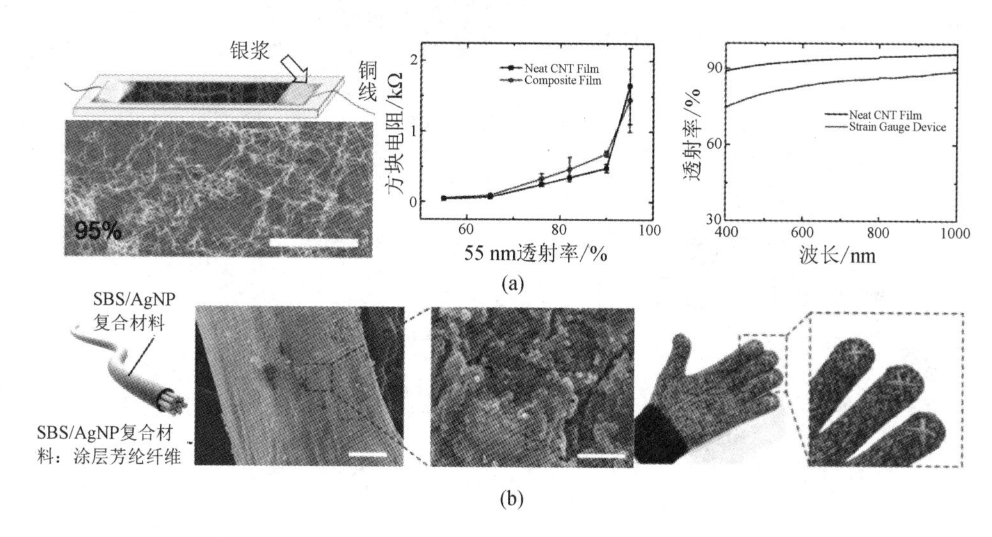

图7.3.5　各种结构的电容式柔性压力传感器

3. 压电式柔性压力传感器

压电材料是指基于逆压电效应而在机械压力下产生电荷的特殊材料。这种压电特性是由存在的固有电偶极矩导致的，而电偶极矩的获得则是通过取向的非中心对称晶体结构变形或者孔中持续存在电荷的多孔驻极体实现的。压电系数是衡量压电材料能量转换效率的物理量，压电系数越高，能量转换的效率就越高。利用高灵敏、快速响应和具有高压电系数的压电材料可以发展能够将压力转换为电信号的压电式柔性压力传感器。

目前，压电材料柔性化工艺可分为两大类。一种是借助各种工艺将柔性压电材料与塑性基体结合，如在蓝宝石表面制备锆钛酸铅(PZT)薄膜，再经过激光处理后转移至PET薄膜，从而制备出具有优异电学特性的压电式柔性压力传感器(见图7.3.6(a))[47]；此外，还有利用化学机械抛光工艺和可控剥离工艺在PET薄膜表面制备铌镁酸铅-钛酸铅(PMN－PT)压电薄膜的方法，该器件具有优异灵敏度，可实现对小白鼠心电图的测量(见图7.3.6(b))[48]。另一种方法是以PDMS、Ecoflex薄膜为基体，将压电纳米纤维/颗粒混入柔性聚合物中实现压电材料柔性化，如将钛酸钡(BTO)纳米颗粒混入PDMS的复合薄膜作为压电敏感层，喷涂透明银纳米线作为电极层，可构建出一种透明的压电式柔性压力传感器(见图7.3.6(c))[49]。除直接利用压电材料制备柔性压力传感器外，还可以利用压力作用下压电材料产生电荷的特点，将其用作晶体管或者场效应管的栅截止，进行压力-电荷-输出模式的压力探测和输出信号放大。

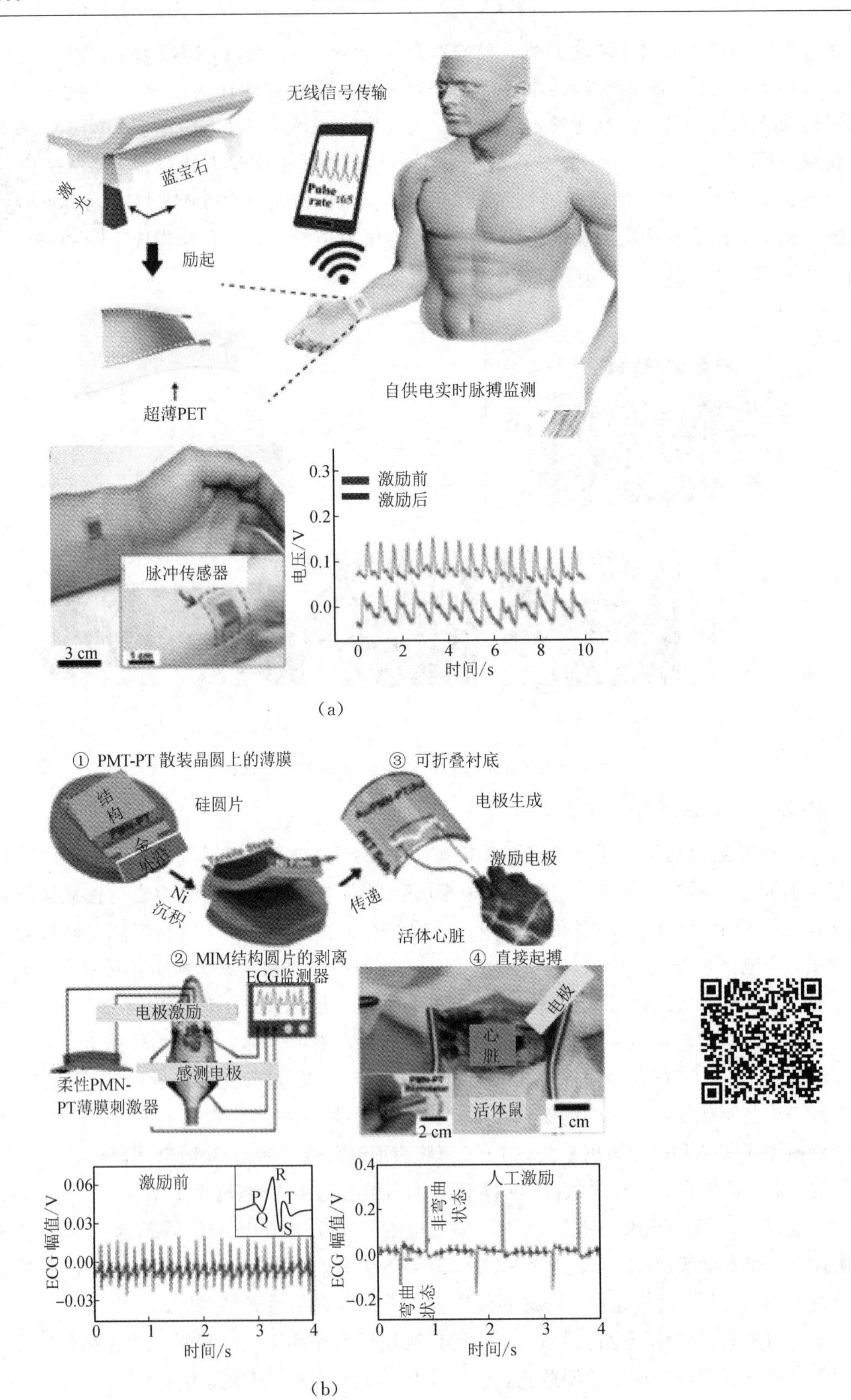

无线信号传输
激光
蓝宝石
励起
超薄PET
自供电实时脉搏监测
脉冲传感器
3 cm
激励前
激励后
电压/V
时间/s
① PMT-PT 散装晶圆上的薄膜
硅圆片
结构
金
外沿
Ni
沉积
③ 可折叠衬底
电极生成
激励电极
传递
活体心脏
② MIM结构圆片的剥离
ECG监测器
电极激励
感测电极
柔性PMN-PT薄膜刺激器
④ 直接起搏
电极
心脏
活体鼠
2 cm
1 cm
激励前
ECG 幅值/V
时间/s
人工激励
非弯曲状态
弯曲状态

(a)

(b)

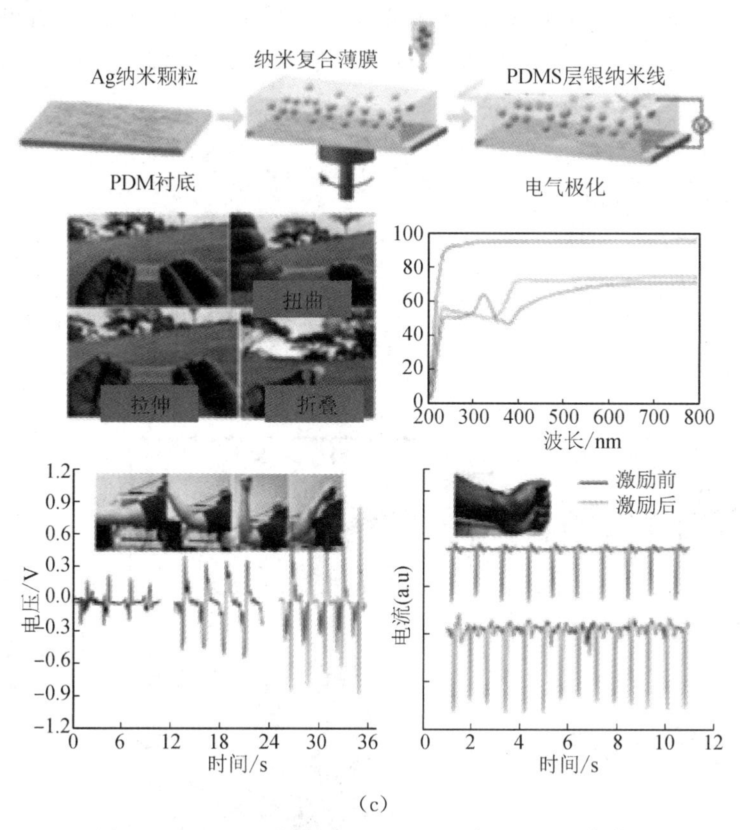

(c)

图 7.3.6 基于不同制备工艺的压电式柔性压力传感器

4. 摩擦起电式柔性压力传感器

目前，摩擦起电式压力传感技术也是柔性压力传感器的重要研究方向之一，其研究关键在于满足小型化和柔性化的同时保持优异的电学性能。垂直接触一分离模式常用于制备摩擦起电式柔性压力传感器。假设摩擦材料分别为 PDMS 和铜。当外部压力作用在器件上时，两种不同材料的摩擦层会相互彼此接触并摩擦，并且接触面积与外力大小相关。由于摩擦起电效应，等量相反的电荷积累在接触表面(正电荷积累在微阵列结构铜薄膜表面，负电荷积累在微阵列结构 PDMS 薄膜表面)。当外部压力撤销时，两个摩擦层彼此会发生分离并在其中间形成一个空气间隙。此时，两个电极上的电子会经过外部电路产生流动以平衡两个摩擦层上由摩擦电荷产生的电势差。由间隔层产生的空腔结构使得接触起电现象和静电感应现象同时发生，确保电学输出信号和外力的完美匹配。当外部压力再次作用在器件上时，两个摩擦层之间的空气间隙会消失，同时两摩擦层再次发生接触并摩擦。此时，由先前彼此分离的摩擦电荷形成的电势差消失，电荷(电子)会经外部负载产生回流，进而产生相反方向的电流信号。

织物状柔性压力传感器易与纺织品集成，有学者便提出一种利用铜导电材料包裹的聚对苯二甲酸乙二酯(Cu - PET)作为经线、聚酰亚胺包裹的 Cu - PET(PI - Cu - PET)作为纬线的织物状摩擦起电式柔性压力传感器(见图 7.3.7(a))，该传感器可以集成在衣物表面以监测人体呼吸频率和呼吸深度信息[50]。此外，薄膜基摩擦起电式柔性压力传感器也被广泛研究，有学者便提出利用表面具有三角形条纹形状的PDMS薄膜作为集体材料，制备出具有优异柔韧性和共形性的压力传感器，实现了对指关节运动、腕部脉搏跳动的监测(见图7.3.7(b))[51]。

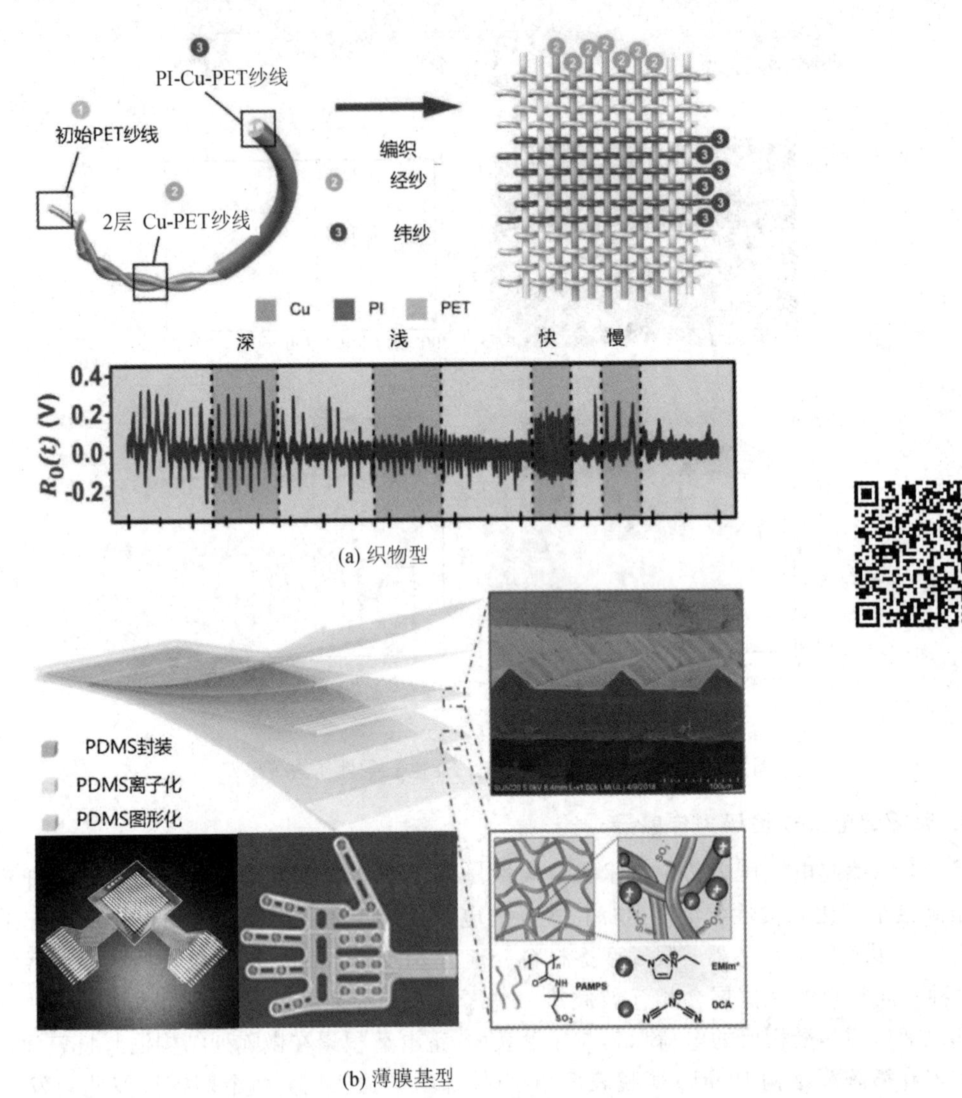

(a) 织物型

(b) 薄膜基型

图7.3.7 摩擦起电式柔性压力传感器

7.3.2 柔性环境传感器

随着现代社会的飞速发展，人们需要准确量化地描述所处环境的物理状态。这一要求不仅体现在人们对工作环境的精确掌握和控制方面，同时也体现在对生活环境状态的关注和了解方面。因此，人们对环境监测的要求也越来越高。湿度、温度、气体等环境传感器能够精确地测量相关环境信息，从而最大限度地满足用户对被测物数据的测试、记录和存储需求。另外，柔性可穿戴设备的逐渐兴起对传统的刚性电子器件提出了柔性的要求，因而柔性环境传感器的相关研究也得到了极大的关注和重视。

1. 柔性湿度传感器

自然界大气中含有水汽的多少可以衡量大气的干湿程度，用湿度来表示。湿度传感器是一种能感知气体中蒸汽含量，并转换成可衡量参数的传感器。随着科技的发展，湿度不仅影响人类的基本生活条件，对电子行业、生物医药化妆品、食品储运、文物保管、档案整理、科学研究、国防建设等均有明显影响。水蒸气和空气混合物的相对湿度(Relative Humidity，RH)定义为单位体积内水蒸气的压力 P_w 与同温度下饱和水蒸气压 P_s 的比值。相对湿度指示了空气中水蒸气接近饱和含量的程度。RH 越接近饱和值 100%，代表空气吸收水蒸气的能力越弱；反之越强。水的饱和蒸气压随温度的降低而下降；在同样的水蒸气压下，温度越低，空气的相对湿度越大。目前，湿度传感器主要分为电容式湿度传感器、电阻式湿度传感器、光学湿度传感器、磁弹式湿度传感器等。其中，电容式和电阻式为常用类型。

电容式湿度传感器的基本原理是：环境湿度变化引起湿敏材料电容的介电常数发生变化，从而使其电容量发生变化；利用电路测算出电容的变化值，即可得知环境湿度的变化。目前电容式湿度传感器一般有三层立体结构和叉指平面结构。一般来说，平板电容器的电容可以通过 $C(\%RH)=\varepsilon_r(\%RH)\varepsilon_0 A/g$ 计算得到。其中，%RH 为环境的湿度；ε_r 和 ε_0 分别为介电材料和真空的介电常数；A 为平板面积；g 为平板间距。利用电容与介电常数的线性关系，可以获得环境湿度的信息。

电容式柔性湿度传感器如图 7.3.8 所示。

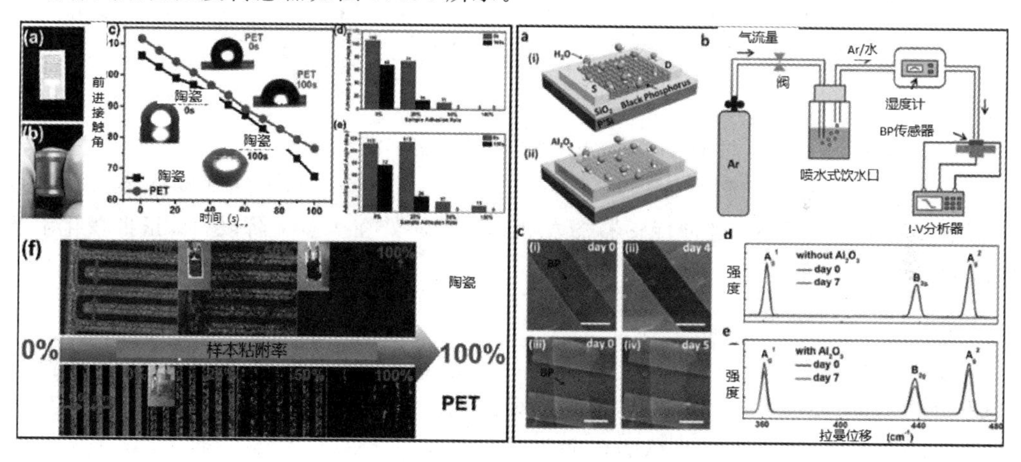

图 7.3.8　电容式柔性湿度传感器[52-53]

电阻式湿度传感器的原理是：空气中的水蒸气吸附在感湿膜上时材料的电阻率和电阻值会发生变化，利用电路测算出电阻的变化值，即可得知环境湿度的变化。一般来说，这种类型的传感器主要利用以下三类材料：陶瓷材料、聚合物材料、电解质材料。其结构和电容式湿度传感器相似，采用电阻材料作为对湿度敏感的介质层。其优点是灵敏度较高，主要缺点是电阻随湿度变化的线性度和产品的互换性差。

电阻式柔性湿度传感器如图 7.3.9 所示。

随着物联网信息时代的不断发展，用户希望湿度传感器在准确测量环境参数的前提下还能够具有透明、柔性、便于携带、可穿戴以及低成本、低功耗、易于制造和易集成到智能制造系统等特点。制造湿度敏感薄膜材料的方法主要包括自组装及纳米材料复合法、丝网印刷和喷墨打印等。

例如，利用吡咯在纤维素膜表面原位自组装发生聚合反应的方法可以获得纤维素-聚吡咯纳米复合材料，该复合薄膜材料的介电性质具有湿度敏感性；利用凹版印刷工艺可以将银纳米颗粒和聚 2-羟乙基甲基丙烯酸酯(PHEMA)印制在柔性 PET 衬底上，并制备具有叉指电极结构的电容式柔性湿度传感器；此外，采用过滤成膜法，可利用聚四氟乙烯多孔膜将木质素和还原氧化石墨烯混合溶液过滤制成湿度敏感薄膜，并组装成湿度传感器。

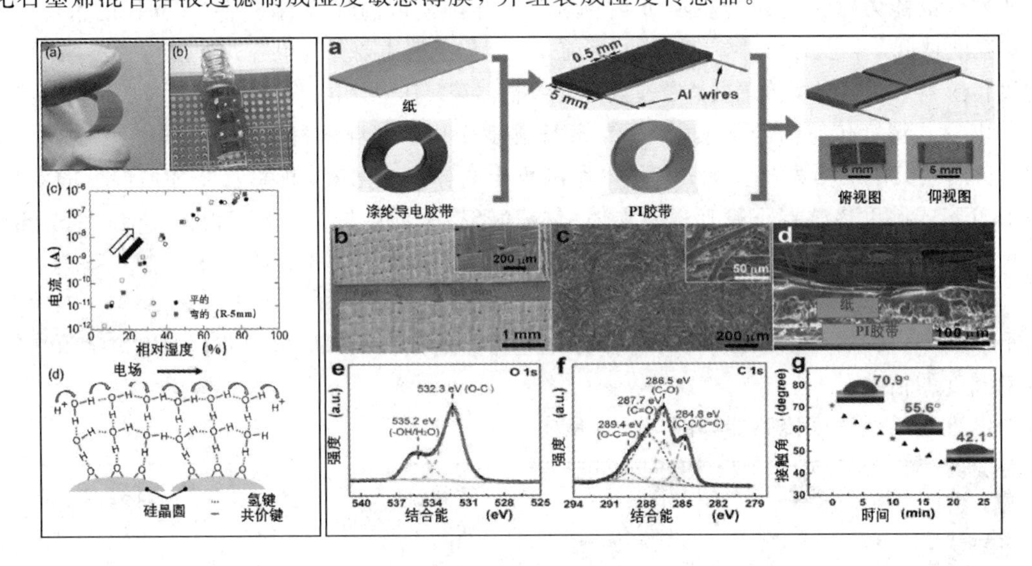

图 7.3.9　电阻式柔性湿度传感器[54-55]

综上所述，制备柔性湿度传感器的方法有很多种，制备出的柔性湿度传感器测量范围广、温度稳定性好。然而，这种传感器的发展大部分还处在实验室阶段，真正批量化生产还面临着更多挑战。

2. 柔性温度传感器

温度是一种非常重要的物理量。在人们的日常生活中，温度测量无处不在，从空调到笔记本电脑，从工业生产到天气预报，都需要对温度进行测量和监控，以保障日常生活和生产活动的顺利进行。例如，人体的正常体温基本稳定在 37℃左右，但是实际上人体从内脏到体表各部位的温度各不相同，这些温度对维持人体的生理活动和新陈代谢至关重要，如何更加准确地测量和监控这些温度将对医学诊断产生重要的参考价值。温度的测量方式可以分为接触式和非接触式两大类

接触式温度传感器是根据热平衡原理设计的，通过保持传感元件与被测物体之间达到热平衡，使得温度传感器的数值直接反映被测对象的温度。接触式测量的特点是具有较高的测量精度，但是不适合测量运动物体和热容量很小的对象。在接触式温度传感器中，常用的温度元件有双金属片温度元件、玻璃液体温度元件、电阻温度元件、热敏电阻元件和热电偶元件等。双金属片温度元件和玻璃液体温度元件是基于固体热胀冷缩的原理制成的。电阻温度元件是根据导体电阻随温度而变化的规律来测量温度，所构成的电阻温度计

根据感温元件材料可以分为金属电阻温度计和半导体电阻温度计，其中用于金属电阻温度计的材料有铂、铜、铁、铑等；用于半导体电阻温度计的主要有碳和锗等。铂电阻温度计具有很高的精度，并且其温度覆盖范围广，因而常用作测温的标准。热电偶温度计利用热电效应的原理进行温度测量。热电效应是指将两种不同成分的(半)导体 A 和 B 的两端分别焊接在一起，形成一个闭合回路，如果两个接点的温度不同，则回路中将产生一个电动势。热电偶的热电动势的大小只与热电偶材料和两端的温度有关。热电偶传感元件由两根不同材质的金属导线组成，具有结构简单、精确度高、抗震等优点，是在工业生产中应用较为广泛的测温装置。

非接触式温度传感器的敏感元件与被测对象相距一定的距离，通常用来测量运动物体和热容量小的物体的表面温度。最常用的非接触式测温仪基于黑体辐射的基本原理制成。根据普朗克公式可知，在波长固定的情况下，物体的单色辐射亮度只与其温度有关。同样，物体在整个波长范围内的辐射能量与其温度之间存在特定的函数关系，也可以用来设计非接触式温度传感器。这一类传感器中普遍为大家熟知的是红外测温仪。

随着柔性传感器的发展，具有机械柔性的温度传感器成为近年研究的热点。尤其是开发集柔性和温度、湿度、力学传感于一体的具有类皮肤功能的电子皮肤，是当前研究的一个重要方向。柔性温度传感器的基本原理是将具有温度传感功能的元件集成到具有机械柔性的基底材料上，形成柔性温度传感器。目前在柔性温度传感器中使用的功能元件主要为接触式传感元件，包括热电偶温度计、热电阻温度计和有机二极管三种。与其他柔性电子器件一样，柔性温度传感器制作上最大的难点在于如何保证大形变下电学元件和互联电路的稳定，具体包括：金属是组成电路互联的最常用材料，但是金属难以承受大的形变；有机材料可以实现柔性的功能，但是其电学性能往往不佳。目前大多采用将金属制作成一定几何形状的方法来实现器件的柔性化，如蜿蜒蛇形导线等。

此外，也可以采用 graphite-polydimethylsioxane 复合物、碳纳米管—聚合树脂复合物、金属镍微米颗粒与 PE 等有机物的复合物、纤维素—聚吡咯等有机物与导电体混合的方法制备柔性温度传感元件。

柔性温度传感器如图 7.3.10 所示。

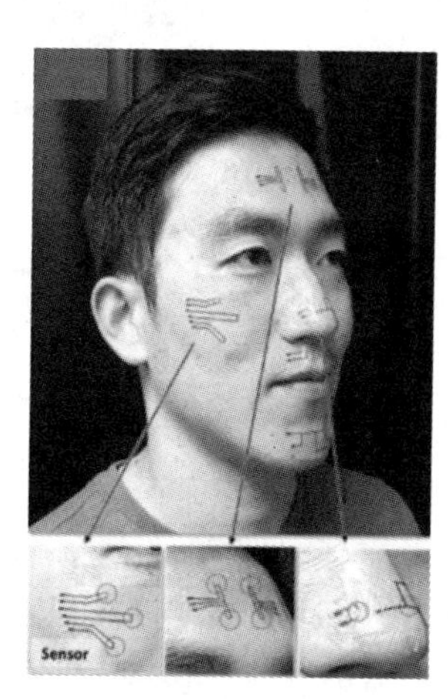

(a) 接触式柔性温度传感器[56]

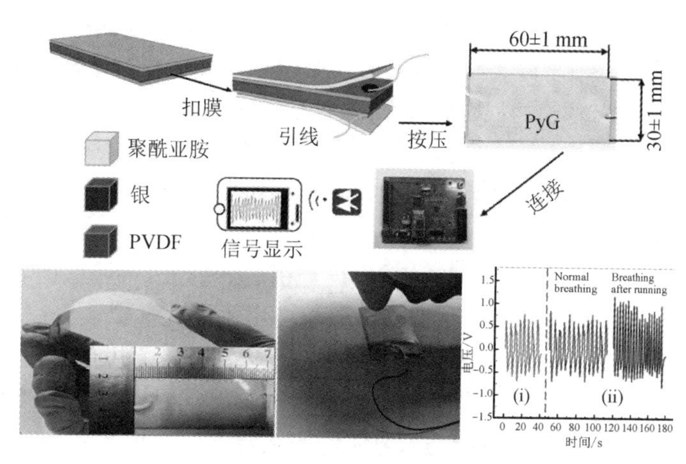

(b) 非接触式柔性温度传感器[57]

图 7.3.10　柔性温度传感器

3. 柔性气体传感器

大气环境污染问题已引起了社会的广泛关注。开发轻便、使用界面友好、可用于有毒有害气体检测的柔性气体传感器是电子器件领域的研究热点之一。根据探测原理的不同，常见的气体传感器主要分为光学气体传感器和电子气体传感器，如红外气体传感器、电化学气体传感器、半导体气体传感器、电容式气体传感器等。

红外气体传感器的原理是基于不同气体分子的近红外吸收光谱不同的特性，利用红外吸收峰的位置定性分析气体组分；同时，根据标准参考物气体浓度与吸收强度的关系(即朗伯-比尔定律)可以定量分析其气体浓度。

电化学气体传感器的工作原理是利用测量特定气体在电极处氧化或还原而产生的电化学电流从而分析得出该气体的浓度。电化学气体传感器包括正极、负极和电解质等结构，测试气体通过多孔膜扩散至相应的工作电极表面并发生氧化或还原反应，通过测量产生的电化学反应电流即可确定气体浓度。

半导体气体传感器的工作原理是利用气体在半导体表面发生物理吸附或化学吸附时的电子的转移效应所引起的半导体材料电阻的变化测量气体分子的浓度。氧气、氯气等具有吸电子倾向的气体被称为氧化性气体。氢气、一氧化碳等具有给电子倾向的气体被称为还原性气体。总的来说，当N型半导体表面与氧化性气体相互作用时，半导体内电子的浓度降低，使半导体导电能力减弱，即电阻增大；当还原性气体与P型半导体相互作用时，将使半导体内空穴的浓度降低，而使半导体导电能力减弱，电阻增大。相应地，当还原性气体与N型半导体相互作用时，或氧化性气体与P型半导体相互作用时，则半导体表面的载流子浓度增多，使半导体导电能力增强，电阻值下降。

电容式气体传感器中的敏感材料通常是具有选择吸附特性的多孔材料。当敏感材料吸附某一特定气体后，其电容会发生相应的改变。根据敏感材料电容的变化情况就能获得环境中的气体浓度信息。

目前，常见的气体敏感材料有金属氧化物纳米材料、碳基材料、量子点、离子液体、配位化合物等。天津大学学者以PEDOT：PSS纳米线作为敏感单元，制备了用于监测NH_3气体的柔性传感器，并与手机组成传感系统，可用于肉类食品腐败监测(见图7.3.11(a))。韩国学者利用氧化铟和铂纳米颗粒的混合纳米结构与金属纳米线(作为电极和天线)的随机网络，开发了柔性、透明的气体传感器，用于乙醇蒸气的实时、无线测试，在交通安全、酒驾测试方面拥有巨大潜力(见图7.3.11(b))。可见，通过选择不同的敏感材料，可实现对不同气体的监测。

综上所述，柔性环境传感器已经引起研究人员的兴趣，相关原型器件的开发也备受关注。然而，要真正实现柔性传感器的应用还面临重要挑战，主要包括以下方面：

(1) 工艺稳定可靠的柔性电路制作方法。当前虽然有一些制备柔性电路的方法，但是这些方法存在制作工艺复杂、难以大面积制备等缺点，难以被广泛采用。采用打印的方法制备柔性电子器件可能是未来发展的重要方向，可能为柔性传感器的制作提供解决方案。

(2) 多功能传感元件的探索。受电子皮肤这一概念的激发，如何获得功能足以媲美皮肤的多功能柔性传感元件对于开发智能传感器和智能机器人等具有重要意义。

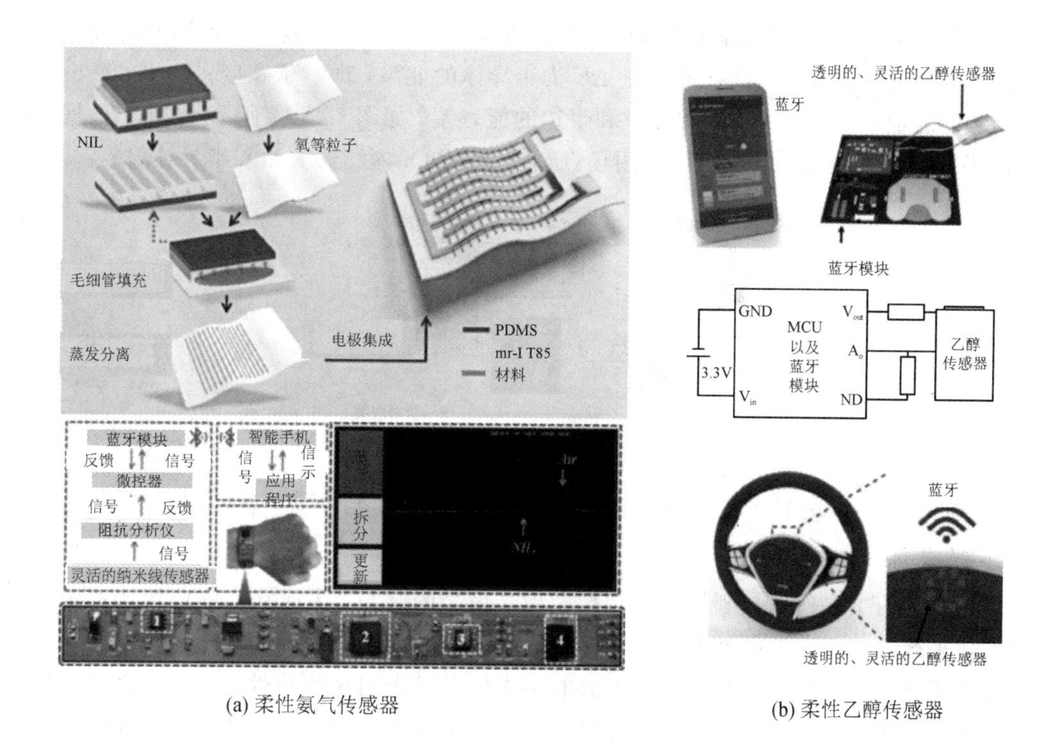

(a) 柔性氨气传感器　　(b) 柔性乙醇传感器

图 7.3.11　柔性气体传感器

7.3.3　柔性光探测器

光探测器[58]是基于光电效应即用光子激发电子一空穴对所形成的光电流来探测光信号的半导体器件。光探测器在军事及国民经济的各个领域，如航空航天、军事国防、信息技术、数字成像、生物分析、环境监测、工业自动控制、高精度测量等方面都具有极其重要而广泛的用途。近年来，随着柔性电子学的发展以及人们对便携化、健康化可穿戴传感器需求的不断增加，柔性传感器逐渐受到科研界和产业界的广泛重视。柔性光探测器具有可任意拉伸、弯折、扭曲等特点，能够依附于各种不同的表面结构，可以实现便携化和可植入化，应用领域广泛。例如，可依附于皮肤表面的紫外线贴片能够帮助人们实时监测所处环境的紫外线辐射情况；具有生物兼容性的柔性可植入可见光探测器可以帮助盲人恢复视觉等。

1. 光探测器基本原理

通常来讲，光探测器的工作原理包括三个基本的光电过程：入射光被吸收产生光生载流子；通过某些电流增益机制形成载流子的有效输运和倍增；载流子形成端电流，输出电信号。半导体光电效应与光子的能量 $h\upsilon$ 密切相关，即电子的能量变化与光波长密切相关，可用下式表示：

$$\lambda=\frac{hc}{\Delta E}=\frac{1240}{\Delta E(\text{eV})}\,(\text{nm}) \tag{7.3.1}$$

式中，λ 为光波长；h 为普朗克常数；c 为光速；ΔE 为电子吸收光子后能级的变化。

光子能量 $hc > \Delta E$ 时也能引起载流子的激发过程，上式通常表示光探测器的长波探测极限。在本征激发过程中，跃迁能量差 ΔE 为半导体的能隙，即禁带宽度；在非本征激发过程中，跃迁能量差 ΔE 可以是杂质能级和带边的能量差，如图 7.3.12 所示。因此，根据不同材料的不同光谱响应范围，在不同应用场合选择所需的光探测器类型和半导体材料。

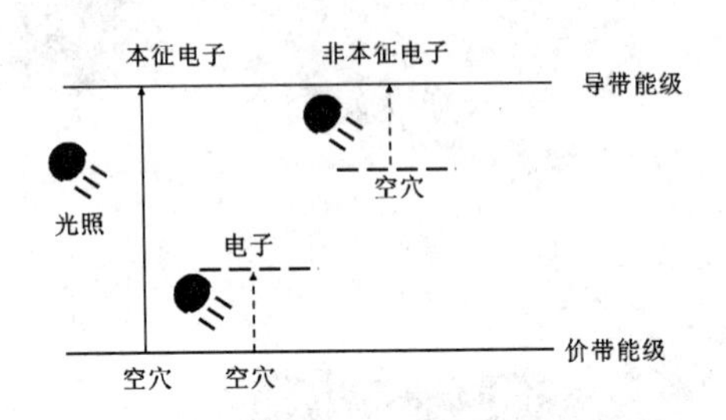

图 7.3.12　带间本征激发过程和杂质能级与导带或价带之间的非本征激发过程示意图

2. 光探测器性能参数

光探测器的主要作用是利用光电转换实现光信号的感知，因而在实际应用中有一些基本的参数来衡量光探测器的性能。

首先是光吸收系数。光吸收系数表示半导体材料对光的吸收特性，它一方面反映出光能否被吸收并产生光激发，另一方面可以反映光具体在哪里被吸收。光吸收系数越大，说明光被吸收得越多，尤其是光进入半导体后在其表面处更容易被吸收；光吸收系数越小，光就更加能深入半导体内部。若光子能量小于半导体材料的禁带宽度，则该光子不能被半导体材料吸收，可以穿透半导体材料。因此光吸收系数决定了光探测器的量子效率，即单个光子产生的载流子数目。

另一个重要参数是响应度。响应度同样是描述器件光电转换能力的物理量，其大小可以为平均输出的光电流与平均输入的光功率的比值，单位为 A/W。光探测器的响应速度是非常重要的参数，特别是对于光通信系统。当光信号以非常高的速度被打开和关闭时，光探测器的响应速度与数字传输数据的速度相比应该足够快。影响光探测器响应速度的因素有很多，载流子寿命越短，响应速度越快，但缺点是暗电流较大；耗尽层宽度越窄，渡越时间越短；电容也应该足够小，也就是耗尽层宽度要宽。所以需要综合考虑多种因素以达到器件整体性能的优化。

除了获得强的信号外，降低噪声也非常重要，因为噪声的大小决定了最小可探测的信号强度。产生噪声的因素很多，如暗电流(即未受到光照时的电流值)、背景辐射、热噪声、散粒噪声、闪烁噪声($1/f$ 噪声)等。热噪声是相互独立的，它们一起构成总噪声，其相关优值为噪声等效功率(NEP)，它相当于在 1 Hz 带宽内信噪比为 1 时所需的均方根入射光功率。

3. 光探测器敏感材料

目前用于柔性光电探测器的半导体材料多种多样。按照化学成分划分，可分为无机材料(硅、ZnO、GaN 等)和有机材料(有机铅三碘化物等钙钛矿材料)；按照材料或器件维度划分，可分为二维材料(石墨烯)、一维材料(碳纳米管)和量子点等；按照响应波段划分，可分为紫外波段(ZnO、GaN、SiC 等)、可见光波段(硅、卤化物钙钛矿、PbS 量子点等)和红外波段(石墨烯量子点、锗、PbSe 等)。

虽然当前可用于柔性光探测器的材料和器件结构多种多样，但是想要投入实际应用，还需要仔细选择衬底材料，认真设计器件结构并精心优化介质材料，以达到最优的器件性能。当前刚性的光探测器技术已经非常成熟，在人们生活的各个领域发挥着极其重要的作用。在未来，随着柔性及可穿戴设备的普及，柔性光探测器必然会成为其中的重要一员，在人类的健康、医疗、娱乐等多个领域发挥重要作用。

参考文献

[1] WEBB R C, BONIFAS A P, BEHNAZ A, et al. Ultrathin conformal devices for precise and continuous thermal characterization of human skin[J]. Nature Materials, 2013, 12(10): 938-944.

[2] YU X W, MAHAJAN B K, SHOU W, et al. Materials, mechanics, and patterning techniques for elastomer-based stretchable conductors[J]. Micromachines, 2017, 8(1): 7.

[3] FAN F R, TIAN Z Q, WANG Z L. Flexible triboelectric generator[J]. Nano Energy, 2012, 1(2): 328-334.

[4] 马勇，孔春阳. ITO 薄膜的光学和电学性质及其应用[J]. 重庆大学学报，2002, 25(8): 114-117.

[5] 尹周平，黄永安. 柔性电子制造：材料、器件与工艺[M]. 北京：科学出版社，2016.

[6] 董帅. 导电复合材料渗滤模型和压阻效应研究[D]. 合肥：中国科学技术大学，2017.

[7] OBITAYO W, LIU T. A Review: carbon nanotube-based piezoresistive strain sensors[J]. Journal of Sensors, 2012: 652438.

[8] LEE R S, KIM H J, FISCHER J E, et al. Conductivity enhancement in single-walled carbon nanotube bundles doped with K and Br[J]. Nature, 1997, 388(6639): 255-257.

[9] 李润伟，刘钢. 柔性电子材料与器件[M]. 北京：科学出版社，2019.

[10] WONG W S, SALLEO A. Flexible electronics: materials and applications[M]. Springer Publishing Company, Incorporated, 2009.

[11] AMINAKA E I, TSUTSUI T, SAITO S. Electroluminescent behaviors in multilayer thin-film electroluminescent devices using 9,10-bisstyrylanthracene derivatives[J]. Japanese Journal of Applied Physics, 1994, 33(2): 1061-1068.

[12] CHOY K L. Chemical vapour deposition of coatings[J]. Progress in Materials Science, 2003, 48(2): 57-170.

[13] MODREANU M, BERCU M, COBIANU C. Physical properties of polycrystalline silicon films related to LPCVD conditions[J]. Thin Solid Films, 2001, 383(1): 212-215.

[14] SCHROPP R, STANNOWSKI B, RATH J K. New challenges in thin film transistor

(TFT) research[J]. Journal of Non-Crystalline Solids, 2002, 299 - 302: 1304 - 1310.

[15] 刘丰珍，朱美芳，冯勇，等. 等离子体-热丝 CVD 技术制备多晶硅薄膜 [J]. 半导体学报，2003(5)：499 - 503.

[16] MEYERSON B S. Low-temperature Si and Si: Ge epitaxy by ultrahigh-vacuum/chemical vapor deposition: process fundamentals[J]. IBM Journal of Research and Development, 2010, 44(1.2): 132 - 141.

[17] KIM D S, LEE C H. Preparation of barium titanate thin films by MOCVD using ultrasonic nebulization[J]. Ferroelectrics, 2010, 406(1): 130 - 136.

[18] BEKERMANN D, LUDWIG A, TOADER T, et al. MOCVD of ZnO films from bis (ketoiminato) Zn (Ⅱ) precursors: structure, morphology and optical properties [J]. Chemical Vapor Deposition, 2011, 17(4 - 6): 155 - 161.

[19] STADEL O, MUYDINOV R Y, KEUNE H, et al. MOCVD of YBCO and buffer layers on textured Ni alloyed tapes [J]. IEEE Transactions on Applied Superconductivity, 2007, 17(2): 3483 - 3486.

[20] GEORGE S M, OTT A W, KLAUS J W. Surface chemistry for atomic layer growth[J]. The Journal of Physical Chemistry, 1996, 100(31): 13121 - 13131.

[21] 崔铮. 微纳米加工技术及其应用综述[J]. 物理，2006(01)：34 - 39.

[22] LEE T M, NOH J H, KIM C H, et al. Development of a gravure offset printing system for the printing electrodes of flat panel display[J]. Thin Solid Films, 2010, 518(12): 3355 - 3359.

[23] KANG H W, SUNG H J, LEE T M, et al. Liquid transfer between two separating plates for micro-gravure-offset printing [J]. Journal of Micromechanics and Microengineering, 2008, 19(1): 015025.

[24] QUAKE STEPHEN R, SCHERER A. From micro-to nanofabrication with soft materials[J]. Science, 2000, 290(5496): 1536 - 1540.

[25] PINER R D, ZHU J, XU F, et al. Dip-Pen nanolithography[J]. Science, 1999, 283(5402): 661 - 663.

[26] NELSON B A, KING W P, LARACUENTE A R, et al. Direct deposition of continuous metal nanostructures by thermal dip-pen nanolithography[J]. Applied Physics Letters, 2006, 88(3): 661.

[27] CAI Y, OCKO B M. Electro pen nanolithography[J]. Journal of the American Chemical Society, 2005, 127(46): 16287 - 16291.

[28] LIM J H, MIRKIN C A. Electrostatically driven dip-pen nanolithography of conducting polymers[J]. Advanced Materials, 2002, 14(20): 1474 - 1477.

[29] AHN S H, GUO L J. High-speed roll-to-roll nanoimprint lithography on flexible plastic substrates[J]. Advanced Materials, 2008, 20(11): 2044 - 2049.

[30] 兰红波，丁玉成，刘红忠，等. 纳米压印光刻模具制作技术研究进展及其发展趋势[J]. 机械工程学报，2009，45(06)：1 - 13.

[31] TORRES C, ZANKOVYCH S, SEEKAMP J, et al. Nanoimprint lithography: an alternative nanofabrication approach[J]. Materials Science and Engineering: C, 2003, 23(1): 23 - 31.

[32] AUSTIN M D, GE H X, WU W, et al. Fabrication of 5 nm linewidth and 14 nm pitch features by nanoimprint lithography[J]. Applied Physics Letters, 2004, 84(26): 5299 - 5301.

[33] 张亚军，段玉刚，卢秉恒，等. 纳米压印光刻中模版与基片的平行调整方法[J]. 微细加工技术，2005(02): 34 - 38.

[34] SREENIVASAN S V, WILLSON C G, NORMAN E S, et al. Low-cost nanostructure patterning using step and flash imprint lithography[EB/OL]. https://doi. org/10.1117/12.437804, 2002.

[35] RILL M S, PLET C, THIEL M, et al. Photonic metamaterials by direct laser writing and silver chemical vapour deposition[J]. Nature Materials, 2008, 7(7): 543 - 546.

[36] MENARD E, MEITL M A, SUN Y G, et al. Micro-and nanopatterning techniques for organic electronic and optoelectronic systems[J]. Chemical Reviews, 2007, 107(4): 1117 - 1160.

[37] PARK J U, HARDY M, KANG S J, et al. High-resolution electrohydrodynamic jet printing[J]. Nature Materials, 2007, 6(10): 782 - 789.

[38] JAWOREK A, SOBCZYK A T. Electrospraying route to nanotechnology: An overview[J]. Journal of Electrostatics, 2008, 66(3): 197 - 219.

[39] YANG T T, XIE D, LI Z H, et al. Recent advances in wearable tactile sensors: Materials, sensing mechanisms, and device performance[J]. Materials Science and Engineering: R: Reports, 2017, 115: 1 - 37.

[40] KANG D, PIKHITSA P V, CHOI Y W, et al. Ultrasensitive mechanical crack-based sensor inspired by the spider sensory system[J]. Nature, 2014, 516(7530): 222 - 226.

[41] CHOONG C L, SHIM M B, LEE B S, et al. Highly stretchable resistive pressure sensors using a conductive elastomeric composite on a micropyramid array[J]. Advanced Materials, 2014, 26(21): 3451 - 3458.

[42] WANG Y, YANG R, SHI Z W, et al. Super-elastic graphene ripples for flexible strain sensors[J]. ACS Nano, 2011, 5(5): 3645 - 3650.

[43] CAO Y D, LI T, GU Y, et al. Fingerprint-inspired flexible tactile sensor for accurately discerning surface texture[J]. Small, 2018, 14(16): 1703902.

[44] Liu M, Pu X, Jiang C, et al. Large-area all-textile pressure sensors for monitoring human motion and physiological signals[J]. Advanced Materials, 2017, 29(41): 1703700.

[45] LE C, SONG L, LUAN P, et al. Super-stretchable, transparent carbon nanotube-

based capacitive strain sensors for human motion detection[J]. Scientific Reports, 2013, 3(1): 3402.

[46] LEE J, KWON H, SEO J, et al. Sensors: conductive fiber-based ultrasensitive textile pressure sensor for wearable electronics (Adv. Mater. 15/2015) [J]. Advanced Materials, 2015, 27(15): 2409 - 2409.

[47] PARK D Y, JOE D J, KIM D H, et al. Self-powered real-time arterial pulse monitoring using ultrathin epidermal piezoelectric sensors[J]. Advanced Materials, 2017, 29(37): 1702308.

[48] HWANG G T, PARK H, LEE J H, et al. Self-powered cardiac pacemaker enabled by flexible single crystalline PMN-PT piezoelectric energy harvester[J]. Advanced Materials, 2014, 26(28): 4880 - 4887.

[49] CHEN X L, PARIDA K, WANG J X, et al. A stretchable and transparent nanocomposite nanogenerator for self-powered physiological monitoring[J]. ACS Applied Materials & Interfaces, 2017, 9(48): 42200 - 42209.

[50] ZHAO Z Z, YAN C, LIU Z X, et al. Machine-washable textile triboelectric nanogenerators for effective human respiratory monitoring through loom weaving of metallic yarns[J]. Advanced Materials, 2016, 28(46): 10267 - 10274.

[51] ZHAO G R, ZHANG Y W, SHI N, et al. Transparent and stretchable triboelectric nanogenerator for self-powered tactile sensing[J]. Nano Energy, 2019, 59: 302 - 310.

[52] YU F, GONG S J, DU E W, et al. TaS_2 nanosheet-based ultrafast response and flexible humidity sensor for multifunctional applications[J]. Journal of Materials Chemistry C, 2019, 7(30): 9284 - 9292.

[53] MIAO J S, CAI L, ZHANG S M, et al. Air-stable humidity sensor using few-layer black phosphorus[J]. ACS Applied Materials and Interfaces, 2017, 9(11): 10019 - 10026.

[54] KANO S, KIM K, FUJII M. Fast-response and flexible nanocrystal-based humidity sensor for monitoring human respiration and water evaporation on skin[J]. ACS Sensors, 2017, 2(6): 828 - 833.

[55] DUAN Z H, JIANG Y D, YAN M G, et al. Facile, flexible, cost-saving, and environment-friendly paper-based humidity sensor for multifunctional applications[J]. ACS Applied Materials and Interfaces, 2019, 11(24): 21840 - 21849.

[56] SHIN J, JEONG B, KIM J, et al. Sensitive wearable temperature sensor with seamless monolithic integration[J]. Advanced Materials, 2020, 32(2): 1905527.

[57] HE J, LI S, HOU X J, et al. A non-contact flexible pyroelectric sensor for wireless physiological monitoring system[J]. Science China Information Sciences, 2021, 65(2): 1 - 11.

[58] MOSS T S. Semiconductor opto-electronics[M]. London: Butterworts, 1973.